상수도 처리에 대한 이론 및 실제

상수도 공학

상수도 처리에 대한 이론 및 실제

상수도 공학

조봉연 저

WATER SUPPLY ENGINEERING

저자 서문

물은 지구 상 만물의 생명이 의존하는 것이다. 인간에게도 '물'은 생명 유지를 위해 반드시 필요하지만, 인간의 경우는 다른 생물과 다른 문화(정신)를 축적하며, 문명(물질) 생활을 유지함으로써 탈 자연생활의 혜택을 받고 있다. 문명사회를 유지하고, 넓은 사회활동, 생산 활동을 영위하는 데 물은 필수 불가결하다.

현재, 수도를 둘러싼 환경은 급격하게 변화하고 있으며, 수도에 관한 과학 기술의 진보도 너무 빠르다. 최근 급격한 산업발전으로 수원의 부족과 원수에 대한 수질 저하로 상수처리에 많은 문제점이 야기되고 있으며, 이를 해결하기 위해 고도의 정수처리기술 도입과 운영 및 관리체제를 정비하는 등 정수처리 시스템이 새롭게 정리되고 있다.

환경부에서도 맑은 물 정책으로 국민에게 깨끗하고 안전한 수돗물을 충분히 공급하려는 정책의 목표가 공급관리에서 수요관리로 정책을 전환함으로써 상수도에 대한 기초지식이 많은 사람들에게도 필요한 기초 지식이 되고 있다.

본 책은 이러한 정세에 대응하기 위해 신지식을 포함하여 새롭고 알기 쉽도록 상수도 공학의 이론과 기술에 관해 기초적인 개념과 기술을 전달하고자 집필하였다.

이 책은 상수도에 대한 전문 서적으로써 전체 단원은 총 10장으로 구성되어 있으며, 제1장 및 제2장은 총론 및 상수도의 계획에 대하여 설명하였다. 제3장과 제4장은 먹는 물에 대한 수질 특성과 수질규제기준, 그리고 상수원의 특성에 대해 기술하였으며, 제5장은 상수원에 대한 취수과정, 제6장은 원수를 정수장까지 유입시키는 도수시설 및 정수한 물을 배수지까지 송수하는 송수시설에 대해 기술하였다. 제7장 및 제 8장은 정수과정에 대한 원리 및 방법, 즉 응집, 침전, 여과에 대한 처리공정별 특성, 제9장은 정수과정에서 발생하는 슬러지의 처리 시설, 제10장은 정수된 물을 경제적으로 공급하기 위한 배수 및 급수 시설에 대해 설명하였다.

본 서를 집필하면서 전문가로서 내용이나 체제 면에서 여러 가지로 부족한 점이 많이 있을 것으로 생각된다. 다소 미비한 점이 있더라도 현명한 독자 여러분의 아낌없는 지도 편달을 기대하며, 기회가 있을 때마다 계속하여 수정 보완하여 상수도 공학과 이를 연구하는 여러분들에게 조금이나마 도움이 될 수 있기를 바란다. 끝으로 이 책이 출간되기까지 도움을 주신 도서출판 씨아이알 직원 여러분께 진심으로 감사드린다.

2015년 4월

조봉연

CONTENTS

Chapter 08 모래여과

Chapter 01

총 론

Chapter

01 총 론

1.1 물과 생명, 물과 사회생활

물은 생명의 원천이다. 즉, 지구 상의 만물의 생명이 의존하는 것이며, 생명 그 자체라고 해도 과언이 아니다.

인간도 물은 생명을 유지하기에 필요하지만, 인간은 다른 생물과 다른 문화(정신)를 축적하여 문명(물질)생활을 함으로써, 탈 자연의 생활 혜택을 받고 있다.

고대 사람들은 물을 따라 하천, 호소, 샘물 등 물 주위에서 생활했다. 아마도 이것은 그들이 살기 좋은 장소에서 생활한 것 같다. 차츰 부락이 형성됨에 따라 물 부족이 초래되고, 스스로 지혜로서 천수(빗물)를 저장하고, 우물을 파고 또는 먼 곳에서 물을 취수하는 것을 알게 되었다.

그러나 수질의 지식은 없었으며 잠시 깨끗한 물의 양만이 그들에게 있어서 문제였다. 그 후 긴 시대를 거쳐 인구의 증가와 사람 지혜의 진보에 따라 생활뿐만 아니라 사회활동을 위한 물을 얻기 위해, 사회적 시설로서 급수 시설의 필요성이 발생해왔다.

현재는 수도가 없는 곳에 인간의 참된 근대적, 문화적 생활도 사회의 건전한 기능도 존재할 수 없다. 수도야말로 근대 사회의 가장 중요한 도시 기간시설이라고 말할 수 있다.

1.2 먹는 물과 위생

양질의 먹는 물이 없다, 청결한 위생적인 생활환경이라는 것은 생각할 수 없다, 공중위생의 진보는 항상 먹는 물과 깊은 관계를 가지고 있고, 사용수량이 많을수록 또 수질이 좋을수록 공중위생이 양호한 상태라고 생각된다.

인간은 유사 이래 물을 사용해왔지만 물의 건강에 대한 중요성이나, 때로는 위험성을 인식한 것은 비교적 근대의 일이며, 특히 최근 수질오탁에 의한 인체의 건강 피해나 수도 피해, 또는 수산물 피해가 발생하기에 이르러 물에 대한 관심이 상당히 높아져 왔다. 양질의 먹는 물의 사용은 위생상 안전을 보증하지만, 수질의 악화는 전염병이라든지 유해물질에 의한 중독 등의 건강피해를 초래하는 위험성이 있다.

물에 의해 일어나는 질병의 주된 요인은 소화기계 전염병이며, 장티푸스, 파라티푸스, 콜레라, 설사 등이 가장 많으며, 바일병, 아메바 설사, 유행성 열병, 전염성 설사증상 등도 물에 의해 감염된다.

또 수계전염병원균과 같이 수계의 병원성 바이러스가 원인의 병으로서 소아마비, 장염, 유행성 간염, 급성회백골수염, 인두결막염 등이 알려져 있다.

최근은 세균이나 바이러스 이외에 수은, 시안화물, 유기인 또는 6가크롬, 카드뮴 등의 유해물질에 의한 수질오탁이 원인으로 인체피해가 발생하고 있기 때문에, 수질오탁 방지를 위해 충분한 조치를 강구해야 한다.

수도의 보급은 소화기계 전염병의 방색에 효과가 있다. 그뿐만 아니라 물을 풍부하게 사용함으로써 생활의 청결화를 위해 일반 사망률이 감소하는 사실이 일찍 확인되었으며(1893) Mills-Reincke 현상으로 알려져 있다.

수도가 만일 이러한 운영을 잘 못한다면 오히려 소화기계 전염병을 유행시키거나 인체에 피해를 입혀 역 효과를 초래할 수 있다. 전자를 수도 유행이라 하며, 일본은 1948년 Omuta 시의 수도에 의한 설사유행(환자 13,266명)이 있었다. 이러한 잡단 발생의 원인은 통상은 모든 공장, 사업장 등의 자가 수도 또는 시골의 간이수도 등, 소규모 수도에서 수원의 오염, 단수에 의한 오수의 흡인, 또는 멸균의 부주의 등 설비나 관리의 불완전이다.

수도에 의한 전염병의 유행범위는 배수구역에 한정되며 여기에 단시간 내에 환자가 동시다발하지만 치명률은 비교적 낮으며, 이 물의 사용금지 또는 수질개선에 의해 환자가 급감하는 경향이 있다. 또 '수중에 반드시 오염물질이 발견된다고 한정할 수 없다'라는 특징이 있다.

1.3 상수도의 연혁

1.3.1 유 럽

인공적 취수는 우물로 시작되었을 것이다. 고대 우물에는 이집트의 피라미드 대공사에 사용되었다고 하는 카이로의 Joseph well[복단면으로 상단이 5.45×7.3(m), 깊이 50(m), 하단이 2.73×4.55(m), 깊이 40(m)] 외에 그리스, 앗시리아, 페르시아, 인도 등에도 많은 우물의 유적 있다.

우물만이 아닌 저수지나 수로 외에 잠거까지 있었다. 또 건조지대에서는 오늘의 지하수의 도수터널에 해당하는 quanats가 널리 이용되었다.

고대 로마의 상수도는 수나 규모로도 로마제국의 타 도시에 비할 수 없으며, 장거리의 수로에는 터널이나 아치가 있었다. 최초의 로마 상수도는 BC 312년에 축조된 Aqua Appia(Appius Claudius가 건설)로서, 수로연장 17.5(km), 제2 수도는 BC 270년에 건설한 길이 63(km) 중 330(m)는 아치로 축조되었다.

당시 로마인은 수도뿐만 아니라 대 로마제국의 영역 내에 달하는 곳, 예를 들면 프랑스(Paris·Lyons), 독일(Metz), 스페인(Segovia·Seville) 등에도 중요한 상수도 시설을 건설했다.

당시 배수방식은 오늘날처럼 일반적이지 않아 물은 일단 수로에서 대저수지에 저장하고, 이로부터 연관으로 다른 저수지로 분배된 후 분수, 욕탕, 공공시설 및 소수의 부유한 개인에게 배수되었다. 따라서 대다수의 시민은 분수나 공공의 장소에서 각자의 용기에 물을 담아 운반하지 않으면 안 되었다.

개인에게는 계량 배수가 행해졌으며 1인 1일 약 200(L) 정도로 추정된다. 고대인은 어느 정도 수질의 기초 지식이 있어 Hippocrates는 연관을 통해 먹는 물의 위험성을 다소 알고 있었으며 오염수의 여과와 열소독을 권했다. 수질의 좋고 나쁨에 의해 수로나 용도도 다른 듯하며, 때로는 탁수를 침전 정화하기 위해 저수지에 도수한 것도 있다.

중세에 이르러 로마제국의 멸망과 함께 도시의 규모도 고대에 비해 작아졌으며, 상수도는 황폐하여 시설의 목적조차 망각되었다. 이렇게 해서 16세기까지는 뚜렷한 진보개량은 없었다.

파리는 1183년에 소 수로를 만들 때까지는 오로지 물을 센(Seine) 강물로 사용했으며, 런던은 1235년에 겨우 연관과 석조 수로에 의해 소량의 샘물을 마을에 도수한 것뿐이다. 이러한 상태도, 16세기 말(1582년)에 이르러 연관급수를 위해 런던교 위에 처음으로 펌프가 설치되었다. 당시 멕시코에도 수도가 건설되어 2세기에 걸쳐 사용되었다.

근세의 발달을 보면 17~18세기는 지지부진한 상태로 주로 파리와 런던에 한정되었다. 1619년에 New River Co.가 설립되어, New River의 물을 런던의 모든 시에 관으로 각 집에 급수한 방식이 급수의 최초이다. 18세기에 스팀을 펌프로 이용하기에 이르러 수도의 발전에 크게 기여했다.

최초는 런던(1761년)에서 그 후 파리(1781, 1783년)로 다시 런던으로 제2 펌프(1787년)가 설치되었다.

1800년 이후 이들 2도시의 수도는 상당히 발전하여, 130(km)와 173(km)의 2개의 대수로를 만들어 샘물을 파리로 도수한 파리 수도가 특히 주목되었다. 이들은 어느 것이라도 하천으로부터 직접 물을 끌어들이고 있다. 당시 사람이 드문 지역에서 양질의 물을 모아 급수함으로써 음료수에 의한 질병이 줄었든 도시도 있었지만 수도 대부분은 오염되어 이 위험이 유역인구의 증가에 따라 높아졌다는 것을 알게 되었다. 여과의 효과가 기술자에 의해 인정된 것은 19세기 초기였지만 아직 실시하지는 않았다. 1900년경까지는 이러한 상태로 수처리는 널리 보급되지 않았다. 8회사로 경영을 하던 런던 수도(1904년에 시로 이관)는 급수량의 55(%)를 Thames 하천, 25(%)를 Lea 하천으로 나머지를 지하수에 의존했지만 하천수를 전부 여과한 것은 주목할 만하다.

주철관에 관한 실험은 17세기 초기에 시행되어 성공한 후 보급된 것은 18세기 중기였다. 이 주철관의 출현과 펌프법의 발달로 인해 각 도시가 경제적으로 상수도를 부설하여 집마다 급수를 할 수 있게 되었다.

각호 급수의 초기는 시간 급수였지만 위생과 편리함으로부터 런던이 상시 연속급수를 시작한 것이 1873년이다. 당시 유럽에서는 수질에도 관심을 가졌으며, 수질보전을 위해서는 많은 비용이 들며 때로는 여과도 행해졌다. 여과법은 파리상수도(Seine 하천수를 정화)에서 실시되었지만, 런던의 Chelsea Co.이 현대적인 대규모 조업을 수행한 것이 최초(1829년)이다.

이상 개략적으로 상수도가 눈부시게 발전을 이룬 것은 19세기 후반에 속하지만 이는 미국도 같았으며, 19세기 전반의 이렇다 할 진보는 없었다.

미국에서는 1652년 창설한 보스턴 상수도가 최초이며, 자연유하에로 샘물을 송수했다. 기계력의 이용은 Bethlehem Co.의 목재 펌프가 최초이며, 증기기관의 이용은 Philadelphia가 최초(1800년)이며, 또 주철관을 이용한 최초의 도시이기도 하다. 그때까지는 유럽에서도 목관이 사용되었다. 19세기 후반의 진보 중 특기한 것은 주철관의 완성, 펌프의 개량, 소도시에의 펌프 직송방식의 채용, 서부 여러 주에서 지하수 및 복류수에 의한 급수 발달 등이다.

1900년 이후의 최대의 진보는 모래여과법 또는 다른 정수방법의 출현으로, 1890년에는 도시인구의 약 1.5(%), 1900년에는 6.3(%)만 여과수의 급수를 받은 것에 불과했지만, 1925년에는 45(%)[2400만 (명)]로 증가했다. 당시는 성대하게 확장공사가 진행한 한편, 미터의 부착과 감시방법의 개선에 의해 물의 낭비 방지에도 큰 진전을 이룰 수 있었다. 미국에서 최초의 완속여과법은 1872년에 Poukeepsie, N. Y.에서, 급속여과법은 1884년에 처음으로 Somerville, N. J.에서 행해졌으며, 그 후 급속이 완속을 대신하여 오늘의 전성기를 맞이하였다.

1.3.2 우리나라 상수도

우리나라 상수도는 조선 말기까지는 수도라고 부를 만한 시설의 흔적은 거의 볼 수 없다. 부산에서는 1894년 1월 일본 거류민단의 경영으로 보수천 상류에 집수거를 설치하고 자연여과 장치 및 대청동 배수지를 설치한 것이 최초의 상수도 시설이었다. 1900~1902년 구덕산 계곡에 구덕 수원지를 완속여과지로 축조하여 생산능력 2,000(m^3/일)을 갖추어 비로소 근대적 정수법이 사용되었다.

또한 서울에서는 1903년 12월 미국인 Colebran과 Bostowick가 대한제국 정부로부터 상수도 시설과 경영에 관한 특허를 받아 1905년 8월 그 특허권을 미국인이 설립한 조선수도공사(Korea Water Works Company)에 양도하여 1906년 8월 1일 서울 뚝도 수원지에 완속여과지 공사를 착공, 1908년 8월 준공함으로써 현대적인 상수도의 역사가 시작되었다. 이어 인천, 평양, 대구, 목포 등 여러 도시에도 점차적으로 상수도 시설이 보급·발달되었다.

1945년 해방 후 6.25 전쟁으로 남북한이 분단되어 전국적인 상수도 시설에 대한 자료는 정확히 알 수 없지만, 최근 환경부 통계에 의한 상수도의 보급률은 표 1.1과 같다.

표 1.1 우리나라의 상수도 보급률

구분	1974	1980	1990	2000	2005	2010
총인구(천 명)	19,326	26,117	42,869	47,976	49,268	51,434
급수인구(천 명)	14,089	20,809	33,630	41,774	44,671	50264
보급률(%)	72.9	79.0	78.4	87.1	95.4	97.7
시설용량(천 톤/일)	3,465	6,756	16,273	26,980	30,950	274,306
1인 1일당 급수량(L)	183	256	369	380	351	333

* 환경부 통계연감(상수도 통계. 2013)
* 1일 1인당 급수량은 333(L)로 '94년[408(L)] 이후 가장 낮은 수준을 보이고 있는데, 이는 절수기 설치와 물 절약운동의 전개 등으로 물 사용량이 줄고, 노후수도관 교체 등으로 누수량이 감소 때문인 것으로 분석된다.

표 1.2 전국 주요 도시 상수도 급수현황(2011연도)

구분	총인구(천 명)	급수인구(천 명)	보급률(%)	시설용량(천 m^3/일)
전국	51,717	50,638	97.9	30,944
서울특별시	10,529	10,529	100.0	4,600
부산광역시	3,586	3,586	100.0	2,643
대구광역시	2,529	2,529	100.0	1,640
인천광역시	2,851	2,851	100.0	2,163
광주광역시	1,478	1,471	99.6	780
대전광역시	1,531	1,529	99.9	1,260
울산광역시	1,154	1,144	99.1	550
경기도	12,240	11,938	97.5	2,908
강원도	1,550	1,465	94.5	791
충청북도	1,589	1,535	96.6	349
충청남도	2,149	1,887	87.8	159
전라북도	1,896	1,834	96.7	321
전라남도	1,938	1,756	90.6	654
경상북도	2,739	2,654	96.9	1,182
경상남도	3,375	3,346	99.2	1,339
제주도	583	583	100.0	509

서울시 상수도는 2010년 기준인 설계 시설용량으로 4,550,000(m^3/d)이며, 이는 급속여과 방식만으로 처리한 수량이다. 앞으로는 막여과 방식에 의해 먹는 물 수질을 개선할 예정이다.

1.4 상수도의 정의·구성

1.4.1 정 의

'상수도'는 음용 수도의 것으로 공업용 수도나 소방용 수도, 잡용 수도 등은 포함되지 않으며, 정의는 수도법에 따른다.

'수도'는 관로, 그 밖의 공작물을 사용하여 원수나 정수를 공급하는 시설의 전부를 말하며 일반수도·공업용수도 및 전용 수도로 구분한다. 다만, 일시적인 목적으로 설치된 시설은 제외한다. 즉, 사람의 생명유지에 필수적인 음용수나 요리·세탁·목욕·청소·수세식 화장실 등 일상생활에 사용되는 물, 더욱이 영업·업무·광공업 등 사회의 생산 활동에 필요한 청정한 물을 필요·충분한 양만큼 공급하는 시설의 총체를 말한다.

1.4.2 구 성

일반적으로 수도는 수원, 취수, 저수, 도수, 정수, 송수, 배수시설, 급수설비, 배수처리를 원칙으로 구성요소로 하며, 여러 가지 조건에 의해 이들의 각 요소에 필요한 시설이나 조작이 간단하기도 복잡하기도 한다.

수도법에서 '수도시설'이란 원수나 정수를 공급하기 위한 취수, 저수, 도수, 정수, 송수, 배수시설, 급수설비, 그 밖에 수도에 관련된 시설을 말한다. 이에 대해 '수도사업자'란 일반 수도사업자와 공업용 수도사업자로 구분하며, '일반 수도사업자'는 일반 수도사업의 인가를 받아 경영하는 자를 말한다.

이하 주된 용어 및 각 요소에 관해 기술한다.

1) 원수

음용, 공업용 등으로 제공되는 자연 상태의 물을 말하며, '상수원'이란 음용·공업용 등으로 제공하기 위하여 취수시설을 설치한 지역의 하천, 호소, 지하수, 해수 등을 말한다. 수도의 기본 계획에서 수원을 선정하는 데 문제점은 수원의 종별, 수질, 취수량 및 취수점이다. 하천 수원에서는 하천의 유황에 의해 저수지를 필요로 하는 경우가 있다.

2) 저수시설

① 저수시설은 갈수기에도 계획된 1일 최대 급수량을 취수할 수 있는 저수용량을 갖추어야 한다.
② 저수용량, 설치장소의 지형 및 지질에 따라 안전성과 경제성을 고려한 위치 및 형식이어야 한다.
③ 지진 및 강풍에 따른 파랑(波浪)에 안전한 구조여야 한다.
④ 홍수에 대처하기 위하여 여수로(餘水路)와 그 밖에 필요한 설비를 설치하여야 한다.
⑤ 수질악화를 방지하기 위하여 포기(曝氣) 설비의 설치 등 필요한 조치를 마련하여야 한다.
⑥ 저수시설은 움직이거나 뒤집히지 아니하도록 설치하여야 한다.

3) 취수(집수)시설

수원에서 필요 수량을 끌어들이는 것으로, 수원의 종류나 취수량에 의해 취수방법이나 시설의 규모를 다르게 한다.

지표수의 취수시설은 다음과 같은 요건을 구비하여야 한다.

① 연중 계획된 1일 최대 취수량을 취수할 수 있어야 한다.
② 재해나 그 밖의 비상사태 또는 시설을 점검하는 경우에 취수를 일시 정지할 수 있는 설비를 설치하여야 한다.
③ 홍수(洪水)·세굴(洗掘, 강물에 의하여 강바닥이나 강둑이 패는 일)·유목(流木) 또는 유사(流砂) 등에 따른 영향을 최소화할 수 있는 위치 및 형식으로 설치하여야 한다.
④ 보(洑) 또는 수문 등을 설치하는 경우에는 그 보 또는 수문 등이 홍수 시 유수(流水)의 작용에 대하여 안전한 구조여야 한다.
⑤ 계획취수량을 원활하게 취수하기 위하여 필요에 따라 스크린·침사지(沈沙池) 또는 배사문(排沙門) 등을 설치하여야 한다.

4) 도수시설 및 송수시설

도수시설은 수원에서 취수한 필요량의 원수를 정화하기 위해 정수장까지 보내는데 필요한 펌프, 도수관 기타의 설비이다. 도수거리, 경과지의 지형, 또는 오염방지 대책을 세울 것인가 등에 의해 도수시설의 양식은 달라진다. 송수시설은 정수장(정수시설)에서 배수시설의 시점까지 정화된 물, 즉 정수를 보내는 것을 말한다. 외부로부터 오염되지 않도록 뚜껑이 있는 암거 또는 송수관을 사용한다.

① 송수시설은 이송과정에서 정수된 물이 외부로부터 오염되지 아니하도록 관수로(管水路) 등의 구조로 하여야 한다.
② 도수시설 및 송수시설은 연결된 수도시설의 표고 및 유량, 지형·지질 등에 따라 자연유하 방식을 최대한 이용하고, 재해로부터 안전한 위치와 형식으로 설치하여야 한다.
③ 지형 및 지세에 따라 여수로·접합정(接合井)·배수(排水) 설비·제수 밸브·제수문(制水門)·공기 밸브 및 신축이음(관)을 설치하여야 한다.

④ 관내에 부압(負壓)이 발생하지 않아야 하고, 작용하는 수압에 적합한 수격(水擊) 완화시설을 설치하여야 한다.

⑤ 펌프는 최대 용량의 펌프에 이상이 발생하여도 계획된 1일 최대 도수량 및 송수량이 보장될 수 있도록 설치하여야 한다.

5) 정수시설

원수의 수질을 개선하여 사용 목적에 맞도록 하기 위한 조작이며, 통상의 수도에서는 침사, 침전(보통침전·약품침전), 모래여과(완속·급속), 및 배수처리의 여러 공정이 순차적으로 진행되지만 원수의 수질이나 정수방식에 의해서는 이들 중의 어느 것은 생략되거나 다른 특수 공정이 더해지는 것도 있다. 침전 이후의 여러 조작은 통상 정수장에서 진행된다.

① 정수시설은 다음과 같은 요건을 구비하여야 한다.

a. 정수시설은 상수도시설의 규모, 원수의 수질 및 그 변동의 정도 등을 고려하여 안정적으로 정수할 수 있도록 설치하여야 한다.

b. 정수시설에는 탁도, 수소이온농도(pH), 그 밖의 수질, 수위 및 수량 측정을 위한 설비를 설치하여야 한다.

c. 정수시설에는 다음과 같은 요건을 구비한 소독시설을 설치하여야 한다.

- 소독 기능을 확보하기 위하여 적절한 농도와 접촉시간을 확보할 수 있도록 설치하여야 한다.
- 소독제의 주입 설비는 최대 용량의 주입기가 고장이 나는 경우에도 계획된 1일 최대 급수량을 소독하는 데 지장이 없도록 설치하여야 한다.
- 소독제로 액화염소를 사용하는 경우에는 중화설비를 설치하여야 한다.

d. 지표수를 수원으로 하는 경우에는 여과시설을 설치하여야 한다.

② 완속여과를 하는 정수시설은 다음과 같은 요건을 구비하여야 한다.

a. 여과지(濾過池)의 설계 여과속도는 5(m/일) 이하로 한다.

b. 여과사(濾過沙)의 유효경(有效徑)은 0.3~0.45(mm), 균등계수(均等係數)는 2.0 이하, 모래층 두께는 70~90(cm)로 한다.

c. 약품을 사용하지 않는 보통침전지를 설치할 수 있다.

③ 급속여과를 하는 정수시설에서는 다음과 같은 요건을 구비하여야 한다.

a. 급속여과지의 설계 여과속도는 5(m/시간) 이상으로 한다.

b. 급속여과지는 여과층에 축적된 탁질(濁質) 등을 역세척으로 제거할 수 있는 구조로 한다.

④ 막여과를 하는 정수시설은 다음과 같은 요건을 구비하여야 한다. 다만, 시설용량이 5,000(m^3/일) 이상인 정수시설에 대하여는 막모듈의 종류 및 계열구성, 전처리 여부, 공정구성 등에 관하여 막여과를 하는 정수시설을 설치할 수 있다.

a. 원수의 수질 및 수온 등의 변동에도 불구하고 적절한 정수 성능을 확보할 수 있어야 한다.

b. 쉽게 파손되거나 변형되지 아니하여야 하며, 적정한 통수성 및 내압성을 갖추어야 한다.

c. 원수의 수질에 따라 약품 주입, 혼화설비, 응집지, 침전지 등의 전처리시설(前處理施設)을 설치하지 않을 수 있다.

6) 배수(配水)와 급수 시설

배수는 정수를 배수시설에 의해 급수지로 수송하는 것이며, 급수는 이들 물을 사용자에게 분배하는 것이다. 전자는 배수관, 후자는 급수관에 의한다. 즉, 급수 시설은 수도사업자가 일반 수요자에게 원수나 정수를 공급하기 위하여 설치한 배수관으로부터 분기하여 설치된 급수관(옥내급수관을 포함한다)·계량기·저수조·수도꼭지, 그 밖에 급수를 위하여 필요한 기구를 말한다. 분기한 관부터 모든 설비는 사용자가 부담한다.

① 배수시설은 연결된 수도시설의 표고 및 유량, 지형·지질 등에 따라 자연유하방식을 최대한 이용할 수 있도록 하고, 재해로부터 안전한 위치와 형식으로 설치하여야 한다.

② 배수시설은 시간적으로 변동하는 수요량에 대응하여 적정한 수압으로 수돗물을 안정적으로 공급할 수 있도록 배수지 및 배수용량 조절설비(이하 '배수지등'이라 한다)와 적정한 관경의 배수관을 설치하여야 한다.

③ 배수시설은 필요에 따라 적정한 구역으로 배수구역을 분할하여 설치할 수 있다.

④ 배수관에서 급수관으로 분기되는 지점에서 배수관의 최소 동수압(最少動水壓)은 150(kPa)[1.53(kgf/cm^2)] 이상이어야 하며, 최대 정수압은 740(kPa)[7.55(kgf/cm^2)] 이하여야 한다. 다만, 급수에 지장이 없는 경우에는 그러하지 아니하다.

⑤ 소화전을 사용하는 경우에는 ④에도 불구하고 배수관 내는 대기압(大氣壓) 이상을 유지하여야 한다.

⑥ 배수지등은 수요변동을 조정할 수 있는 용량[계획하는 1일 최대 급수량의 12시간 (분) 이상]이어야 하며, 저류용량 500(m^3) 이상인 배수지는 비상시 또는 청소 시 등에도 배수가 가능하도록 2개 이상으로 구분하여 설치하여야 한다.

⑦ 배수관은 다음과 같은 요건을 갖추어야 한다.

a. 배수관은 부압이 발생하지 아니하고, 부식을 최소화할 수 있는 구조 및 형식으로 설치하여야 한다.

b. 상수도 관로의 필요한 위치에 수량·수질측정 및 점검·보수 등 관리를 위한 점검구를 설치하여야 한다.

c. 수돗물이 장기간 적체되는 배수관에는 주기적으로 수돗물을 배수할 수 있는 제수 밸브와 배수(排水)설비를 갖추어야 한다. 배수설비를 설치하는 경우에는 부압으로 인한 수질오염을 방지하기 위한 역류방지설비 등을 설치하여야 한다.

d. 배수관은 단수의 영향을 최소화하고, 오염물질이 흘러들지 아니하도록 연결 체제를 갖추어야 한다.

7) 배수(排水) 처리

정수장에서 정수공정(침사 제외)으로부터 발생하는 배수와 슬러지를 처리·처분하는 것으로 조정·농축·탈수 및 처분의 4단계로 구분되며, 그 전부 또는 일부로서 구성된다.

8) 안전 및 보안을 위한 시설기준

① 취수장의 시설용량이 10,000(m^3/일) 이상인 정수시설은 상수원에 유해 미생물이나 화학물질 등이 투입되는데 대비하기 위하여 지표수의 취수장·정수장에 원수를 측정하는 생물 감시 장치를 설치하여야 한다. 다만, 다른 지천 등이 유입되지 않는 같은 수계 상류에 「수질 및 수생태계 보전에 관한 법률」에 따라 측정망이 설치되어 있어 그 측정 자료를 공동으로 이용할 수 있는 경우 또는 동일한 원수를 사용하는 취수장의 측정 자료를 공동으로 이용할 수 있는 경우에는 생물 감시 장치를 설치하지 않을 수 있다.

② 정수장의 시설용량이 10,000(m^3/일) 이상인 정수시설은 정수장에 유해 미생물이나 화학물질이 투입되는 것에 대비하기 위하여 정수지 및 배수지에 수소이온농도(pH), 온도,

잔류염소 등을 측정할 수 있는 수질 자동 측정 장치를 설치하여야 한다.

③ 상수도 시설에 대한 외부침투에 대비하기 위하여 폐쇄회로 텔레비전(CCTV) 설비와 같은 감시 장비를 설치하는 등 시설보안을 강화하여야 한다.

④ 재해가 발생한 경우에도 인구 30만 (명) 이상의 도시지역에 급수를 할 수 있도록 재해 대비 급수 시설을 설치하여야 한다.

이상을 개념도로 나타내면 그림 1.1과 같다. 동 그림에서 각 시설 간 물의 수송은 시설 간 낙차에 의하며, 자연유하 또는 펌프 송수 등에 의한다.

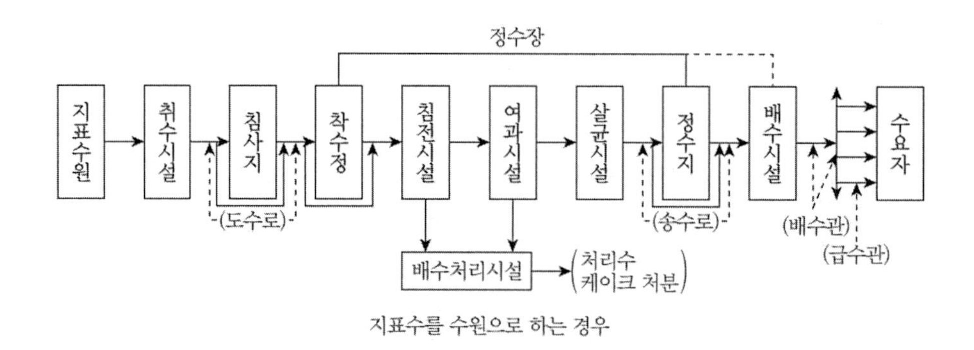

지표수를 수원으로 하는 경우

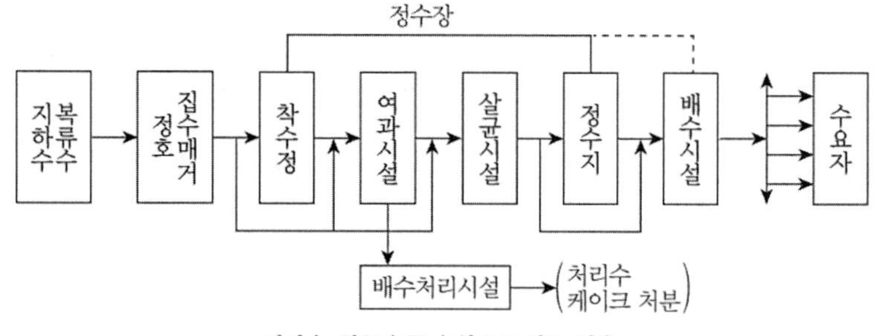

지하수·복류수를 수원으로 하는 경우

그림 1.1 상수도의 구성 개념도

1.5 수도의 종류

① **수도사업** : 일반 수요자 또는 다른 수도사업자에게 수도를 이용하여 원수나 정수를 공급하는 사업을 말하며, 일반 수도사업과 공업용 수도사업으로 구분한다.

② **일반 수도사업** : 일반 수요자 또는 다른 수도사업자에게 일반 수도를 사용하여 원수나 정수를 공급하는 사업을 말한다.

③ **공업용 수도사업** : 일반 수요자 또는 다른 수도사업자에게 공업용 수도를 사용하여 원수나 정수를 공급하는 사업을 말한다.

④ **일반수도** : 광역상수도, 지방상수도 및 마을상수도를 말한다.

⑤ **광역상수도** : 국가, 지방 자치단체, 한국 수자원공사 또는 국토교통부장관이 인정하는 자가 둘 이상의 지방 자치단체에 원수나 정수를 공급하는 일반 수도를 말한다.

⑥ **지방상수도** : 지방 자치단체가 관할 지역주민, 인근 지방 자치단체 또는 그 주민에게 원수나 정수를 공급하는 일반수도로서 광역상수도 및 마을상수도 외의 수도를 말한다.

⑦ **마을상수도** : 지방자치단체가 대통령령으로 정하는 수도시설에 따라 100명 이상 2천500명 이내의 급수인구에게 정수를 공급하는 일반수도로서 1일 공급량이 20세제곱미터 이상 500세제곱미터 미만인 수도 또는 이와 비슷한 규모의 수도로서 특별시장, 광역시장, 특별자치시장, 특별자치도지사, 시장, 군수(광역시의 군수는 제외)가 지정하는 수도를 말한다.

⑧ **공업용수도** : 공업용 수도사업자가 원수 또는 정수를 공업용에 맞게 처리하여 공급하는 수도를 말한다.

⑨ **전용 수도** : 전용 상수도와 전용 공업용 수도를 말한다.

⑩ **전용 상수도** : 100(명) 이상을 수용하는 기숙사·사택·요양소, 그 밖의 시설에서 사용되는 자가용의 수도와 수도 사업에 제공되는 수도 외의 수도로서 100(명) 이상 5천 (명) 이내의 급수인구(학교, 교회 등의 유동인구 포함)에 대하여 원수나 정수를 공급하는 수도를 말한다.

⑪ **전용 공업용수도** : 수도 사업에 제공되는 수도 외의 수도로서 원수 또는 정수를 공업용에 맞게 처리하여 사용하는 수도를 말한다.

⑫ **소규모 급수 시설** : 주민이 공동으로 설치·관리하는 급수인구 100(명) 미만 또는 1일 공급량 20(m^3) 미만인 급수 시설 중 특별시장, 광역시장, 특별자치시장, 특별자치도지사, 시장, 군수(광역시의 군수는 제외)가 지정하는 급수 시설을 말한다.

⑬ **해수담수화시설** : 정수를 공급하기 위하여 해수 또는 해수가 침투하여 염분을 포함한 지하수를 취수하여 담수화하는 수도시설을 말한다.

1.6 수도의 3요소

수도의 사명은 시민에 대해, 위생적으로 안전한 물(수질), 필요한 만큼의 물(수량), 안정한 공급·이용(수압)의 요건을 갖춘 물을 공급하는 것이다.

1.7 수도의 중요성

1.7.1 생명유지에 필요한 물

생명체에는 상당한 물이 존재하며, 이 물에 의해 생명활동이 유지되고 있다. 인체의 60~65(%)는 세포내의 물, 림프액(lymph), 혈액 등의 형태로 존재하는 수분이며, 생체로서 조직의 구성, 산소의 공급, 영양분의 순환공여, 영양분의 산화, 노폐물의 제거 등에 직접, 간접으로 간여하고 있다.

1) 체내의 물의 양

인간은 유아로서 체중의 약 80(%), 성인으로 약 60(%)의 수분을 지니고 있다. 즉, 2.5(kg)의 유아는 2(kg), 50(kg) 체중의 성인으로서는 30(kg)의 물을 체내에 지니고 있다.

인체가 이 물의 10(%) 정도의 수분을 잃어버리면, 경련이나 정신장해의 탈수증상을 초래하며, 더욱이 20(%) 정도의 수분을 잃어버리면 생명이 위험하다고 한다.

한편 인체가 체중의 20(%)의 수분을 과잉으로 섭취한 경우는 혈액이 희박하게 되며, 체세포 특히 뇌세포는 삼투압의 균형을 잃어 생명 유지가 위험하게 된다.

2) 체내의 물의 역할

체내에서 물은 다음과 같은 역할을 하고 있다.

① 혈액의 구성분인 헤모글로빈은 산소를, 혈청은 이산화탄소를 운반한다. 또 혈액은 체내의 각 조직에 양분을 보급하며, 노폐물을 운반한다.
② 림프액의 구성분이며, 세포에 영양분을 공급하며, 또 이 배출물을 받아들인다.

③ 세포 내에 존재하여, 세포의 호흡 분비, 삼투압 조절 등 세포작용에 관계하고 있다.
④ 불감 증산작용, 발간(땀) 작용으로부터 체온조절을 행하고 있다.

3) 일상 체내 물의 균형

건강한 성인은 하루에 2,300(mL)의 수분을 섭취하며 배출한다.

① **기초 섭취량** : 먹는 물 1,200(mL), 음식물 800(mL), 탄수화물 등 대사생성수 300(mL), 합계 2,300(mL)로 되어 있다.
② **기초 배출량** : 노폐물 등의 소변 1,400(mL), 체온의 땀 500(mL), 호흡 400(mL), 합계 2,300(mL)로 되어 있다.

여기에 일상생활, 운동 등으로 인해 섭취 및 배출량은 당연히 증대하게 된다.

1.7.2 사회생활에 필요한 물

수도는 일상의 인체 생명을 유지, 건강한 육체 생명을 유지하는 데 필요 불가결한 물을 공급할 뿐만 아니라, 인류가 문화생활을 영위하고, 고도한 사회생활을 진행하기 위해 필요한 물을 공급한다.

① **생활용수** : 생활용수로서는 주방, 세탁, 목욕, 세면, 청소, 수세식 화장실, 기타로서 사용된다. 생활용수는 생활수준의 향상, 자동세탁기, 그릇 세척기, 디스포저(disposer, 부엌 쓰레기 처리기) 등의 이용, 화장실의 수세화, 하수도의 보급, 더욱이 세대 구성원의 감소 등에 의해 증가한다고 생각한다.
② **업무·영업용수** : 사회 활동·도시 활동을 지지하는 데 필요한 물로서, 백화점, 상점, 사무실, 학교, 병원, 기숙사, 관공서 등에 이용된다.
③ **공장용수** : 각종 산업 중 용수형 산업은 다량의 물을 사용한다. 대규모의 공장에서는 공업용수로서 별개의 물을 구하고 있는 경우도 많지만, 수도 용수를 이용하는 공장도 많다.
④ **소방용수** : 불의의 화재 발생에 대해 수도는 도시 시설의 하나로서 소화용수로서 사용된다.
⑤ **기타** : 선박, 항공기 등에 공급되는 물도 수도로부터 제공된다.

1.8 수도와 보건

직접·간접으로 인체에 섭취되며, 이용되는 먹는 물이나 생활용수는, 그 청정함이 상당히 중요하다. 비위생적인 여러 가지 세균이나 바이러스, 기타 유해·유독물질에 의해 오염된 물을 이용한 경우에는 각종의 질병에 감염되며, 또 병이 발생한다. 먹는 물에 의해서 전파되는 전염병에는 설사, 장티푸스, 파라티푸스, 콜레라, 아메바 설사, 급성 소아마비(polio), 유행성 간염, 성홍열 등이다.

또 98(%) 이상으로 보급되고 있는 수도의 중요성을 감안해서 판단하면, 생애 걸쳐 연속적으로 섭취하여도, 사람의 건강에 영향이 나타나지 않는 수질 기준을 근거로 한 물의 안전성을 고려한 수질 기준이 정해져 있다(먹는 물 관리법).

참고로 수도에 관련된 법규를 열거하면 다음과 같다.

① 수도법
② 하수도법
③ 환경정책 기본법
④ 먹는 물 관리법
⑤ 수질 및 수생태계 보전에 관한 법률

❐ 참고문헌 ❐

1. 박중현, 『최신 상수도공학』, 동명사, 2002.
2. 환경부 통계연감, 2013.
3. 巽巌, 菅原正孝, 國民科學社, 1983.
4. 中村 玄正, 入門 上水道, 工學圖書株式會社, 1997.

Chapter 02

기본 계획

Chapter

02 기본 계획

2.1 개 요

일반적으로 상수도의 기본 계획수립은 장래의 물 수요를 상정하여, 수도시설의 신설 또는 확장을 위한 기본적인 계획을 세우는 것이다. 그 책정에서는 다음 사항을 고려해야 한다.

① 수질적인 안전·안정성
② 수량적인 안정성
③ 적정한 수압

다음에 기본 계획을 책정할 때 표준적인 순서는 다음과 같다.

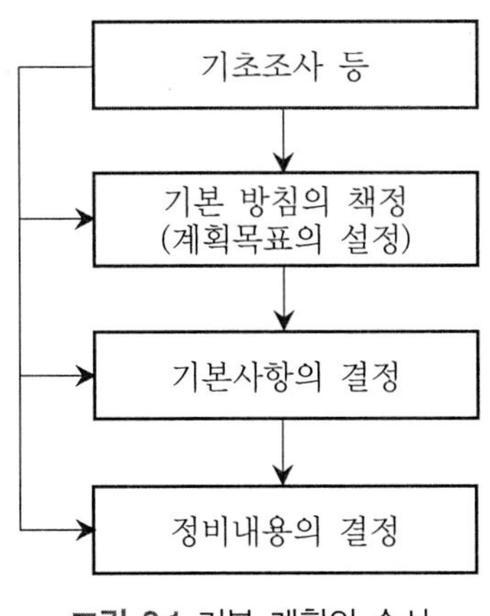

그림 2.1 기본 계획의 순서

2.2 기본 방침

수도시설의 신설 또는 확장을 위한 기본 계획은 다음 각항에 열거된 기본 방침에 의해 책정하지 않으면 안 된다.

① 위생적으로 안전한 필요량의 물을 계획 연차까지 필요한 지역에 상시 안정하게 공급할 것
② 시설의 총체적인 합리성·안전성의 확보와 유지관리를 고려할 것
③ 물의 유효 이용을 기할 것
④ 수도정비에 관한 종합적인 계획에 정합시킴과 동시에, 관련한 수도 사업 및 수도용수 공급사업의 계획과 조정을 기할 것
⑤ 수원의 선택은 극히 중요하며, 지역의 특성을 충분히 검토하여, 수도의 3요소를 만족하도록 신중하게 검토할 것

2.3 수도 계획의 단계적 수순

1) 기본 구상

지역의 물수요 동향, 수자원의 상황, 인근 도시와의 수도 사업이나 수도 용수 공급사업의 상황을 근거로 하여, 수도건설의 구상을 세운다.

2) 기본 계획

기본 구상을 전제로 물 수요, 수자원 등에 관한 기초조사를 행하며, 건설규모의 결정, 수원의 선정, 시설의 기본 설계(주요시설의 배치, 구조, 수리계산, 구조설계, 개산 사업비의 산정)를 시행한다.

3) 실시 계획

기본 계획을 근거로 하여, 각 시설을 실제로 건설하기 위해 상세한 조사를 수행한 다음, 세부적으로 설계를 시행한다.

2.4 광역적 수도 정비 계획

2.4.1 수도 광역화의 현재의 의의

현재의 수도는 ① 수원의 불안정화, ② 수도 수질 문제의 다양화, ③ 수처리 기술의 다양화, ④ 건설비나 유지관리비 상승에 의한 경영의 어려움, ⑤ 수도사업 간의 요금 격차의 확대 등, 여러 가지 곤란한 문제에 직면하고 있다. 이들에 대한 여러 문제는 앞으로 점점 심각해질 것으로 예상된다. 따라서 수도 본래의 목적을 달성하기 위해, ① 사업의 재편성이나 공동화의 촉진, ② 수도 사업 단체 등의 힘의 결집과 이를 위한 노력을 필요로 하는 시기에 도달한 것 같다.

이를 위해서는 우선 지방자치단체가 폭넓은 시점에서 수도 정비에 관한 기본 구상을 책정하고 또 필요한 지역에 관해서는 광역적 수도 정비 계획을 책정함으로써 앞으로 수도가 나아가야 할 방향을 분명하게 제시해야 한다. 이것을 근거로 관계되는 수도 사업이나 수도 용수 공급 사업자가 주체적으로 논의하거나 또는 노력함과 동시에 지방자치단체가 적극적으로 조정·유도의 역할을 수행하는 것이 필요하다.

우리나라에서는 현재 국토교통부, 환경부, 특별시장, 광역시장, 지방자치단체장은 일반수도 및 공업용수도를 적정하고 합리적으로 설치·관리하기 위해 10년마다 종합적인 기본 계획을 수립하고 있다(수도법 제4조. 2012).

2.4.2 정비 계획

중앙 행정기관과 지방자치단체는 수도의 광역적인 정비를 해야 할 필요가 있다고 인정할 때는 관계 지방자치단체와 공동으로 수도의 정비에 관한 기본 계획을 정해야 한다(수도법 제4조 2012).

내용으로는 ① 수도의 정비에 관한 기본 방침, ② 수돗물의 중장기수급에 관한 사항, ③ 광역상수원 개발에 관한 사항, ④ 수도 공급 구역에 관한 사항, ⑤ 상수원의 확보 및 상수원 보호구역의 지정·관리, ⑥ 수돗물의 수질 개선에 관한 사항, ⑦ 수도시설의 정보화에 관한 사항 등 12개 항목이다.

또한 환경부 장관은 국가 수도 정책의 체계적 발전, 용수의 효율적 이용 및 수돗물의 안정적 공급을 위하여 상술한 수도의 정비에 관한 기본 계획을 바탕으로 전국 수도 종합 계획을 10년마다 수립하여야 하며 그 주된 내용은 다음과 같다(수도법 제5조. 2012).

① 인구·산업·토지 등 수도 공급의 여건에 관한 사항, ② 수돗물의 수요 전망, ③ 수도 공급 목표 및 정책 방향, ④ 광역상수도, 지방상수도, 마을상수도, 농어촌생활용수, 공업용수도의 수요 전망 및 개발 계획, ⑤ 상수원의 확보 및 대체수원의 개발 계획, ⑥ 기존 수도시설의 개량 계획, ⑦ 수도사업의 투자 및 재원조달 계획, ⑧ 수돗물의 수질개선에 관한 사항 등 17개 항목에 대해 종합 계획을 수립하여야 한다.

2.5 기본 계획 책정 순서

수도의 기본 계획 책정에는 현재의 수요 대상만 고려할 것이 아니라 계획 급수량을 충분하게 확보할 수 있는 취수 가능량이 있는 수원의 선정과 이 급수량을 충분하게 공급할 수 있는 능력을 가진 시설규모의 결정이 기본이 된다. 기본 계획의 표준적인 책정 수순은 다음 그림 2.2와 같은 순서로 시행한다. 먼저 급수해야 할 지역의 범위와 당면 계획에서 목표로 삼아야 할 최종 연차를 정한다.

그 다음, 연차에 이를 때까지 그 지역 내에서의 인구동향 등으로부터 급수 인구를 추정하고 생활수준, 산업활동 등을 고려하여 사용수량을 산출하여 급수량을 결정한다. 급수량이 산출되면 이에 상응하는 수량을 장래에도 안정적으로 취수할 수 있는 수원을 선정한다.

이 경우 선정된 수원은 수량 및 수질적으로 요구되는 조건을 만족해야 하며, 장래에도 이 요건이 충족될 수 있어야 한다. 그러나 현실적으로 새로운 수원의 개발은 극히 한정되어 있으며 취수 가능 수량에 제약을 받아 급수 구역이나 목표 연차를 단축해야 하는 경우도 있지만, 강변여과수 등을 개발하여 수원 부족을 해결하며, 가능한 한 계획을 축소하는 것은 피해야 한다.

각 시설의 기본 설계는 저수시설, 취수시설, 도수시설, 정수시설, 송수시설, 배수시설 등이다.

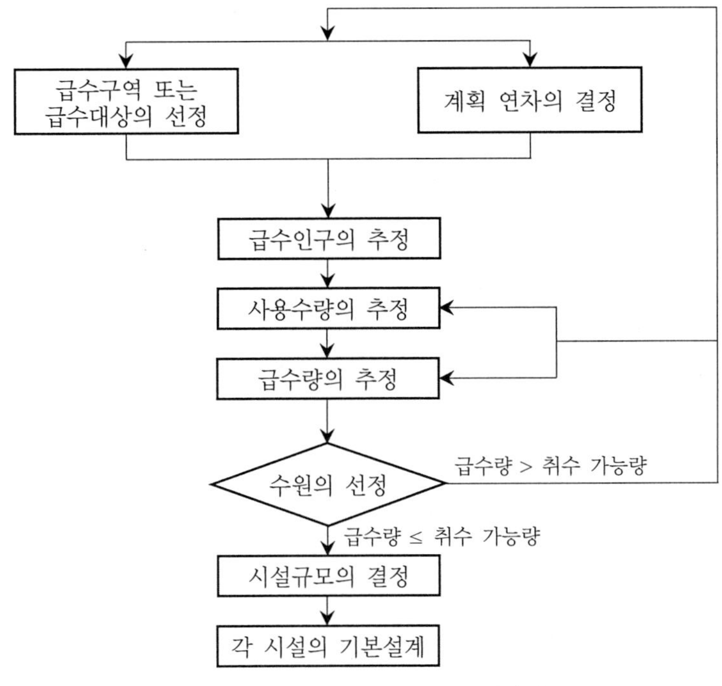

그림 2.2 상수도 기본 계획 수립과정

2.6 기본 사항

2.6.1 계획 연차(design period)

이것은 수도시설의 규모를 경제면에서 결정하는 데 필요한 목표 연차이며, 장래의 급수 수요의 동향, 원수 확보의 전망, 또는 사회의 경제정세나 재정 전망, 건설비·유지비 및 시설의 내용연수, 시설확장의 난이 등을 고려하여 될 수 있는 한 장기적으로 결정해야 한다.

그러나 이들의 전망을 세우기 어려운 경우에는 기본 계획의 결정시점으로부터 10년 정도 후를 표준으로 한다. 이를 기준으로 너무 단기는 일반적으로 시설의 완료 전에 목표 연차에 달하거나, 장기적으로는 유휴자본의 점에서 비경제적이다. 그렇다고 하더라도 시설에 의해서는 장래의 시공의 곤란성이라든지, 기타 사정으로 표준 연차 이상의 장기적으로 전망할 필요가 있는 경우도 있다.

2.6.2 계획 급수 구역

이것은 계획 연차까지 배수관을 포설하여, 급수를 개시해야 할 구역이다. 계획 급수 구역의 결정에 있어서는 수도가 가지고 있는 사회적 역할의 중요성을 고려하여, 시설의 건설, 관리의 효율화와 경제성을 검토하는 데 광역적인 배려도 행해야 한다. 수도 사업자는 계획 연차까지, 계획 급수 구역 내의 수요자에게 대해 급수하는 의무가 있다.

통상은 지방자치단체의 경계 내에 있으며, 여러 도시가 모여 수도조합을 만드는 경우는 몇 개의 행정구역에 걸쳐있는 것도 있다. 같은 행정구역 내라도 경제적으로 급수가 어려운 고지역 등을 급수 구역으로부터 제외하는 경우도 있다.

2.6.3 계획 급수 인구, 계획 급수 보급률

계획 급수 인구는 계획 연차에서 계획 급수 구역 내의 추계상주 인구(야간인구)에 계획 급수 보급률을 곱하여 구한다.

$$\text{급수 인구} = \text{급수 구역 내 총인구} \times \text{급수 보급률} \tag{2.1}$$

추계상주 인구는 지방자치단체 등이 실시한 추계에 의한 장래의 행정구역 내 인구를 사용하지만, 이것이 부적당하다면 수도 사업자가 독자적으로 과거의 실적에 근거하여 추계한다. 이 경우 실적은 10년 정도의 자료가 있으면 지장은 없다. 단, 이상한 증감이 있는 실적은 제외한다.

또한 급수 보급률은 가정용 우물 등의 상황에 의해 차가 생기지만, 공중위생의 향상이나 생활환경 개선의 입장에서 될 수 있는 한 높은 수준을 목표로 해야 한다. 급수 보급률은 수도신설의 경우는 성격이 닮은 다른 도시의 기설수도의 실적을 참고로 하며, 확장의 경우는 과거의 실적을 근거로서 결정하지 않으면 안 된다. 계획 급수 보급률을 결정하는 경우, 수도의 사회적 역할의 중요성을 고려하여 사업체의 목표, 시설의 정비내용 등을 충분히 검토하여 될 수 있는 한 높은 수준의 보급률을 목표로 하도록 한다.

1) 장래 인구의 추정법

장래 인구를 추정하기 위해서는 과거 인구의 증가 실적과 연차와의 관계를 도상에 플롯(plot)하여, 얻어진 곡선형과 같은 경향으로 장래 인구가 증가한다고 생각하여 이 곡선 형태와 잘 어울리는 경향 선에 관해서 이들 식 중의 관계를 최소자승법 등에 의해 결정하여 장래 인구의 추정 식을 작성하여 이에 따라 장래 인구를 산출한다.

실제로 장래인구는 과거 실적뿐만이 아니라 이후의 사회적·경제적 요인에 의해서도 좌우되기 때문에 이들을 충분히 검토한 후 경향선 형태를 결정해야만 한다. 다음에 추계방법에 대해 기술하지만 다른 방법도 있기 때문에 이들을 참고하여 최적의 인구 추정 식을 이용하는 것이 바람직하다.

(1) 최소자승법의 생각 – 최소자승법에 의한 직선회귀

관찰점 $(x_i,\ y_i)$과 직선 $y=ax+b$와의 종거 d의 자승의 합이 최소가 되도록 직선의 계수 a, b를 결정한다. 그림 2.3에 최소자승법의 생각이다. 즉, 이처럼 결정된 회귀직선을,

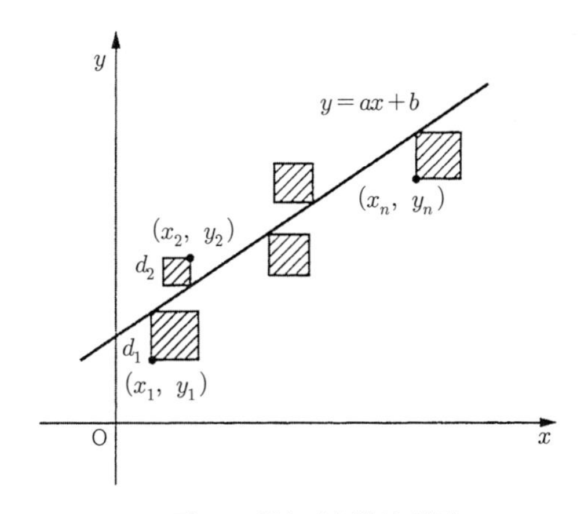

그림 2.3 최소자승법의 생각

$$y=ax+b \text{라 하면} \tag{2.2}$$

$$\sum d^2=\sum (y-y_i)^2=D \tag{2.3}$$

의 값을 최소로 하는 a, b를 결정하면 된다.

$$\therefore\ D=\sum d^2=\sum (y-y_i)^2=\sum (ax_i+b-y_i)^2 \tag{2.4}$$

D를 a, b의 함수로 생각할 때, D가 최소로 되는 것은 D를 a, b로 미분한 편도함수가 0이 될 때이다.

$$\therefore \ \frac{\partial D}{\partial a} = 2(a\Sigma x_i^2 + b\Sigma x_i - \Sigma(x_i \cdot y_i) = 0 \tag{2.5}$$

$$\therefore \ \frac{\partial D}{\partial b} = 2(a\Sigma x_i + \Sigma b - \Sigma y_i) = 0 \tag{2.6}$$

$$a\Sigma x_i^2 + b\Sigma x_i - \Sigma(x_i \cdot y_i) = 0 \tag{2.7}$$

$$(a\Sigma x_i + b\Sigma - \Sigma y_i) = 0 \tag{2.8}$$

으로부터 다음 정규방정식을 얻을 수 있다.

$$\Sigma(x_i \cdot y_i) = a\Sigma x_i^2 + b\Sigma x_i \tag{2.9}$$

$$\Sigma y_i = a\Sigma x_i + b\Sigma = a\Sigma x_i = n \cdot b \tag{2.10}$$

식 (2.9), (2.10)으로부터 계수 a, b는 다음과 같이 구할 수 있다.

$$a = \frac{n\Sigma(x_i \cdot y_i) - \Sigma x_i \cdot \Sigma y_i}{n\Sigma x_i^2 - (\Sigma x_i)^2} \tag{2.11}$$

$$b = \frac{\Sigma x_i^2 \cdot \Sigma y_i - \Sigma x_i \cdot \Sigma(x_i \cdot y_i)}{n\Sigma x_i^2 - (\Sigma x_i)^2} \tag{2.12}$$

(2) 등차급수법(연평균 인구 증가수를 기본으로 하는 방법)

매년 인구 증가수가 비교적 적은 도시나 발전이 느린 도시 또는 발전 계획이 끝난 도시 등에 적용된다. 그림 2.4의 1차 직선이 적당하다고 생각되는 경우이다.

① **단순한 계산에 의한 방법**

$$Y = aX + b \tag{2.13}$$

$$a = \frac{p_0 - p_t}{t}$$

여기서, Y : 장래 인구(인)

X : 기준년으로부터 연수(년)

a : 연 인구 증가수를 나타내는 계수

b : 기준년의 인구(인)

p_0 : 현재 인구

p_t : 현재로부터 t년 전 인구

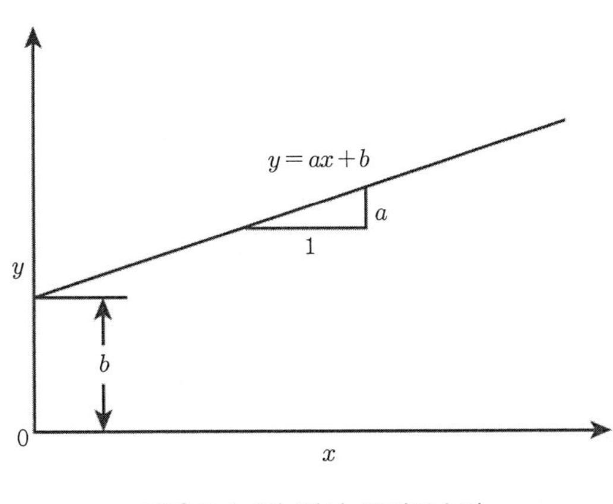

그림 2.4 1차 직선–등차급수법

② **최소자승법**

식 (2.13)의 계수 a, b를 구하기 위해서는 그래프에 횡축에 연도, 종축에 인구를 취하고, 과거의 인구 data를 작성하여 각 플롯을 가장 잘 나타내는 직선을 그리면, 직선의 구배로서 a, 종축을 절편으로 p_0를 구할 수 있다.

이것을 계산으로 하려면 최소자승법을 이용하여 계획 연차의 인구를 추정할 수 있다. 일반적으로 X, Y의 관계를 나타낸 data가 식 (2.13)에 근사하면 상수 a 및 b는 식 (2.11) 및 (2.12)와 같이 나타낼 수 있다.

예제 2.1

다음 도시의 인구자료가 다음 표와 같을 때 2000연도의 인구를 구하라.

표 2.1 인구통계자료

연도(X)	인구(Y)	연도(X)	인구(Y)
1987	135,000	1992	150,500
1988	137,200	1993	151,900
1989	142,500	1994	154,600
1990	144,700	1995	157,500
1991	146,100		

해

① 등차급수법

$$a = \frac{157500 - 135000}{8} = 2812.5 \fallingdotseq 2813$$

즉, 1년간 2,813명씩 인구가 증가한다. 따라서 장래 인구를 구하는 일반식은

$$Y = 2813 \times 5 \; + 157500 = 171565(\text{명})$$

여기서 X는 1995년을 기준년으로 한 경우 2000년은 5년이다.

② 최소자승법

표 2.2 인구 통계 자료로부터 계산한 별표

연도	인구(Y)	X	X^2	XY
1987	135,000	−4	16	−540,000
1988	137,200	−3	9	−411,600
1989	142,500	−2	4	−285,000
1990	144,700	−1	1	−144,700
1991	146,100	0	0	0

표 2.2 인구 통계 자료로부터 계산한 별표(계속)

연도	인구(Y)	X	X^2	XY
1992	150,500	1	1	150,500
1993	151,900	2	4	303,800
1994	154,600	3	9	463800
1995	157,500	4	16	630,000
합계	1,320,000	0	60	166,800

$$a = \frac{n\sum(x_i \cdot y_i) - \sum x_i \cdot \sum y_i}{n\sum x_i^2 - (\sum x_i)^2} = \frac{9 \times 166800 - 0 \times 1320000}{9 \times 60 - 0} = 2780$$

$$b = \frac{\sum x_i^2 \cdot \sum y_i - \sum x_i \cdot \sum(x_i \cdot y_i)}{n\sum x_i^2 - (\sum x_i)^2} = \frac{60 \times 1320000 - 0 \times 166800}{9 \times 60 - 0}$$

$$= 146666.7 \fallingdotseq 146667$$

$$y = ax + b = 2780 \times 9 + 146667 = 171687$$

(2000년은 기준년 1991년부터 x =9년이다.)

(주) 최소자승법을 이용할 경우, 기준년을 적당히 잡으면, $\sum X$의 값이 0이 되어 나중에 계산이 간단하게 된다.

(3) 등비급수적 추정법(연평균 인구 증가율을 기본으로 하는 방법)

본 법은 상당한 장기간에 걸쳐, 같은 인구 증가율을 지속해온 발전적인 도시에 적용된다. 발전이 둔화하는 경향이 보이면, 추정인구가 과대평가될 우려가 있다. 그림 2.5는 연평균 증가율에 의한 인구증가 경향선이다.

$$Y = Y_0(1+r)^x \tag{2.14}$$

$$r = \left(\frac{Y_0}{Y_t}\right)^{1/t} - 1 \tag{2.15}$$

여기서, r : 연평균 증가율

Y : 기준년으로부터 x년 후의 인구

Y_0 : 현재 인구

x : 현재로부터 계획년까지의 경과 연수

Y_t : 현재로부터 t년 전의 인구

이 방법은 인구추계가 과대해지는 경향이 있으며, 따라서 장래에 크게 발전할 가망성이 있는 도시에 적용시킨다.

식 (2.14)의 양변에 대수를 취하면,

$$\log Y = \log Y_0 + X \log(1+r) \tag{2.16}$$

$$\begin{matrix} \downarrow & & \downarrow & & \downarrow & & \downarrow \\ y & = & b & + & x & \times & a \end{matrix} \tag{2.17}$$

로 치환하여 최소자승법으로 계산한다. 또한 식 (2.17)처럼 만약 실측치의 관계가 식 (2.17)과 일치한다면 X와 $\log Y$는 직선관계가 되어야 한다.

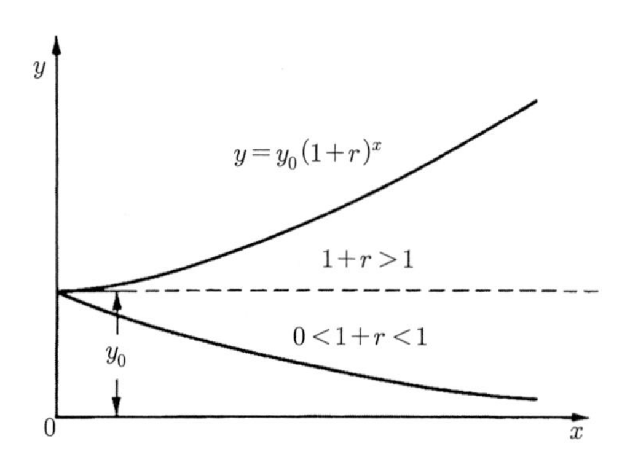

그림 2.5 연평균 인구 증가율에 의한 경향선

예제 2.2

다음의 인구통계 자료를 참고하여 1998연도의 인구를 등비급수적 추정법으로 구하라.

표 2.3 인구통계자료

연도	인구
1985	20483
1986	22317
1987	22891
1988	23566
1989	24272

해

① 1985년 및 1989년의 2개의 자료만 사용하는 경우, 식 (2.14)로부터

$$r=\left(\frac{Y_0}{Y_t}\right)^{1/t}-1=\left(\frac{20483}{24272}\right)^{\frac{1}{4}}-1=0.043$$

$$Y=Y_0(1+r)^x=24272(1+0.043)^9=35454(\text{명})$$

② 최소자승법을 이용하는 경우

인구통계 자료로부터 표 2.4와 같이 만든다.

표 2.4 인구통계자료로부터 계산한 별표

연도	인구(Y)	$Y=\log Y$	X	X^2	XY
1985	20483	4.311	−2	4	−8.623
1986	22317	4.349	−1	1	−4.349
1987	22891	4.360	0	0	0
1988	23566	4.372	1	1	4.372
1989	24272	4.385	2	4	8.770
합계		21.777	0	10	0.170

$$a=\frac{n\Sigma(x_i\cdot y_i)-\Sigma x_i\cdot\Sigma y_i}{n\Sigma x_i^2-(\Sigma x_i)^2}=\frac{5\times0.17}{5\times10}=0.017\quad[=\log(1+r)]$$

$$b=\frac{\Sigma x_i^2\cdot\Sigma y_i-\Sigma x_i\cdot\Sigma(x_i\cdot y_i)}{n\Sigma x_i^2-(\Sigma x_i)^2}=\frac{10\times21.777}{5\times10}=4.355\quad(=\log Y')$$

$$\therefore \ 1+r=1.040$$

$$Y'=22646$$

Y'는 기준년의 계산상 인구이다. 따라서 1998년의 인구는 11년이 되므로,

$$Y=Y_0(1+r)^x=22646(1.040)^{11}=34862(\text{명})$$

(4) 지수 곡선식을 이용하는 방법

비교적 많은 도시에 적용 가능하다.

$$Y=Y_0+A\,x^a \tag{2.18}$$

여기서, Y : 기준년에서 x년 후의 추정인구

Y_0 : 기준년의 인구

x : 실적 초 연도에서 계획 연도까지의 경과 연수

A, a : 상수

A, a를 구하기 위해 식 (2.18)을 변형하여 log를 취한다.

$$Y-Y_0=A\,x^a$$

$$\begin{array}{ccccc} \log(Y-Y_0) & = & \log A & + & a\log x \\ \downarrow & & \downarrow & & \downarrow \\ y & = & b & + & x\times a \end{array} \tag{2.19}$$

여기서 $\log(Y-Y_0)=y$, $\log A=b$, $\log x=x$라고 하면

식 (2.19)는 $Y=aX+b$로 되어 식 (2.2)과 같으며, 식 (2.11) 및 (2.12)에 근거하여 a, b를 산출하여 b의 값을 상식에 대입하여 A를 구하면 된다. 식 (2.19)의 경향선은 그림 2.2와 같으며, 이 방법은 대부분의 도시에 적용할 수 있다.

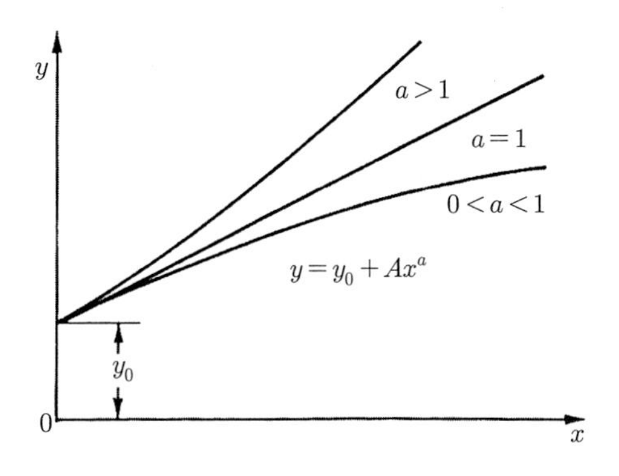

그림 2.6 지수곡선식에 의한 경향선

예제 2.3

예제 2.1의 인구자료를 이용하여 지수곡선식에 의해 인구를 추정하라.

해

최소자승법에 의한 추정으로 다음과 같이 표를 작성한다.

표 2.5 인구통계자료로부터 계산한 별표

연도	n	$X=\log n$	X^2	P_n	P_n-P_0	$Y=\log(P_n-P_0)$	XY
1985	0	–		20483	0	–	–
1986	1	0	0	22317	1834	3.26340	0
1987	2	0.30103	0.09062	22891	2408	3.38166	1.01798
1988	3	0.47712	0.22764	23566	3083	3.48897	1.66466
1989	4	0.60206	0.36248	24272	3789	3.57852	2.15448
합계		1.38021	0.68074	–	–	13.71255	4.83712

이 표의 결과로부터

$$a=\frac{n\Sigma(x_i\cdot y_i)-\Sigma x_i\cdot\Sigma y_i}{n\Sigma x_i^2-(\Sigma x_i)^2}=\frac{4\times4.83712-1.38021\times13.71255}{4\times0.68074-(1.38021)^2}=0.516$$

$$\log A=b=\frac{\Sigma x_i^2\cdot\Sigma y_i-\Sigma x_i\cdot\Sigma(x_i\cdot y_i)}{n\Sigma x_i^2-(\Sigma x_i)^2}=\frac{0.68074\times13.71255-1.38021\times4.83712}{4\times0.68074-(1.38021)^2}$$

$$= 3.250$$

$$\therefore\ A = 1778$$

a 및 $b(=\log A)$의 값을 식 (2.18)에 대입하여 n =13(1985년부터 1998년까지의 경과 연수)으로 하면,

$$Pn = 20483 + 1778 \times 13^{0.516} = 27162\,(명)$$

(5) 수정 지수곡선식에 의한 방법

발전기를 지나 인구가 극한으로 근접하는 도시에 적용할 수 있으며, 다음 식에 의한다.

$$Y = K - a\,b^x \tag{2.20}$$

여기서, Y : 기준년으로부터 x년 후의 추정 인구
x : 기준년으로부터 경과 연수
$K,\ a,\ b$: 정수

이 식은 $a > 0,\ 1 > b > 0$의 경우에 $x \to -\infty$일 때 $y \to -\infty$가 되며, $x \to +\infty$일 때 $y \to K$가 된다. 따라서 $y = K$가 상부의 점근선이 되며, 식의 경향은 그림 2.3처럼 된다. 식 중의 미지수는 $K,\ a,\ b$ 3개이므로 인구실적의 자료 총수를 3등분한 것을 n으로 하여 잔차합계법의 이론에 따라 3원 연립방정식을 풀면 된다.

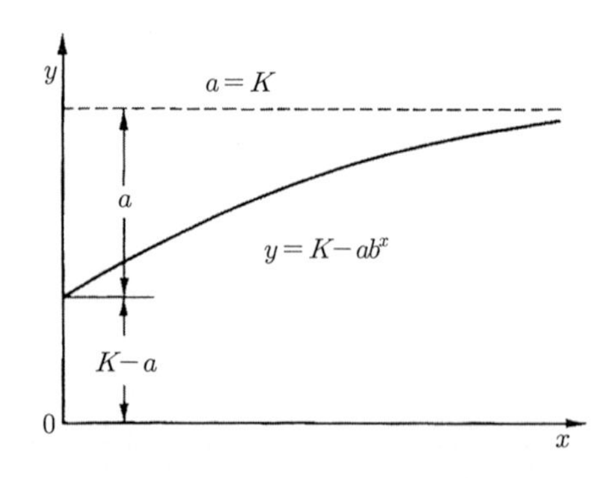

그림 2.7 수정 지수곡선에 의한 경향선

$$\Sigma_1 y = nK - a\left(\frac{b_n - 1}{b-1}\right),\ \text{단 이 식은 } x = 0,\ 1,\ 2,\ \cdots,\ n-1$$

$$\Sigma_2 y = nK - ab^n\left(\frac{b_n - 1}{b-1}\right),\ \text{단 이 식은 } x = n,\ n+1,\ n+2,\ \cdots,\ 2n-1$$

$$\Sigma_3 y = nK - ab^{2n}\left(\frac{b_n - 1}{b-1}\right),\ \text{단 이 식은 } x = 2n,\ 2n+1,\ 2n+2,\ \cdots,\ 3n-1$$

상식을 전개·정리하면,

$$\left.\begin{aligned} b^n &= \frac{\Sigma_3 y - \Sigma_2 y}{\Sigma_2 y - \Sigma_1 y} \\ a &= \left(\sum_1 y - \sum_2 y\right)\frac{b-1}{(b^n-1)^2} \\ K &= \frac{1}{n}\left\{\Sigma_1 y + \left(\frac{b^n-1}{b-1}\right)a\right\} \end{aligned}\right\} \qquad (2.21)$$

예제 2.4

다음의 인구자료를 이용하여 2003년의 인구를 추계하라.

표 2.6 인구자료

연도	x	인구 y(명)
1990	0	113,286
1991	1	115,124
1992	2	122,159
Σ_1		350,569
1993	3	126,204
1994	4	134,890
1995	5	141,085
Σ_2		402,179
1996	6	144,193

표 2.6 인구자료(계속)

연도	x	인구 y(명)
1997	7	147,316
1998	8	151,217
Σ_3		442,726

해

식 (2.21)로부터

$$b^n = \frac{\Sigma_3 y - \Sigma_2 y}{\Sigma_2 y - \Sigma_1 y} = \frac{442726 - 402179}{402179 - 350569} = \frac{40547}{51610} = 0.78564$$

$$\log b = \frac{1}{n}\log 0.78564 = \frac{1}{3}\times(-0.10478) = -0.034926$$

$$\therefore\ b = 10^{-0.034926} = 0.92273$$

$$a = (\Sigma_1 y - \Sigma_2 y)\frac{b-1}{(b^n-1)^2} = (350569 - 402179)\frac{0.92273-1}{(0.78564-1)^2} = 86788$$

$$K = \frac{1}{n}\left\{\Sigma_1 y + \left(\frac{b^n-1}{b-1}\right)a\right\} = \frac{1}{3}\left\{350569 + \left(\frac{0.78564-1}{0.92273-1}\right)\times 86788\right\} = 197111$$

따라서 구하는 인구 추정식은

$y = 197111 - 86788 \times 0.92273^x$ 이 되며

2003년(x =13)의 추정 인구는 상식으로부터

y =166,600(명)이 된다.

(6) logistic curve(이론 곡선)을 이용하는 방법

이 방법은 인구가 일정 구역 내 도시인구의 최소한도는 0이며, 일정한 경향의 S자 형태(변곡점)로 점차 증가하여, 결국에는 포화에 도달한다는 근거를 바탕으로 하는 이론이다.

이 3조건을 만족하는 일종의 지수함수식과 잘 일치한다고 발표하여 이 곡선을 logistic

curve(벨기에 수학자, Verhulst P.F. 1838)라 하였으며, 다음 식이 이론적으로 가장 잘 일치한다.

$$P_n = \frac{K}{1+e^{b-ax}} \tag{2.22}$$

여기서, P_n : 기준년으로부터 x년 후의 추정인구

x : 기준년으로부터 경과 연수

K : 포화인구

e : 자연대수의 밑(≒2.7182)

a, b : 상수

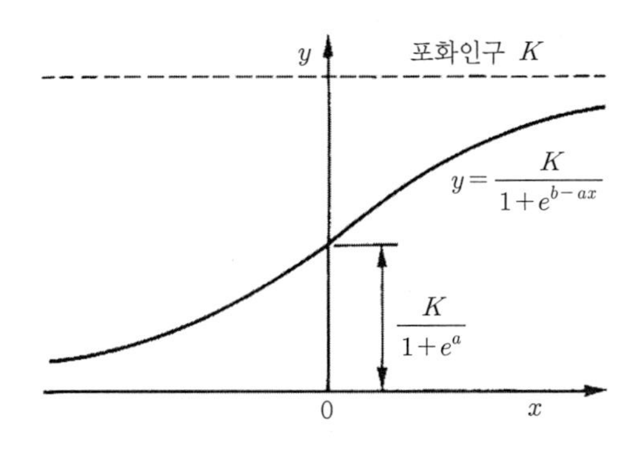

그림 2.8 logistic curve에 의한 경향선

정수 a, b를 산정하는 데 최소자승법 또는 3점법이 사용된다. 식 (2.22)에서 도시인구는 무한년 전(도시건설 초기)에는 0, 그 후 시간의 경과와 함께 서서히 증가하여 중간의 어느 기간에서 최대 증가율을 나타내며, 이후 증가율이 감소하여 무한년 이후는 포화인구에 달한다고 하는 형태를 취하고 있다. 포화인구를 가정하는 데 어려운 점이 있으나, 도시의 인구 동태와 잘 합치하므로 널리 사용되고 있다.

① **최소자승법**

계산 방법으로 우선 처음으로 포화인구(K)를 추계하고, 포화추계인구는 통상 지방 관공서가 그 행정구역 내의 장래인구를 추계하고 있기 때문에, 그 값을 사용하면 된다.

식 (2.22)를 변형하면,

$$e^{b-ax} = \frac{K}{P_n} - 1 \tag{2.23}$$

$$\therefore\ b - ax = \ln\left(\frac{K}{P_n} - 1\right) \tag{2.24}$$

$\ln\left(\dfrac{K-P_n}{P_n}\right) = Y$으로 두면 식 (2.24)은 식 (2.2)처럼 $Y = b - ax$로 되기 때문에 포화인구 K를 가정하면 a, b를 최소자승법으로 구할 수 있다.

예제 2.5

다음 표의 인구 통계를 근거로 logistic curve를 이용하여 1983연도의 인구를 추계하라. 포화인구를 250,000(명)으로 한다.

해

풀이는 다음과 같다.

표 2.7 인구자료 K=250,000의 경우 계산한 별표

연도	인구(P_n)	X	X^2	$Y=\ln(K/P_n-1)$	XY
1970	116,066	−4	16	0.1432	−0.5728
1971	120,057	−3	9	0.07913	−0.2374
1972	124,249	−2	4	0.01202	−0.2404
1973	128,110	−1	1	−0.04977	0.04977
1974	137,654	0	0	−0.2032	0
1975	143,512	1	1	−0.2984	−0.2984
1976	155,428	2	4	−0.4968	−0.9936
1977	165,235	3	9	−0.6675	−2.0025
1978	171,196	4	16	−0.7758	−3.1032
합계		0	60	−2.2571	−7.1822

$$-a=\frac{9\times(-7.1822)}{9\times60}=-0.1197$$

$$b=\frac{60\times(-2.2571)}{9\times60}=-0.2508$$

$$P_n=\frac{250000}{1+e^{(-0.2508-0.1197\times9)}}$$

$$\fallingdotseq 197600(\text{명})$$

② **3점법**

이 경우에는 식 (2.21)의 K, a, b가 미지수가 된다. 단, 인구의 실적(연수는 등간격이 된다)을 $y_{(0)}$, $y_{(1)}$, $y_{(2)}$로 한 경우에,

$$0<y_{(0)}<y_{(1)}<y_{(2)}$$

$$y_{(1)}^2>y_{(0)}\cdot y_{(2)}$$

되는 조건을 만족하는 경우에 사용되는 해법이다. 즉,

$$d_1=\frac{1}{y_{(0)}}-\frac{1}{y_{(1)}},\ d_2=\frac{1}{y_{(1)}}-\frac{1}{y_{(2)}}\text{로 하면}$$

$$K=\frac{y_{(0)}\cdot(d_1-d_2)}{d_1(1-d_1\cdot y_{(0)})-d_2}$$

$$a=\frac{1}{\log e}\cdot\log\frac{Kd_1{}^2}{d_1-d_2} \tag{2.25}$$

$$b=\frac{\log d_1-\log d_2}{\log e}$$

예제 2.6

다음 표의 5년 간격의 인구 통계를 근거로 2005연도의 인구를 추계하라.

해

표 2.8 5년 간격의 인구 통계

연도	인구 y(명)
1990	69,188
1995	100,649
2000	131,558

지금 $y_{(0)}=69188$, $y_{(1)}=100649$, $y_{(2)}=131558$로 하면 $0<y_{(0)}<y_{(1)}<y_{(2)}$ 및 $y_{(1)}^2>y_{(0)}\cdot y_{(2)}$가 되는 조건을 만족하고 있다.

따라서

$$d_1=\frac{1}{y_{(0)}}-\frac{1}{y_{(1)}}=\frac{1}{69188}-\frac{1}{100649}=0.4517\times10^{-5}$$

$$d_2=\frac{1}{y_{(1)}}-\frac{1}{y_{(2)}}=\frac{1}{100649}-\frac{1}{131558}=0.2335\times10^{-5}$$

$$\therefore\ K=\frac{y_{(0)}\cdot(d_1-d_2)}{d_1(1-d_1\cdot y_{(0)})-d_2}$$

$$=\frac{69188\times10^{-5}\times(0.4517-0.2335)}{0.4517\times10^{-5}\times(1-0.4517\times10^{-5}\times69188)-0.2335\times10^{-5}}$$

$$=196063(\text{상한값})$$

$$a=\frac{1}{\log e}\cdot\log\frac{Kd_1^2}{d_1-d_2}=2.3026\times\log\frac{196063\times(0.4517\times10^{-5})^2}{0.4517\times10^{-5}-0.2335\times10^{-5}}=0.26080$$

$$b=\frac{\log d_1-\log d_2}{\log e}=\frac{\log d_1/d_2}{\log e}=2.3026\times\log\frac{0.4517\times10^{-5}}{0.2335\times10^{-5}}=0.65984$$

따라서 $y=\dfrac{196063}{1+e^{0.26080-0.65984x}}$

이것이 구하는 인구추계 정식이며, $x=15$로서 $y=196,075$(명)이 구하는 인구이다.

Reference 참고

주어진 인구실적은 5년 간격의 자료이지만, 가령 이것을 3년 연속의 매년 실적으로 간주한다. 즉, 인구실적을 $y_{(0)}(t=0)$, 단 1990년을 기준년으로 생각하고, 경과 연수를 여기서는 가령 t로 나타낸다), $y_{(1)}(t=1)$, $y_{(2)}(t=2)$로 하면, 2005연도는 실적의 세 번째, 즉 2000년보다 5년 간격의 년에 해당하기 때문에, 이것을 1995년에 연속하는 네 번째로 간주하면, 기준년(1990년)으로부터 $t=3=3$이 되기 때문에, 상기 인구 추정 식 중의 x를 t로 간주하여 $t=3$으로서 $y_{(3)}$을 구하게 되는 것이다. 즉,

$$y_{(3)}=\frac{196063}{1+e^{0.26080-0.65984\times3}}=\frac{196063}{1+e^{-1.71872}}\fallingdotseq 166300\,(\text{명})$$

이것이 이 경우에 구하는 추정 인구이다.

2.6.4 급수 보급률

급수 보급률이란 급수 인구를 총인구로 나눈 것이며, 급수 인구를 산출하려면 총인구에다 급수 보급률을 곱하면 된다. 급수보급률은 상수도 시설 후의 연수와 도시의 상태 특히 지하수의 이용 여부에 따르며, 일반적으로 급수 개시 후에 점점 증가한다.

또한 대도시는 소도시에 비하여 보급률이 크고, 항만 도시와 공업도시 또는 지하수의 수질이 불량한 도시는 보통 도시보다 크다. 요컨대 인구 증가에 따라서 평균 사용수량도 증가하고, 또한 급수 보급률도 증가하므로 총사용수량은 인구 증가 이상으로 급격히 증가하는 경우가 많다.

보통 급수 보급률은 90~95(%) 정도이며, 이 정도로 보급하자면 수년 또는 수십 년을 요하게 된다.

각 도시의 종래 보급률은 보통 급수 개시 후 5년 만에 30(%), 10년 만에 50~70(%), 20년 후에 70~90(%)가 되는 것이 보통이며, 건설하는 신도시의 경우에는 급수 개시 후 1년 만에 90(%) 이상이 되는 경우도 있다.

계획연도의 급수 보급률을 추정할 때도 그 도시의 성격과 발전 상황이 비슷한 타 도시와의 실적을 참작하는 것이 필요하다. 다음 표는 우리나라 상수도 보급률이다.

표 2.9 시도별 상수도 보급현황(2008년)

구분	1일 평균 급수량(L)	급수 인구(명)	총인구	1인 1일당 급수량(L)	보급률
서울특별시	3,251,631	10,456,034	10,456,034	311	100
부산광역시	1,056,520	3,587,492	3,596,076	295	99.8
대구광역시	810,219	2,506,285	2,512,601	323	99.7
인천광역시	951,578	2,677,906	2,741,217	355	97.7
광주광역시	451,579	1,405,846	1,434,625	321	98.0
대전광역시	496,648	1,485,551	1,494,951	334	99.4
울산광역시	327,815	1,074,907	1,126,879	305	95.4
경기도	3,477,058	10,905,712	11,549,091	319	94.4
강원도	582,440	1,300,381	1,521,467	448	85.5
충청북도	478,193	1,290,606	1,542,287	371	83.7
충청남도	516,500	1,425,490	2,053,791	362	69.4
전라북도	704,279	1,643,303	1,874,521	429	87.7
전라남도	489,557	1,363,174	1,938,690	359	7.03
경상북도	976,725	2,229,677	2,709,662	438	82.3
경상남도	1,005,067	2,815,164	3,276,962	357	85.9
제주도	190,395	565,520	565,520	337	100
합계	15,766,203	46,733,048	50,394,374	337	92.7

* 환경부 환경통계포털/상수도 통계(2011)

표 2.10 상수도 보급현황

연도	2000	2001	2002	2003	2004	2005	2006	2007	2008
상수도 보급률	87.1	87.8	88.7	89.4	90.1	90.7	91.3	92.1	92.7
1인 1일 급수량	380	374	362	359	365	363	346	340	337

* 환경부 환경통계포털/상수도 통계(2011)

2.7 계획 급수량(water quantity)

2.7.1 개 설

계획 급수량은 수도의 기본 계획에서 수도시설의 규모를 결정하는 가장 중요한 기본 수량이다. 원래 물의 수요량이나 수요의 증가속도는 도시의 대소(규모)·성격 또는 발전상황 등에 의해 다르며, 한편 핵가족화 현상의 진행이라든지 도시 구조의 복잡화 등, 물 수요를 발생시키는 요인도 마찬가지로 지극히 복잡해도 종래의 물 수요 예측은 단순히 원 단위를 과거의 실적에 근거하여, 지극히 거시적으로 추정하는 방법이 채택되고 있다.

그러나 물 소비의 합리화가 강하게 요구되고 있는 현재로서는 계획 급수량의 결정은 실태조사에 근거한 용도별 사용수량의 과거의 실적치의 분석이 상당히 중요하다. 이 분석 결과로부터 장래의 수요량을 용도별로 될 수 있는 한 합리적으로 추정한 후 이들 용도별 사용수량의 총합을 근거로 하여 다음에 기술하는 방법에서 계획 1일 평균 급수량이나 계획 1일 최대 급수량을 추정한다.

2.7.2 계획 급수량의 결정

전술한 바와 같이 용도별 사용수량의 과거의 실적치 등의 기초 자료가 정리되어 있는가, 없는가로부터 계획 급수량의 예측방법이 다르기 때문에 다음 2가지 경우로 나누어 기술한다.

1) 기초 자료가 정리되어 있는 경우

(1) 용도별 사용수량

수도의 급수량을 나누면, 유효수량과 무효수량이다. 전자는 유효하게 사용된 수량이며, 후자는 누수량이다. 단 가정 내에서 누수는 유효수량이다.

용도별 사용수량의 실적은 유수수량과 유효 무수수량으로 나누어진다.

유수수량은 생활용, 업무·영업용, 공업용 및 기타 사용 수량 등으로 분류 되며 요금 수입이 있으며, 유효 무수수량은 요금수입이 없는 것으로, 수도사업 용수, 소화용수 및 수도미터 불혹수량 등으로 각각의 실적치를 구할 수 있다. 무수수량은 평균 급수량의 4(%) 정도이다.

유효율은 급수량이 유효하게 사용되고 있는가 아닌가를 나타내는 경영상의 지표이며, 누수방지 강화 계획 등을 고려하여 될 수 있는 한 높게 취하며, 부하율은 수도 신설의 경우는, 성격이 비슷한 다른 도시의 실적을 참고로 하며, 확장 사업에는 자체 도시의 과거 실적으로부터 추정한다.

계획유효율은 계획 연차에 있어서 유효수량의 총급수량에 대한 비율을 말한다.

그러나 실제적으로 장래의 물 수요 예측에서 사용되는 용도별 분류는 더욱 세분화되며 다음 표 2.11과 같다.

Reference 참고

가정용 기타 용도에 사용되는 수량을 유효수량(=유수수량+무수수량), 유효수량에 대한 총급수량 비를 유효율=$\left(\frac{\text{유효수량}}{\text{총급수량}}\right)$이라고 한다. 누수 등의 유효하게 사용되지 않는 수량을 무효수량, 무효수량에 대한 총급수량비를 무효율이라고 한다. 무효수량이 많으면 유효율은 작게 된다. 유효하게 사용되면서 요금화하지 않는 수량, 예를 들면 공원·도로·소화전에 사용되는 수량을 유효무수수량, 유효수량으로부터 유효무수수량을 뺀 수량을 유수수량이라고 하며, 요금화하는 수량이라도 이에 대한 총급수량비를 유수율=$\left(\frac{\text{유수수량}}{\text{총급수량}}\right)$이라고 한다.

표 2.11 수돗물 수요 용도별 분류표

대분류	중분류	소분류	적요
생활용수	일반가정용	가사용	가사전용(일반주택, 공동주택, 공용기숙사)의 것
		가사 겸 영업용	가사전용 외 일반상점 등 영업용을 겸한 것
업무·영업용수	관공서용	관공서용	학교, 병원, 공장을 제외한 국가, 지방자치단체 등의 기관
		공중용	공중화장실, 공공식수대, 분수 등
		기타	관공서 이외의 비영리적 시설에서 다른 용도 분류로 속하지 않는 것
	학교용	학교용	학교교육법에 근거한 학교
	병원용	병원용	병원, 진료소 등
	사무실용	사무실용	회사, 기타 법인, 단체, 개인의 사무에 사용되는 것
	영업용	영업용	• 호텔, 여관, 백화점, 슈퍼마켓, 일반 영업용으로, 주거를 별도로 하는 것 • 나이트클럽, 대합실, 요정 등의 특수 음식점, 요리 음식점, 경양식점, 결혼식장, 터키탕, 버스, 택시 회사의 세차용수, 극장, 오락장 등
		공중목욕탕용	–
공장용수	공장용	공장용	–
기타	기타	기타	선박급수, 타 수도에 대한 분수 등
			수도 사업용수, 미터불혹수량 등

이처럼 용도별 사용 수량의 과거의 실적을 분석하여 더욱 도시의 발전 추세나 소비자의 생활 수준의 동향 등을 고려하여 계획 연차에 대한 추정을 시행한다. 또한 이들 추정 수량의 총합을 산출한 후 이들을 기초로서 다음 (2)에 기술하는 계획 급수량을 다음에 의해 각종의 계획 급수량을 산출한다.

(2) 계획 급수량의 결정

계획 급수량은 계획용도별 사용수량의 총합을 기초로 다음 식에 의해 결정한다.

$$\text{계획 1일 평균 급수량} = (\text{계획용도별 사용수량의 총합}) \times C \tag{2.26}$$

여기서, C(>1) : 급수량 산출계수(=1/계획유효율)

(계획유효율 : 계획 연차에서 유효수량의 총급수량에 대한 비율)

$$\text{계획 1일 최대 급수량} = \frac{\text{계획 1일 평균 급수량}}{\text{부하율}} \tag{2.27}$$

부하율은 도시의 성격에 따라 다르며, 0.7~0.85 정도의 도시가 많다.

계획 1일 최대 급수량은 취수, 도·송수, 정수의 각 시설 설계에 사용되는 자료이다.

$$\text{계획 1인 1일 급수량} = \frac{\text{계획 1일 평균 급수량}}{\text{계획 급수 인구}} \tag{2.28}$$

1일중 시간 급수량이 최대가 되는 것은 통상 오전 7시경과 오후 6시경의 2회이다. 시간급수량은 이 시간적인 최대량을 나타내는 것이다. 시간 급수량은 도시의 규모에 따라 다르며, 1일 최대 급수량의 1시간 양의 30~100(%)증가를 표준으로 보고 있다. 이 값은 대도시에서는 작고, 소도시에서는 크다.

$$\text{계획 시간 최대 급수량} = \frac{\text{계획 1일 최대 급수량}}{24} \times (1.3 \sim 2.0)(\text{m}^3/\text{h}) \tag{2.29}$$

배수시설의 설계에는 계획 시간 최대 급수량이 이용된다.

다음에 각 용도별 사용수량의 추정방법을 간단하게 기술한다.

(3) 각종 용도별 사용수량의 추정방법

물의 용도를 생활용, 업무·영업용, 공장용 및 기타 4가지로 구분한다.

① **생활용 수량** : 우선 일반 가정용 수량의 실적 분석과 변동 원인을 규명한 다음 1인 1일 사용수량(L/인/일)을 추정하여, 더욱이 추정급수 인구를 여기에 곱하여 1일 사용수량(m^3/일)을 구한다.

단 이 경우 절수 대책의 실시나 지하수 이용의 영향을 고려하여 또 다른 성격의 유사도시의 실적과 비교하여 타당한가 아닌가를 고찰할 필요가 있다. 목욕탕 영업용 수량은 실적으로부터 추정량을 일반 가정용 수량에 가산한다. 생활용 수량을 시계열에 의한 경향 변동분석에 의해 구하는 경우에는 전술한 계획 급수 인구의 추정방법에 준거하는 것이 바람직하다.

② **업무·영업용 사용수량** : 실적치(m^3/일)를 시계열에 의한 경향 변동분석에 의해 구하든지, 또는 각종의 설명변수(건물의 바닥면적, 종업원 수, 연간 매상고 등)에 추정 원단위(L/m^2/일, L/인/일, m^3/억 원/일 등)를 곱하여 장래 수량(m^3/일)을 구한다. 어쨌든 장래량의 예측에서는 도시의 장래 발전이나 경제 계획, 또는 지하수 대책의 영향 등을 감안할 필요가 있으며, 얻어진 결과를 성격이 비슷한 다른 도시의 실적과 비교하여 타당성을 고찰하는 것이 필요하다.

③ **공장용 수량** : 실적(m^3/일)을 시계열적(확률적 현상을 관측하여 얻은 값을 시간의 차례대로 늘어놓은 계열)으로 경향이 되는 경향 변동분석에 의해 구할까 또는 종래처럼 공장의 업종별로 실적 조사로부터 종업원 수 또는 제품 출하액을 추정하여, 여기에 추정 원단위(m^3/인/일, m^3/억 원/일)를 곱하여 장래 수량(m^3/일)을 구한다. 이 경우 각 공장의 장래 용수 계획이나 공업용 수도 계획에 관해서도 고려하며, 행정상의 개량 계획도 감안할 필요가 있다.

④ **기타 수량** : 다른 수도 사업에 대한 분수, 선박 급수, 수도사업용수, 소화용수, 누수 등이 있으며, 이 추정에서 분수의 경우는 다른 수도사업의 장래 계획과 조정을 기하며, 선박 급수용에 관해서는 항만정비 계획 등의 관계를 고려한다. 누수는 시설의 신구, 시행, 유지관리 등으로부터 다르지만, 전 급수량에 대해 10~30(%)를 차지하고 있다.

이상에서 서술한 것처럼 용도별 사용수량의 실적은 유수수량과 유효 무수수량의 실적을 분류하여 구하지만, 전자에 관해서는 위에 기술하였으며 후자에 관해서 예측방법을 기술한다.

유효 무수수량으로서는 수도 사업용 수량과 수도미터 불감수량 등이 있지만, 전자는 실적과 장래의 사업 계획 등을, 후자는 장래의 미터 개량 계획을 각각 고려하여 장래량을 추정하는 것이다. 또 수도 용수 공급사업의 계획 급수량으로써는 수수 측 수도의 계획최대 수수량의 합을 취하는 것으로 하며, 용수의 안정 공급상 미리 수수 측 수도를 일체로 하여 물의 수요예측을 행하여 둘 필요가 있다.

2) 기초자료가 정리되어 있지 않은 경우

용도별 사용수량 기타 계획 급수량을 결정하는 데 필요한 기초 자료가 정리되어 있지 않기 때문에, 전술한 1)의 표준적인 추정방법을 행할 수 없는 경우에는, 과거의 유효수량의 실적으로부터 얻어진 1인 1일 평균사용수량을 기초로 하여, 시계열에 의한 경향 변동 분석에 의해 장래량을 예측하며, 이것에 의해 계획 1인 1일 최대 급수량, 계획 1일 평균 급수량, 계획 1일 최대 급수량 등 여러 가지 수량을 앞에 기술한 여러 식을 사용하여 추정해도 좋다.

단 1인 1일 평균 사용수량의 추정치를 유사 타 도시의 실적과 비교하여, 타당한가 아닌가를 검토할 필요가 있다.

2.7.3 물 수요의 제어와 억제

물 사용자도 수도 사업자도 '수돗물은 필요한 만큼 사용한다, 사용하게 한다.'라고 하는 물 수급의 관습을 고쳐서 적정하게 수요를 억제하지 않으면 수자원의 유효 이용도 적정한 배분도 그 목적을 달성할 수 없다.

현재의 사용수량 중에는 공적 사적으로 낭비되는 수량이 많다. 이러한 낭비를 억제하고, 더욱이 수질을 매우 심각하게 악화시키는 물의 소비를 억제하는 한편, 생활에 관련되는 새로운 물의 용도에 대해서는 수요를 적극적으로 증가시키지 않으면 안 된다. 수요의 억제·신장을 적정하게 행하기 위해서는 각종 용도별 1인 1일당의 타당한 기준 수량을 설정할 필요가 있으며, 이 기준 수량은 생활 상태에 의해 큰 폭의 격차는 없다. 이는 어느 일정치를 나타내기 때문에 종래의 실적에 의한 현상에서의 생활 기준 수량을 취하는 것이 바람직하다. 1인 1일 사용수량의 예를 표 2.12에 나타냈다.

표 2.12 가정용수 1인 1일 사용량

용도 항목	화장실	부엌	음료수	청소	세면, 목욕	세탁	세차	정원 및 기타	합계
원단위 (L/인회)	88 (39)	16 (28)	10	3	75 (40)	16 (31)	2	10 (14)	220 (167)
비율(%)	40	7.3	4.5	1.4	34.1	7.3	0.9	4.5	100

* 미국의 일반적인 가정용수 사용량 분포(Water Quality), ( )는 우리나라의 가정용수 분포

수요의 억제 방법에는 다음과 같은 방법이 있다.

① 시민·사업소 등에 의한 자주적 절수
② 행정에 의한 절수
③ 지역 물 순환 시스템
④ 개별 물 순환 시스템

①은 학교 교육, 절수 PR, 절수형 기기의 도입, 절수형 구조법에 대한 전환 등, ②는 시간 급수, 누수방지 강화, 급수압 저하, 과잉 송수압의 조절, 수도요금 정책 등, ③은 중수도 등에 의한 가정·사무소·공장 등에 대한 용도별 급수 시스템의 확립, ④는 사업소·공장 내의 순환이용, 냉각수의 순환이용 등을 내용으로 하여, 이들에 의한 사용수량의 감소, 손실·낭비의 감소, 또는 이용가능 수량의 증가 등의 이점이 있지만 단기에 효과가 없다, 억제에 한도가 있다, 비용이 든다라든지 또는 편리함의 감소, 비용 상승, 위생상의 안전 확보에 불안이 남는다 등의 여러 가지 문제점을 검토하지 않으면 안 된다.

2.8 계획 급수량 원 단위

① **계획 1일 평균 급수량** : 계획 1일 평균 급수량에 대한 계획 연차에서 1일 평균 급수량의 예측치를 말한다. 약품·전력 등의 사용량, 유지관리비의 산정 등 재정 계획이나 저수 시설의 용량산정의 기초 수량이 된다. 유효율은 급수된 수량(배수량) 중 유효하게 사용된 수량의 비율이며, 배수조절이나 배수계통의 상황, 직결 급수 범위, 노후시설의 상황에 따른다.
계획 유효율은 앞으로 누수 방지 계획, 급 배수관 정비 계획 등을 반영하여 될 수 있는 한 높게 설정한다.

$$\text{계획 1일 평균 급수량} = \frac{\text{계획 1일 평균 사용수량}}{\text{계획 유효율}} \tag{2.30}$$

② **계획 1일 최대 급수량** : 취수·송수·정수·도수 각 시설의 설계를 행하는 기초 자료로 상수도의 공급능력을 나타낸다. 계획 연차에서 계획 1일 최대 급수량은 계획 1일 평균 급수량을 계획 부하율로 나누어 구한다.

부하율은 급수량의 변동이며, 1일 최대 급수량에 대한 1일 평균 급수량의 비율이다. 도시 규모가 클수록 변동은 작으며 부하율은 높게 되며, 규모가 작을수록 변동은 크고 부하율은 낮은 값이 된다.

$$\text{계획 1일 평균 급수량} = \frac{\text{계획 1일 평균 급수량}}{\text{계획 부하율}} \tag{2.31}$$

$$\text{계획 1인 1일 평균 급수량} = \frac{\text{계획 1인 1일 평균 사용수량}}{\text{계획 유효율}} \tag{2.32}$$

$$\text{계획 1인 1일 최대 급수량} = \frac{\text{계획 1인 1일 평균 급수량}}{\text{계획 부하율}} \tag{2.33}$$

$$\text{계획 1일 평균 급수량} = \text{계획 1인 1일 평균 급수량} \times \text{계획 급수 인구} \tag{2.34}$$

$$\text{계획 1일 최대 급수량} = \text{계획 1인 1일 최대 급수량} \times \text{계획 급수 인구} \tag{2.35}$$

③ **계획 시간 최대 급수량** : 계획 시간 최대 급수량은 계획 연차에서 계획 1일 최대 급수량이 나타나는 날의 시간 최대 급수량을 계산상 추정하는 것이다. 배수지나 배수관 등 배수시설의 설계에 사용된다.

$$\text{계획 시간 최대 급수량} = K \times \frac{\text{계획 1일 최대 급수량}}{24} \tag{2.36}$$

K : 시간계수

$$K = 2.89\left(\frac{Q}{24}\right)^{-0.076} \tag{2.37}$$

Q = 계획 1일 최대 급수량(m^3/day)

2.9 각종 수량 등의 정의

① **계획 정수량** : 계획 1일 최대 급수량을 기준으로 하여, 작업용수와 잡용수, 손실수량을 합친 수량

② **작업용수** : 정수장에서 침전지의 배출오니, 여과모래의 세정, 모래 세정수의 배수, 약품의 용해, 염소 주입용수, 기기 냉각수, 청소 용수 등에 사용되는 물

③ **배수량**(=급수량) : 배수지 등으로부터 배수관에 보내는 수량

④ **유효수량** : 배수량 중 급수장치의 미터로 계량된 수량 또는 수요자에 도달한 것으로 인정되는 수량 및 자가용 수량

⑤ **유수수량** : 요금 징수의 대상이 되는 수량(조정 수량)

⑥ **무효수량** : 배수량 중 누수, 기타 손실로 보이는 수량

⑦ **무수수량** : 배수량 중 요금징수의 대상이 되지 않은 수량

⑧ **불감수량** : 수도 미터에 나타난 통상 수량이 사실 통과량에 대해 부족한 수량

⑨ **유효무수수량** : 요금 미징수가 된 미터 계량 수량 – 요금 징수의 대상이 되지 않는다고 인정된 수량 및 미터를 통과하여, 계량되지 않았던 수량

⑩ **유수율** : 유수수량 ÷ 배수량

⑪ **누수율** : 누수량 ÷ 배수량

2.10 계획 급수량의 생각 방법 수순 예

1) 기본 항목의 결정

① 대상 도시

② 계획 책정 완료의 연도

③ 계획 연차

2) 과거 10년 정도 기초 자료의 수집·정리

① 행정구역 내 인구

② 급수 실적

③ 용도별 내역

④ 하수도, 정화조 보급률

⑤ 세대 인원별 세대수, 세대 인원

⑥ 업무·영업용·공장용 지하수 이용 실적

3) 계획 급수 인구, 유수율, 부하율 등의 추정표 작성

① 계획 목표 연차

② 행정구역 내 인구의 추정

③ 계획 급수 구역의 결정

④ 급수 보급률 추정

⑤ 계획 급수 인구의 결정

⑥ 유수율, 부하율 추정

⑦ 수세식 화장실 보급률의 추정

4) 생활용수량의 추정표 작성

① 일반 가정용 수량

② 목욕탕 영업용 사용 수량

5) 업무·영업용 사용수량의 추정

6) 공장용 사용수량의 추정

7) 기타 사용수량의 추정

8) 계획 급수량 추정표의 작성

2.11 기본 계획 책정 예

1) 대상 '도시'의 개요 설명(필요한 지도 첨부)

(1) 사회적 조건

① 지리적 위치, 주변상황과 관련, 현재 인구, 산업상황

② 해당 도시의 역사적 배경, 발달 상황, 근년 상황

③ 인구이동(계절적, 일상적)

(2) 자연적, 지리적 조건

① 해당 도시의 지리적 배경 : 산, 하천, 평야

② 계절적 자연조건 : 강수량, 기온

③ 수원상황 : 하천, 유량, 댐, 수리권

2) 수도사업의 개요

(1) 연혁

① 창설 연차 당초 : 수원, 목표 연차, 계획 급수 구역, 계획 급수 인구, 계획 급수량

② 변경 연차 당초 : 수원, 목표 연차, 계획 급수 구역, 계획 급수 인구, 계획 급수량

(2) 급수 현황

○○연도 말 현재의 : 수원, 급수 구역, 급수 인구, 급수량 실적 등

(3) 시설 개요

① 수원 : 하천수, 댐수, 지하수, 용천수, 기득 수리권량

② 취수·도수 시설

③ 정수 시설 : 시설상황의 설명

④ 송수·배수 시설 : 배수지 용량, 송수관·배수관 연장

3) 현상의 과제

해당 도시의 산업구조의 변화, 생활형태의 변화, 인구의 변화, 관련하여 수도 규모의 변화 상황, 수도시설의 변화와 대응의 필요성, 수원의 상황변화, 지진, 비상시 대책의 필요성

4) 기본 방침(기본 계획)

(1) 급수 대상 구역의 확대

(2) 광역 계획과 관련

(3) 급수 서비스의 수준(목표)

① 안정한 급수 확보 : 장래 수요 부족분의 수원확보, 시설 확충

② 노후관의 변경

③ 이취미 물의 해소 : 고도 정수시설의 도입

④ 배수·급수능력의 충실

(4) 이상 시 대응

① 수질 사고 등의 이상시 급수 확보 : 정수장 간의 송수관 연결 백업, 배수지 용량의 증대

② 내진대책 : 도수관, 송수관, 배수관의 내진화, 배수 시설의 충실

(5) 유지관리

① 배수계통의 재편성 : 수압·수량관리의 향상

② 관리 설비의 정비 : 정수장 관리, 수운용 관리의 합리화

(6) 경영관리

사업 경영의 개선, 시설정비의 추진

5) 기본 계획

① 계획 급수 구역의 설정

② 계획 연차

③ 계획 급수 인구

④ 계획 급수량 : 용도별 추계법에 의해, 계획 1일 최대 급수량을 ○○○/(m^3)

6) 정비내용의 결정

현재 유시설의 평가, 시설 전체의 균형, 재정 계획, 정비내용의 우선순위의 검토와 공정의 결정

(1) 확장에 관한 계획–사업비

① 급수 구역의 확장 : 배수관·송수관의 신설
② 배수장의 신설
③ 정수장의 능력 충실
④ 신규 수원 개발

(2) 정수시설 정비에 관한 계획–사업비

① 고도정수처리의 도입
② 정수장 관리 시설의 개량

(3) 배수시설 정비에 관한 계획–사업비

① 노후관의 갱신. 예로 석면 시멘트 관을 덕타일 주철관으로 갱신 등
② 직결 급수범위의 확대
③ 배수지 용량의 증강
④ 송수관의 상호 연락
⑤ 배수계통의 재편성

(4) 자동계측장치, 리모트 컨트롤 시스템의 정비 계획

① 도수관의 내진화
② 배수관의 내진화

❐ 참고문헌 ❐

1. 박중현, 『최신 상수도공학』, 동명사, 2002.
2. 상수도시설기준, 한국수도협회, 1997.
3. 巽巖, 菅原正孝, 國民科學社, 1983.
4. 中村 玄正, 入門 上水道, 工學圖書株式會社, 1997.
5. 內藤幸穗, 藤田賢二, 改訂上水道工學演習, 學獻社, 1986.

Chapter 03

수 질

Chapter

03 수 질

3.1 개 설

자연수에는 순수로서 기본적 성질 이외에 통상 이 물이 존재하는 환경에 원인이 되는 물리적·화학적 및 생물학적인 여러 성질이 후천적으로 부여되고 있다. 이들의 여러 성질이 소위 '수질'이며, 물의 이용상 유용한 것과 장해적인 것이 있다. 정수법은 후자를 유용화 또는 제거하는 것이 목적이기 때문에 장해적 성질에 의해 정수방법에 난이의 차가 생기는 이유이다.

수질을 특징짓는 것은 그 물의 물리적 성질 및 화학적·생물학적인 함유 성분이며, 어느 것이라도 음료수의 위생상, 정수기술상 의의가 있는 것이다. 수돗물의 수질은 건강장해와 각종 용도상의 지장의 방지를 전제로서 수도법 및 먹는 물 관리법에 정하는 수질기준에 의해 관리되고 있다.

3.2 사용 목적과 수질

3.2.1 가정용수

음료, 조리, 청소, 목욕 등 가정생활에 필요한 물 가운데 인체에 직접 섭취되는 음료용이나 조리용은 수질적으로 가장 엄격하지 않으면 안 된다. 특히 직접 음료로 사용해도 지장이 없어야 한다. 수도법(제26조)의 수질기준에는 수도에 의하여 음용을 목적으로 공급되는 물에는 다음과 같은 물질이 함유되지 않아야 한다고 되어 있다.

① 병원성 미생물에 오염되었거나 오염될 우려가 있는 물질
② 건강에 위해한 영향을 미칠 수 있는 무기물질 또는 유기물질
③ 심미적 영향을 미칠 수 있는 물질
④ 그 밖에 해로운 영향을 미칠 수 있는 물질

그러나 이 기준은 먹는 물로서 안전성에 근거한 것이며 여기에 추가하여 맛이 좋은 물을 생산하여야 한다. 보통의 하천수나 지하수에는 인체에 유독한 물질이 거의 포함되어 있지 않다. 유독물질에는 미량이라도 죽음에 이르는 맹독의 물질, 미량이라도 해가 없는 것도 있지만, 전자는 절대로 물에 포함되어서는 안 되며, 후자는 어느 정도 값이라면 허용할 수 있다. 그러나 장기간에 걸쳐 섭취에 의해 배설되지 않고 체내에 축적된 결과, 병을 일으킬 수 있는 물질이 있어서는 안 된다. 혼탁하거나, 착색하고 있거나 또는 불쾌한 냄새나는 물은 가정용수로서는 적합하지 않다. 물의 맛을 맛있게 하기 위해서는 어느 정도 미네랄 성분이 포함되어 있는 것이 바람직하다.

3.2.2 공업용수

공업의 종류나 사용하는 공정에 따라 요구하는 수질은 다양하다. 수질항목에 의해서는 오히려 가정용보다 엄한 수질을 요구하는 업종도 있지만, 일반적으로는 가정용수보다 수질은 엄하지 않다.

물을 원료용수로 사용하는 경우는 음료수와 같은 정도로 수질이 양질이어야 한다. 술·맥주 등의 양조용수는 경도가 높고, 철분이 극히 적은 물이 사용되며, 보일러 용수는 먹는 물 이상의 수질이 요구되고 있다. 제지나 염색에는 부유물, 철, 망간, 경도가 낮은 물을 사용하지 않으면 안 된다. 그러나 가장 대량으로 사용되고 있는 냉각용수는 이 정도의 수질을 고려할 필요는 없다.

3.2.3 공공서비스 용수

공공용수는 공공건물에 사용되는 용수와 도로세척 및 청소용수, 공원과 녹지대 용수, 소방용수 등이 포함되며 여기에 사용되는 수질은 양질을 요구하지 않는다. 1인당 사용량에 기초하여, 공공용수 사용량은 약 30(L/인·일)에 달한다. 비록 소방 수량이 연간 총공급량에 비해 낮은 비율이지만, 단기간에 요구량이 매우 높을 수 있고 종종 소규모 상수도 시스템에서는

관경을 결정한다.

소화용수(fire demand)는 급수량 이외에 만일의 경우로서 소화용수를 고려하여 설계하지 않으면 안 된다. 소화용의 물은 단시간 내에 좁은 지역에 제한되어 사용되는 것이므로 총사용수량에 비하면 극소량이다. 그러나 방출하는 양은 다량을 필요로 하기 때문에 대도시보다 소도시에서는 그 비율이 비교적 크다. 따라서 소도시의 배수관 결정에서는 보통 사용수량은 문제되지 않을 만큼 오히려 소화용수가 미치는 영향이 더 클 수가 있다. 이와 같이 소화용수량은 시간 최대 급수량과 같이 배수시설의 규모 결정에 큰 관계를 가진다. 그러나 수원시설·송수시설 및 정수시설의 결정에는 별로 직접적인 관계가 없기 때문에 일반적인 급수량과는 그 성질이 다르다. 소화용수량의 계산 방식에는 다음 식을 이용한다.

1) kuichling 공식

$$Q = 2.65\sqrt{p} \tag{3.1}$$

여기서, Q : 소화용수량(m^3/min)

p : 인구(1,000명 단위)

이 식은 화재 발생 시 사용 소화전 수를 $2.8\sqrt{p}$로서 표시하고, 소화전의 방수량을 250(gal/min)로 보고 유도한 것이다. 일반적으로 소화전 1개의 방수량 600(L/min)로서 다음 공식이 많이 보급되고 있다.

$$Q = 1.7\sqrt{p} \tag{3.2}$$

2) Freeman 공식

$$Q = 0.946(p/5 + 10) \tag{3.3}$$

3) N.B.F.U 공식(미국국립소방협회)

$$Q = 3.86\sqrt{p}(1 - 0.01\sqrt{p}) \tag{3.4}$$

[단, 인구 20만 (명) 이상의 경우는 제2차 화재 준비용으로 2,000~8,000(gal/min)를 가산한다.]

소화용수는 상당한 수압을 필요로 한다. 만일 수도의 압력이 충분하면 소방용 펌프 자동차를 준비할 필요는 없고, 단순히 수도관만으로 충분하다.

그러나 소화용은 대단한 수압을 필요로 하므로 대개는 펌프차를 이용한다. 수도 당국자도 이 점에 유의하여 소방 당국과 연락하여 화재 시 배수펌프의 압력을 높일 수 있는 소화용 설비를 하여도 좋다. 시내의 소화전은 배수지관에 설치하며, 각 블록마다 1개씩 또는 그 이상 설치한다.

일반적으로 화재 계속시간을 소도시에서는 1~1.5(시간)으로 가정하는 것이 적당하며, 미국 국립소방협회에서는 인구 2,500(명) 이하의 도시에서는 5(시간), 그 이상에서는 10(시간)으로 잡고 있다.

3.2.4 불명손실수와 누수

도시로 공급되는 물의 약 15(%)는 물 수지분석에 의해 설명되지 못한다. 대부분의 상수도에서는 배수시스템 내에서 누수가 손실의 대부분을 차지한다. 누수의 비율은 전체의 10~25(%)이며 평균적으로는 15(%)이다. 누수는 관경, 연결부, 수온, 매설 연수의 함수이다. 현장에서 연결한 조인트가 있는 주철관은 관경 (mm)당 거리 (km)당 0.01~0.05(m^3/d)의 누수가 예상된다.

3.3 수질항목과 의의

3.3.1 개 설

수질 시험은 어떤 상태에서 물의 소질을 명확하게 하는 시험이며, 상수도에서 수질시험은 원수가 정화 가능한가, 어떠한 정수방법을 채용해야 할까, 정수시설의 정화효율은 어느 정도인가, 정화된 물이 먹는 물로 적합한가 등을 검토하거나 조사하기 위해 행하는 것이다.

시험방법을 대별하면 물리학적, 화학적, 세균학적, 생물학적 검사로 다음과 같은 항목이 있다.

① 물리학적 검사 : 온도, 외관, 탁도, 색도, 취기, 맛 등
② 화학적 검사 : pH, 알칼리도, 산도, 유리탄산, 용존산소, 과망간산칼륨소비량, COD, BOD, 암모니아성질소, 아질산성질소, 질산성질소, 경도, 증발잔류물, 전기전도도, 잔류염소, 중금속, 음이온계면활성제, 방사능 등
③ 세균학적 검사 : 일반세균, 대장균군 등
④ 생물학적 검사 : 플랑크톤, 조류 등

수질시험은 이들 모든 항목에 대해 항상 실험하지는 않으며, 매일 시험, 매주 시험, 매월 시험 또는 수질기준에 정한 몇 가지 항목에 대해 실험한다.

먹는 물로 이용되기 위해서는 이 물이 먹는 물에 적합한가 아닌가를 결정할 필요가 있다. 이 때문에 수질시험의 성적과 수질기준의 값을 비교하지 않으면 안 된다. 다음은 먹는 물 관리법에 정한 수질기준이다. 만약 이들 중 어느 하나가 기준치를 넘는 물이 있다면, 이 물은 먹는데 적합하지 않다. 그러나 항목 중에는 중요도에 경중의 차이가 있기 때문에 경우에 따라서는 먹는 물에 적합하다고 판정하는 것도 있다. 다음은 먹는 물의 수질기준(제2조 관련, 2011. 12. 30)이다.

표 3.1 먹는 물 수질기준(2011년 기준)

성분	수질항목	수질기준
미생물	일반세균(Psychrophilic bacteria)	100(cfu/mL)
	총대장균군(Total Coliforms)	ND/100(mL)
	대장균·분원성대장균(Fecal Coliform)	ND/100(mL)
	분원성연쇄상구균·녹농균·살모넬라·쉬겔라	ND/250(mL)
	아황산환원혐기성포자형성균	ND/50(mL)
	여시니아균	ND/2(L)
유해영향무기물질	납(Pb : Lead)	0.01(mg/L)
	불소(F : Fluoride)	1.5(mg/L)
	비소(As : Arsenic)	0.01(mg/L)
	세레늄(Se : Selenium)	0.01(mg/L)
	수은(Hg : Mercury)	0.001(mg/L)

표 3.1 먹는 물 수질기준(2011년 기준)(계속)

성분	수질항목	수질기준
유해 영향 무기 물질	시안(CN : Cyanide)	0.01(mg/L)
	크롬(Cr^{+6} : Hexachromium)	0.05(mg/L)
	암모니아성질소(NH_3－N : Ammonium Nitrogen)	0.5(mg/L)
	질산성질소(NO_3－N : Nitrate Nitrogen)	10(mg/L)
	카드뮴(Cd : Cadmium)	0.005(mg/L)
	보론(불소 B : Boron)	1.0(mg/L)
	브롬산염	0.01(mg/L)
	스트론튬	4(mg/L)
유해 영향 유기 물질	페놀(Phenol)	0.005(mg/L)
	다이아지논(Diazinon)	0.02(mg/L)
	파라티온(Parathion)	0.06(mg/L)
	페니트로티온(Fenitrothion)	0.04(mg/L)
	카바릴(Carbaryl)	0.07(mg/L)
	1.1.1－트리클로로에탄(1.1.1－Tricholroethane)	0.1(mg/L)
	테트라클로로에틸렌(PCE : Tetrachloroethylene)	0.01(mg/L)
	트리클로로에틸렌(TCE : Trichloroethylene)	0.02(mg/L)
	디클로로메탄(Decholoromethane)	0.02(mg/L)
	벤젠(Benzene)	0.01(mg/L)
	톨루엔(Toluene)	0.7(mg/L)
	에틸벤젠(Ethylbenzene)	0.3(mg/L)
	크실렌(Xylene)	0.5(mg/L)
	1.1－디클로로에틸렌(1.1－Dichloroethylene)	0.03(mg/L)
	사염화탄소(Tetrachlorocarbon)	0.002(mg/L)
	1,2－디브로모－3－클로로프로판 (1,2－Dibromo－3－Chloropropan)	0.003(mg/L)
	1,4－다이옥산	0.05(mg/L)
소독제 및 소독 부산 물질	잔류염소(Residual Chlorine)	4.0(mg/L)
	총트리할로메탄(THMs : Trihalomethanes)	0.1(mg/L)
	클로로포름(Chloroform)	0.08(mg/L)
	브로모디클로로메탄	0.03(mg/L)
	디브로모클로로메탄	0.1(mg/L)
	클로랄하이드레이트(Chloralhydrate)	0.03(mg/L)
	디브로모아세토니트릴(Dibromoacetonitrile)	0.1(mg/L)
	디클로로아세토니트릴(Dichloroacetonitrile)	0.09(mg/L)
	트리클로로아세토니트릴(Trichloroacetonitrile)	0.004(mg/L)
	할로아세틱에시드(HAA : Haloaceticacid)	0.1(mg/L)

표 3.1 먹는 물 수질기준(2011년 기준)(계속)

성분	수질항목	수질기준
심미적 영향 물질	경도(Hardness)	300(mg/L)
	과망간산칼륨소비량(Consumption of $KMnO_4$)	10(mg/L)
	냄새(소독 외의 냄새, Odor), 맛(소독 외의 맛, Taste)	ND, NF
	동(Cu : Cooper)	1(mg/L)
	색도(Color)	5(도)
	세제(ABS : Alkyl Benzene Sulfate)	0.5(mg/L)
	수소이온농도(pH)	5.8~8.5
	아연(Zn : Zinc)	3(mg/L)
	염소이온(Cl^- : Chloride)	250(mg/L)
	증발잔류물(Total Solids)	500(mg/L)
	철(Fe : iron)	0.3(mg/L)
	망간(Mn : Manganes)(수돗물의 경우)	0.05(mg/L)
	탁도(Turbidity) (수돗물의 경우)	0.5(NTU)
	황산이온(SO_4^+ : Sulfate)	200(mg/L)
	알루미늄(Al : Aluminium)	0.2(mg/L)
방사능	세슘(Cs-137)	4.0(mBq/L)
	스트론튬(Sr-90)	3.0(mBq/L)
	삼중수소	6.0(Bq/L)

* 정수처리에 관한 기준 : 수돗물은 바이러스, 지아디아 등 병원성 미생물이 함유하지 않도록 정치 처리 기준 준수

3.3.2 수질항목

1) 물리학적 수질검사 항목

(1) 온도(temperature)

먹는 물보다는 오히려 공업용, 특히 냉각용수에는 중요하다. 수온은 이화학적 반응이나 생물학적 변화의 진행을 좌우할 뿐만 아니라 정수 프로세스의 수리학적 현상에 대해서도 중요한 인자이다. 예로 황산알루미늄에 의한 약품침전과 염소살균 능률은 모두 저온에서서는 상당히 감소하며, 세균이나 동·식물성 생물은 고온에서 번식하기 쉽다.

(2) 외관(external appearance)

외관은 침전물의 유무, 색, 냄새 및 맛을 의미한다. 수돗물은 눈으로 보기에 깨끗해야 하며,

탁도나 부유물은 공업용수에 지장을 초래하므로 외관을 경시해서는 안 된다. 따라서 원수의 탁도, 색도, 부유물 등을 조사하여 이에 알맞은 제거방법을 강구할 필요가 있다.

(3) 탁도(turbidity)

수중의 탁한 정도를 나타내는 지표로서 물의 혼탁은 점토질 토양의 혼입, 용존물질의 화학적 변화에 의한 것이 대부분이므로 일반적으로 백도토를 사용하여 탁도를 정의한다. 백도토 1(mg)이 증류수 1(L)에 포함되어 있을 때의 탁도를 1(도)[또는 1(ppm)]로 한다.

탁도 성분의 대부분은 점토 콜로이드이며, 지표수의 경우는 강우유출에 의해 혼입되는 현탁물이 대부분이다. 하수나 공장폐수의 혼입 또는 하천 준설 시 저니의 부상이 원인이 되는 것도 있다. 지하수의 경우에는 주로 강우에 의해 탁수의 지하침투가 탁도의 원인이 된다. 하천수의 탁도는 강우 시나 눈 녹을 때 수천도의 고탁도를 나타나기도 한다. 한편 갈수기에는 10도 이하의 저탁도를 나타나듯이 천차만별이다. 정호수나 복류수에서는 10도 이하의 저탁도인 경우가 많다.

현재의 정수기술에서는 고탁도 원수를 처리하는 것은 비교적 용이하며, 일반적으로 응집침전에 의해 제거된다. 색도도 탁도도 인체에 유해는 없어도 물의 이용가치를 낮추게 되는 것이다.

먹는 물 수질기준에 탁도는 1(NTU - Nephelometric Turbidity Unit)를 넘지 아니하여야 하며 수돗물의 경우에는 0.5(NTU)를 넘지 않아야 한다고 규정되어 있다.

(4) 색도(color)

물의 색의 정도를 수치로 나타낸 것으로 증류수 1(L)중에 백금 1(mg)에 상당하는 염화백금산칼륨을 용해시켰을 때 나타내는 색도를 1(mg/L), 또는 1(도)라고 한다.

물의 색도는 지질의 후민질(부식물)이나 탄닌, 리그닌 등의 유기물 또는 철, 망간 등이 원인물질인 것이 많다. 이들은 대체로 황갈색으로부터 적갈색을 나타내기 때문에 이것과 닮은 색상을 나타내는 백금이 색도 표준액으로서 선택되고 있다. 그러나 미생물에 의한 색도에는 녹색을 나타내는 것이 있으며, 또 염료나 공장폐수의 혼입에 의한 색도에도 각종의 색상이 있다. 이러한 물의 색도를 나타내기에는 상기의 색도 표준액은 적합하지 않다.

색도는 응집침전에 의해서도 어느 정도 제거할 수 있다. 그러나 색도의 제거는 탁도보다 어려우며, 오존산화나 활성탄 흡착을 필요로 하는 경우도 있다. 수질기준은 5(도)를 넘지 아니할 것으로 규정하고 있다.

(5) 냄새(취기, odor)

물의 냄새는 페놀이나 염소와 같은 약품, 철·망간과 같은 금속 또는 하수와 같은 유기물질의 혼입뿐만 아니라 생물이 산출하는 취기 물질의 혼입에 의해 발생한다. 특히 최근에는 생물의 번식 조건이 정비된 호소수를 수원으로 하고 있는 수도에서, 방선균이나 남조류가 생산하는 지오스민(Geosmin)이나 2－메틸이소보르네올(2－methylisoborneol, 2－MIB) 등에 의한 냄새가 증가하고 있다. 냄새는 원인물질에 의해서 다양하게 감지되며, 종류는 다음 표와 같다.

표 3.2 냄새의 종류

구분	종류
방향 냄새	방향, 약품, 메론, 제비꽃, 마늘, 오이
식물 냄새	조류, 풀, 목재, 해조
흙 냄새·곰팡이 냄새	흙, 곰팡이, 연못
생선 냄새	생선, 조개, 간유
약품 냄새	페놀, 타르, 유지, 파라핀, 황화수소, 클로로페놀, 약국, 기타 약품
금속 냄새	금속(철), 아연
부패 냄새	주방, 하수, 돼지우리, 부패

냄새의 수치적 표시로 취기농도(threshold odor, TO)와 취기도(odor intensity index, pO)가 있으며, 상수시험에서는 TO가 일반적으로 사용되며, pO는 하수나 공장배수의 시험에 자주 이용된다.

시험수를 무취수로 일정 양으로 희석하면 냄새가 나지 않을 때의 희석배율을 취기농도라고 한다. 취기농도는 희석배율 TON(threshold number of odor)라고도 한다. 취기의 정도를 취기도로 나타내는 것도 있다. 취기도 pO와 희석비율 TON과의 사이에는 다음과 같다.

$$\mathrm{TON} = 2^{\mathrm{pO}} \tag{3.5}$$

$$\mathrm{pO} = \frac{\log \mathrm{TON}}{\log 2} \tag{3.6}$$

대부분의 냄새에 대한 인간의 감지능력은 현재의 측정기기에 비해 훨씬 뛰어난 것으로 알려져 있다. 냄새를 인간의 후각으로 감지할 수 있는 최소 농도를 후각역취라고 하며 그 값은 다음과 같다.

표 3.3 후각역치의 예

물질 명	후각역치(mg/L)	물질 명	후각역취(mg/L)
황화수소	0.5	가솔린	200
철	0.5	페놀	5~200
정제원유	1~2	클로로페놀	2~8
원유	0.1~0.5	지오스민	0.01~0.05

원인 물질이 인체에 무해해도 취기 그 자체가 물의 이용가치를 감소시킨다. 수질기준의 취기는 소독으로 인한 냄새 이외의 냄새가 있어서는 안 된다고 규정되어 있다.

(6) 맛(tester)

물맛의 원인은 지질·해수 외에, 광산·공장의 배수나 하수의 혼입, 플랑크톤의 번식 등이다. 수중의 탄산 양이나 규산과 같이 미네랄 성분이 많으면 좋아진다. 용존산소의 양은 맛에 관계하지 않는다고 알려져 있다. 또 물의 맛은 온도에 의해 다르며 고온에서는 70(°C) 이상, 저온에서는 12(°C) 이하가 좋으며, 체온에 가까운 온도의 물이 가장 맛이 없다. 나쁜 의미에서 물의 맛을 내는 물질에는 철, 망간, 마그네슘, 식염 등이 있다. 맛의 종류에는 짠맛, 쓴맛, 떫은맛, 단맛, 신맛의 5종류로 분류되고 있다. 맛의 수적 표시는 맛의 도(threshold taste, TT)에 의한다. 맛의 감지농도로서 다음과 같은 수치로 나타낼 수 있다.

표 3.4 맛의 감지 농도

물질 명	감지농도(mg/L)	물질 명	감지농도(mg/L)
염화칼슘	400~500	황산동	33
식염	200~400	염화망간	2
염화마그네슘	150	염화제2철	0.4
설탕	5,000		

수질기준은 맛이 염소 소독으로 잔류염소로 인한 맛 이외의 맛이 있어서는 안 된다고 규정하고 있다.

2) 화학적 수질 검사 항목

수질의 화학적 측정은 칼슘, 마그네슘, 나트륨이온과 같은 특정 이온의 존재를 분석하는 것이다. 알칼리도 및 경도와 같은 총괄적인 화학적 측정법은 수질을 정의하는 데 사용된다.

대부분의 일반적인 수질 측정은 이온들 사이의 결합과 상호작용을 반영한다. 물의 중요한 화학적 구성요소는 다음 표 3.5과 같다. 상수 및 폐수의 화학적 특성을 평가하기 위해 사용되는 일반적인 분석내용을 표 3.6에 나타냈다. 이것은 상수에서 발견되는 특정 구성요소를 자세히 살펴보고 표 3.6에 화학적 특징을 평가하기 위해 일반적으로 사용되는 몇 가지 총괄적인 측정법을 검토하는 데 있다.

표 3.5 물에서 발견되는 주요 화학적, 생물학적 불순물의 요약

기원(Origin)	불순물(Impurity)	
	이온성과 용존성(Ionic and Dissolved)	
	양이온(Positive ions)	음이온(Negative ions)
광물질, 토양, 바위와 접하고 있는 물	칼슘(Calcium, Ca^{2+}) 철(Iron, Fe^{2+}) 마그네슘(Magnesium, Mg^{2+}) 칼륨(Potassium, K^{+}) 나트륨(Sodium, Na^{+}) 아연(Zinc, Zn^{2+})	중탄산염(Bicarbonate, HCO_3^-) 탄산염(Carbonate, CO_3^{2-}) 염소(Chloride, Cl^-) 불소(Fluoride, F^-) 질산염(Nitrate, NO_3^-) 인산염(Phosphate, PO_4^{3-}) 수산화물(Hydroxide, OH^-) 붕산염(Borates, $H_2BO_3^-$) 규산염(Silicates, H_3SiO^4) 황산염(Sulfate, SO_4^{2-})
대기, 비	수소이온(Hydrogen, H^+)	중탄산염(Bicarbonate, HCO_3^-) 염소(Chloride, Cl^-) 황산염(Sulfate, SO_4^{2-})
환경 중에 있는 유기 물질의 분해	암모늄(Ammonium, NH_4^+) 수소이온(Hydrogen, H^+) 나트륨 (Sodium, Na^+)	염소(Chloride, Cl^-) 중탄산염(Bicarbonate, HCO_3^-) 수산화물(Hydroxide, OH^-) 아질산염(Nitrite, NO_2^-) 질산염(Nitrate, NO_3^-) 황화물(Sulfide, HS^-) 유기물 기(Organic radicals)
환경 중에 살아 있는 유기체		
도시, 산업, 농업 기원 및 다른 인간의 활동	중금속을 포함한 무기이온	무기이온, 유기분자, 색

표 3.5 물에서 발견되는 주요 화학적, 생물학적 불순물의 요약(계속)

불순물		
콜로이드성	부유성	기체
Clay Silica(SiO_2) Ferric oxide(Fe_2O_3) Aluminum oxide(Al_2O_3) Magnesium dioxide(MnO_2)	점토, 실트, 모래 및 기타 무기성 토양	Carbon dioxide(CO_2)
	분진, 꽃가루(pollen)	Carbon dioxide(CO_2) Nitrogen(N_2) Oxygen(O_2) Sulfur dioxide(SO_2)
식물성 색도물질 유기성 폐기물	유기성 토양(표토) 유기성 폐기물	Ammonia(NH_3) Carbon dioxide(CO_2) Hydrogen sulfide(H_2S) Hydrogen(H_2) Methane(CH_4) Nitrogen(N_2) Oxygen(O_2)
박테리아, 조류, 바이러스 등	조류, 규조류, 미세동물, 어류 등	Ammonia(NH_3) Carbon dioxide(CO_2) Methane(CH_4)
무기 및 유기성 고형물, 색도물질, 염소계 유기화합물, 박테리아, 기생충바이러스	점토, 실트, grit 및 기타 무기성 고형물, 유기성 화합물, 유분, 부식산물 등	Chorine(Cl_2) Sulfur dioxide(SO_2)

표 3.6 상수도용 수질의 화학적 특성을 평가하기 위해 사용되는 실험

항목	약어/정의	용도
무기성분		
용존 양이온	물의 이온성 화학물질 조성 판단, 물의 가장 적절한 용도 평가	
칼슘(Ca^+) 마그네슘(Mg^{2+}) 칼륨(K^+) 나트륨(Na^+)		
용존 음이온		
중탄산이온(HCO_3^-) 탄산이온(CO_3^-)		

표 3.6 상수도용 수질의 화학적 특성을 평가하기 위해 사용되는 실험(계속)

항목	약어/정의	용도
염소이온(Cl^-) 수산이온(OH^-) 질산이온(NO_3^-) 황산이온(SO_3^{2-})	물의 이온성 화학물질 조성 판단, 물의 가장 적절한 용도 평가	
pH	$pH = \log 1/[H^+]$	수용액의 산도와 염기도 측정
알칼리도	$\Sigma(HCO_3^- + CO_3^{2-} + OH^-)$	산을 중화하는 물의 능력을 측정
산도		물을 중화하기 위해 요구되는 염기물질의 양을 측정
이산화탄소	CO_2	물의 부식성과 화학족 처리에 사용되는 요구량을 평가, 중탄산염 농도를 알고 있다면 pH 평가에 사용될 수 있음
경도	Σ(다가의 양이온)	물의 비누 소비능과 스케일 형성 경향을 측정
전도도[25(°C)]	(μS/cm)	총용존 고형물 평가, 수질 분석 결과의 확인 (TDS·g/m^3 = 0.55~0.7×시료의 전도도 값, μS/cm)
방사능	Ci	방사능 물질의 존재 평가
유기성분		
총유기탄소	TOC	유기물질의 존재 평가
특정한 유기 화합물		살충제, 용제, 기타 유기화합물의 존재 결정

(1) 수중의 주요 이온 종

모든 자연수는 용존성 이온을 포함하고 있다. 지표수와 지하수의 수많은 분석을 바탕으로 다음 이온종이 대부분의 물에 존재하는 대표적인 화학적 구성요소라는 것이 알려져 있다.

표 3.7 물에 존재하는 대표적인 화학적 구성요소

양이온	음이온
칼슘(Ca^{2+})	중탄산이온(HCO_3^-)
마그네슘(Mg^{2+})	황산이온(SO_4^{2-})
나트륨이온(Na^+)	염소이온(Cl^-)
칼륨이온(K^+)	질산이온(NO_3^-)

전형적으로 이온 종은 여러 가지 금속 퇴적물과 물의 접촉으로 기원된다. 가장 많은 종은 칼슘, 마그네슘, 나트륨의 중탄산염, 황산염, 염화물이다. 이러한 구성요소의 근원을 표 3.8에 간단하게 요약하였다. 물론 이러한 종의 분포는 지리학적 위치와 물의 체류시간에 따라 변화한다. 일반적으로 소량으로 존재하는 칼륨은 유기물질 분해, 토양, 광물질 및 식물과 나무를 태운 재로부터 유도된다. 질산은 일반적으로 소량으로 존재한다. 상수도 분야에서 물 분석이 수행될 때 일반적으로 위의 구성요소가 측정된다. 모든 경우에 그러한 분석의 결과는 양이온과 음이온의 균형을 이용하여 완전하고 정확하게 검토되어야 한다.

표 3.8 자연수에서 발견되는 대표적인 화학적 구성요소 등의 기원

성분	기원
중탄산칼슘[$Ca(HCO_3)_2$]	석회암, 대리석, 백악, 방해석, 백운석, 탄산칼륨을 함유하고 있는 기타 광물질의 분해
중탄산마그네슘[$Mg(HCO_3)_2$]	마그네사이트, 백운석, 백운석회암, 기타 탄산마그네슘을 함유하고 있는 광물질의 분해
중탄산나트륨[$Na(HCO_3)$]	생산제품인 중탄산나트륨으로 알려진 백염 ; 일부 자연수에 존재
황산칼슘($CaSO_4$)	석고, 설화석고, 투명석고와 같은 광물질
황산마그네슘($MgSO_4$)	7수화물 형태($MgSO_4 \cdot 7H_2O$)는 Epsom salt로 알려져 있는데 염 지층이나 광산에서 epsomite로 발견됨. 1수화물형태($MgSO_4 \cdot H_2O$)는 염화칼륨, 황산칼륨을 갖는 복염으로 여러 광물에서 발생함
황산나트륨($NaSO_4$)	염 호수, 염 광산, 염 지층, 기타 ; 10수화물 형태($NaSO_4 \cdot 10H_2O$)는 Glauber's salt로 알려져 있음
염화칼슘($CaCl_2$)	천연 염수, 염지층, 기타 화학공장의 부산물
염화마그네슘($MgCl_2$)	천연 염수, 염지층, 기타에서 발견되는 무수화물 형태
염화나트륨(NaCl)	염지층, 염호수, 천연수, 다른 천연 소금물

* Water Treatment for industrial and Other Uses. Reinhold Publishing Corporation, New York. 1961.

만약 명백한 차이점이 있다면 각각의 구성 요소의 분석에서 오차가 발생되며 따라서 하나 이상의 이온 종이 분석에서 무시되었다고 추정할 수 있다.

만약 Σ 양이온 = Σ 음이온의 식을 이용해서 얻은 전하 수지에서의 오차가 허용한계를 초과한다면 분석결과는 재분석되어야 한다. 화학적 분석에서 전하 수지의 허용한계는 식 (3.7)을 이용해서 구할 수 있는데, 이것은 화학분석의 표준 편차를 고려한 값에서 나온 것이다.

$$|\text{음이온의 합} - \text{양이온의 합}| \le (0.1065 + 0.0155 \times \text{음이온의 합}) \quad (3.7)$$

예제 3.1

실험실에서 추정한 다음 자료에 대한 수질분석의 적합성을 결정하라.

양이온	농도(mg/L)	음이온	농도(mg/L)
Ca^{2+}	93.8	HCO_3^-	164.7
Mg^{2+}	28.0	SO_4^{2-}	134
Na^+	13.7	Cl^-	92.5
K^+	30.2		

풀이

1. 식 (3.7)을 이용하여 양이온 및 음이온 수지를 맞춘다.

양이온				음이온			
Ion	농도			Ion	농도		
	(mg/L)	(mg/meq)	(meq/L)		(mg/L)	(mg/meq)	(meq/L)
Mg^{2+}	93.8	20.0	4.69	HCO_3^-	167.4	61.0	2.74
Mg^{2+}	28.0	12.2	2.30	SO_4^{2-}	134.0	48.0	2.79
Na^+	13.7	23.0	0.60	Cl^-	92.5	35.5	2.61
K^+	30.2	39.1	0.77				
합계			8.36	합계			8.14

2. 식 (3.7)을 이용해 정확성을 검토한다.

$$|\text{음이온의 합} - \text{양이온의 합}| \le (0.1065 + 0.0155\Sigma\,\text{음이온})$$

$$|8.14 - 8.36| \le [(0.1065 + 0.0155(8.14)]$$

$$0.22 \le (0.2327)$$

정확성이 허용한계 안에 존재하므로 이 수질 분석값을 수용할 수 있다.

(2) 수중의 미량이온 종

물에서 발견되는 미량이온은 다음과 표 3.9와 같다.

표 3.9 수중의 미량이온

양이온	음이온
알루미늄(Al^{3+})	중황산염(HSO_4^-)
암모늄(NH_4^+)	중아황산염(HSO_3^-)
비소(As^+)	탄산염(CO_3^{2-})
바륨(Ba^{2+})	불화물(F^-)
붕산($H_3BO_3^+$)	수산화물(OH^-)
구리(Cu^{2+})	인산염(mono$-H_2PO_4^-$)
제1철(Fe^{2+})	인산염(di$-HPO_4^{2-}$)
제2철(Fe^{3+})	인산염(tri$-PO_4^{3-}$)
망간(Mg^{2+})	황화물(S^{2-})
	아황산염(SO_3^{2-})
	붕산염$[B(OH)]_4^-$

주요 이온 종과 마찬가지로 미량이온 종의 대부분은 여러 가지 미네랄 침전물과 물의 접촉으로부터 발생한다. 또한, 암모늄, 탄산, 황과 같은 미량이온 종의 일부는 박테리아와 조류의 활동 때문에 존재할 수 있다.

(3) pH(수소이온 농도)

산성이 강하다는 것은 수소이온의 농도가 높다는 것을 의미하며, 알칼리성이 높다고 하는 것은 수산이온의 농도가 높다는 것을 의미한다.

수중의 염소·유리탄산 또는 광산·유기산 등의 함유 비율에 의해 중성·산성 또는 알칼리성을 나타내지만, 이화학적·생물학적 작용의 영향으로 변화하기 때문에, 이 변화 상태로부터 수질 이변의 유무를 감지할 수 있다. 먹는 물의 pH값은 6.8~8.0이며, 먹는 물 수질 기준은 통상 pH 5.8 이상 pH 8.5 이하로 규정되어 있다.

pH값이란 물의 액성, 즉 알칼리성·중성·산성의 정도를 수치로 표시한 것이다.

물이 이온화되었을 때 다음의 간략화된 관계식이 적용된다.

$$H_2O \rightleftarrows H^+ + OH^- \tag{3.8}$$

이 반응의 평형상수는 다음과 같다.

$$\frac{[H^+][OH^-]}{[H_2O]} = K \tag{3.9}$$

여기서 K는 평형상수이고, [ ]는 (mol) 농도를 나타낸다. 물의 (mol) 농도는 기본적으로 상수이므로 평형상수에 포함되지 않는다. 그러므로 물에 대한 이온 농도의 곱은 다음과 같이 정의할 수 있다.

$$[H^+][OH^-] = K_w \text{ (온도가 일정하다면 이 값은 항상 불변)} \tag{3.10}$$

여기서 K_w : 물의 평형 상수

전기적 중성의 원리에 만족하기 위해서 용액의 양이온과 음이온의 양이 같아야 한다.

$$[H^+] = [OH^-] \tag{3.11}$$

식 (3.11)의 OH^-를 식 3.10에 대입하면

$$[H^+]^2 = K_w \tag{3.12}$$

식 (3.12)에 음의 로그를 취하면

$$-\log[H^+] = -\frac{1}{2}\log K_w \tag{3.13}$$

pK를 구하면

$$\mathrm{pK} = -\log \mathrm{K} \tag{3.14}$$

pH는

$$\mathrm{pH} = -\log[\mathrm{H}^+] = \log\frac{1}{[\mathrm{H}^+]} = \frac{1}{2}pK_w \tag{3.15}$$

이다.

증류수 25(°C)의 K_w 값은 10^{-14}이다. 식 (3.12)의 K_w를 10^{-14}로 바꾸면 물의 pH는 다음과 같다.

$$\mathrm{pH} = -\log[\mathrm{H}^+] = \frac{1}{2}pK_w = -\frac{1}{2}\log 10^{-14} = 7.0$$

온도의 함수로서의 K_w 값을 표 3.10에 나타냈다.

표 3.10 물의 평형 상수

T (°C)	K_w(mol²/L²)	주어진 온도에서의 물의 pH
0	1.13×10^{-15}	7.47
5	1.83×10^{-15}	7.37
10	2.89×10^{-15}	7.27
15	4.46×10^{-15}	7.18
20	6.75×10^{-15}	7.09
25	1.00×10^{-14}	7.00
30	1.45×10^{-14}	6.92
35	2.07×10^{-14}	6.84
40	2.91×10^{-14}	9

수중에 산이나 알칼리가 혼입하면 수소이온 농도가 변화한다. 즉, pH값에 이상한 변화가 인식되면 수질에 어떤 변화가 있는 것을 알 수 있다. 그러나 일반적으로 자연수처럼 알칼리도가 있는 물에서는 pH값은 수중에 녹아 있는 탄산가스의 양에 의해 지배된다. 예를 들면 정호수에는 유기물의 분해에 유래하는 탄산이 많이 포함되어 있기 때문에 pH값이 낮은 것이 많지만,

포기를 하여 탄산가스를 방출하면 pH가 상승한다. 또 저수지의 물에서는 플랑크톤 발생에 의해, 광합성 때문에 수중의 탄산가스가 소비되어 pH값이 높게 된다. 하천수나 호소수의 pH 값에 일 주기가 보이는 것은 이러한 이유 때문이다.

pH는 응집조작을 지배하는 인자로서 중요하며, 응집을 행할 때는 응집제의 종류에 따라 정해진 일정 범위 내에서 pH를 제어할 필요가 있다.

(4) 알칼리도(Alkalinity)

수중의 수산화이온[OH^-], 탄산염[CO_3^{2-}], 중탄산염[HCO_3^-]의 형태로 포함되어 있는 알칼리분을 탄산칼슘[$CaCO_3$]로 환산하여 (mg/L)로 나타낸 것을 알칼리도라 한다.

자연수에서 알칼리 성분은 대부분 중탄산염의 형태로 취하고 있으며, 탄산염이나 수산화물의 형태로 포함되어 있는 것은 적다. 만약 존재한다고 해도 다음과 같이 탄산가스의 존재하에서는 중탄산염으로 되기 때문이다.

$$CO_3^{2-} + CO_2 + H_2O \rightarrow 2HCO_3^- \quad (3.16)$$

$$OH^- + CO_2 \rightarrow HCO_3^- \quad (3.17)$$

수산화물이나 탄산염은 수중에서 OH^-를 발생시켜 그 양에 따라 알칼리성을 나타내지만, 중탄산염은 냉수 중에서 OH^-를 거의 발생시키지 않으므로 중탄산염의 양이 많아도 pH는 올라가지 않는다. 예로 정호수는 일반적으로 알칼리분을 많이 포함하고 있지만, 통상 pH는 낮다. 이 이유는 알칼리분이 중탄산염의 형태로 되어, 유리탄산이 많기 때문에 pH가 낮아지는 것이다.

자연수가 주된 석회암과 같은 지층을 통과하면 수중의 알칼리도는 증가한다. 비가 내라면 알칼리도는 어느 정도 작아지며 온수가 되면 약간 높아지지만 그 변화는 크지 않다. 따라서 알칼리도에 급격한 변화가 있을 때는 지층에 의한 영향 이외에 산이나 알칼리를 취급하는 공장의 폐수가 혼입하거나, 그 외 오수가 유입되는 경우가 많아 수질적으로 경계하지 않으면 안 된다.

알칼리도가 낮은 물은 철관을 부식시키기 쉬우며 알칼리도가 높은 물은 철관의 표면에 스케일을 부착시켜 철관을 보호한다. 또 알칼리도가 낮은 물에 황산알루미늄을 첨가해도 좀처럼 플록을 만들기 어려우며 반면에 알칼리도가 너무 높으면 황산알루미늄의 양이 증대하여 비경제적이다. 이처럼 알칼리도는 너무 적어도, 또는 너무 많아도 곤란하다. 알칼리도는 5(mg/L) 이상이 바람직하다.

Reference 참고 **M 알칼리도와 P 알칼리도**

pH 지시약으로서 메틸레드(methyl red)를 사용하여 산으로 적정하여 얻은 알칼리도를 M 알칼리도, 페놀프탈레인(phenolphthalein)을 지시약으로 한 알칼리도를 P 알칼리도라 한다.
전자의 적정점은 pH 4.8, 후자의 적정점은 pH 8.3이다. M 알칼리도를 총알칼리도라 한다.

(5) 산도(acidity)

수중의 탄산, 무기산(HCl, H_2SO_4, HNO_3 등을 총칭한 것) 및 유기산(삭산 등)을 중화하는데 필요로 하는 알칼리분을 여기에 대응하는 $CaCO_3$의 양으로 환산하여 나타낸 것이다.

무기산은 공장폐수, 온천 또는 광천의 유입에 의해 유기산은 공장폐수의 유입이나 유기물의 부패에 의해 발생한다. 수중의 알칼리분을 무기산으로 중화하면, 알칼리도가 나타나지 않는다. 따라서 무기산이나 유기산에 의한 산도 또는 물의 알칼리도는 0이다. 자연수에는 산도와 알칼리도가 공존하며, 이때의 산도는 탄산에 의한 것이다. 먹는 물에서는 무기산 산도는 검출되어서는 안 된다. 산도의 제거는 알칼리의 첨가에 의해 행해진다.

산도는 알칼리도와 같이 지시약으로서 페놀프탈레인(phenolphthalein) 또는 메틸레드(methyl red)를 사용하여 NaOH로 적정하여 측정한다. 각각 P 산도, M 산도라고 하며, P 산도를 총산도라고 한다.

예제 3.2

양이온으로서 Na^+, k^+, Mg^{2+}, Ca^{2+}가 존재하는 물의 알칼리 성분은 어떠한 물질을 물에 용해한 것인가? 표로 나타내시오.

해

다음 표처럼 자연수 중에는 OH^-나 CO_3^{2-}는 거의 존재하지 않으며, HCO_3^-가 대부분이다.

표 3.11 자연수중의 알칼리 성분

	OH^-	CO_3^{2-}	HCO_3^-
Na^+	$NaOH$	$NaCO_3$	$NaHCO_3$
k^+	KOH	K_2CO_3	$KHCO_3$
Mg^{2+}	$Mg(OH)_2$	$MgCO_3$	$Mg(HCO_3)_2$
Ca^{2+}	$Ca(OH)_2$	$CaCO_3$	$Ca(HCO_3)_2$

예제 3.3

황산알루미늄을 물에 첨가하면 수중의 알칼리 성분(HCO_3^-)과 다음 식처럼 반응하여 수산화알루미늄 슬러지와 탄산가스를 발생한다. 황산알루미늄 1(mg/L)를 첨가했을 때 알칼리도의 감소량, 유리탄산의 증가량 및 발생하는 수산화알루미늄 슬러지양을 계산하라.

$$A_2(SO_4)_3 \cdot 18H_2O + 6HCO_3^- \rightleftarrows 2A_2(OH)_3 + 6CO_2 + 3SO_4^{2-} + 18H_2O$$

해

$$\text{알랄리도의 감소량} = \frac{6 \times HCO_3^-\ \text{분자량}}{Al_2(SO_4)_3 \cdot 18H_2O\ \text{분자량}} \times \frac{CaCO_3\ \text{분자량}}{2 \times HCO_3^-\ \text{분자량}}$$

$$= \frac{6 \times 61}{666} \times \frac{100}{2 \times 61} = 0.45(mg/L)\,as\,CaCO_3$$

$$\text{유리탄산의 증가량} = \frac{6 \times 44}{666} 0.396(mg/L)\,as\,CO_2$$

$$\text{수산화알루미늄 슬러지양} = \frac{2 \times 78}{666} = 0.234(mg/L)$$

예제 3.4

총알칼리도에서 결합탄산량을, 총산도에서 유리탄산량을 구하기 위해서는 어떻게 하면 좋을까? 단, 자연수로 한다.

해

다음 식에 의해 알칼리분 HCO_3^- 와 탄산 CO_2와의 양비를 계산할 수 있다.

$$Ca(HCO_3)_2 \rightarrow CaCO_3 + CO_2 + H_2O$$

알칼리도는 $CaCO_3$로 환산하여 나타내기 때문에

$$\frac{\text{결합탄산}}{\text{알칼리도}} = \frac{44}{100} = 0.44$$

유리탄산 CO_2를 소석회 $Ca(OH)_2$로 중화 적정하는 경우를 생각한다. 즉,

$$2CO_2 + 2H_2O \rightarrow 2H_2CO_3$$
$$2H_2CO_3 + Ca(OH)_2 \rightarrow Ca(HCO_3)_2 + 2H_2O$$

이때 소비한 $Ca(OH)_2$의 양을 $CaCO_3$로 환산한 것이 총산도이기 때문에

$$\frac{\text{유리탄산}}{\text{산도}} = \frac{2 \times 44}{100} = 0.88$$

따라서 결합탄산량은 알칼리도에 0.44를 곱하면 얻어지며, 또 유리탄산은 산도에 0.88을 곱하면 얻어진다.

예제 3.5

강산에 의해 무기산 산도가 검출된 물의 산도와 pH와의 관계를 나타내어라.

해

HCl이나 H_2SO_4와 같은 강산을 소석회로 중화하여 산도를 측정하는 경우를 생각하자. 중화반응식은 다음과 같다.

$$2HCl + Ca(OH)_2 \rightleftarrows CaCl_2 + 2H_2O$$

$$H_2SO_4 + Ca(OH)_2 \rightleftarrows CaSO_4 + 2H_2O$$

따라서 HCl 1(mol)의 중화에 요하는 소석회량은 1/2(mol) → 산도100(g)/2에 상당.
→ 산도 5×104(mg/L)

이와 같이 H_2SO_4 1(mol)은 산도 105(mg/L)에 상당한다. 또 HCl이나 H_2SO_4는 수중에서 다음과 같이 해리한다.

$$HCl \rightleftarrows H^+ + Cl^-$$

$$H_2SO_4 \rightleftarrows 2H^+ + SO_4^{2-}$$

HCl이나 H_2SO_4는 강산이기 때문에, 수중에서는 거의 전부 해리하고 있다고 생각해도 좋다. 따라서 HCl의 경우는 수중의 H^+의 mol 농도는 원래의 HCl의 mol 농도와 같으며, H_2SO_4의 경우에는 H^+의 mol 농도는 원래의 H_2SO_4의 mol 농도의 2배이다. 즉,

$$[H^+] = \text{원래의 HCl의 mol 농도 또는 원래의 } H_2SO_4 \text{ mol 농도} \times 2$$

$$= \frac{\text{산도(mg/L)}}{5 \times 10^4} = \text{산도} \times 2 \times 10^{-5}$$

$$\therefore \ pH = -\log[H^+] = 5 - \log(\text{산도} \times 2)$$

상기의 관계를 그림으로 나타내면 다음 그림 3.1과 같다.

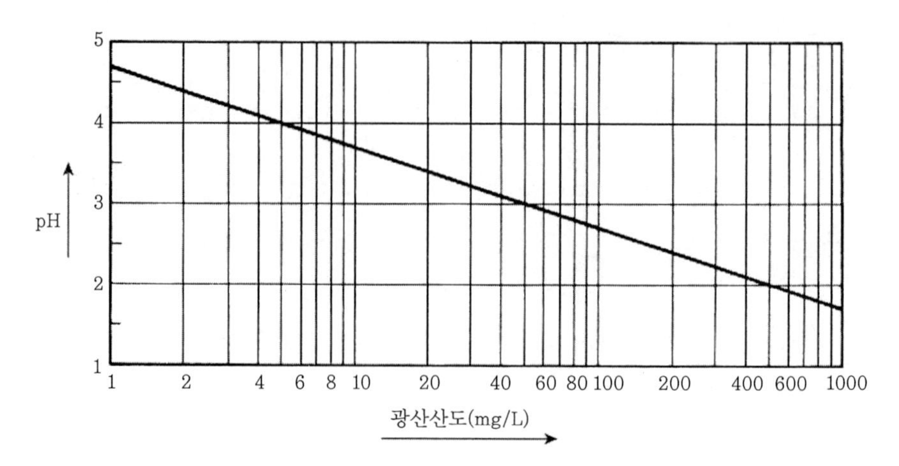

그림 3.1 광산산도를 나타내는 물의 pH

예제 3.6

pH와 CO_2, HCO_3^- 및 CO_3^{2-}의 농도와의 관계를 그림으로 나타내어라. 단, $K_1' = 4.45 \times 10^{-7}$, $K_2 = 5.61 \times 10^{-11}$로 한다.

해

$$\log(4.45 \times 10^{-7}) + pH = \log\frac{[HCO_3^-]}{[CO_2]} = \log X$$

$$\log(5.61 \times 10^{-11}) + pH = \log\frac{[CO_3^{2-}]}{[HCO_3^-]} = \log Y$$

라고 하면 CO_2의 농도는

$$\frac{[CO_2]}{[CO_2]+[HCO_3^-]+[CO_3^{2-}]} = \frac{1}{1+[HCO_3^-]/[CO_2]+[CO_3^{2-}]/[HCO_3^-] \cdot [HCO_3^-]/[CO_2]}$$

$$= \frac{1}{1+X+XY}$$

같은 모양으로 HCO_3^- 및 CO_3^{2-}의 농도는

$$\frac{[HCO_3^-]}{[CO_2]+[HCO_3^-]+[CO_3^{2-}]}=\frac{X}{1+X+XY}$$

$$\frac{[CO_3^{2-}]}{[CO_2]+[HCO_3^-]+[CO_3^{2-}]}=\frac{XY}{1+X+XY}$$

pH를 횡축에 잡고, 이것을 그림으로 그리면 그림 3.2와 같다.

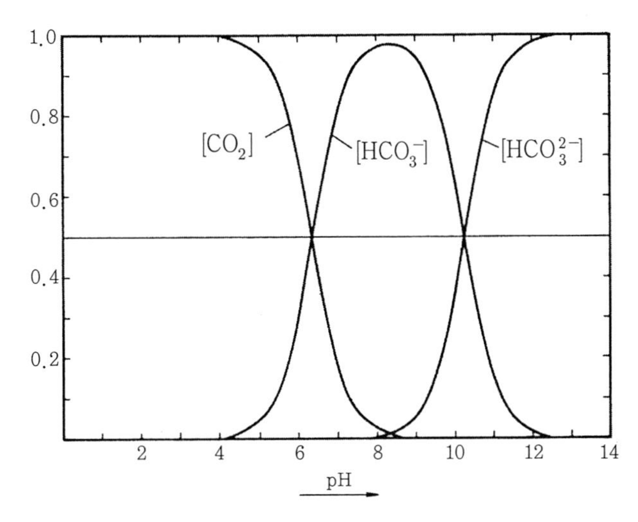

그림 3.2 각종 탄산의 존재비와 pH

예제 3.7

자연수에서 pH, 알칼리도 및 탄산농도와의 관계를 나타내어라.

해

$\log\left(\frac{[HCO_3^-]}{[CO_2]}\right)=\log K_1'+pH$ 로부터

$pH=-\log K_1'+\log[HCO_3^-]-\log[CO_2]$

자연수중의 알칼리도는 중탄산이온 HCO_3^-에 의한 것이라고 생각해도 좋기 때문에 $[HCO_3^-]$는 알칼리도로 해도 좋다. 단 [ ]는 (mol/L)로 표현되고 있기 때문에 이것을 $CaCO_3$의 (mg/L)로 환산한다. HCO_3^- 의 1(mol/L)은 61(g/L)이므로, $CaCO_3$(분자량 100, Ca는 2가)로서는

$$\frac{61 \times 100}{(61 \times 2)} = 50(g/L) = 5 \times 10^4 (mg/L)$$

이 된다.

또 CO_2 1(mol/L)은 $4.4 \times 10^4 (mg/L)$ as CO_2이기 때문에,

$$\begin{aligned} pH &= -\log(4.45 \times 10^{-7}) + \frac{\log Alk}{5 \times 10^4} - \frac{\log CO_2}{4.4 \times 10^4} \\ &= \log Alk - \log CO_2 + 6.3 \end{aligned}$$

예제 3.8

pH 7.0, 알칼리도 300(mg/L)의 물과, pH 8.0, 알칼리도 100(mg/L)의 물을 1:1로 혼합한 경우, 혼합수의 pH값을 계산하라. 단 혼합에 의해 기체의 방출도 염의 석출도 일어나지 않는 것으로 한다.

해

예제 3.8로부터

$$pH = \log(Alk) - \log(CO_2) + 6.3$$

이므로, 처음 물의 탄산량을 $(CO_2)_1$, 나중의 물의 탄산량을 $(CO_2)_2$라 하면

$$7.0 = \log 300 - \log(CO_2) + 6.3$$

$$\therefore \log(CO_2)_1 = \log 300 - 7.0 + 6.3$$

$$\therefore (CO_2)_1 = 59.9\,(mg/L)$$

같은 방식으로

$$\therefore (CO_2)_2 = 2.0\,(mg/L)$$

혼합수의 알칼리도는 (300+100)/2=200(mg/L), 탄산은 (59.9+2.0)/2=30.95(mg/L)이므로, 혼합수의 pH는 다음과 같다.

$$pH = \log 200 - \log 30.95 + 6.3 = 7.11$$

예제 3.9

탄산, 중탄산, 수산화이온이 각각 20, 488, 0.17(g/m^3)인 물의 알칼리도를 구하라.

풀이

1. 각종의 농도를 당량/(m^3)으로 구한다.

성분	원자량(g)	당량(g/eq)	(eq/m^3)
CO_3^{2-}	60	30	0.67
HCO_3^-	61	61	8.0
OH^-	17	17	0.01

2. 알칼리도를 계산한다.

$$A, eq/m^3 = (HCO_3^-) + (CO_3^{2-}) + (OH^-)$$
$$= 8.0 + 0.67 + 0.01$$
$$= 8.68\,(eq/m^3)$$

(6) 탄산(carbon dioxide) 평형

수중에서 가장 중요한 산-염기 시스템은 탄산 시스템으로 대부분의 자연수의 pH를 제어한다. 탄산 시스템을 구성하는 화학종은 기체형태의 이산화탄소$[(CO_2)_g]$, 용존된 이산화탄소 $[(CO_2)_{aq}]$, 탄산(H_2CO_3), 중탄산이온(HCO_3^-), 탄산이온(CO_3^{2-}), 탄산염을 포함한 고형물을 들 수 있다.

대기에 노출된 물에서 용존 CO_2의 평형농도는 액체상태 CO_2의 몰분율과 대기 중 CO_2의 분압의 함수이다. 헨리상수(Henry's law)를 기-액 CO_2 평형에 적용할 수 있다.

그러므로

$$x_{CO_2} = K_H P_{CO_2} \tag{3.18}$$

여기서, x_{CO_2} : 액체상태의 평형에서 CO_2의 몰분율

K_H : 헨리상수, (atm^{-1})

P_{CO_2} : 기체 내 CO_2의 분압, (atm)

K_H의 값은 온도의 함수(표 3.12)이다. 이산화탄소는 평균 대기압이 1(atm), 101.4(kPa)인 해수면에서 대기의 0.03(%)를 차지한다.

표 3.12 온도의 함수 CO_2와 O_2의 헨리 상수

T(°C)	K_H $CO_2(atm^{-1})$	K_H $O_2(atm^{-1})$
0	0.001397	0.000391
5	0.001137	0.000330
10	0.000967	0.000303
15	0.000823	0.000271
20	0.000701	0.000244
25	0.000611	0.000222
40	0.000413	0.000188
60	0.000286	0.000159

수중 이산화탄소의 농도는 식 (3.18)과 몰분율의 정의의 식(하기 ※ 참고)을 이용해 결정한

다. 이 계산은 예제 3.11을 참조하기 바란다. 용존 이산화탄소[$(CO_2)_{aq}$]는 물과 가역적으로 반응하여 탄산을 형성한다.

$$[(CO_2)_{aq}] + H_2O \rightleftarrows H_2CO_3 \tag{3.19}$$

평형식은 다음과 같다.

$$\frac{[H_2CO_3]}{[CO_2]} = K_m \tag{3.20}$$

25(°C)에서 K_m의 값은 1.58×10^{-3}이다. 용액 내에서 $(CO_2)_{aq}$와 (H_2CO_3)를 구별하기 어렵고 매우 적은 H_2CO_3가 자연수에 존재한다는 사실은 식 (3.16)으로 정의된 탄산 값 $[H_2CO_3^{※}]$를 유효하게 사용하게 한다.

$$H_2CO_3^{※} = (CO_2)_{aq} + H_2CO_3 \tag{3.21}$$

탄산이 2가 산이기 때문에 두 단계(중탄산과 탄산)로 분리된다. 중탄산으로 첫 번째 해리는 식 (3.17)로 표현된다.

$$H_2CO_3^{※} = H^+ + HCO_3^- \tag{3.22}$$

평형 관계식은 다음과 같다.

$$\frac{[H^+][HCO_3^-]}{[H_2CO_3^{※}]} = K_1 \tag{3.23}$$

25(°C)에서 K_1의 값은 4.47×10^{-7}(mol/L)이다. 다른 온도에서의 K_1은 표 3.15에 나타냈다. K_m은 무차원이고, K_1은 (mol/L)로 표현되는 것을 주의하라. 리터는 SI단위가 아니지만 리터당 몰수의 형태로 평형단위를 정의한다.

몰분율※

용액에서 모든 구성요소의 총 몰수에 대한 용질의 몰수의 비를 말한다.

$$x_B = \frac{n_B}{n_A + n_B + \cdots + n_N}$$

$$x_B = \frac{n_B}{n_A + n_B + \cdots + n_N}$$

여기서, x_B : 용질 B의 몰분율

n_A : 용질 A의 몰수

n_B : 용질 B의 몰수

n_N : 용질 N의 몰수

표 3.13 온도함수로서의 탄산평형 상수

T(°C)	K_m	K_1(mol/L)	K_2(mol/L)	$K_{sp}^{※}$ (mol²/L²)
5		3.02×10^{-7}	2.75×10^{-11}	8.13×10^{-9}
10		3.46×10^{-7}	3.24×10^{-11}	7.08×10^{-9}
15		3.80×10^{-7}	3.72×10^{-11}	6.03×10^{-9}
20		4.17×10^{-7}	4.17×10^{-11}	5.25×10^{-9}
25	1.58×10^{-3}	4.47×10^{-7}	4.68×10^{-11}	4.57×10^{-9}
40		5.07×10^{-7}	6.03×10^{-11}	3.09×10^{-9}
60		5.07×10^{-7}	7.24×10^{-11}	1.82×10^{-9}

※ $CaCO_3$에 대한 용해도 곱 상수

탄산의 두 번째 해리는 중탄산에서 탄산으로 되는 과정이다.

$$CO_2 + H_2O \rightleftarrows H_2CO_3 \tag{3.24}$$

$$H_2CO_3 \rightleftarrows HCO_3^- + H^+ \tag{3.25}$$

$$HCO_3^- \rightleftarrows CO_3^{2-} + H^+ \tag{3.26}$$

상응하는 평형식은 다음과 같다.

$$\frac{[H^+][CO_3^{2-}]}{[HCO_3^-]} = K \tag{3.27}$$

25(℃)에서 K_2의 값은 4.68×10^{-11}(mol/L)이다. 다른 온도에서의 K_2의 값을 표 3.13에 나타냈다.

식 (3.24)의 반응에 생기는 H_2CO_3의 농도는 상당히 작다. 또 CO_2의 농도와 H_2CO_3의 농도와의 합을 $[CO_{2T}]$로 하고, 겉보기 해리정수 K_1'로 하면 식 (3.24) 및 식 (3.25)에 질량작용 법칙을 적용하여,

$$\frac{[HCO_3^-][H^+]}{[CO_{2T}]} = K_1' \tag{3.28}$$

같은 모양으로 식 (3.26)은

$$\frac{[CO_3^{2-}][H^+]}{[HCO_3]} = K_2 \tag{3.29}$$

식 (3.28), 식 (3.29)에서 $pH = -\log[H^+]$를 대입하면,

$$\log\frac{[HCO_3^-]}{[CO_{2T}]} = \log K_1' + pH \tag{3.30}$$

$$\log\frac{[CO_3^{2-}]}{[HCO_3^-]} = \log K_2 + pH \tag{3.31}$$

이들 식처럼 pH값은 HCO_3^-와 CO_2의 양비 또는 CO_3^{2-}와 HCO_3^-와의 양비에 의해 결정된다.

수중에 포함되어 있는 탄산은 결합탄산과 유리탄산으로 나누어진다. 전자는 수중에 카운터 이온이 존재하는 탄산이며, 예로 $CaCO_3$, $Ca(HCO_3)_2$, $MgCO_3$, $Mg(HCO_3)_2$ 등의 염류를

물에 용해하여 생기는 CO_3^{2-}나 HCO_3^-와 같은 이온이 존재하는 탄산을 말한다. 이에 대해 유리탄산은 탄산가스 CO_2의 형태로 수중에 존재하는 탄산을 말한다. 유리탄산은 더욱이 종속성 유리탄산과 침식성 유리탄산으로 나뉜다. 종속성 탄산은 수중의 알칼리 성분을 가용성의 형태로 유지하기 위해 필요한 유리탄산이다.

예를 들면 불용성의 탄산칼슘 $CaCO_3$ 1(mol)을 물에 용해시키는 데 필요한 탄산의 양은 다음 식에 의해 1(mol)이면 좋다. 이 경우 탄산은 전부 결합탄산으로 되어 있다.

$$CaCO_3 + CO_2 + H_2O \rightleftarrows Ca(HCO_3)_2 \tag{3.32}$$

그러나 $CaCO_3$를 완전히 용해시키기 위해서는 과잉의 탄산, 즉 유리탄산이 존재할 필요가 있다. 종속성 탄산에는 이 과잉의 탄산, 즉 다음 식의 평형을 유지하는 데 필요한 탄산가스의 양 $(n-1)CO_2$를 말한다.

$$CaCO_3 + nCO_2 + H_2O \rightleftarrows Ca(HCO_3)_2 CaCO_3 + (n-1)CO_2 \tag{3.33}$$

침식성 유리탄산은 총유리탄산으로부터 종속성 유리탄산을 뺀 것이다.

수중의 탄산은 유기물의 분해, 공기의 용해 또는 수중생물의 호흡에 의해 발생한다. 유리탄산량은 지하수에서는 많고, 녹색생물이 많은 호소수에서는 적다.

자연수에서 유리탄산의 양이 물의 pH에 크게 관여하고 있는 것은 이미 기술한 대로이다. 또한 물의 맛에도 관계하고 있다. 침식성 유리탄산을 함유한 물은 콘크리트나 금속을 부식시키는 힘이 강하기 때문에 주의를 요한다. 특히 아연을 용해하며, 철강을 녹슬게 하는 힘이 크다. 부식을 방지하기 위해 침식성탄산은 제거하는 것이 바람직하다. 유리탄산의 제거는 알칼리제의 첨가 또는 포기에 의해 행해진다.

예제 3.10

〈강우의 pH 계산〉

일반적으로 강우는 금속성분을 미량으로 함유한다. 용존 CO_2가 부가되면 CO_3^{2-} 농도를 무시할 수 있다는 결과로부터 H^+ 농도를 증가시키는 결과를 가져온다. 강우 pH는 다음과 같이 25(°C)에서 계산된다.

풀이

1. 식 3.18과 표 3.14에 주어진 자료를 이용하여 액체에서의 CO_2의 몰분율을 구한다. 대기 중 CO_2는 0.03(%)라 가정하면 액체에서의 CO_2의 몰분율은 다음과 같다.

$$
\begin{aligned}
x_{CO_2} &= K_H P_{(CO_2)aq} \\
&= 6.11 \times 10^{-4} \text{atm}^{-1} (0.0003 \text{atm}) \\
&= 1.84 \times 10^{-7}
\end{aligned}
$$

2. $(CO_2)_{aq}$ 몰농도를 구한다.

$$
\begin{aligned}
&xCO_2 = [CO_2]aq / ([H_2O] + [CO_2] + \cdots) \\
&xCO_2 \simeq [CO_2]aq / [H_2O] \\
&xCO_2 \simeq [CO_2]aq / 55.56 \\
&[CO_2]aq = (1.84 \times 10^{-7})(55.56) = 1.02 \times 10^{-5} (\text{mol/L})
\end{aligned}
$$

3. $[H_2CO_3]$의 몰 농도를 구한다.

$$
\frac{[H_2CO_3]}{[CO_2]} = K_n
$$

$$
\begin{aligned}
[H_2CO_3] &= (1.58 \times 10^{-3})(1.02 \times 10^{-5}) \\
&= 1.61 \times 10^{-8} (\text{mol/L})
\end{aligned}
$$

4. $[H_2CO_3^{※}]$의 몰 농도를 구한다.

$$
\begin{aligned}
[H_2CO_3^{※}] &= [CO_2]_{aq} + [H_2CO_3] \\
&= 1.02 \times 10^{-5} + 1.61 \times 10^{-8} \\
&= 1.02 \times 10^{-5} (\text{mol/L})
\end{aligned}
$$

5. 강우의 pH를 구한다.

① $[H_2CO_3^※]$에 대한 평형 관계식은 다음과 같다.

$$\frac{[H^+][HCO_3^-]}{[H_2CO_3]} = K_1$$

② 전기적 중성을 고려한다. 이 예제에서 수소이온 농도는 음이온과 같아야 한다. 강우의 경우, 중탄산, 탄산, 수산화이온만이 음이온의 근원이 된다고 가정한다. 그러므로 다음과 같다.

$$[H^+] = [OH^-] + 2[CO_3^{2-}] + [HCO_3^-]$$

여러 측정치에 따르면 강우의 pH가 7.0 이하라고 알려져 있다. 그러나 만약 $pH < 7.0$이라면 $[OH^-]$, $[CO_3^{2-}]$의 값은 무시되고 $[H^+] \simeq [HCO_3^-]$일 것이다. $[H_2CO_3^※]$에 대한 평형식에서 $[HCO_3]$를 $[H^+]$로 바꾸면

$$\frac{[H^+]^2}{[H_2CO_3^※]} = K$$

단계 4에서 K_1과 $[H_2CO_3^※]$를 넣고 $[H^+]$를 푼다.

$$[H^+]^2 = (4.47 \times 10^{-7})(1.02 \times 10^{-5})$$
$$[H^+] = 2.13 \times 10^{-6}(mol/L)$$
$$\therefore\ pH = 5.67$$

(7) 경도(칼슘, 마그네슘)

Ca는 담수의 중요한 주성분이며, 지질에 유래하며, 석회암 지대의 물에는 많지만, 화성암지대의 물에는 적고, Mg는 해수 중에 많다.

일반적인 물은 Ca가 Mg보다 많다. 물의 경도는 경도로서 나타내지만, 경도라는 것은 Ca

이온 및 Mg 이온의 양을 여기에 대응하는 탄산칼슘($CaCO_3$)의 양(mg/L)으로 환산한 것이다.

경도에는 총경도, 일시경도, 영구경도의 3가지가 있다. 총경도는 일시경도와 영구경도의 합이며, 일시경도는 물을 끓인 경우에 경도 성분의 Ca나 Mg가 불용성의 탄산칼슘이나 수산화마그네슘으로 변화하여 침전하기 때문에 경도가 소실하는 것이며, 영구경도는 끓여도 침전하지 않고 존재하는 Ca나 Mg을 나타낸다.

경도는 비누의 사용하기 쉬움, 사용하기 어려움의 정도를 나타내는 지표이다. 비누는 지방산과 나트륨 또는 칼륨과의 화합물로, 비누가 칼슘이온이나 마그네슘이온과 결합하면, 거품이 나지 않는 지방산칼슘이나 마그네슘으로 변화한다. 비누의 효과는 이러한 칼슘이온과 마그네슘이온이 완전히 없어지면, 비로소 비누가 되어 거품발생이 일어나는 것이다.

수중의 칼슘이나 마그네슘은 영양상 필요하므로, 경도가 조금 높아도 위생상 지장은 없다. 먹는 물 관리법에 의하면 경도는 1,000(mg/L) 넘지 않기 때문에 정해져 있지만, 경도가 높은 물은 비누를 부질없이 소비하기 때문에 가정용으로서는 낮으면 낮을수록 좋으며, 다른 식품으로부터 섭취되는 칼슘이나 마그네슘 양을 고려하면, 먹는 물로서는 100(mg/L)을 넘지 않는 것이 바람직하다.

경도별로 물을 분류한 일례가 표 3.14에 나타나 있다.

표 3.14 물의 경도별 분류

등급	경도	
	mg/L	정도
1	0~55	연수
2	56~100	약간 경수
3	101~200	조금 경수
4	201~500	상당한 경수

우리나라의 수돗물의 원수는 일반적으로 저경도[10~50(mg/L) 정도]이지만, 구미에는 고경도[10~1800(mg/L)]가 많다.

한편, 경수는 경도에 익숙하지 않은 경우에 마시면 설사를 일으키는 경우가 많으며 비누를 낭비하며 피부를 거칠게 한다. 경도가 높은 물을 보일러 용수로 사용하면, 보일러 안에 스케일을 발생시키므로 연수를 필요로 하는 경우는 많다. 기타 펄프용수, 염색용수, 식품공업용수, 직물공업용수 등에도 연수는 널리 사용되고 있다.

(8) 포화지수(랑게리아 지수, Langelier Index)

수중에 칼슘이 포화하고 있는가 없는가, 다시 말하면 칼슘이 석출되어 스케일이 되는지 또는 반대로 물이 아직 물질을 용해하는 능력을 가지고 있는가를 나타내는 지표를 포화지수 또는 랑게리아 지수(Langelier Index)라고 한다. 부식을 위한 pH 조절을 행하는 경우는 랑게리아 지수를 사용하는 것이 편리하다.

랑게리아 지수(L. I.)는 어떤 물의 실제 pH와 $CaCO_3$가 그때 석출하지 않는 이론상의 pH값(pHs)과의 차로 나타내며, L. I. > 0에서는 스케일 발생, L. I. < 0에서는 부식성이 있는 물로 판정할 수 있다. 랑게리아 지수를 식으로 나타내면 다음과 같다.

$$\mathrm{L.\,I.} = \mathrm{pH} - \mathrm{pHs} \qquad (3.34)$$

$$\mathrm{pHs} = \log K_s - \log K_2 - \log C_a - \log A + B \qquad (3.35)$$

여기서, K_s : $CaCO_3$ 용해도적

K_2 : 탄산의 제2 용해 정수

C_a : 칼슘이온 Ca^{2+}의 농도[$CaCO_3$ (mg/L)]

A : 중탄산이온 HCO_3^-의 농도[$CaCO_3$ (mg/L)]

B : 정수 $10 - \log 2 (= 9.699)$

표 3.15 랑게리아 지수를 계산한 표

전고형물 (mg/L)	A	칼슘 경도 [$CaCO_3$ (mg/L)]	C	M 알칼리도 [$CaCO_3$ (mg/L)]	D
50~300	0.1	10~11	0.6	10~11	1.0
400~1000	0.2	12~13	0.7	12~13	1.1
		14~17	0.8	14~17	1.2
		18~22	0.9	18~22	1.3
온도 (°C)	**B**	23~27	1.0	23~27	1.4
		28~34	1.1	28~35	1.5
0~1.1	2.6	35~43	1.2	36~44	1.6
2~5.6	2.5	44~55	1.3	45~55	1.7
6.6~8.9	2.4	56~69	1.4	56~69	1.8
10.0~13.3	2.3	70~87	1.5	70~88	1.9

표 3.15 랑게리아 지수를 계산한 표(계속)

온도 (°C)	B	칼슘 경도 [$CaCO_3$ (mg/L)]	C	M 알칼리도 [$CaCO_3$ (mg/L)]	D
10.0~13.3	2.3	70~87	1.5	70~88	1.9
14.4~16.7	2.2	88~110	1.6	89~110	2.0
17.8~21.1	2.1	111~138	1.7	111~139	2.1
22.2~26.7	2.0	139~174	1.8	140~176	2.2
27.8~31.1	1.9	175~220	1.9	177~220	2.3
32.2~36.7	1.8	230~270	2.0	230~270	2.4
37.8~43.3	1.7	280~340	2.1	280~350	2.5
44.4~50.0	1.6	350~430	2.2	360~440	2.6
51.1~55.6	1.5	440~550	2.3	450~550	2.7
56.7~63.3	1.4	560~690	2.4	560~690	2.8
64.4~71.1	1.3	700~870	2.5	700~880	2.9
72.2~81.1	1.2	880~1000	2.6	890~1000	3.0

pHs=9.3+A+B−(C+D), 포화지수 L. I.=pH−pHs

예제 3.11

수온 25(°C), pH 7, Ca^{2+} 7.5(mg/L), 알칼리도 30(mg/L), 전고형물량 50(mg/L)의 물의 랑게리아 지수를 구하라.

해

Ca^{2+}의 농도를 $CaCO_3$ 환산농도로 하면

$$7.5 \times \frac{100}{40} = 18.8(\text{mg/L as } CaCO_3)$$

표 3.15를 참고로 하여

전고형물량 A=0.1

온도 B=2.0

칼슘경도 C=0.9

알칼리도 D=1.5

$\therefore$ pHs= 9.3 + 0.1 + 2.0 − (0.9 + 1.5) = 9.0

$\therefore$ L. I.= 7.0 − 9.0 =− 2.0

이 물은 랑게리아 지수가 음(부)이므로 부식성(침식성)이 있는 것을 나타내고 있다.

(9) 연화(softening)

칼슘이나 마그네슘은 동물에 있어서 필수 원소이며, 통상 포함되어 있는 정도의 경도성분이면 건강에 해를 미치는 것은 없다. 그러나 비누를 낭비시키기 때문에 경도는 낮은 편이 사용하기 좋다. 또 보일러 중에서 가열이나 증발에 의해 경도성분이 스케일이 되어 열교환기 벽에 부착한다. 스케일은 보일러의 열효율을 저하시키거나 보일러의 파손시킬 수 있기 때문에 경도의 제거가 중요하다.

경수를 연화하는 방법에는 다음과 같다.

- 화학연화법(석회소다법)
- 착염법
- 이온교환법

① 화학연화법(chemical softening)

화학연화는 소석회[$Ca(OH)_2$]와 소다회(Na_2CO_3)를 사용하여, 칼슘과 마그네슘을 불용성의 염으로 침전제거하기 때문에, 석회−소다법(lime−soda process)이라고 한다. 소석회 대신에 생석회(CaO)나 가성소다(NaOH)를 이용하는 것도 있다. 우선 수중에 용해하고 있는 중탄산칼슘[$Ca(HCO_3)_2$], 중탄산마그네슘[$Mg(HCO_3)_2$]에 소석회를 가하면,

$$Ca(HCO_3)_2 + Ca(OH)_2 = \underset{\text{침전}}{2CaCO_3} + 2H_2O \qquad (3.36)$$

$$Mg(HCO_3)_2 + Ca(OH)_2 = \underset{\text{용액}}{MgCO_3} + \underset{\text{침전}}{CaCO_3} + 2H_2O \qquad (3.37)$$

소석회 대신 가성소다를 사용하면

$$\underset{}{Ca(HCO_3)_2} + 2NaOH = \underset{\text{침전}}{CaCO_3} + \underset{\text{용액}}{Na_2CO_3} + 2H_2O \tag{3.38}$$

$$Mg(HCO_3)_2 + 2NaOH = \underset{\text{용액}}{MgCO_3} + \underset{\text{용액}}{Na_2CO_3} + 2H_2O \tag{3.39}$$

또한 소석회를 식 (3.37)의 반응에 필요한 양 이상으로 가하면,

$$MgCO_3 + Ca(OH)_2 = \underset{\text{침전}}{Mg(OH)_2} + \underset{\text{침전}}{CaCO_3} \tag{3.40}$$

또 식 (3.39)에서 가성소다를 과잉으로 가하면,

$$MgCO_3 + 2NaOH = \underset{\text{침전}}{Mg(OH)_2} + \underset{\text{용액}}{Na_2CO_3} \tag{3.41}$$

이상과 같이 소석회 또는 가성소다를 가하는 것에 의해 중탄산마그네슘, 중탄산칼슘의 일시경도는 슬러지 상태로 침전한다. 이때 수중의 용해물질 알칼리도도 감소한다.

$CaSO_4$, $CaCl_2$에서 영구경도는 소다회로부터 다음 반응으로 제거된다.

$$CaSO_4 + Na_2CO_3 = \underset{\text{침전}}{CaCO_3} + \underset{\text{용액}}{Na_2SO_4} \tag{3.42}$$

$$CaCl_2 + Na_2CO_3 = \underset{\text{침전}}{CaCO_3} + \underset{\text{용액}}{2NaCl}$$

$MgSO_4$, $MgCl_2$의 형태로 존재하는 영구경도는 소석회와 소다회의 2단 처리로 제거된다.

$$MgSO_4 + Ca(OH)_2 = \underset{\text{침전}}{Mg(OH)_2} + \underset{\text{용액}}{CaSO_4} \tag{3.43}$$

$$CaSO_4 + Na_2CO_3 = \underset{\text{침전}}{CaCO_3} + \underset{\text{용액}}{Na_2SO_4} \tag{3.44}$$

$$MgCl_2 + Ca(OH)_2 = Mg(OH)_2 + \underset{\text{용액}}{CaCl_2} \tag{3.45}$$

$$CaCl_2 + Na_2CO_3 = \underset{\text{침전}}{CaCO_3} + \underset{\text{용액}}{2NaCl} \tag{3.46}$$

이러한 석회－소다회에 의한 연화법에는 고온연화(hot lime)와 저온연화(cold lime) 등이 있고, 전자에 의한 방법이 후자에 비해 보다 단시간에 연화가 진행되어 약품의 과잉투입량이 적게 되지만, 가온방법에 상당한 비용이 든다.

효과적인 연화를 촉진하기 위해서는 물과 약품을 이미 석출한 고형물과 접촉하는 것이 필요하며, slurry 순환형의 장치에서는 탁질의 제거 이외에 연화라는 효과를 얻을 수 있다. 그러나 우리나라 물의 경도는 대개 100(mg/L) 정도 이하인 경우가 많기 때문에, 약품첨가에 의한 경도 제거법을 사용하는 경우는 비교적 적다. 먹는 물로서는 경도는 100(mg/L) 넘지 않는 것이 바람직하다.

② 착염법

20(mg/L) 정도의 경수에 시판의 카르콘(분자량 3,000～4,000의 중합인산소다)을, 130(mg/L) 정도 가하면 완전히 연화된다. 이 방법에 의하면 여과 등의 조작이 필요 없기 때문에 가정용에는 유리하지만 거액의 비용이 든다. 이와 같이 칼슘, 마그네슘 및 철 등과 착화합물을 형성하는 약품(중합인산나트륨, EDTA 등)을 가하여 연화를 완성시키는 방법을 착염법이라 한다.

예로 핵사메타인산나트륨($Na_6P_6O_{18}$)을 사용하면 다음 식과 같이 칼슘은 착화합물이 된다.

$$Ca^{++} + Na_6P_6O_{18} \rightarrow Na_4CaP_6O_{18} + 2Na^+ \tag{3.47}$$

실제로는 염 1(mol)에 대해 $Na_6P_6O_{18}$은 1.25(mol) 필요하기 때문에, 경도 1(mg/L)을 연화하는데, $Na_6P_6O_{18}$은 19(mg/L) 필요하다.

그 외 트리폴리인산나트륨($Na_5P_3O_{10}$)나 EDTA(ethylene diamine tetracetic acid)와 같은 약품을 사용해도 연화할 수 있다. 착염법은 빌딩 내의 급수관 스케일 방지에 사용되고 있다.

③ 이온교환법

수중의 경도성분 이온을 이온교환체의 나트륨 원자 또는 수소 원자와 교환하여 제거하는 방법을 이온교환법이라 한다. 이온교환체로서는 제올라이트나 유기합성수지가 있다. 통상 입상의 것을 용기에 충진하여 여기에 원수를 통과하여 교환반응을 시킨다. 이온교환체는 식염수나 해수 또는 염산에 의해 재생하며, 반복해서 사용한다.

양이온 교환 수지(cation exchange resin)를 이용한 경우의 교환식은 다음과 같다.

$$R-(SO_3Na)_2 + Ca(HCO_3)_2 \rightarrow R-(SO_3)_2 + 2NaHCO_3 \tag{3.48}$$

$$R-(SO_3Na)_2 + MgSO_4 \rightarrow R-(SO_3)_2Mg + Na_2SO_4 \tag{3.49}$$

재생하는 경우에는 식염수를 이용하여

$$R-(SO_3)_2Ca + 2NaCl \rightarrow R-(SO_3Na)_2 + CaCl_2 \tag{3.50}$$

$$R-(SO_3Na)_2Mg + 2NaCl \rightarrow R-(SO_3Na)_2 + MgCl_2 \tag{3.51}$$

이처럼 되며 재생 폐수로서 $CaCl_2$나 $MgCl_2$를 포함한 것이 배출된다.

이온교환체가 이온을 교환시킬 수 있는 능력을 관류용량이라 하며, 관류용량을 얻기 위해, 필요한 이온교환체의 양은 다음과 같이 나타낼 수 있다.

$$V = \frac{(C_i - C_o)}{B} \times \alpha \tag{3.52}$$

여기서, V : 소요 수지량(L), C_i : 유입수 이온 농도(mg/L as $CaCO_3$)

C_o : 유출수 이온 농도(mg/L as $CaCO_3$), Q : 처리수량(m^3/h)

t : 통수시간(h), B : 관류용량(kg $CaCO_3/m^3$ − 수지), α : 안전계수

재생에 필요한 약품량은 재생레벨에 의해 결정된다. 재생레벨은 관류용량에 의해 변하며, 화한다. 재생레벨이 표시되면 재생제량은 다음과 같이 나타낼 수 있다.

$$\text{재생제량(kg)} = \text{수지량}(m^3) \times \text{재생레벨}[(kg/m^3) - \text{수지}] \tag{3.53}$$

예제 3.12

음이온으로서 HCO_3^-, CO_3^{2-}, Cl^- 및 SO_4^{2-}를 고려하여, 물의 경도성분은 어떠한 물질을 용해한 것인지 표로 나타내보자.

해

표 3.16 경도성분에 따른 음이온의 용해물질

	일시 경도		영구 경도	
	HCO_3^-	CO_3^{2-}	Cl^-	SO_4^{2-}
Ca^{2+}	$Ca(HCO_3)_2$	$CaCO_3$	$CaCl_2$	$CaSO_4$
Mg^{2+}	$Mg(HCO_3)_2$	$MgCO_3$	$MgCl_2$	$MgSO_4$

표 3.11과 비교해보면 알칼리도의 관계를 잘 알 수 있다.

예제 3.13

칼슘 20(mg/L), 마그네슘 5(mg/L)을 검출한 물의 경도를 구하라.

해

칼슘 20(mg/L)을 탄산칼슘으로 환산한다.

$$\text{칼슘 경도} = 20 \times \frac{CaCO_3\text{의 분자량}}{Ca\text{의 원자량}}$$

$$= 20 \times \frac{100}{40} = 50(mg/L)$$

같은 모양으로

$$\text{마그네슘 경도} = 5 \times \frac{100}{24.3} = 20.6(mg/L)$$

양자를 합하면, 구하는 경도는 70.6(mg/L)이 된다.

예제 3.14

일시경도는 펄펄 끓이면 제거할 수 있는 이유를 설명하라.

해

일시경도는 $Ca(HCO_3)_2$, $Mg(HCO_3)_2$, $MgCO_3$를 물에 용해했을 때 발생하는 칼슘이온과 마그네슘이온이다. 이러한 물을 펄펄 끓이면 다음 반응이 일어난다.

$$Ca(HCO_3)_2 \rightarrow CaCO_3 \downarrow + CO_2 + H_2O$$
$$Mg(HCO_3)_2 \rightarrow Mg(OH)_2 \downarrow + 2CO_2$$
$$MgCO_3 + H_2O \rightarrow Mg(OH)_2 \downarrow + CO_2$$

이 반응의 결과, 생기는 $CaCO_3$와 $Mg(OH)_2$는 물에 대해 용해도가 낮기 때문에, 석출하여 침전 제거된다. ※ 집의 주전자 뚜껑이나 주둥이에 부착되어 있는 흰 물질은 상기 경도의 침전물이다.

예제 3.15

탄산칼슘의 용해도적은 $Ks = 4.8 \times 10^{-9}$이므로, 화학연화에 의해 제거 가능한 이론적 칼슘 경도의 최소치를 구하라.

해

$$[Ca^{2+}][CO_3^{2-}] = Ks = 4.8 \times 10^{-9}$$
$$[Ca^{2+}] = \sqrt{4.8 \times 10^{-9}} = 6.93 \times 10^{-5}(mol/L)$$

경도로 환산하면

$$6.93 \times 10^{-5}(mol/L) \text{ as Ca} = 6.93 \times 10^{-5}(mol/L \text{ as } CaCO_3)$$
$$= 6.93(mg/L \text{ as } CaCO_3)$$

실제로는 화학연화에 의해 경도를 10~30(mg/L) 이하로 하는 것은 어렵다.

예제 3.16

식 (3.35)를 유도하라.

해

$$\frac{[CO_3^{2-}][H^+]}{[HCO_3^-]} = K_2,\ \ [Ca^{2+}][CO_3^{2-}] = K_S$$

$$\frac{1}{[H^+]} = \frac{[CO_3^{2-}]}{K_2[HCO_3^-]} = \frac{K_S}{K_2[HCO_3^-][Ca^{2+}]}$$

$$\begin{aligned}\therefore\ pH &= \log K_S - \log K_2 - \log[HCO_3^-] - \log[Ca^{2+}] \\ &= \log K_S - \log K_2 - \log\frac{2A}{10^5} - \log\frac{C}{10^5} \\ &= \log K_S - \log K_2 - \log A - \log C + 10 - \log 2\end{aligned}$$

예제 3.17

수질시험 결과 다음과 같은 값을 얻은 물의 연화에 필요한 약품량을 구하라. 단 도해법에 의해 구하라.

Ca^{2+} : 200(mg/L)	Mg^{2+} : 100(mg/L)
$Na^+ + K^+$: 50(mg/L)	HCO_3^- : 180(mg/L)
$Cl^-NO_6^{3-}$: 70(mg/L)	SO_4^{2-} : 100(mg/L)

(단, 모두 $CaCO_3$로 환산한 값)

해

각 이온의 값을 상단에는 양이온, 하단에는 음이온을 표시한다.

200　　　　300　　350

Ca^{2+}		Mg^{2+}	Na^+, K^+
HCO_3^-	SO_4^{2-}		Cl^-, NO_3^-

180　　　　280　　350

우선 HCO_3^-를 180(mg/L)과 Ca^{2+}를 180(mg/L) 동시에 침전시키는데, $Ca(OH)_2$가 180(mg/L) 필요하며, 여기에 $CaCO_3$가 2분자, 즉 360(mg/L)이 침전한다.

$$\begin{array}{ccccc} Ca(HCO_3)_2 & + Ca(OH)_2 & \rightarrow & 2CaCO_3 + 2H_2O \\ 180 & 180 & & 360(\text{침전}) \end{array} \tag{3.54}$$

다음에 Mg^{2+} 100(mg/L)과 SO_4^{2-} 100(mg/L)을, $Ca(OH)_2$ 100(mg/L)에 의해 침전시키며, $Mg(OH)_2$로서 100(mg/L)을 침전시킨다.

20　　　　120　　170

Ca^{2+}	Mg^{2+}	Na^+, K^+
SO_4^{2-}		Cl^-, NO_3^-

100　　170

$$\begin{array}{ccccc} MgSO_4 & + Ca(OH)_2 & \rightarrow & Mg(OH)_2 & + CaSO_4 \\ 100 & 100 & & 100(\text{침전}) & 100(\text{용액}) \end{array} \tag{3.55}$$

식 (3.55)에서 $Mg(OH)_2$는 침전하지만 재차 Ca^{2+}가 $CaSO_4$의 형태로 용액 중에 존재하기 때문에, 그 결과는 다음 그림과 같다.

120　　170

Ca^{2+}		Na^+, K^+
SO_4^{2-}	Cl^-, NO_3^-	

100　　170

앞의 서술과 같이 Ca^{2+} 100(mg/L)과 SO_4^{2-} 100(mg/L)을 같이 침전시키면, Na_2CO_3에 의해 $CaCO_3$의 침전을 만들 수 있다.

$$\begin{array}{llll} CaSO_4 + Na_2CO_3 & \rightarrow CaCO_3 & + & Na_2SO_4 \\ 100 \quad\quad 100 & \quad 100(\text{침전}) & & 100(\text{용액}) \end{array} \tag{3.56}$$

마지막 남은 형태는 다음 그림과 같다.

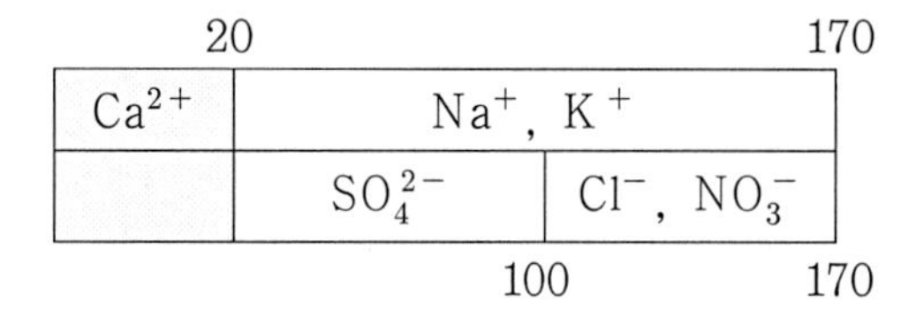

$$\begin{array}{llll} CaSO_4 + Na_2CO_3 & \rightarrow CaCO_3 & + & Na_2SO_4 \\ 20 \quad\quad 20 & \quad 20(\text{침전}) & & 20(\text{용액}) \end{array} \tag{3.57}$$

이 된다.

(10) 질소화합물(Nitrogenous Compounds)

질소 화합물을 알기 위해서는, 우선 자연계에서 질소의 순환(Nitrogen cycle)에 관해 알 필요가 있다. 그림 3.3은 자연계에서 질소 화합물의 순환에 대한 계통도이다.

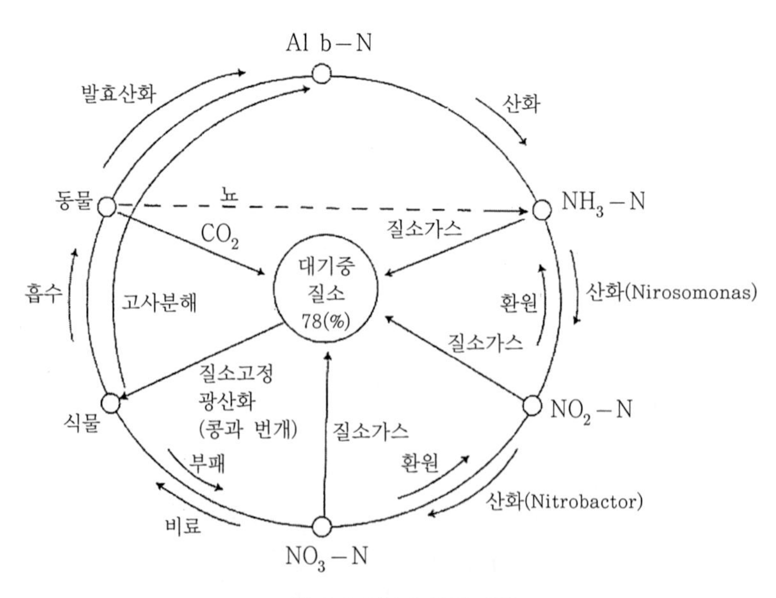

그림 3.3 질소순환의 계통도

질소화합물은 토양 중에서 식물에 흡수되어 식물의 성장을 도우며, 식물성 단백질이 된다. 식물은 동물의 먹이가 되며 동물은 먹이 중의 질소를 체내에 흡수하여 동물성 단백질이 되며 흡수되지 않는 부분은 배설물로 배출한다. 한편 식물과 동물도 세월이 흐르면 또는 다른 이유로 식물은 마르고, 동물은 죽어서 부패하거나 산화되어 분해한다. 이처럼 고사한 식물이나 동물의 사체 또는 동물의 배설물에 포함한 질소화합물은 자연계에서 분해되어 알부미노이드질소(albuminoid nitrogen)가 되며, 더욱 산화분해 하여 무기성 암모늄염이 된다. 암모니아성질소는 더욱 산화를 하여 아질산성질소가 되며, 마침내 질산성질소로 산화된다. 질산성질소는 재차 대지로 돌아가 식물에 흡수되어 순환을 종료하게 된다.

(11) 알부미노이드 질소(albuminoid nitrogen)

알부미노이드 질소는 암모니아성질소(NH_3-N)로 되기 직전의 분해되기 쉬운 상태의 질소화합물로 알칼리성의 과망간산칼륨($KMnO_4$)을 사용하여 산화할 때 암모니아성질소로 분해하는 질소 화합물이다.

알부미노이드 질소의 존재는 초기의 오염지표로 간주되어 분뇨나 하수 등으로 오염된 물에 많다. 그러나 식물이나 미생물 등의 영향으로 많이 존재하는 것도 있기 때문에 그 원인은 주의깊게 조사할 필요가 있다.

알부미노이드 질소는 먹는 물 관리법에 수질항목으로 규정되어 있지 않지만, 알부미노이드 질소가 많으면, 당연히 암모니아성질소나 아질산성질소가 검출되기 때문에 알부미노이드 질소의 시험은 상시 행할 필요는 없다.

(12) 암모니아성질소(ammonia nitrogen)

암모니아성질소는 암모늄염을 그 질소량으로 나타낸 것으로 암모니아, 암모늄이온, 암모늄염, NH_3-N 등으로도 표현한다.

지표수에서 암모니아성질소를 포함한 물은 산화가 충분히 일어나지 않는 것을 나타낸다. 따라서 물이 금방 오염이 되었는지 아닌지를 의심할 수 있다.

그러나 심층수처럼 청정하여도 질산염이 환원되어 암모니아성질소로 검출되는 것도 있다. 이러한 경우는 암모니아성질소의 존재는 오염의 지표가 되지 않는다.

과거 수질기준에서 암모니아성질소와 아질산성질소가 동시에 검출되어서는 안 된다고 규정하고 있다. 이는 유기질의 존재에 의한 암모니아성질소는 용이하게 산화되어 아질산성질소가 되지만 아질산성질소는 다시 환원되어 암모니아성질소로 되돌아가기 때문에 양자가 동시에 검출되는 것은 오염에 의한 유기질의 존재를 나타내는 것으로 생각되기 때문이다.

그러나 위에 서술한 것처럼 암모니아성질소의 존재는 반드시 오염을 나타내지 않으며, 오염의 지표라면 신뢰성이 높은 세균시험으로 충분하다. 이러한 관점에서 현재의 먹는 물 수질기준에서 암모니아성질소에 관한 규정은 삭제되어야 한다. 단지 암모니아성질소가 존재하면 염소 소독 시, 클로라민을 형성하여 염소 사용량이 증가하기 때문에 어떠한 원인에 의해서도 암모니아성질소를 다량으로 포함한 수도의 원수로 사용하는 것은 바람직하지 않다.

(13) 아질산성질소(nitrite nitrogen)

아질산성질소는 아질산염을 그 질소량으로 표시한 것으로, NO_2-N으로 표현한다. 암모니아성질소는 비교적 신속하게 산화되어 아질산성질소로 변화하며, 후술의 질산성 질소가 환원해도 아질산성질소가 된다. 수중에 아질산성질소가 검출되면, 일단 오염성의 암모니아성질소가 산화되어 아질산성질소로서 존재하는 것으로 생각된다.

그러나 암모니아성질소와 같이 질산성질소가 환원되어도 아질산성질소가 되기 때문에 아질산성질소가 존재한다는 것만으로 오염을 받았다고는 볼 수 없다. 심정호의 질산성질소가 환원하여 생긴 아질산성질소는 오염을 의미하지 않는다.

수중의 아질산이온은 식품 중의 단백질 분해에 의해 생긴 제2 아민과 결합하면, 발암성물질인 니트로사민(nitrosamine)을 생성하는 것으로 알려져 있으며, 수중에 아질산성질소가 다량으로 존재하는 것은 오염의 유무를 별도로 해도 바람직하지는 않다.

아질산이 산화된 질산이온도 인간의 입안 또는 체내에 용이하게 아질산으로 환원되기 때문에 니트로사민의 생성이라는 점에서는 아질산성질소도 동일하다. 먹는 물 관리법에서 아질산성질소에 관한 수질 기준은 정해져 있지 않다.

(14) 질산성질소(nitrate nitrogen)

질산성질소는 질산염을 그 질소량으로 나타낸 것이며, 질산, 질산이온, 질산염, NO_3-N으로 표현한다. 질산성질소는 질소화합물이 산화되어 생긴 최종 화합물로서 더 이상 산화되지 않는 상태로 된 것이다. 질산성질소를 다량으로 포함한 물을 유아에게 먹이면 유아 치아노제(Zyanose, 청색증)를 일으키는 것으로 알려져 있다. 치아노제라고 하는 것은 산소가 결핍한 혈액이 동맥이나 모세관을 흐르기 때문에 뺨, 입술, 손톱 및 발톱 등이 보라색으로 변하는 병이다.

질산성질소는 질소화합물이 완전히 산화되어 안전한 상태로 된 것이지만, 이것을 다량으로 포함한 물을 항상 마시면, 위에 설명한 대로 여러 가지 장해를 일으킬 염려가 있다. 먹는 물 관리법에서 질산성질소는 10(mg/L) 넘지 아니 할 것으로 규정되어 있다.

예제 3.18

암모니아성질소 1(mg/L)을 질산성질소까지 산화하는데 필요한 산소는 얼마인가?

해

암모니아성질소는 다음과 같이 산화된다.

$$NH_4^+ + \frac{3}{2}O_2 \rightarrow NO_2^- + 2H^+ + H_2O$$

$$NO_2^- + \frac{1}{2}O_2 \rightarrow NO_3^-$$

$$\therefore \text{ 필요 산소량} = \frac{2 \times 32}{14} = 4.57(mg/L)$$

예제 3.19

암모니아성질소는 높은 pH 영역에서는 휘발하기 쉬운 것을 나타내어라.

해

암모늄이온과 암모니아 사이의 평형식은 다음과 같다.

$$NH_4^+ \rightleftarrows NH_3 + H^+$$

평형정수를 K라 하면

$$\frac{[NH_3][H^+]}{[NH_4]} = K = 4.8 \times 10^{-10} \tag{3.58}$$

$$\therefore \frac{[NH_3]}{[NH_4]} = \frac{K}{[H^+]} = K \times 10^{pH}$$

따라서 pH가 높게 되면, 수중의 암모늄이온은 암모니아가스가 되며, 휘발하기 쉽다.

(15) 염소이온

염소이온은 물속의 염화물 중의 염소를 말한다. Cl^- 로 표현되며, 염소이온이라고 하면 종종 소독용의 염소와 혼돈할 수 있기 때문에 주의를 요한다.

염소와 결합한 염류, 즉 염화물은 수중에 있어서 해리하여, 금속의 부분은 양이온이 되며, 염소이온은 음이온이 된다. 예를 들면 식염 즉 염화나트륨($NaCl$)을 물에 녹이면, Na는 양이온(Na^+)이 되며, 염소는 음이온(Cl^-)이 된다.

염화물은 지각 중에 넓게 존재하기 때문에, 어떠한 물에도 다소의 염소이온은 포함되어 있다. 지표수는 상류에 적으며 하류로 감에 따라 증가한다. 지하수 중의 염소이온은 천차만별이며, 유전지대의 대량의 염수에서 지극히 소량밖에 포함되어 있지 않은 지하수까지 있다. 하수, 분뇨 또는 염화물을 취급하는 공장폐수가 지표중이나 지하수로 흘러들어 가면 염소이온은 당연히 증가한다.

따라서 염소이온이 많은 물은 우선 오염되어 있는 것으로 판단하여 시험을 행하며, 다른 성분도 함께 고려하여 이들이 오염에 의한 것인가 아닌가를 확인할 필요가 있다.

먹는 물관리법에 의하면 염소이온은 250(mg/L)을 넘지 않을 것으로 규정되어 있다. 이것은 오염과 관계없는 염소의 양을 고려하여 맛을 감지할 수 없을 정도이며 충분히 소독되어 있다면 위험은 없다고 정한 것이다.

인간 생활의 폐기물이나 하수 및 분뇨에는 염소 이온이 존재하며, 분뇨 중 염소 이온의 양은 0.75~1(%)로 존재한다. 그러므로 하수 및 분뇨가 혼입된 물에는 염소 이온이 검출되므로 이런 의미에서 염소 이온은 오염의 지표가 되기 때문에 항상 계속적인 검사가 필요하다.

(16) 잔류염소와 염소소독

① 잔류염소(residual chlorine)

염소 Cl_2를 물에 가하면 다음과 같이 반응한다.

$$Cl_2 + H_2O \rightleftarrows HOCl + H^+ + Cl^- \quad (3.59)$$

$$HOCl \rightleftarrows OCl^- + H^+ \quad (3.60)$$

여기서 생성한 HOCl(차아염소산)과 OCl^-(차아염소산이온)을 **유리잔류염소**라 한다. 수중에 암모니아가 존재하면, HOCl과 반응하여 다음과 같이 클로라민을 만든다.

$$HOCl + NH_3 \rightleftarrows NH_2Cl + H_2O \quad (3.61)$$

$$HOCl + NH_2Cl \rightleftarrows NHCl_2 + H_2O \quad (3.62)$$

$$HOCl + NHCl_2 \rightleftarrows NCl_3 + H_2O \quad (3.63)$$

위 반응에서 생성한 NH_2Cl(mono-chloramine)과 $NHCl_2$(di-chloramine)은 산화력이나 살균력을 가지고 있기 때문에, 이것도 잔류염소로 취급하여, **결합잔류염소**라고 한다. NCl_3 (tri-chloramine)은 살균력이 없기 때문에 잔류염소가 아니다. 잔류염소는 염소이온 Cl^-과 다르기 때문에 혼돈해서는 안 된다. 염소이온은 NaCl과 같은 염을 물에 녹였을 때 생기는 것이기 때문에 살균력은 전혀 없다.

물에 염소를 첨가하면 세균이나 미생물을 죽이는 것뿐 만아니라, 유기물이나 제1철 이온을 산화한다. 이처럼 염소 소비물질이 존재하지 않는 물에 염소를 첨가하면, 첨가한 만큼 잔류염소가 남으며, 상기와 같은 환원성물질이 존재하는 경우는 소비되어 남은 양이 잔류염소가 된다.

우리나라의 수도법 기준에 수도꼭지의 먹는 물 유리잔류염소는 항상 0.1(mg/L)[결합잔류염소는 0.4(mg/L)] 이상이 되어야 하며, 다만 병원성미생물에 의하여 오염되었거나 오염될 우려가 있는 경우에는 유리잔류염소가 0.4(mg/L)[결합잔류염소는 1.8(mg/L)] 이상이 되도록 규정되어 있다.

② 염소소독(Chlorination)

염소를 이용하여 물을 소독하는 방법에는 다음과 같다.

a. 일반주입법

일반주입법은 적당한 잔류염소가 남을 때까지 염소를 주입하는 것이다. 암모니아를 포함한 물에 대해서는, 후에 서술하는 불연속점 이하의 주입량으로 한다.

b. 과잉주입법

완전한 살균이 요구되는 경우에 사용되는 것으로, 과대한 잔류염소가 남도록 염소를 첨가한다. 따라서 염소처리 후 활성탄 또는 환원제를 사용하여 탈염소처리를 행하는 것이 보통이다.

수처리 시 염소를 주입하는 장소에 따라 전염소처리(pre-chlorination), 후염소처리(post-chlorination) 및 중간염소처리가 있다.

전염소처리(pre-chlorination)는 응집교반조 전에 염소를 첨가하며, 후염소처리는 여과 후에 첨가하는 것, 중간염소처리는 침전처리 후에 염소를 첨가하는 것이다.

c. 클로라민법

앞서 기술했듯이 암모니아를 포함한 물에 염소를 주입하면, 모노클로라민(mono-chloramine)과 디클로라민(di-chloramine)이 생성한다. 이들은 결합잔류염소로서 살균력이나 산화력은 유리잔류염소에 비해 1/10 정도 살균효과가 낮지만, 반면에 결합성잔류염소는 환원성 물질에 의해 염소 소모량이 적으며, 염소처리 후 장시간 경과해도 살균력이 지속되며, 냄새를 유발하는 성분을 생성시키지 않는 등의 이점이 있다. 이러한 성질을 이용하여 장거리 송수하는 물의 염소처리법으로서 염소와 동시에 암모나아를 첨가하여 고의로 결합잔류염소로서 물을 소독하는 방법이다. 이것을 클로라민법이라 하며, 1920~1930년대 일부 유럽국가나 일본에서 이와 같은 살균방식이 이용되었다.

d. 불연속점 염소처리법

물에 염소를 첨가하면 잔류염소가 어느 점으로부터 역으로 저하하기 시작하여, 극소치에 달한 후 재차 상승한다. 이러한 현상은 수중에 암모니아가 존재하는 경우에 전형적으로 나타난다. A점까지는 클로라민의 생성에 의해 잔류염소가 증가하며, A와 B점 사이에서는 클로라민이 산화되는 구간, B점 이후는 주입량에 비례하여 잔류염소가 증가하는 구간이다. 이 B점을 불연속점(break point)이라고 하며, 이 점까지 염소를 주입하는 방법을 불연속점 염소처리법이라고 한다. 불연속점 염소처리법에 의하면, 소위 염소냄새가 이보다 소량주입한 경우에 비해 적게 나며 또 소독도 완전하게 이루어진다. 가장 확실한 염소소독 주입법이다.

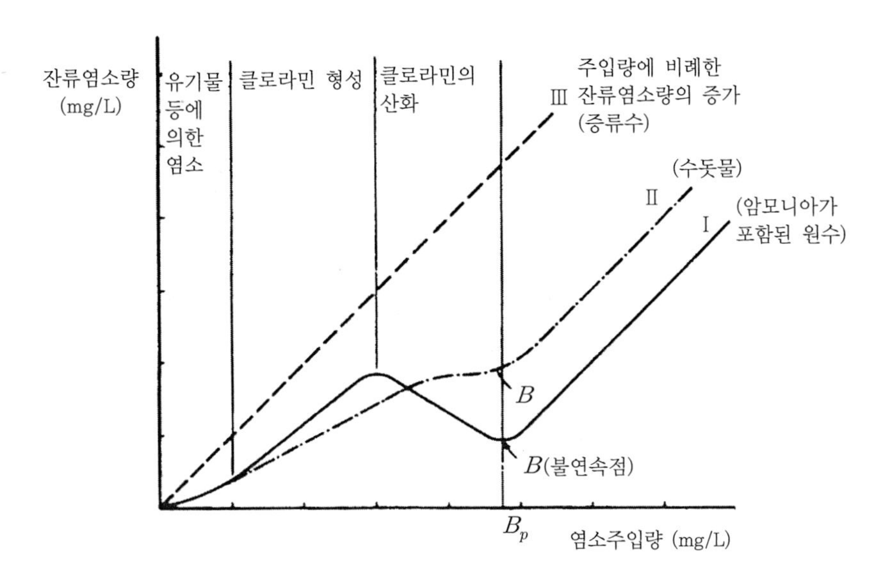

그림 3.4 염소주입량과 잔류염소량

③ pH와 염소효과

물에 염소를 가하면 물과 화학반응을 하고 다시 그 일부가 해리하여 차아염소산 HOCl (hypo−chlorous acid)과 차아염소산이온(OCl^-)이 된다.

$$Cl_2 + H_2O \rightleftarrows HOCl + H^+ + Cl^- \tag{3.64}$$

$$HOCl \rightleftarrows OCl^- + H^+ \tag{3.65}$$

이때 해리 정수는 3.7×10−8이다. 즉,

$$\frac{[OCl^-][H^+]}{[HOCl]} = 3.7 \times 10^{-8} \tag{3.66}$$

$$\therefore \frac{[OCl^-]}{[HOCl]} = \frac{3.7 \times 10^{-8}}{[H^+]}$$

$$= 3.7 \times 10^{-8} \times 10^{pH}$$

pH가 7 정도에서는 주입한 염소의 절반 정도가 염소이온(Cl^-, 해수의 주성분인 염소이온과 동일한 것으로 살균효과는 없다)으로 존재하며, 이것은 효과가 없다. 나머지 양중 대략 절반씩

HOCl과 OCl^-로 존재하여 살균작용을 하며, 이것을 유리잔류염소라 한다. pH가 높아지면 OCl^-의 양이 증가하고, pH 10 이상에서는 대부분이 OCl^-로 되어, HOCl은 나타나지 않는다.

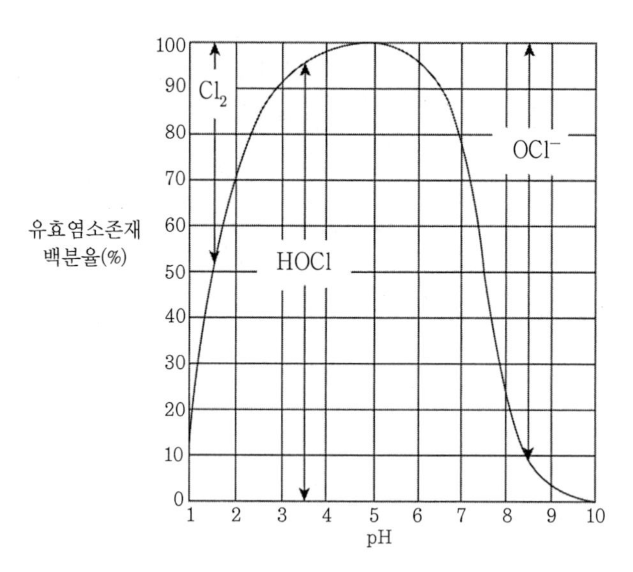

그림 3.5 유리유효염소의 존재비

HOCl은 OCl^-에 비해 수십 배나 살균효과가 강하므로 산성 측에서 염소의 살균력은 강하고 알칼리성 측에서는 급격하게 저하된다.

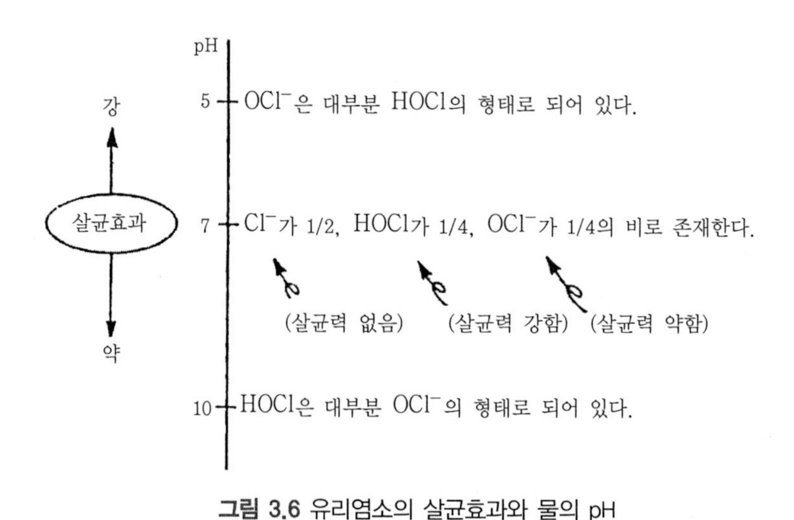

그림 3.6 유리염소의 살균효과와 물의 pH

④ **트리할로메탄(trihalomethane)**

메탄 CH_4의 4개의 수소원자 중, 3개가 할로겐원소(F, Cl_2, Br, I)의 어느 것과 치환한 것을 총칭하여 트리할로메탄이라 한다. 예를 들면 클로로포름($CHCl_3$), 브로모디크로로메탄($CHBrCl_2$), 디브로모클로로메탄($CHClBr_2$), 브로모포름($CHBr_3$) 등이다.

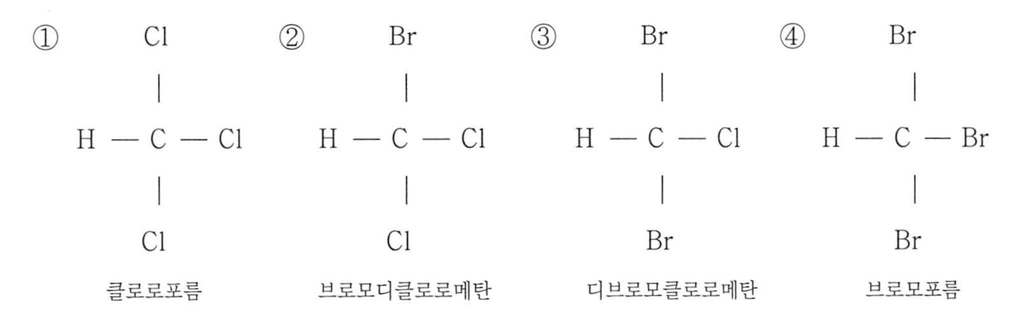

그림 3.7 트리할로메탄 종류

트리할로메탄은 중추신경이나 간장, 신장에 작용하여 독성을 나타내며, 기형성·발암성이 있다고 알려져 있다.

트리할로메탄은 염소와 수중의 유기물과 반응하여 생성하며, 염소의 주입량이 많을수록 또 수중의 유기물량이 많을수록 생성량이 많아진다. 따라서 전염소처리와 같이 유기물 함량이 많은 점에서 다량의 염소를 주입하면 트리할로메탄이 생성하기 쉽게 된다.

예제 3.20

암모니아성질소 1(mg/L)을 트리클로라민까지 하기 위해 필요한 염소량을 계산하라.

해

식 (3.59)~(3.63)으로부터 암모니아 1(mol)을 트리클로라민으로 하기 위해서는 3(mol)의 HOCl, 즉 Cl_2가 필요하기 때문에

$$\text{필요 염소량} = \frac{Cl_2\text{의 분자량} \times 3}{N_2\text{의 분자량}} = \frac{71 \times 3}{28}$$

$$= 7.6(mg/L)$$

(17) 철 및 망간(Iron and Manganese)

① 철 이온(iron)

철은 수중에서 중탄산염, 수산화물, 염화물, 질산염 또는 유기화합물이라고 하는 다양한 형태로 존재하고 있다. 이들이 수중에 존재하는 모든 철을 총철이라 하며, 그중 수중에 용해하고 있는 것을 용존철이라고 한다. 철이온은 용존철을 가리키며, 제1철 이온과 제2철 이온과 구별할 수 있다.

제1철(Fe^{2+})의 염은 물에 대한 용해도가 높으며, 제2철(Fe^{3+})의 염은 용해도가 낮다. 따라서 통상의 pH 범위에서 제2철 이온이 존재한다 해도 석출하여 침전하기 때문에 수중에는 거의 제1철만이 존재하게 된다.

철분이 많은 물은 이취미를 발생시키며, 세탁물을 황갈색으로 물들게 할 뿐만 아니라 공업용으로도 제품의 품질을 나쁘게 하기 때문에 바람직하지 않다. 그러나 약간의 철은 인체에 필수한 영양 요소이며, 먹는 물 관리법에서 철은 0.3(mg/L) 넘지 아니 할 것으로 규정하고 있다. 그러나 0.2(mg/L) 정도의 철분이 있으면 철박테리아가 번식하여 급·배수관에 녹을 형성하는 등, 문제가 많이 발생하기 때문에 철 함유량은 0.1(mg/L) 이하로 하는 것이 바람직하다.

상당히 많은 철분을 포함한 적갈색을 띤 수돗물을 녹물(적수)이라고 한다. 녹물은 정수장에서 배수할 때 이미 철분이 많은 물일 경우 말할 것도 없으며, 소량의 물이라도 배수관의 내부에 서서히 부착한 철분이 관내 유속의 변동 등에 의해 떨어져 생기는 경우가 많다.

② 제철법

위에 서술한 것처럼 철은 제2철 형태가 되면 용해도가 작게 되어 석출하기 때문에 침전이나 여과에 의해 제거할 수 있다.

제1철을 제2철로 변화하는 데 산화제를 주입하면 된다. 통상 산화제로서 염소가 사용되고 있다. 공기 중의 산소, 즉 포기에 의해 철을 산화하는 것도 가능하지만, 단순한 포기로서는 산화가 불완전한 것이 많다.

일반적으로 촉매를 사용하면 화학반응이 신속하게 진행한다고 알려져 있다. 철의 산화반응에서도 옥시 수산화철 FeOOH과 같은 촉매의 존재하에서 산화제를 작용시키면, 공기처럼 산화력이 약한 것도 용이하게 반응을 진행할 수 있다. 이러한 촉매를 코팅(coating)한 모래를 제철여재라고 한다. 공기를 포함한 원수를 제철여재에 통과하면, 산화반응과 제2철염의 포착이 동시에 진행된다. 이러한 방법을 접촉여과법이라 한다.

생물막 여과법에서 제철은 pH 조절이 중요하며, 제1철의 산화속도는 OH^- 이온 농도의

2승에 비례하여 증대한다. 즉, pH가 7 이상의 영역에서는 이 이론은 맞다.

그러나 pH가 7 이하의 낮은 영역에서는 이 이론은 벗어나고 있으며, 앞에서 서술한 것처럼 생물막 여과법에서 철을 제거하려면 반드시 공기를 주입하면서 pH를 6.3~6.8과 같이 약산성으로 조정하면 제1철은 제2철염으로 되어 생물막 여과지 내에서 쉽게 제거될 수 있다.

또한 생물막 여과법에 포착된 제2철염의 결정구조에 대해 X선회절 및 메스바우어(Mössbauer) 분석으로 용존산소에 의해 제철에 촉진효과가 있는 촉매 및 촉매상에 석출한 철산화 물질은 Ferrihydrite로, 분자구조는 $Fe_5HO_8 \cdot 4H_2O$ 또는 $2.5Fe_2O_3 \cdot 4.5H_2O$로 밝혀졌다.

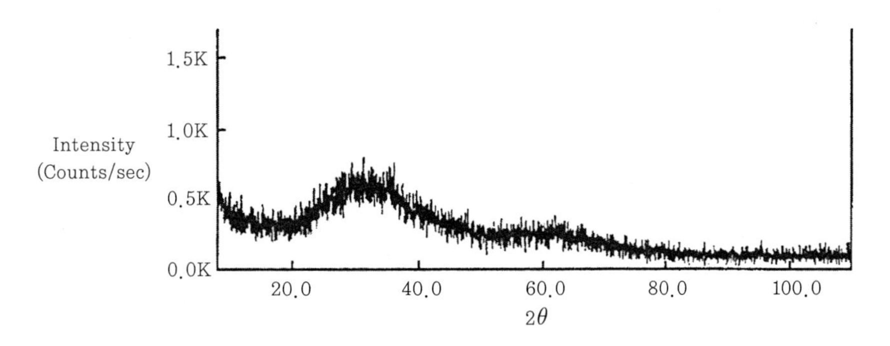

그림 3.8 여재에 부착한 산화철에 대한 X선 회절 결과

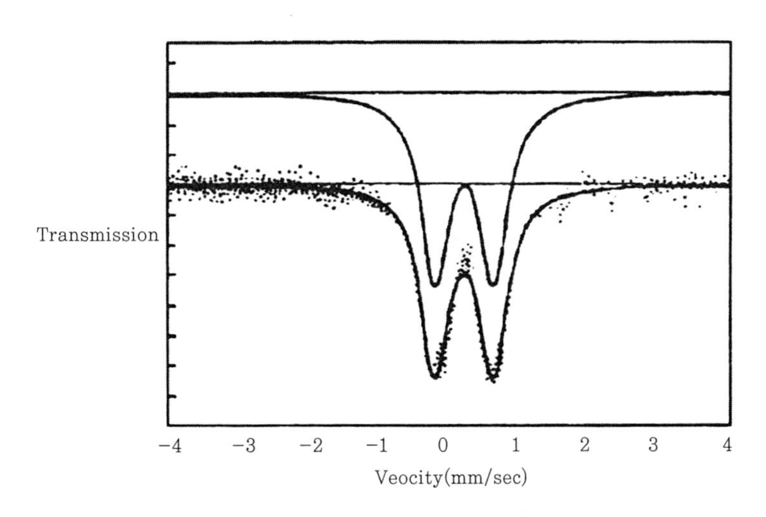

그림 3.9 여재에 부착한 산화철에 대한 Mössbauer 분석 결과

예제 3.21

제1철을 산화하여 제2철로 하는 데 필요한 염소량을 구하라.

해

$$2Fe^{2+} + Cl_2 \rightarrow 2Fe^{3+} + 2Cl^-$$

이기 때문에 제1철 1(mg/L)을 산화하는 데 필요한 염소량은 다음과 같다.

$$\frac{35.5 \times 2}{2 \times 55.85} = 0.636(mg/L)$$

예제 3.22

pH 7에서 2가의 철은 수중에 얼마만큼 물에 녹을 수 있을까? 또 3가의 철은 어떤가? 단 $Fe(OH)_2$ 및 $Fe(OH)_3$의 용해도적은 각각 1.65×10^{-15} 및 4.0×10^{-38}이다.

해

$$[Fe^{2+}][OH^-]^2 = 1.65 \times 10^{-15}$$

$$[Fe^{2+}] = \frac{1.65 \times 10^{-15}}{[OH^-]^2} = \frac{1.65 \times 10^{-15}}{\left(\frac{10^{-14}}{[H^+]}\right)^2}$$

$$= 1.65 \times 10^{13} \times 10^{-2pH}(mol/L)$$

pH=7로 하면

$$[Fe^{2+}] = 1.65 \times 10^{-1}(mol/L) = 9220(mg/L)$$

이와 같이

$$[Fe^{3+}][OH^-] = 4.0 \times 10^{-38}$$

$$[Fe^{3+}] = \frac{4.0 \times 10^{-38}}{[OH^-]^3} = \frac{4.0 \times 10^{-38}}{\left(\frac{10^{-14}}{[H^+]}\right)^3}$$

$$[Fe^{3+}] = 4.0 \times 10^4 \times 10^{-3pH}$$

pH 7에서는

$$[Fe^{3+}] = 4.0 \times 10^{-17}(mol/L) = 2.23 \times 10^{-12}(mg/L)$$

풀이

$[H^+][OH^-] = 10^{-14}$, 철의 원자량=55.85로서 계산했다. 이처럼 2가철(제1철)과 3가철(제2철)에서는 수중에 용해도가 크게 다르기 때문에 제2철로 하면, 철을 거의 모두 침전할 수 있다.

예제 3.23

제1철 형태의 철 5(mg/L), 암모니아성질소 3(mg/L) 포함한 우물 1000(m^3/day)을 처리하는 데 필요한 염소 주입량의 개략치를 추정하라. 단, 주입후의 잔류염소를 1(mg/L)로 한다.

해

암모니아성질소 1(mg/L) 산화하는 데 필요한 염소량은 약 8(mg/L)으로 알려져 있기 때문에

필요한 주입률=5×0.635+3×8+1

≒28.2

여유를 두고, 30(mg/L) 첨가하면

염소주입량=1000×30×10^{-3}=30(kg/day)

풀이

암모니아성질소가 존재하는 물에 염소를 첨가하면 주입량－잔류염소 곡선에 불연속점이 나타나는 것은 제3장에 기술했다. 불연속점의 위치는 암모니아성질소의 양에 의해 정해지며, 개략치는 암모니아성질소의 7.6배인 것을 예제 3.19에 계산하였다.

③ 망간이온(manganese)

망간에는 2, 3, 4 및 7가의 화합물이 알려져 있다. 통상 수중에 불순물로서 존재하는 것은 2가와 4가의 망간이다. 2가의 망간(Mn^{2+}) 염은 물에 녹기 쉬우며, 4가의 망간(Mn^{4+})은 물에 녹기 어렵다. 따라서 중성부근에는 거의 2가 망간만이 이온으로 존재하고 있다.

상술처럼 망간은 철과 거의 비슷한 성질을 가지고 있으며, 또 철과 공존하는 것이 많다. 망간은 철과 같이 다량으로 수중에 포함되어 있으면, 세탁물을 오염시키며, 철 이상으로 착색시키기 때문에 더욱 문제를 일으킨다.

먹는 물 관리법에 의하면 망간의 함유량은 0.3(mg/L) 넘지 아니 할 것으로 규정하고 있다. 그러나 이 정도의 망간이 포함되어 있으면 녹물보다 더 심한 흑수의 피해를 발생시키기 때문에 0.05(mg/L) 이하로 억제하는 것이 바람직하다.

망간도 철과 같이 산화하여 4가 망간화합물로서 석출한 후, 침전 또는 여과하면 제거할 수 있다. 망간의 산화는 철보다 더 어려우며 염소보다도 강력한 산화제인 과망간산칼륨이 사용되며, 오존도 효과가 있다.

그러나 망간산화물을 표면 코팅한 모래(망간사라고 한다)를 여과재로 사용하면 염소처럼 비교적 약한 산화제를 사용해도 망간을 효과적으로 제거할 수 있다. 이 경우 망간 1(mg/L)을 산화하는 데 필요한 이론적인 염소량은 1.29(mg/L)이다.

과망간산칼륨에 의해 산화하는 경우는 Mn^{2+} 1(mg/L)을 산화하는 데 필요한 $KMnO_4$의 양은 1.92(mg/L)이지만, 생성한 MnO_2가 Mn^{2+}를 흡착하기 때문에 실제의 첨가량은 이론량보다 적어도 좋다.

생물막 여과법에서 제망간은 제철과 같이 pH 조절이 중요한 인자이며, 2가 망간의 산화속도는 pH가 9.5 이상으로 조절하지 않으면 거의 산화가 일어나지 않는다. 즉, pH가 8.0 이하로 유지되면 수중의 용해성 망간은 거의 산화가 일어나지 않으며, 앞에서 서술한 것처럼 생물막 여과법에서 망간을 제거하려면 산소 존재하에 pH를 9.5 이상으로 조절하면 2가 망간은 4가 망간으로 되어 쉽게 제거된다.

또한 생물막 여과법에 포착된 4가 망간의 산화물질에 대한 결정구조는 X선회절법으로 분석한 결과 MnO_2로 밝혀졌다.

예제 3.24

2가 망간을 과망간산칼륨으로 산화하여 4가 망간으로 석출시킬 경우, 필요한 과망간산칼륨 양을 구하라.

해

2가 망간은 과망간산칼륨과 다음과 같이 반응하여 불용성의 2산화망간을 생성한다.

$$3Mn^{2+} + 2KMnO_4 + 4H_2O \rightarrow 5MnO_2 + 2KOH + 6H^+$$

따라서 2가 망간 1(mg/L)을 산화하는 데 필요한 과망간산칼륨의 양은

$$\frac{2 \times 158.04}{3 \times 54.94} = 1.92(mg/L)$$

예제 3.25

2가 망간을 2산화망간의 존재하에 염소로 산화제거할 경우, 망간 1(mg/L)당 필요한 염소 주입률을 구하라.

해

2산화망간의 존재하에서 염소에 의한 망간의 산화반응은 다음과 같다.

$$Mn^{2+} + MnO_2 + Cl_2 + 2H_2O \rightarrow 25MnO_2 + 2HCl + 2H^+$$

$$\frac{35.5 \times 2}{54.94} = 1.29(mg/L)$$

풀이

이 경우 MnO_2는 촉매로서 작용할 뿐 변화하지 않는다. 위 반응의 결과 생성한 MnO_2는 여층에서 억류되어, 이것이 또 촉매로서 작용한다.

(18) 과망간산칼륨 소비량(potassium permanganate consumed)

수중의 산화되기 쉬운 물질에 의해 소비되는 과망간산칼륨($KMnO_4$)의 양을 말한다. 과망간산칼륨 소비량은 COD_{Mn}과 같이, 수중의 환원성물질을 산화할 때 소비되는 과망간산칼륨양에 의해 측정되며, 양자의 사이에는 다음과 같은 관계가 있다.

$$COD_{Mn} = KMnO_4 \text{ 소비량} \times 0.2531 \tag{3.67}$$

단, 양자는 측정법이 거의 다르기 때문에 측정대상에 의해서 상관관계는 반드시 정확하게 성립하지 않는다.

과망간산칼륨 소비량은 상수도의 수질기준에 이용되며, 유기물량이나 환원성 물질량을 나타내는 지표로서, 먹는 물 관리법에서는 10(mg/L) 넘지 아니 할 것으로 규정되어 있다.

(19) 증발잔류물

수중의 부유물과 용해성 물질과의 중량 합이며, 물을 가열 증발한 경우의 잔류물의 중량이 여기에 상당한다. 이 수치가 과대한 것은 수돗물로서는 부적당하다. 이들의 물질은 지표나 지각으로부터 자연수 중으로 흘러들어간 것이며, 부유물질에서는 불용성의 점토입자가, 용해질에서는 지각 중의 여러 가지 무기성분이 각각 주체가 되고 있다. 침전이나 여과라고 하는 정수조작에서는 증발잔류물 중의 부유물질밖에 제거할 수 없다. 이 때문에 응집이나 산화처리에 의해 콜로이드나 철·망간을 부유물질로 변화시키는 것은 극히 일부이며, 대부분의 용해성 물질은 처리수중에 그대로 유출된다. 수질기준은 500(mg/L)을 넘지 아니 할 것으로 규정되어 있다.

(20) 불소이온(fluorine)

수중의 불소는 주로 지질에 의해 함유량에 차이가 있으며, F^-로 표현된다. 불소는 천연에 주로 형석 CaF_2로서 생산되며, 수소와 화합하는 힘은 염소보다 크며, 염화물에 불소를 통과시키면, 염소를 치환하여 불화합물을 만든다.

불소는 여러 가지 원소와 용이하게 화합하지만, 산소와 질소와는 화합물을 만들지 않는다. 불소는 먹는 물 관리법에서 1.5(mg/L) 넘지 아니 할 것으로 규정되어 있다. 불소는 분명히 물에 한도량 이상으로 포함되어 있으면 반상치병(fluorisis) 증세가 나타나기 때문에 1(mg/L) 이하가 바람직하다.

반상균은 치아에 얼룩무늬가 생기거나 구멍이 뚫리는 병이다. 또 불소 농도가 높은 물을 항상 마시면 관절에 칼슘이 침적하여 굴곡할 수 없게 되는 골경화증이 된다. 불소는 이러한 독물이지만, 적당량을 함유하면 오히려 유아의 치아 발육 또는 충치예방에 효과가 있다.

일본은 쿄토시의 야마시나 지구에서는 1962년 수돗물 중에 불소를 첨가하여, 약 12년에 걸쳐 초등학생 중 충치수를 조사한 결과, 불소화지구는 비불소화지구의 약 50(%) 억제된 것을 알 수 있었다. 그러나 이 제어 효과는 어린이에 대한 것이기 때문에 성인은 이 정도 효과를 기대할 수 없으며, 또 인간 1인 1일당 음료수 섭취량이 1~1.5(L)인 것을 생각하면 수돗물 전체를 불소화하려고 하는 시도는 조금 예상이 빗나간 듯하다.

(21) 비소

지질에 유래하며, 더러 자연수에 포함되어 있지만, 공장배수의 혼입이라든지, 농약이나 살충제의 유출에 의해 지표수나 지하수에 오염의 위험이 있다.

섭취량의 다소에 의해 급성·만성의 비소 중독을 일으킨다. 수질기준은 0.01(mg/L)를 넘지 아니 할 것으로 규정하고 있다.

(22) 페놀

자연수 중에는 존재하지 않으며, 주로 공업배수나 철관의 도료에 유래한다. 페놀 함유수를 염소 멸균하면 불쾌한 클로로페놀 냄새를 발생시킬 수 있으며, 그 영향이 강하기 때문에 수질기준은 0.005(mg/L)를 넘지 아니 할 것으로 규정하고 있다.

(23) 음이온 계면활성제(anionic surface-active agent)

가정용 합성세제로서 폭넓게 사용되고 있기 때문에, 상수도 원수에 주된 혼입원은 가정하수이다. 합성세제 중 가장 대표적인 것은 ABS(alkyl benzene sulfonate)이다. 생물학적으로 난분해성(hard)이기 때문에 하수처리 방법으로도 분해되기 어려우며, 또한 분해되지 않은 상태로 하수 중에 포함되어 있기 때문에 방류 수역에 거품을 일으켜 미관을 훼손시킬 뿐만 아니라, 하수의 생물학적 처리를 어렵게 하고 있다.

최근에는 생분해성(soft)의 LAS(linear alkyl benzene sulfonate)로 이행하고 있다. 이들 자체의 독성에 관해서는 아직 결론이 나지 않았으며, 먹는 물 수질기준은 0.5(mg/L) 넘지 아니 할 것으로 규정하고 있다. 이것은 독성보다는 미관상 거품생성 방지의 관점에서 정한 것으로 생각된다.

(24) 시안

자연수에는 거의 포함되어 있지 않으며, 시안화합물을 포함한 공장배수(광산, 화학공장, 특히 도금공장 등)의 혼입이 원인이다. 시안화합물은 독성이 강하며, 성인으로 치사량 50(mg)을 초과하여 일시에 섭취하면 바로 사망한다.

수질기준은 0.01(mg/L)를 넘지 아니 할 것으로 규정하고 있다. 이 의미는 소정의 검사 방법의 정량한계 0.01(mg/L) 이하로 한다는 것이다.

(25) 수은

자연수에는 거의 포함되어 있지 않으며, 광산, 공장, 농지의 배수나 하수 등이 원수로 혼입이 원인이다. 이러한 원수에서는, 통상의 정수법에서는 수은은 거의 제거되지 않고 수돗물로 들어갈 위험성이 있다. 금속 수은 그 자체의 독성은 그다지 강하지 않지만, 수은 화합물이 문제이며, 무기계 수은에서는 특히 소독용의 염화 제2 수은(승홍)이 맹독성이며, 유기계로서는 미나마타병의 원인물질인 메틸수은 등의 알킬수은 화합물이 흔히 알려져 있다.

미나마타병은 음료수가 원인이 아니며, 공장배수에 포함된 메틸수은이 어패류의 체내에 농축되어, 이 어패류를 다식함으로써 축적의 결과 일어나는 중독증상이며, 특이한 신경장해가 나타난다. 수질기준은 0.001(mg/L)를 넘지 아니 할 것으로 규정하고 있으며, 이 의미는 시안 이온의 경우와 같이 정량한계는 0.001(mg/L) 이하이다.

(26) 크롬

자연수에는 거의 포함하고 있지 않지만, 주로 공장(염색, 피혁) 배수, 특히 최근은 도금 공장의 배수에 유래하는 지표수나 지하의 수원오염의 위험이 증대하여, 크롬 중독을 일으키고 있다. 수질기준은 0.05(mg/L) 넘지 않을 것으로 규정되어 있다.

(27) 카드뮴

자연수 중에 포함된 것도 있으며, 신장 내에 축적하여 기능 장해를 일으킨다. 일본에서 발생한 '이타이이타이병'은 카드뮴이 원인으로 알려져 있다.

수질 기준은 0.005(mg/L)를 넘지 아니 할 것으로 규정하고 있다.

(28) 납(lead)

수중의 납은 지질·공장폐수·광산 배수로 인한 것도 있지만, 대개 연관인 급수관을 사용하기 때문에 생긴다.

급수관이 신관일 때 납의 용출이 많고, 17시간의 담수에서 0.42(ppm)을 검출한 예도 있다. 6개월 정도 지나면 연관에 scale이 생겨, 용출은 시설 당초의 1/3 정도로 감소한다.

야간에 관내 정체시간이 길어 아침에 처음 나오는 물은 잡용으로 쓰는 것이 좋다. 납의 용출은 수질과 깊은 관계가 있어 유리탄산, 산소가 많으면 용출이 쉽고 알칼리가 많으면 어렵다. 납은 인체 내에 축적하므로 섭취하는 양이 미량이라도 독성을 가진다.

그러나 1999년 5월 이후로 연관을 수도용으로 사용할 수 없기 때문에 이러한 문제는 자연적으로 해결되리라 생각한다. 수질기준은 0.01(mg/L)를 넘지 않을 것으로 규정하고 있다.

(29) 동(copper)

수중에는 황산동 처리나 동관을 급수관으로 사용하므로 포함되고, 광산 배수·공장 폐수에 기인하기도 한다. 동관에서의 용출은 납의 경우와 같으며, CO_2나 O_2를 많이 포함하는 물에 많다.

동을 포함한 물은 백색의 도기를 청색으로 변화시킨다. 이 동의 용출은 CO_2가 많을 때 일어나며 지하수를 수원으로 하는 경우에는 주의를 요한다. CO_2가 4(ppm) 이하의 물에서는 용출되지 않는다. 수질기준은 1(mg/L) 넘지 않을 것으로 규정하고 있다.

(30) 아연(zinc)

아연은 자연수에 포함되어 있지 않고 광산 배수·공장 폐수에서 섞이게 되거나 급수관을 아연도금 강관을 사용할 때 포함되는 수가 많다.

아연도 다른 금속과 같이 유리탄산이 많은 물에 잘 용해한다. 아연을 다량 포함한 수돗물은 꼭지에서 나온 직후 희게 흐려진다. 아연이 CO_2를 포함한 물에 녹아 있어 대기에 닿으면 산화되어 수산화아연이 석출되기 때문이다. 수질기준은 3(mg/L) 넘지 않을 것으로 규정하고 있다.

3) 세균학적 검사

(1) 일반세균수(bacterial count)

일반세균수란 검수 1(mL) 중에 함유된 균으로 표준 한천배지에서 35~37(°C), 22~26시간 배양할 때 집락(colony)을 형성하는 생균의 총수를 말한다. 일반세균의 대부분은 무해한 세균이다. 그러나 상기 온도에서 배양된 균은 동물 체내에 존재하며 따라서 하수나 배설물 중의 세균이 많은 것을 나타내고 있다. 경우에 따라서는 전염병균이 혼재하고 있다. 또한 이들 세균은 상온에서의 수조나 생수병에 저장된 물에서도 증식하므로 실제 오염과 반드시 같지는 않다. 이런 이유로 새로운 시료에 의한 검사 결과가 아니면 별 의미가 없다. 그러나 일반 세균의 증식이 가능한 상태의 물은 좋지 않다는 점에서는 의의가 있다. 먹는 물 관리법에서 일반세균은 1(mL) 중 100CFU(colony forming unit)를 넘지 아니 할 것으로 규정하고 있다.

(2) 대장균군(bacteria coli group, coliform index)

대장균군은 gram 음성, 무아포성 간균으로 유당을 분해하여 산과 가스를 생성하는 모든 호기성 또는 혐기성균을 말한다. 이 정의에 의해 검출되는 균군의 대부분은 분뇨성 대장균(bacteria coli., Escherichia coli.)으로, 온혈동물의 장내에 상주하며, 외계에서는 증식할 수 없는 기생균이다. 그러나 동물 배설물과 관계가 없는 초원이나 곡물 밭의 토양 중에 존재하는 bacteria aerogenes도 동시에 검출된다. 이것은 위생상의 의미를 가지고 있지 않지만, E. coli.에 비교하면 상당히 작다. 대장균은 인체의 배설물 중에 항상 대량으로 존재한다. 대장균 자체는 무해하지만, 소화기계 전염병균은 항상 대장균과 같이 존재하기 때문에, 대장균의 검출은 소화기계 전염병균의 존재를 의심할 수 있다. 병원균의 지표로서 적절한 것은 대장균이 소화기계 전염병균보다 생물학적인 저항력이 조금 강하며, 검출이 신속, 용이하다는 것이다. 즉, 대장균이 검출되지 않는 물에는 병원균도 존재하지 않는다고 생각해도 좋다. 대장균은 100(mL) 중 검출되지 아니 할 것으로 규정하고 있다. 대장균군의 정량시험결과는 통상 MPN(most probable number, 최확수)으로 표시된다. 이것은 대장균군의 실제 수이지 않고, 확률론적으로 가장 그렇다고 하는 수이다.

4) 생물학적 검사-생물

수도와 직접관계가 있는 생물은 주로 플랑크톤과 저생생물 등이다. 수도에서 행해지는 일반 생물시험은 정수과정에서 생물장해의 방지, 급수전 물의 수질오탁 감시 또는 생물이용 등을 위해 가장 기초적인 시험이며, 그 내용은 생물 종속의 결정과 정량이다.

수원수질의 생물학적 판정에, 수중생물과 환경과의 자연관계를 이용하는 방법이 있다. 즉, 생물에는 자기 생존에 최적의 환경조건이라는 것이 있다. 바꾸어 말하면, 수중생물은 물의 오염도에 적응한 생물상을 나타내기 때문에 미리 양자의 관계를 조사해두면, 이후는 생물상을 조사하는 것만으로 수질을 판정할 수 있다. 이것이 생물학적 수질판정법의 근거이며, 그 하나로 BIP(biological index of pollution, 생물학적오염도)에 의한 방법이 있다. 이것은 현미경으로 볼 수 있는 전단세포생물을 유기녹체생물수(A), 무기녹체생물수(B)의 2군으로 나누어 계수하여, 다음 식에 의해 BIP를 할 수 있다.

$$\mathrm{BIP} = \frac{\mathrm{B}}{\mathrm{A}+\mathrm{B}} \times 100 \tag{3.68}$$

BIP 값이 클수록 오염도가 높다. BIP와 수질오탁정도와의 관계를 표 3.17에 나타냈다.

표 3.17 BIP와 수질오탁정도와의 관계

BIP	0~8	8~20	20~60	60~100
오탁 정도	청수	약간 오수	중간오수	강한 오수

5) 기타 수질항목

여기서는 수질항목 이외의 주요한 항목에 관해서 기술한다.

(1) 셀렌

셀렌(selen, Se)은 모종의 자연수 중에 존재하며 공장배수의 혼입에 의한 것도 있다. 인체에 대해서는 충치를 증가시키며, 발암성이 있고, 동물에 유해하다. 우리나라에서는 수질 기준의 수질 항목에 포함되어 있지 않지만, 셀렌 오염의 우려가 있는 수도에서는 대체적으로 연 1회 정도 원수와 급수전의 수질 시험을 행하여 그 기준을 0.01(mg/L) 이하로 하는 것이 바람직하다. WHO(유럽)이나 미국의 기준은 0.01(mg/L) 이하이다.

(2) 유리탄산

수중 용존의 탄산가스(CO_2)를 말하며, 수중의 유기물의 분해, 공기 중이나 지각 중의 CO_2가 녹아들어 가는 것이 원인이다.

유리탄산에는 종속성과 침식성이 있으며, 후자는 수도시설에 대해 부식성이 있기 때문에 제거하지 않으면 안 된다. 위생상은 무해하다.

(3) 산도

수중에 존재하는 탄산·관산·유기산 등의 산분을 중화하는 데 요하는 알칼리분을, 여기에 대응하는 탄산칼슘($CaCO_3$)의 양(mg/L)으로 환산한 것이다.

자연수의 산도는 주로 유리탄산에 의하지만, 광산이나 공장의 폐수, 광천 등에 의한 경우에는 위생상 경계를 요한다. 광산·유기산을 포함한 물은 철관 부식이 심하기 때문에 수도에는 적당하지 않다.

(4) 용존산소(DO, dissolved oxygen)

용존산소는 수중에 용존하는 산소를 말하며, 그 용해도는 온도와 기압에 좌우된다. 지표수의 표층에서는 거의 이 온도에서 포화량에 달하는 경우가 많다. 하지만 호저의 정체수 등은 함유량이 적으며 청정한 물일수록 포화량에 가까우기 때문에 유기오염되면 DO는 감소한다. 그러나 한편 재포기와 엽록소를 가진 조류의 광합성 작용이 행해지면 DO가 증가하여 과포화가 나타날 수 있지만, 이러한 경우에는 일광의 강약이나 수온·일조시간 등이 영향을 미친다.

DO는 공업용수, 특히 보일러의 급수에는 부식의 점에서 극히 중요하며, 또 수질 오탁문제에 있어서는 BOD와의 관계가 중요하다.

(5) BOD

BOD(biochemical oxygen demand, 생물화학적 산소요구량)는 호기성 미생물이 DO의 존재하에서, 수중의 분해 가능한 유기물(부패성물질)을 산화분해하는 경우, 그 분해 작용 때문에 소비한 DO 양을 (mg/L) 수로 나타낸 것이다. 따라서 BOD가 크면 부패성 물질이 많은 것을 의미하며 물의 유기오염의 정도를 나타내는 지표가 된다. BOD는 검수를 5일간 20(°C)에서 보존한 직후의 DO 소비량을 BOD5로 나타낸 것이다. 수도 수원의 하천·호소 등의 오탁조사를 행할 때 DO와의 관계가 중요하다.

(6) COD

COD(chemical oxygen demand, 화학적 산소요구량)는 수중의 산화되기 쉬운 유기·무기물질이 산화제(과망간산칼륨 또는 중크롬산칼륨)에 의해 화학적으로 산화되는 경우에 소비되는 산소량을 (mg/L) 수로 나타낸 것이다. 산화제를 이용하기 때문에 BOD 시험 정도 장기간을 요하지 않으며, 또 해수나 공장배수와 같이 용해염류가 상당히 많은 경우에는 BOD보다도 적합하다. BOD와 COD와의 관계는 복잡하며 일률적이라고는 말 할 수 없다.

(7) 전기전도율

전도율(conductivity)은 비전기 전도도라고도 하며, 이것은 25(℃), 단면 1(cm^2), 길이 1(cm)에 상대하는 전극 간에 있는 용액의 전도도를 Siemens/cm(S/cm)로 나타내며, 전기전도율은 수온 1(℃) 상승에 비례하여 약 2(%) 증가하므로 물의 시험서는 microsiemens/cm(μS/cm)로 나타낸다. 전기전도율은 수중에 포함된 양이온, 음이온의 합계량에 관계가 있고, 같은 물계통의 물에는 pH 5~9의 범위에 용해성 물질에 근사적으로 비례하고, 전기전도율과 용해성 물질과의 비는 1 : 0.5~0.8의 범위에 있는 것이 많다.

원수의 하수, 산업배수, 하수혼입의 추정, 급수전의 배수 계통의 차이, 크로스커넥션(cross-connection) 누수의 판정 등에 이용할 수 있다.

(8) 물중의 방사성 물질

많은 자연수는 특히 매우 깊은 곳에서 양수된 물은 낮은 농도의 방사성 물질(radio activity)을 포함하고 있다. 인류활동에 의한 방사성 물질 또한 ① 핵발전 산업의 발전, ② 제약과 산업에서 방사성 동위원소의 사용, ③ 핵무기의 계속되는 실험의 결과로서 지표수에서 발견된다. 환경에서 발견되는 방사성 물질의 양이 늘어남에 따라, 수질 특히 음용수와 음식에 사용되는 물에서 방사성 불순물의 영향을 중요하게 고려해야 한다.

모든 원소는 하나 이상의 방사성 동위원소(isotope)를 가지고 있다. 일부 원소는 많은 안정된 형태를, 또는 단 한 가지의 안정된 형태를, 또 어떤 것은 방사성 동위원소만으로 이루어진 것도 있다. 자연적으로든 인위적으로든 모든 동위원소는 알파, 베타 및 감마 방사선의 방출에 의해 붕괴된다.

알파선은 두 양성자와 두 중성자로 이루어진 높은 에너지입자로 하전되어 있다. 환경으로부터 나온 전자에 따라 알파선은 헬륨원자가 된다. 베타선은 전자나 양전자로 이루어져 있다(전자의 양성 부분). 감마와 X선은 전자 하전이 없고 빛의 속도로 이동되는 높은 에너지의 광자이다. 방사성 핵종(radio−nuclides)이라고 불리는 일반적인 방사성 물질은 요오드(iodine) 131, 스트론튬(strontium) 90, 세슘(cesium) 137, 라듐(radium) 226 등이 있다.

방사성 단위는 퀴리(Ci)로 이것은 초당 3.7×10^{10}개의 원자의 붕괴에 해당한다[라듐 1(g)의 활동도]. 방사능 측정은 모니터 지역에 따라 몇 가지 형태로 이루어지는데, 가장 일반적인 Geiger−Műller 측정기는 단위시간당 방사능 붕괴의 수를 측정하는 것이다. 방사능의 정의는 또한 질량 활동도(단위 질량당)와 부피 활동도(단위 부피당)로 나타낼 수 있다. US. EPA는 물에서의 여러 가지 방사능 물질에 대한 적절한 최대 농도를 제안하였다(1975년).

합성 방사성 단위 동위원소에 대한 노출 한계도 정의하였다. 물에 존재하는 대표적인 방사능 농도는 다음 표 3.18과 같다.

표 3.18 물에 존재하는 대표적인 방사능 농도

방사능 원소	최대 농도(pCi/L※)
스트론튬 90	10
라듐 226	5
총 베타 농도(스트론튬 90과 알파방사체가 없을 때)	1,000

※1피코퀴리(pCi)=3.7×10^{-2} 붕괴원자/초

일반적으로 방사능 농도는 대부분의 물에서 EPA와 세계보건기구(WHO)를 포함한 다른 기관에 의해 설정된 한계농도 내로 존재한다. 방사능의 제거가 필수적인 곳에서 재래식 상수 및 하수처리장이 상당히 효과적인 것으로 알려져 있다. 그러나 방사능 물질이 제거될 수 있더라도 그 물질이 슬러지와 제거에 이용된 교환수지(resin)에 포함되어 있음을 알고 있어야 한다. 결과적으로 방사능 물질을 포함하고 있는 폐기물은 특별한 처리와 처분 방법이 필요하다.

수질기준으로 세슘(Cs−137)은 4.0(mBq/L), 스트론튬(Sr−90)은 3.0(mBq/L), 삼중수소는 6.0(Bq/L)를 넘지 아니 할 것으로 규정하고 있다.

시버트[Sievert(Sv)]는 인체가 방사선을 받았을 때의 영향을 나타내는 단위[선량당량의 단위(Sv)]이다.

즉, 방사선의 형태와 관계없이 어떠한 방사선이든지 그 방사선으로 인한 생물학적 효과만을 나타내는 단위이다. 적은 양의 방사선량을 나타낼 1시버트(Sv)의 1천분의 1인 1밀리시버트(mSv)를 사용하기도 한다. 이전에는 단위로 렘(rem)을 사용하였다. 1(mSv)는 100밀리렘에 해당한다.

렘(Rem)은 1(g)의 라듐(1퀴리의 방사능)으로부터 1(m) 떨어진 거리에서 1(시간) 동안 받은 방사선의 영향을 말하며, 병원에서 X−선 촬영 시 약 100밀리렘의 방사선을 받는다고 할 수 있지만, 간단히 1(mSv)를 받는다고 말하기도 한다.

❐ 참고문헌 ❐

1. 巽巖, 菅原正孝, 國民科學社, 1983.
2. 中村 玄正, 入門 上水道, 工學圖書株式會社, 1997.
3. George Tchobanoglous, Edward D. Schroeder. Water Quality, Addison Wesley.1985.
4. 佐藤敦久, 衛生工學, 朝倉書店, 1977.
5. 海老江邦雄, 芦立德厚, 衛生工學演習, 森北出版(株), 1992.
6. Water Treatment for industrial and Other Uses. Reinhold Publishing Corporation, New York. 1961.
7. Bong-Yeon Cho, Iron removal using an aerated granular filter, PROCESS BIOCHEMISTRY, 2005.

Chapter 04

수 원

Chapter

04 수 원

4.1 개 설

수원은 수도에서 가장 중요한 요소이며, 이들 요소는 수질과 수량이다. 수질은 청정하고 장래 오염의 우려가 없어야 하며 수량은 수도의 필요량을 항상 만족하지 않으면 안 된다. 수질에 따라 정수방법이 다르며 수원의 위치가 수도 시설의 배열을 좌우하기 때문에 수원의 선정은 이들을 고려해야 한다. 장래 확장할 경우에도 유리하도록 몇 개의 후보에 관해서 비교 검토하는 것이 바람직하다.

수도의 수원은 통상 지표수와 지하수(복류수를 포함)가 주이지만, 천수(빗물)를 그대로 수원으로 하는 것은 극히 소규모의 음용수 설비에 한정되며 해수는 담수화가 주목받고 있지만, 막대한 자금이 필요하기 때문에 아직 일반화되고 있지는 않다.

수원으로서 의존도가 높은 하천수는 각종 기득 수리권의 장벽에 의해 신규 취수는 거의 불가능하며, 또는 수질오탁의 심각화 등의 이유로 원격지로부터 취수를 부득이 하지 않으면 안 된다. 이 때문에 수도의 건설비가 증대하며, 이 때문에 수돗물 값을 상승시키고 있다.

이러한 사정으로부터 취수가 용이한 지하수의 이용이 빈번하게 이루어지고 있으며 결국에는 지하수원은 과잉양수로 인해 지반침하, 지하수의 고갈과 수위의 저하에 의한 염수혼입, 또는 지하산결공기(4.4.2에 설명)의 발생 등의 장해가 발생하고 있다. 이들로부터 하천수에 대한 의존도가 더욱 높아지고 있다.

이러한 수원의 수량과 수질의 핍박한 상황하에서 수도가 용수의 공급을 안정화시키기 위한 방책은 원수의 유효이용을 기하며, 오히려 새로운 수원의 개발을 적극적으로 추진함으로써 원수를 확보할 수 있을 것이다. 이들의 구체적인 방법에 관해서 다음에 기술한다. 또한 수원 계획에 관련하는 우리나라 법률로서 하천법, 수자원 개발촉진법, 특정 다목적댐법, 수도법 등이 있다.

4.1.1 수원의 보호에 관해서

원래 수량, 수질, 수압이 수도의 3요소이지만, 수원 보호의 입장에서는 수위가 수압대신 문제가 되며 이들은 단독으로 또는 동시에 발생한다. 수원의 오탁을 금지하는 것은 수질의 보전에, 수원지의 산림의 벌채를 금지하는 것은 수량의 확보에, 하천의 사리, 모래의 채취를 규제하는 것은 하상 저하에 의한 수위의 저하방지에 관하는 문제이다. 또 수도의 수원과 같은 수계로부터 취수하고 있는 공장이, 그 수계에 배수를 방류하는 것은 수량과 수질에 관련한 문제이다.

수원 보호의 문제에는 이러한 수질의 오탁, 수질의 감소, 수위의 변이, 이 세 가지 내용을 수행하고 있으며, 법적으로는 환경일반에 관한 법령, 수질보전에 관한 법령, 상하수도 관리 법령 등이 정해져 있기 때문에 지표수 수역, 해역, 수로, 지하수원 등으로 수원보호의 효과가 기대되고 있다.

수원의 보전과 수질 사고방지를 위해, 각 수계마다 수도사업자 상호 간 연락과 감시체계를 확립해두는 것이 바람직하다.

지하수원의 오탁은 지표로부터 침입이 원인이 되며, 현재 가장 위험한 것은 공장배수, 도시하수, 분뇨 등이다.

수원의 방사능 오염은 핵 실험 및 원자력발전소의 사고 등에 의한 방사성 강하 물질 유출만이 아닌, 방사성 물질 취급 공장, 연구소, 병원 등의 폐기물에 의한 것이 있다.

이들은 일단 엄격하게 장해 방호수단이 취해져 있지만, 만일의 사고를 고려해서 취급하는 측도 수원 측도 최선의 방호책을 강구해두어야 한다. 지하수에 관해서 현재로서는 방사능 오염은 아직 없다고 생각된다. 수도원에는 다음과 같은 것이 있다.

① 천수(meteoric water)
② 지표수원(surface water)
  a. 하천수(river water)
  b. 호소수(lake water)
  c. 저수지
③ 지하수원(ground water : sub-surface water)
  a. 천층수(sub-surface water)
  b. 심층수(ground water)
  c. 용천수(spring water)
④ 복류수(river bed water) : 강변여과수
⑤ 기타(해수, 하수나 폐수의 재이용수)

우리나라의 수원이용 및 공급시설 현황은 지방상수도의 경우 하천 표류수가 차지하는 비중이 높아 원수의 수질과 수량 면에서 계절적인 영향을 많이 받으므로 안전급수에 위험성을 내포하고 있다. 이에 대한 대책 방안으로 수원의 다원화 방안이 절실히 요구된다. 즉, 갈수와 홍수를 대비한 하천 원수 저류조의 건설, 지하수 이용량 확대 및 중수도 시설의 이용으로 수요량을 절감하기 위한 대책이 필요하다.

4.2 천수(meteoric water)

천수는 기상학적 순환에 의해 해수나 육지에서의 수분으로부터 증발한 수증기가 응결한 것이기 때문에, 본질적으로는 증류수이지만 빗물이 되어 지표로 낙하하는 사이 공기 중의 산소, CO_2, 가스 물질, 분진, 세균 등의 불순물을 함유하고 있다. 이 외에 도시에서는 석탄을 연료로 사용하여 생기는 아황산가스 때문에 pH가 저하하고, 해안 부근의 비에는 염분이 많으며, 지상에 도달할 때까지 각종의 물질을 수반한다.

따라서 천수를 직접 음용으로 제공하는 경우는 강우 직후는 사용하지 않는 것이 안전하다. 특히 방사성으로 오염된 비는 더욱 주의해야 하며, 연속 강우 후에도 방사능의 오염제거 조치를 취해야 할 것이다.

4.3 지표수(surface water)

4.3.1 개 설

지상이나 지하의 물은 천수의 일부가 증발하여 일부는 식물에 흡수되고, 또는 지중으로 침투하여 지하수가 되거나 지표에 모여 호소나 저수지가 된다. 또는 지표수로 흐르거나 지하로 침투 후 재차 지표수가 되어 하천으로 된다.

지표 수원은 중요한 수도 수원의 하나이며, 물 수요의 규모가 크게 됨에 따라 지하 수원의 획득이 어렵게 되어 지표수에 대한 의존도가 증대하고 있다.

지표수의 수질은 그 형성 과정에 있어서 유입된 생물이나 유기물·무기물량에 영향을 받는다. 지하수에 비해서 수질상 다른 점은 다음과 같다.

① 외부로부터 오염이나 기온에 대해 직접 영향을 받기 쉽다.
② 생물이 번식하기 쉽다.
③ 공기성분(DO)이 용해되어 있다.
④ 일반적으로 연수다.

일반적으로 어떤 처리법을 행하지 않으면 상수로서 수질상 안전하지 않지만, 그럼에도 불구하고 비교적 용이하게 처리한다는 이점이지만, 최근에는 수질오탁이 심하게 되었기 때문에 처리법이 고도화하여 처리비용을 증가시키고 있다.

4.3.2 하천 수원

1) 수량

하천수의 수량은 일반적으로 지하수보다는 풍부하지만 우리나라의 하천은 하상계수가 상당히 크며, 소요수량을 평균적으로 항상 하천에서 취수할 수 있는 것은 아니며 물 이용상 상당히 불리하다. 따라서 저수지를 만든 하천의 갈수를 보급하여 유량을 평균적으로 이용하든지, 기타 수자원 개발을 하지 않으면 안 되는 경우가 많다. 하천 유량의 상당 부분을 지하 수원에 의해 보충받고 있는 경우에는 최대 갈수기에도 안정적이며 지속적으로 유량을 취수할 수 있다. 하천으로부터 취수할 수 있는 양을 식으로 나타내면 다음과 같다.

$$\text{취수 가능량} = \text{하천의 기준 갈수량} - \text{기득수리권량} - \text{하천유지용수량} \tag{4.1}$$

기준 갈수량은 취수 지점에서 최근 10년간의 최소 갈수량을 취한다. 하천유지용수는 오탁방지나 염수가 역으로 거슬러오는 것을 방지하는 데 필요한 유수이다. 댐이나 저수지를 만들어 기준 갈수량을 증대시키는 것이 가능하다면 이것만큼의 큰 취수가 가능하게 된다.

우리나라의 하천법(국토해양부, 2010) 및 수문관측업무 규정(국토해양부, 2009)의 용어 정의에 따르면, 각종 수위로서는 평수위, 저수위, 갈수위, 일평균수위, 연평균수위 등이 있으며, 각종 유량으로서는 평균유량, 저수유량, 갈수량 외에 일평균유량, 연평균유량 등이 있다. 용어의 정의는 다음과 같다. 하천수원을 선정할 때에는 ① 유효수량, ② 수질, ③ 하상에 유의할 필요가 있다.

① 평수위는 1년을 통하여 185일은 이보다 저하하지 않는 수위를 말한다.
② 저수위는 1년을 통하여 275일은 이보다 저하하지 않는 수위를 말한다.
③ 갈수위는 1년을 통하여 355일은 이보다 저하하지 않는 수위를 말한다.
④ 일평균수위는 1일을 통하여 1시부터 24시까지 매시 수위의 합을 24로 나눈 수위를 말한다.
⑤ 연평균수위는 1년을 통하여 일평균수위의 합을 당해 연도의 일수로 나눈 수위를 말한다.
⑥ 평균유량은 1년을 통하여 185일은 이보다 저하하지 않는 유량을 말한다.
⑦ 저수유량은 1년을 통하여 275일은 이보다 저하하지 않는 유량을 말한다.
⑧ 갈수량은 1년을 통하여 355일은 이보다 저하하지 않는 유량을 말한다.
⑨ 일평균유량은 1일을 통하여 1시부터 24시까지 매시 수위에 대응하는 유량의 합을 24로 나눈 유량을 말한다.
⑩ 연평균유량은 1년을 통하여 일평균유량의 합을 당해 연도의 일수로 나눈 유량을 말한다.

2) 수질

하천수는 자연적, 인위적인 오염물질을 제외하면 지표물질로서는 유역의 지질에서 유래하는 무기질이나, 식물의 부패·분해 생성물질인 휴민질 등의 유기물질, 또는 지중물질로서는 지질에서 생기는 철이나 망간, 유기물의 분해에 의해서 생기는 탄산가스 등이 용존하는 것 외에, 생물작용에 의하여 생긴 질소가스 등이 다량으로 포함되어 있다. 다른 한편으로는 지표수가 지중으로 침투할 때, 수중 성분이 토질의 기계적 저지작용 또는 물리적인 흡착, 화학적 반응, 미생물학적 분해 작용 등에 의해서 제거되거나 변화될 수도 있다.

이러한 하천수는 상류에서 하류로 흘러감에 따라 지류의 유입 등에 의한 영향도 가해져서 수질은 점차 변화한다.

하천의 일정 점에서는 예로서, 하구의 감조부에서는 하루에 2회씩 주기적으로 해수의 혼합에 의해 수질의 변화가 반복하지만, 일반 하천수질의 1일 변화는 그렇게 심하지는 않다. 또 하천 수질은 1년을 주기로서 계절적으로 변동하며, 유역이 작은 하천에서는 이것은 명확하지만, 유역이 넓고, 지류가 합류하고 있는 하천에서는 명확하지 않다.

하천에 오염물질이 유입하면 수질은 악화하지만 오염도가 낮은 다른 하천의 유입으로 희석되거나 또는 자연적으로 침전·제거되는 경우에는 수질은 다소 개선된다. 그러나 오염이 하류로 멀리 이동하는 것이 하천 수원의 하나의 특징이다. 하천의 오염도는 유역의 도시화에 따라 진행하며, 오염 형식은 유속, 유량, 수질 기타 인자에 의해 변화하지만, 오염수와 청정수가 합류해도 바로 오염수가 전반적으로 확산되는 것은 아니며 상당히 하류까지 양자는 혼합되지 않고 흘러간다. 이것은 하천수의 혼합은 난류에 의해 행해지지만, 하천 폭 전체에 걸쳐 횡 방향으로 혼합이 행해지는 것은 상당히 어렵기 때문이다. 하천의 오염은 특히 갈수기에는 풍수기에 비해 희석도가 저하하기 때문에 경계하지 않으면 안 된다.

또한 하천은 탁도의 변동이 크며, 평상시는 10(mg/L) 정도의 하천이 최대 시에는 5000(mg/L)을 넘는 탁도를 나타내는 것도 드물지 않지만, 탁도의 처리는 비교적 용이하기 때문에 탁도의 변동은 그다지 장해가 되지 않는다. 일반적으로 하천수는 경도가 적으며, 생물량이나 용해성 물질도 적기 때문에 처리가 용이한 양질의 수원이라 할 수 있다.

3) 자정작용(self purification)

하천이나 호소수가 생활 하수나 공장 폐수 등에 의하여 오염되어도 그대로 상당 기간 방치하면 자연히 깨끗한 원래의 상태대로 되돌아간다. 이러한 현상을 자정작용(self purification)이라 하며, 오탁물질을 비오탁물질로 변화시키는 자연 정화작용이며 물리적, 화학적, 생물학적인 3작용이 서로 밀접하게 관련하여 장시간과 장거리 또는 넓은 공간에 걸쳐 행해지는 것이다.

물리적 작용으로서 희석, 확산, 혼합, 침전, 흡착 등이 있으며, 이들 작용에 의해 수중의 오염물질의 농도가 저하한다.

화학적 작용은 순수한 공기 중에서 흡수된 산소에 의한 산화 또는 오염물질의 분해에 의하여 생기는 탄산가스가 물의 pH에 영향을 미치는 수산화물의 생성을 촉진시켜 자연적으로 응집이 진행되지만 이들은 생물화학적으로 행해지는 산화·환원의 작용에 비하면 이 자정작용이 차지하는 부분은 작다.

생물학적 작용이 자정작용에서 가장 중요한 부분을 차지하고 있다. 따라서 자정작용의 진행을 좌우하는 것은 생물상에 영향을 미치는 외적 환경조건으로 온도, pH, DO, 햇빛 등이 주된 항목이다. 수중 생물은 이 호흡작용에 필요한 산소를 수중의 DO에 의지하고 있기 때문에 자연적 또는 인공적으로 산소를 보충하지 않는 한 DO의 감소가 초래하며, 결국 이것을 소비하면 호기성 미생물(DO를 소비하는 미생물)은 사멸하며, 혐기성 미생물(유기물, 질산염, 아질산염 또는 황산염과 같은 물질에 포함되어 있는 화합상태의 산소를 끌어내어 이것을 소비하는 미생물)이 이것을 대신하여 활동을 시작한다.

전 단계가 호기성 분해인 산화가 주된 작용이며, 후의 단계가 혐기성 분해(부패)인 환원이 주된 작용이다. 혐기성 분해에 의해 복잡한 유기물질은 최후에는 간단히 안정적인 무해의 무기물, 예를 들면 H_2O, NH_3, CO_2, NO_2, SO 등이며 중간 생성물은 유기물이나 알코올류이지만 이것도 DO가 충분하면 H_2O나 CO_2로 분해된다.

혐기성 분해의 최종 생성물은 CH_4, NH_3, H_2, H_2S, CO_2 등이며 중간 생성물이 휘발성으로 유해한 것이 특징이다.

호기성 분해의 과정은 특별히 유해하지 않지만, 혐기성 분해는 전자에 비해 분해하는 데 시간이 오래 걸리며 게다가 유해한 것이 종종 있다. 이러한 상황에서 하천은 장거리·장시간에 걸쳐 정화되기 어렵다. 그러나 상황에 따라 예를 들면 DO가 풍부한 지류의 유입이나, 조류의 광합성에 의한 DO의 보급, 또는 대기 중에서 산소의 용해(재포기)에 의한 DO의 보급이 유기물의 산화 분해에 소비되는 DO의 양을 넘으면, 잉여 DO로 인한 재 호기성 상태로 회복하기 시작하여, 이 상태가 계속되면 물은 오염되기 이전의 상태가 되어 자정작용이 완료한다.

일반적으로 자정작용의 진행 상태는 DO의 시간적 변화로부터 추정할 수 있다. 이 변화는 재포기와 탈산소(산소가 오염물질의 산화 때문에 소비되는 일)가 상호 작용한 결과이며 산소 평형이 유지되어 있는가, 아닌가에 달려 있다. 즉, 재포기가 탈산소를 극복한다면 산소 평형이 유지되어 자정작용은 진행하지만 반대이면 평형이 깨져 부패 상태가 진행하게 된다.

DO의 시간적 변화에 관해서는 고전적이면서 중요한 Streeter 및 phelps의 다음의 공식이 있다.

① Streeter-Phelps 식

한결같은 유수 중에 오염수가 배출된 경우, 이것이 완전하게 유수로 혼합한다고 하여, L : t일 경과했을 때의 BOD(ppm), L_0 : 최초($t=0$)의 BOD(ppm), t : 경과시간(일), k_1 : 탈산소 속도 정수(1/일)로 하면, L의 시간적 변화율은,

$$\frac{dL}{dt}=-k_1L \qquad (4.2)$$

이다. 이 식을 $t=0$, $L=L_a$의 조건하에서 적분하여

$$L=L_ae^{-k_1t}\,(e\text{는 자연대수의 밑}) \qquad (4.3)$$

이 된다. 식 (4.3)은 유수의 어느 지점의 BOD가 L_a인 경우, 그 유하로 경과시간(유달시간)이 t일이 되는 지점에서 BOD가 L인 것을 의미하고 있다.

유수의 자정작용의 진행 상태를 알기 위해서는 재포기와 탈산소가 동시에 일어나고 있을 때의 임의 시간 경과 후의 DO의 포화값으로부터 부족량을 아는 것이 필요하다. 여기서 D : t일 경과했을 때 DO의 포화값으로부터 부족량(ppm), k_2 : 재포기 정수(1/일)로 하면,

$$\frac{dD}{dt} = k_1 L - k_2 D \tag{4.4}$$

여기서는 k_2는 일정하다고 취급하며, 식 (4.4)를 $t=0$, $L=L_a$의 조건에서 풀면, D의 변화는 다음 식으로 나타낼 수 있다.

$$D = \frac{k_1 L_a}{k_2 - k_1}(e^{-k_1 t} - e^{-k_2 t}) + D_a \cdot e^{-k_2 t} \tag{4.5}$$

여기서 D_a : $t=0$에서 D의 값

식 (4.5)가 나타내는 곡선을 용존산소 수하곡선(dissolved-oxygen sag curve)이라 한다. 그림 4.1처럼 스푼 형태를 나타내며, 어느 시기 t_c에서 D는 최대 부족량 D_c에 달하며, 그 이후 점차 회복하는 것을 나타내고 있다.

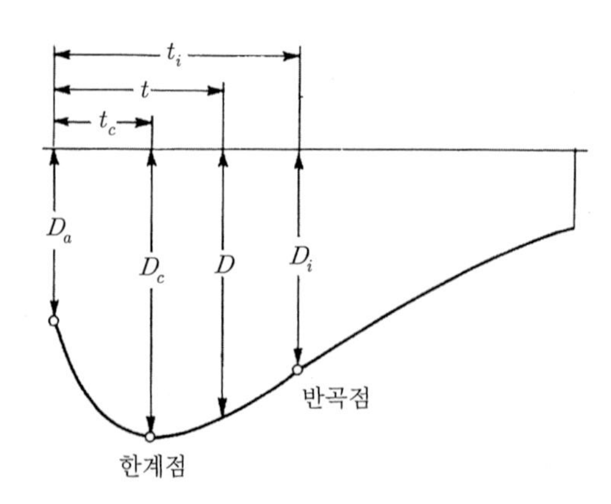

그림 4.1 용존산소 수하곡선

최대 산소부족량 D_c와 D_c가 일어나는 점(임계점)에 대한 경과시간(임계시간) t_c는 다음 식으로 구할 수 있다.

$$D_c = \frac{k_1}{k_2} L_a \cdot e^{-k_1 t_c} \tag{4.6}$$

$$t_c = \frac{\ln\left[\dfrac{k_2}{k_1}\left\{1 - \dfrac{D_a(k_2 - k_1)}{k_1 L_a}\right\}\right]}{k_2 - k_1} \tag{4.7}$$

여기서 $k_2/k_1 = f$(자정계수, 무차원)로 나타내며, 식 (4.6)과 (4.7)은 각각 다음과 같다.

$$D_c = L_a \cdot e^{-k_1 t_c / f} \tag{4.8}$$

$$t_c = \frac{1}{k_1(f-1)} \ln\left[f\left\{1 - (f-1)\frac{D_a}{L_a}\right\}\right] \tag{4.9}$$

한계점을 지나면 곡선의 반곡점에서 재포기도는 최대를 나타내고 이후는 계속 작아져 DO의 부족분을 계속 회복하게 되며, 탈산소도는 새로운 오염을 알 수 없는 한 제로를 향하여 감소한다. 반곡점에서 D_i, t_i는 다음과 같다.

$$D_i = \frac{f+1}{f^2} L_a \cdot e^{-k_1 t_i} \tag{4.10}$$

$$t_i = \frac{1}{k_1(f-1)} \ln\left[f^2\left\{1 - (f-1)\frac{D_a}{L_a}\right\}\right] \tag{4.11}$$

k_1은 유기물의 호기성 분해속도를 나타내는 하나의 지표이며, 생물상이나 하천의 조건에 의해 변화하고 온도 의존성이 강하며, 그 값이 클수록 자정능력이 크다.

하수에서는 20(℃)에서 k_1=0.07~0.25(1/일)이다. Streeter에 의하면 상당히 오탁이 진행한 얕은 하천에서 k_1=0.2~0.3(1/일), 하수오니가 중심인 퇴적에서 k_1=0.01~0.05(1/일)이다.

k_2는 공기 중의 산소가 수면으로부터 하천수중으로 이동하는 계수이며, k_1과 같이 하천의 조건에 의해 다르며, 자정작용이 큰 하천일수록 큰 값을 취한다.

자정계수(f)는 재포기 정수(k_2)를 탈산소속도정수(k_1)로 나눈 값을 말한다. 하천의 자정능력을 나타내는 데 이용되는데, 하천 상태와 수온에 따라 큰 차이가 있다. 자정계수의 Fair는 다음과 같은 값을 취하고 있다.

표 4.1 하천상황에 따른 자정계수(f)의 값

하천의 상황	f의 값(20°C)
작은 호소 또는 하천 배수부	0.5~1.0
유속이 낮은 큰 호소수	1.0~1.5
유속이 낮은 큰 하천	1.5~2.0
급류의 큰 하천	2.0~3.0
급류	3.0~5.0
폭포 등	5.0 이상

② 자정작용의 소멸

자정작용은 주로 호기성 세균의 유기물 산화 분해 기능에 의해 행해지는 것이기 때문에 호기성 세균의 생존에 영향을 미치는 환경에서는 그 작용은 저하 또는 정지한다.

공장에서 배출되는 고온 배수는 미생물의 활동을 촉진시켜 산소 소비속도를 증가시킨다. 이 때문에 DO를 급감시키는 한편 고 온수에서는 대기 중의 산소의 용해도가 저하한다고 하는 2가지의 원인으로 DO가 감소할 뿐 아니라, 고 온수 중에서는 수중 동물의 대사속도가 증가하여 산소 소비가 왕성해진다.

이 결과로 산소가 결핍하여 자정작용은 약하며, 또는 소멸하여 어류나 저생생물이 사멸한다.

다음으로 예를 들면 토지 조성에 의해 노출한 산지에서 강우 시 유출하는 오탁수나 특히 하천자갈·산자갈의 채취장에서 상시 배출되는 미세한 오탁배수도, 결국 호기성 세균의 기능을 방해하며, 다른 생물 생태계도 파괴하여 하천의 자정능력을 손상시킨다.

과도한 유기오염의 유입에 의해 산소 평형이 깨진 경우, 또는 독물에 의해 어류 기타 동·식물뿐만 아니라 미생물류가 살상되는 경우에는 자정작용이 감퇴하며, 또는 소멸하는 것은 말할 필요도 없다.

4.3.3 호소 수원

자연의 호소에 고여 있는 물이나 하천에 댐을 만들어 하천수를 일시 저류시키는 형태인 인공 저수지의 물이 최근에는 수도의 원수로서 매우 많이 사용되고 있다. 이들의 수질은 하천수에 가깝지만 긴 체류시간에 의해 여러 가지 특징이 있다. 첫째는 체류하는 동안 현탁질이 침강하여 하천수보다 일반적으로 청정한 물이 된다.

그러나 물을 저장하는 것은 물에 함유되어 있는 성분도 저장되어 이로 인하여 발생하는 여러 가지 현상을 피할 수가 없다. 그중 하나가 인공 저수지에서 때때로 보이는 탁수의 장기화이다. 댐이 없으면 홍수 시의 물은 단시간에 유출되지만, 댐에서 홍수 시의 물을 저류하여 소량씩 사용하면 저류된 물에 포함된 탁질이 장기간에 걸쳐 수도에 유입된다.

특히 상류에 점토질의 유역이 위치한 지역에서는 탁질의 입자가 미세하여 잘 침강되지 않으므로 저수지 전체가 장기간에 걸쳐 탁수화되고, 그 결과 하천이 장기간 동안 혼탁해지는 현상을 보인다. 저수지에는 여름과 겨울에 각각 온도의 성층현상이 발생한다. 특히 여름에는 상층의 따듯한 물과 하층의 차가운 물로 명확한 2개 층이 형성된다. 탁질을 포함한 물의 밀도가 따듯한 물보다도 크고 차가운 물보다도 작은 경우가 종종 있어, 두 층 중간의 성층경계에 수평으로 유입하여 장기간 이 중간층에 잔류한다. 이 상하의 성층계면은 물의 취수구의 높이에서 발생하는 것이 일반적이므로 이와 같은 물을 장기간에 걸쳐 취수하는 정수장은 항상 어느 정도의 탁수를 연속적으로 처리해야 하는 불이익을 받는다. 따라서 취수구를 높이별로 복수로 설치하여 탁수층을 배제하는 취수방식을 취해야 한다. 이것을 선택 취수법이라고 한다.

1) 호소수의 정체 순환

연간을 통해 각 계절에서 물의 온도·밀도 및 바람의 상호 작용에 의해 호소나 저수지의 물은 계절적·지역적으로 고유 패턴의 온도성층을 나타낸다.

그림 4.2는 온대의 호소·저수지, 기타 깊은 수체에서 연직방향의 온도구배를 나타낸 것이다.

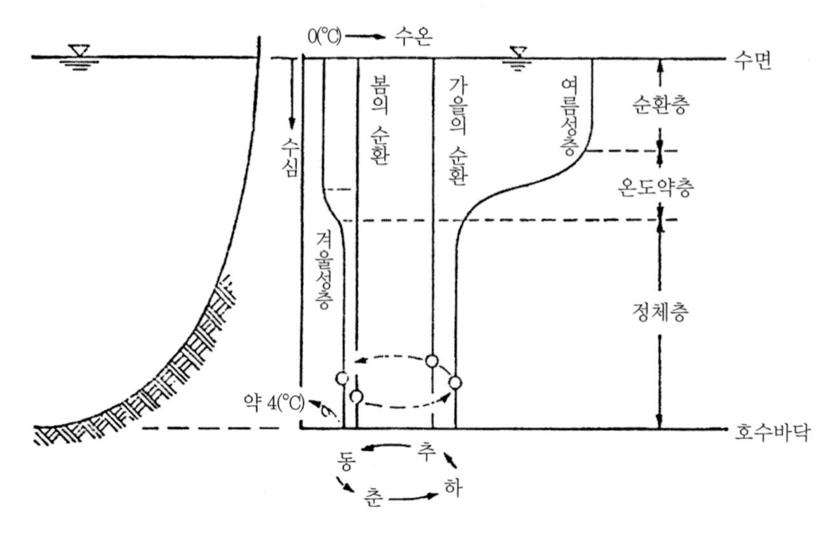

그림 4.2 호소의 온도구배 특성

겨울에 수면이 동결하면 얼음 그 자체의 온도는 얼음의 표면과 그 근방에서는 0(℃)보다 낮은 곳도 있지만, 얼음의 바로 밑의 물은 실제로는 0(℃)임과 동시에 밑바닥의 온도는 물의 최대 밀도의 온도(4℃)로부터 이 정도 큰 차이는 나지 않는다. 이러한 상황에서는 물은 비교적 안정한 온도적 성층을 이루고 있다. 이것이 겨울의 정체이며 빙결 때문에 수면상은 바람에 의한 교란은 없다. 물이 현저하게 연직, 또는 수평방향의 움직임은 없다.

봄이 되어 얼음이 녹기 시작하면 표층의 수온은 햇볕에 의해 상승하여 가벼운 물이 되어 차갑고 무거운 중층 이하의 물과 잘 혼합된다. 그러나 이 사이 온도차(밀도차)는 작기 때문에 야간의 추위나 봄바람에 의해 호소의 물은 전층이 잘 혼합한다. 이것이 봄의 순환이다.

여름이 되면 일사광선이 강하며 일조시간도 길어지기 때문에 표층수와 심층수의 밀도 차는 봄보다도 크게 되며 표층에서는 봄보다도 강열한 고온저밀도의 층이 형성된다. 하층은 봄의 수온 그대로 거의 변하지 않는 상태가 된다. 이러한 온도가 다른 물이 층 상태로 겹쳐 쌓인 상태를 성층이라 하며, 하층일수록 저온도의 성층을 정례성층이라고 한다. 여름의 정례성층이 여름의 정체이다. 이 시기에는 표층과 하층 사이에 수온이 급하게 내려가는 변수층 또는 수온약층이라고 하는 층이 나타난다. 이 층은 물의 운동, 열의 전파, 영양염의 이동, DO의 혼합 등을 방해하는 것도 있다. 약층의 깊이는 호소의 조건에 의해 다르다.

가을이 되면 표면의 물은 차가워져 무거운 물이 되며, 하층으로 침강하여 대류를 일으킨다. 이 대류의 밀도는 겨울에 가까울수록 점점 깊게 되며 표층과 저층의 수온에 큰 차가 없어진다.

이것을 가을의 순환이라고 한다. 표층 수온이 4(°C)로 내려갈 때까지 계속되지만, 더욱이 차가워져 4(°C) 이하가 되면 재차 밀도가 작게 되어 표층에 정체한다. 그러나 저온에서의 밀도차는 극히 작기 때문에 강풍 등에 의해 성층이 붕괴하기 쉽다. 실제로는 수면이 빙결하여 겨울의 정체, 즉 저온 빙이 상층에 위치하는 역례성층의 상태가 나타나는 것이 많다. 봄에 앞서 만들어진 얼음이 녹으면 재차 봄의 순환이 나타난다.

이상은 이론적 설명이지만 실제로는 호소의 대소, 수심의 깊고 얕음에 의해서도 다른 것도 있다.

2) 정체 순환과 수질과의 관계

호소는 성층기 중은 연직혼합이 일어나기 어려우며, 온도구배와 같은 모양으로 수질에도 큰 수질 구배가 나타난다. 예를 들면 표층수는 DO가 풍부하며, 가끔 과포화에 달하며 pH는 높고, CO_2나 영양염류(질소, 인 등)는 적지만 저층수는 DO는 적고, pH는 낮으며, CO_2나 영양염류가 많다.

이것은 수도용으로 호소의 최고 좋은 수질의 물을 인수하려고 하는 경우에 인수 심도를 정하는 데 중요한 의의가 있다. 수질구배는 특히 여름의 정체기 중에는 더욱 뚜렷하며 겨울의 정체기는 이 정도는 아니며, 순환 기간 중은 나타나지 않는다.

여름의 정체기에는 표층은 수온이 높기 때문에 저온의 겨울 계절 중에 포함되어 있는 DO는 수온의 상승에 따라 과포화 상태지만, 실제로는 표층수는 끊임없이 순환하고 있기 때문에 포화값이 되고 있다. 순환기에는 수질구배는 없어지며, 전 층의 물은 끊임없이 대기에 접촉하기 때문에 수중의 DO가 만약 포화값 이하이면 대기 중의 O_2가 수중으로 녹아 순환수에 의해 순환부의 내부로 분포되며, 과포화이면 수중으로부터 O_2가 공기 중으로 방산된다.

순환기중은 모든 심도의 수질은 전체의 평균 수질이 되며, 따라서 평균 수질보다도 양질의 물을 선택하는 것은 불가능하다. 특히 가을순환과 같이 긴 순환기중은 현저하게 열악한 수질의 시기가 종종 일어나며, 또 일사량이 충분한 표층에서는 식물 플랑크톤과 같은 생물이 번식하여, 이 때문에 물의 이취미나 착색, 여과지의 폐색 등의 장해가 일어난다.

3) 호소의 오염

호소에는 통상 하천에서 볼 수 있는 수류의 혼란이 없기 때문에 유입 오수와 호수와의 자연혼합은 바람·물결 등에 의해 일어나며, 이들에 의해 좌우된다.

정체기에 있는 호소에 오염수가 유입하면 이것은 호안을 따라 호저로 파급하지만, 일부는 약층의 상부를 흐르는 결과, 복잡한 오염상태를 나타내고 있다.

호소 오염의 중요한 요인은 생물의 생산에 필요한 영양염류(질소·인)의 공급이지만, 그 공급원은 주로 육지에서 유입하는 유기성의 하수·배수·오물류 등이다. 이들의 물질이 호소에 유입하면 하천과 달리 그 일부밖에 유출되지 않고, 상당히 많은 양이 호소 중에 잔류하고, 축적되어 호소는 점차 부영양화하며, 플랑크톤, 수초, 저생생물, 어류 등의 생산이 늘어난다. 특히 플랑크톤에 관해서는 생물 생산성이 낮은 빈영양호의 시기에는 규조류가 우점종이지만, 오염이 진행하면 이것이 녹조류로 더욱이 남조류로에서 유글레나(euglena)로 변화하며, 최후에 전 수층이 무산소 상태에 가까워진다. 조류는 거의 없어져 박테리아가 우점종이 된다. 호소가 일단 부영양화하면 영양염의 축적에 의해 원래로는 돌아갈 수 없다. 즉, 호소의 부영양화는 불가역적이라고 한다. 이것을 구하는 수단은 호소 주변에 유역 하수도를 만들어 하수, 배수를 처리하여 처리 하수를 호소 이외의 다른 수계로 처분하는 것도 있다. 이 방법을 실시하여 부영양호를 빈영양호로 회생시킨 예가 유럽과 미국에 많다.

4) 부영양화

저수에 의해 유발되는 가장 큰 문제는 부영양화에 따른 수질의 악화이다. 그 대신 수중의 무기 영양염을 미생물이 충분히 이용할 수 있는 시간을 제공함으로써 생물의 증식·사멸·영양염류의 재이용이라고 하는 생물에 의한 물질 순환과 축적이 뚜렷하게 나타난다. 물론 많은 인공 저수지에서도 이러한 부영양화 현상이 발생하지만 천연호소와 같이 체류시간이 긴 곳에서는 영양염의 농도가 낮은 단계에서도 그와 같은 현상이 발생한다.

부영양화 현상의 원인은 다음과 같은 것으로 추정되고 있다. 먼저 수중에 소수의 조류가 존재하고 이 조류가 수중의 영양염[질소(N), 인(P) 등의 무기물]을 이용하여 증식한다. 이 과정은 태양광을 에너지원으로 하는 광합성에 의해 무기물로부터 유기물을 생성하는 생산 활동이다. 따라서 같은 생물 활동 중에서도 세균 등에 의한 유기물의 분해와는 다르게 수중의 유기물량이 증가한다. 세균과 같은 미생물은 무기물로부터 유기물을 만들어내는 능력이 없고, 유기물을 분해하면서 생존에 필요한 에너지를 얻는다. 이와 같은 특성의 미생물을 종속영양 미생물이라고 한다. 이와 비교하여 조류와 같이 무기물로부터 유기물로 합성 가능한 미생물을 독립영양 미생물이라고 한다.

조류 등은 광합성에 의해서 유기물을 합성하기 때문에 일반적으로 클로로필(엽록소)이 미생물의 증식과정에서 커다란 역할을 하고 있다. 부영양화 현상은 클로로필의 증가량이나 탁질의 증가량(조류의 증가량을 나타냄)에 의해 일반적으로 정량적으로 파악된다. 이들의 증가는 호소표면을 녹색화하기 때문에 육안으로도 그 관찰이 가능하다. 이 현상은 대부분 부유성의 조류(플랑크톤)에 기인한다. 생물체에 질소, 인이 섭취되므로 수중의 질소, 인 농도는 저하한다.

그러나 질소와 인을 포함한 생물체(부영향화현상이면 조류 등)가 수계에서 증식하므로, 증식한 생물체를 물로부터 분리하지 않는 한 이들 유기물(생물체)의 분해(종속영양세균에 의함)에 의해서 장해가 발생한다. 슬러지의 부패나 조류의 분해에 따른 방선균의 활동으로 지독한 냄새가 발생하는 것은 장해의 대표적인 사례이다. 그러므로 부영양화라는 것을 단순히 질소, 인이 많아 조류가 증식하는 것만으로 생각하는 것은 수계관리의 측면에서 불충분하며, 물질 사이클의 경로를 고려하여 물이용과의 상호작용에 주의할 필요가 있다.

이와 같은 조류의 증식현상이 부영양화 현상이므로 조류의 증식에 필요한 무기물이 어느 정도 수중에 존재하느냐에 따라 조류의 증식속도와 그 최대 증식량이 결정된다. 일반적으로 조류의 형성에 필요한 원소로서 탄소, 질소, 수소, 산소, 인, 황 등이 고려되지만 이들 중 탄소, 수소, 산소 등은 수중에 충분히 존재하고 있다. 또한 황과 기타 미량성분 물질도 보통의 자연수중에 조류의 성장에 필요한 적당량이 존재하고 있다고 생각된다. 따라서 이들 중심원소 중 부족한 것은 질소와 인이라고 생각되고 있다. 리비히의 '최소의 법칙'이라고 하는 유명한 비료성분과 식물의 성장효과에 관한 법칙이 있다. 이 법칙에서 생물의 성장속도와 그 정도를 경정하는 것은 여러 종류의 무기성분 중 가장 부족한 성분이라고 규정하고 있다.

부영양화 현상에서는 질소와 인이 그 부족 성분이 된다. 결국 부영양화를 방지하고자 한다면 질소와 인을 조류의 성장에 부족하도록 조절하는 것이 영양화를 막는 방법이 되는 것이다. 일반적으로 호소에 유입하는 농도가 질소 0.1(mg/L), 인 0.01(mg/L) 정도 이하이면 조류의 증식이 별로 현저하지 않다고 생각해도 좋을 것이다(그림 4.3).

그러나 이 수치는 호소의 체류시간이나 수류의 상태, 일조 등에 따라 크게 달라진다. 하천에 건설된 저수지의 경우 물의 교체가 빠른(체류시간이 짧다) 곳에서는 무기 영양염류의 농도가 약간 높은 상태에서도 부영양화 현상이 발생하지 않는다. 부영양화는 영양염류가 증가하고 있는 것을 의미하지만 부영양화 현상은 영양염류가 증가된 결과 조류가 증식하여 수면이 녹색으로 오염되는 것을 말한다. 호소 표층의 클로로필 양이 10(mg/L) 정도이면 부영양화 현상이 문제시된다고 생각해도 좋을 것이다. 또한 그 조류가 호소 내에서 사멸하여 무기물을 재용출하는 일련의 물질 순환과 그에 수반되는 산소와 에너지 수지도 부영양화에 의해 발생하는 중요한 현상이다.

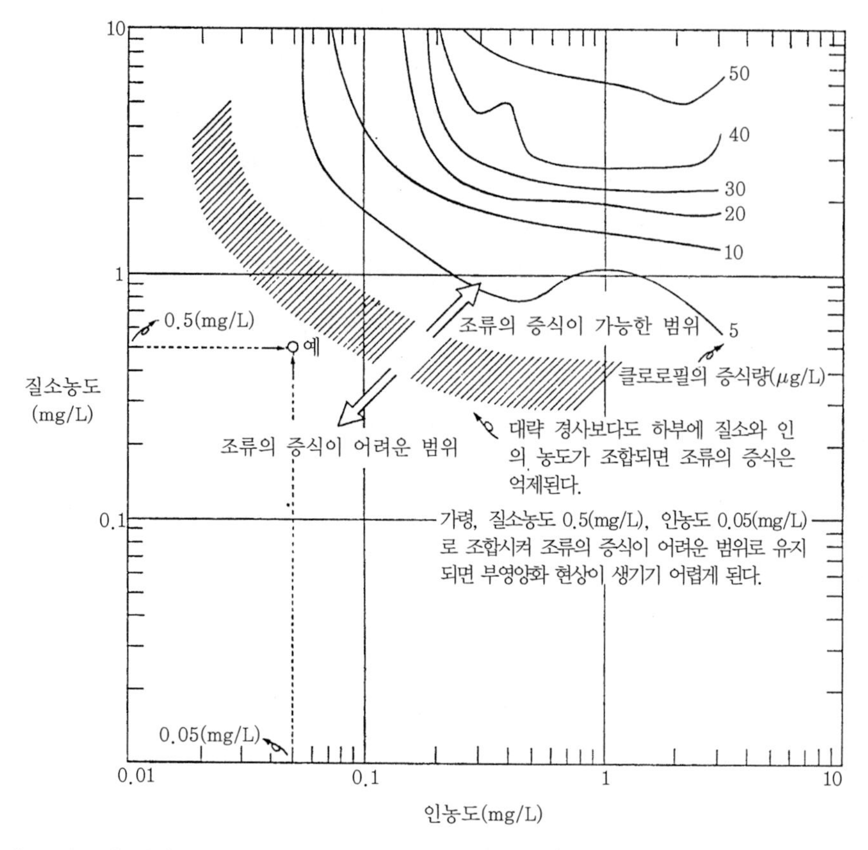

- 이 그림은 질소와 인이 존재할 경우 상승효과가 조류 증식에 어떠한 영향을 미칠 것인가를 조사한 실험의 결과이다.
- 클로로필의 농도(조류의 증식량 표시)는 실험개시 후 45일째 결과이며, 장시간 (60일, 75일) 실험을 계속하면 약간 다른 결과가 나온다.
- 이 그림에서 질소 또는 인 한쪽의 농도가 아무리 높아도 다른 한쪽이 일정한 농도 이하이면 조류의 증식은 억제된다.

그림 4.3 용해성 질소, 인 농도와 조류(클로로필) 증식량과의 관계

4.3.4 저수지

1) 개요

수도 수원으로서 저수시설을 대별하면 수도 전용 저수지, 다목적 저수지 및 하구둑 등이 있지만 여기서는 수도전용용 저수지(이하 저수지)에 관해서 기술한다.

저수지의 최대 목적은 하천의 풍수기의 잉여 유량을 가둬서 하천유량이 수도의 계획 취수량 이하로 줄었을 때, 부족분을 보충하는 것이다. 따라서 하천의 갈수기 전에 될 수 있는 한 풍부

하게 저수하도록 일상의 방류·인수를 합리적으로 제어하는 것이 중요하다.

저수지의 형식에는 계곡을 댐으로 막은 것, 하천에서 다른 계곡이나 웅덩이에 물을 끌어들이어 저류한 것, 하천과 무관계로 웅덩이를 막아서 우수를 저류한 것, 호소를 이용한 것, 하천부지 등의 유수지를 이용한 것 등이 있다.

저수지 축조 계획의 기본 요건은 ① 계획 취수량의 확보, ② 수질이 청정하며, 오히려 장래 오염의 우려가 적을 것, ③ 환경의 영향에 대한 충분한 배려 등 3가지이다. 이들의 기본 요건을 목표로서 축조 예정지에서는 유역면적·하천유량·홍수량·강수량·증발량·수온·기온 등의 수문사항 이외, 하천유량과 유사량과의 관계, 전유역의 지형·지질·숲의 모습·개발 상황, 댐 사이트의 상세한 지질, 수질, 보상 물건과 각종 권리, 댐 재료, 기타 공사 관계 사항 등에 관해서 상세하게 조사할 필요가 있다.

저수지가 필요한가, 아닌가 판단은 수도 계획상 중요한 요건이지만 이것은 댐 사이트에서 하천의 과거의 최대 갈수량(공제수량을 고려함)과 계획 취수량과의 대소 관계에서 판정할 수 있다. 즉,

하천의 최대 갈수량 ≥ 계획 취수량이면 → 하천에서 직접 계획 수량의 인수가 가능

하천의 최대 갈수량 < 계획 취수량일지라도, 하천의 연간 평균 유량 ≥ 계획 취수량이면
→ 저수지를 만들면 하천유량의 부족을 보충하는 것이 가능

하천의 연간 평균 유량 < 계획 취수량이면 → 하천유량의 이용은 불가능하다.

2) 유효저수량의 결정

저수지의 유효저수량은 과거 장기간의 갈수년 중, 최대의 갈수년에 관해서 산출하는 것이 이상적이지만 그러면 막대한 저수량이 필요하기 때문이다. 또 갈수 정도가 낮은 갈수년을 기준으로 하면, 필요 수량을 충족시킬 수 없는 연이 짧은 주기로 일어날 우려가 있다. 따라서 사업의 경제효과 등으로부터 판단하여, 10년간 제1위 정도의 갈수년을 기준으로 하는 것이 적당하다.

저수지의 유효 저수량은 이러한 기준 갈수년에서 댐 지점의 하천의 유효유량과 계획 취수량과의 차감·누가에 의해 구할 수 있다.

계획 취수량으로서는 수도용수 이외에 하천 유지용수·기득 수리권수 등을 가한 것으로 하지만 한냉지에서 지면이 두껍게 결빙하는 경우에는 평균결빙 두께분 만큼 여유를 저수량으로 예상할 필요가 있다.

유효저수량의 결정방법에 유량누가 곡선에 의한 리플(Rippl)의 도식방법과 유량도에 의한 도식방법이 있다. 이들에 관해서 기술한다.

(1) 리플법(Rippl method)

댐 사이트에서 하천 유량에서 각종의 손실 수량이나 공제 수량을 뺀 유효유량의 누가곡선을 우선 그린다. 수량의 차감은 순(10일간) 또는 반순 정도로 비교해도 좋다. 따라서 하천 유량은 일 유량을 순간 또는 반순간의 평균유량으로서 계산한다.

취수량은 월별 변화로 좋지만, 이것은 기득수리의 사용실태, 도시의 성격, 발전상황 등에 의해 다르기 때문에 충분히 주의할 필요가 있다.

그림 4.4처럼 직각 축에 월(순)과 누가수량을 취하고, 하천 유효유량 누가곡선 OA와 계획 취수량 누가곡선 OB를 그린다.

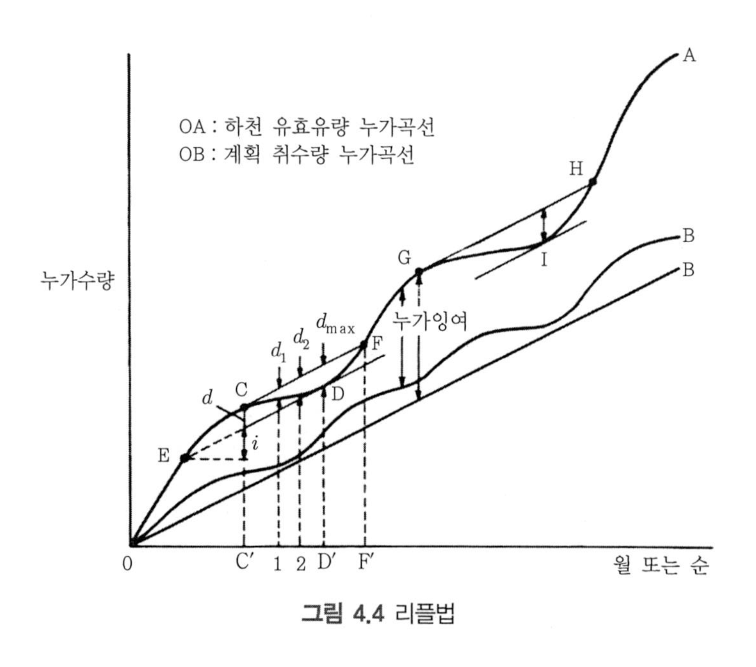

그림 4.4 리플법

OB 곡선은 수도용수의 취수만이라면 보통은 그림처럼 평균 사용 수량을 취하여 직선 OB로 하지만 취수량이 변화하는 경우는 곡선 OB가 된다.

원점은 유량기록의 최초를 의미하며 양 곡선 간의 종거는 원점에서 그 지점까지 사이의 잉여 수량의 누가를 나타낸다. 이것을 누가잉여라 한다.

예를 들면 그림에서 C를 OB 직선으로 평행한 OA 곡선에의 접선 CF의 접점으로 하면, OC 사이에는 곡선구배(곡선의 접선구배)가 횡축에 관하여 OB보다 급 구배, 결국 유입량 > 취수량이기 때문에 이 기간은 저수의 필요는 없다.

C점에서는 유입량=취수량이기 때문에 아직 이지점에서도 저수의 필요는 없다.

그러나 C점을 지나면 곡선구배가 OB보다도 완만하다. 즉, 유입량 < 취수량이 되기 때문에 다른 곳에서 물을 보급하지 않으면 취수량이 부족하다.

이 보급량은, 예를 들면 하나의 시점에서는 종거 d_1에 상당하는 수량이다. 왜냐하면 d_1만큼의 저수가 있으면 1의 시점에서는 누가잉여가 C′의 시점과 같은 양이 되며, OA 곡선은 O → C → F로 진행한다. 그렇지만 CF∥OB이기 때문에 유입량=취수량의 상태를 지속할 수 있어, 취수량이 부족하지 않는다.

같은 상태로 2의 시점에서는 d_2의 저수가 있으면 좋다. C′~F′ 사이는 갈수기기 때문에, 전술과 같이 생각하여 이 기간 중 필요 최대 저수량은 D′의 시점에 있어서 최대 종거 d_{max}에 상당하는 수량이다. 같은 상태로 다른 몇 개의 갈수기에 있어서 d_{max}를 구하여 이들 중의 최대의 것을 취수 상황 OB에 대하여 주어 진 유량자료로부터 얻어진 이론 저수량으로 한다.

C, G점에서 저수지는 만수이며, 여기서부터 감수하기 시작하기 때문에 저수지에서 방류를 멈춘다.

D, I점은 감수기가 끝나는 지점이며 여기서부터 증수하기 시작하여 F, H점에서 재차 만수가 되기 때문에 방류를 시작한다.

C점에서 평행접선이 OA와 교차하지 않는 경우는 이 기간의 유입량은 취수량으로 부족하기 때문이며 하천에서 계획량을 취수할 수 없는 것을 의미한다.

갈수기가 시작되는 C점에서 저수지가 만수하고 있기 위해서는(이 방법은 이것을 전제로 함) D에서 평행접선이 OA 곡선과 E에서 교차하지 않으면 안 된다. 교차한 경우에 교점 E점에서 저수를 개시하면, C점에 다다를 때까지 i의 양을 취수하여도 $d(=d_{max})$의 양을 저수할 수 있기 때문에 저수지를 만수로 할 수 있는 이유이다.

취수량이 일정하지 않는 경우는 취수량 누가곡선은 그림처럼 OB 곡선이 된다. 이 경우에는 누가잉여를 종축에 잡고 누가잉여곡선 OS를 그림 4.5처럼 그려, 이들 각 정점에서 횡축에 평행으로 그린 수평접선과 곡선과의 사이에 최대 종거 중의 최대의 것을 가지고 이론 저수량으로 한다.

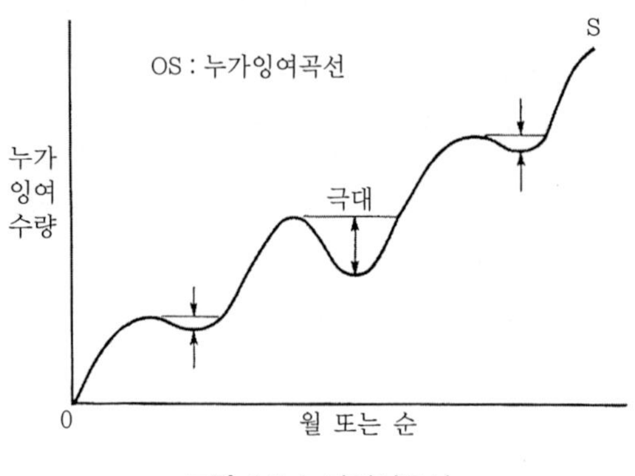

그림 4.5 누가잉여곡선

(2) 유량도법

각 월(순)마다 하천의 유효 유량변화를 그림 4.6과 같이 나타내어 여기에 각 월(순)의 계획 취수량 직선을 기입한다. 이 양자 간에 둘러싸인 면적 중 최대의 것(여기서는 b)으로 주어진 자료에서 얻어진 것을 유효저수량으로 한다.

도식해법에 의한 오차를 줄이기 위해 정확성을 기하기 위해서는 도식법의 원리와 같이 하천 유효유량과 계획 취수량과의 차감계산을 숫자적으로 행하며, 이것을 누가로서 그 최대치를 구한다.

이상과 같이 구한 유효저수량에는 수면증발량, 댐에서의 누수량이나 침투량, 퇴사에 의한 저수량의 감소 등 각종 손실 수량이 포함되고 있지 않기 때문에 이를 고려할 필요가 있다.

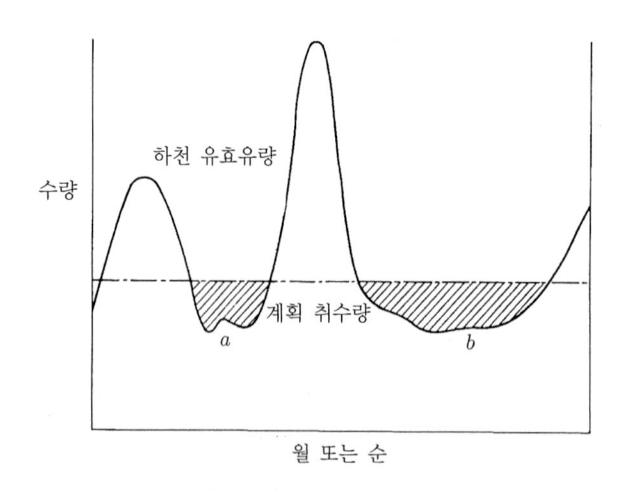

그림 4.6 유량도에 의한 방법

댐 사이트의 유량자료를 입수할 수 있으면 상술의 어느 방법도 사용할 수 있지만 입수할 수 없는 경우는 다음과 같은 방법을 취할 수 있다.

① 같은 하천의 다른 지점에서 자료가 있으면 강우량·유역상황·유역면적비 등을 비교 검토하여, 유량의 동시비교 관측을 행하여 문제 지점의 유량을 추정할 수 있다.
② 또 이러한 장기의 유량자료를 얻을 수 없는 경우에는 이전의 강우기록과 유역의 유출률로부터 유출량을 추정할 수 있다. 하지만 이 경우 강우량은 전 유역을 대표하는 것이 아니면 안 된다. 유출률은 산간에서 70(%) 전후 계절적인 연속강우나 호우에서는 80(%) 또는 그 이상 소량의 강우에서는 50(%) 또는 그 이하이다.
③ 장기 강우자료가 전혀 없는 경우는 인근의 신뢰할 수 있는 측우소의 기록으로 유역면적비에 의해 비례 환산하여 구할 수 있지만, 유역면적의 교차가 너무 크면 결과가 완전히 다른 경우가 있기 때문에 주의를 요한다.

3) 댐

수도용 저수지에는 댐 사이트의 기초 지반이 강고한 암반은, 통상 중력식 콘크리트 댐이 많이 사용되지만 철근콘크리트의 부벽댐(buttress dam), 록필댐(rock fill dam), 흙댐(earth dam) 등이 있다. 그러나 이들 댐은 어느 것이라도 댐 재료가 부근에서 얻어지는 것이 제1조건이며, 오히려 중요한 것은 홍수의 제체 월류는 절대 안 되며 충분한 여유가 있는 여수로를 설치하지 않으면 안 된다. 댐의 구체적인 내용은 댐에 관한 전문서를 참조하기 바란다.

4) 다목적 저수지

다목적 저수지를 수원으로 하는 경우는 사업 계획의 내용을 충분히 파악한 후, 수도 측의 요구를 충분히 받아들일 수 있도록 사업주체나 다른 이수 사업자와의 조정을 시도한다. 또한 취수·도수 등 시설의 공동화를 검토하고, 저수량의 배분에 관해서는 각종 이수목적이 다르기 때문에 서로 경쟁이 일어나지 않도록 종합적인 조정을 결정하여 다목적인 효과가 발휘되도록 노력해야 한다.

또한 저수용량 산정의 기초가 되는 기준 갈수년에서는, 10개년간의 제2위 정도의 것을 채용하거나, 홍수기와 비홍수기에서 다른 기준 갈수년을 채용하는 것도 있다.

4.4 지하수원

4.4.1 개 요

지하수는 강수와 이것에 유래하는 지표수가, 일부 지중으로 침투하여 생기는 수문적 순환계통 중에 있는 물로, 지하수학상, 순환지하수로 명명되고 있다.

이 침투수의 일부는 토사, 모래와 자갈 등의 공극, 암석의 균열 등 이들 중에 유지되고, 남는 부분이 중력하에 하강하여 불투수성의 지층이나 암석층으로 스며들며, 그 상부 측에 정체하거나 측편으로 흐른다.

이렇게 하여 지중의 공극이 물로 채워있는 부분을 포화대라고 하고, 이곳의 물을 포화대수라고 하며, 정수압을 가진다.

포화대 상부 측에 공극의 일부를 물로 채워 있는 부분을 통기대라고 한다. 이 포화대, 통기대 양대의 경계면을 자유 지하수면이라고 한다. 이 지하수면에서 모세관 현상에 의해 상승한 물이 상부의 통기대 최하부를 완전하게 채운 부분을 모관수대, 이 물을 모관수라고 한다.

지층의 투수도는 이 지층을 구성하는 입자 사이의 공극의 다소(함수성)와 공극의 대소(투수성)에 의해 규정되며, 이 투수도에 의해 지층을 투수층과 불투수층으로 구분하고 있다. 투수층이 물로 포화되고 있는 것을 특히 대수층이라 한다.

포화대수중 암석 내부의 균열이나 공극이 동굴 상으로 확대된 경우, 이 물을 동굴수라 하며 산지에 많다.

동굴수는 석회암과 같은 용해성 암석이 탄산가스를 포함한 물에 용식되어 만들어진 특이한 지형이 동굴 내에 존재하는 것도 있으며, 석회동굴의 지하수에는 우수한 것도 있다. 터널공사 중계층의 막다른 곳에서 다량의 암반수를 보는 것은 단층면에 따라 존재하는 틈에서 나오는 암반호수이다.

자유 지하수면은 포화대의 지하수 증감에 따라 대체로 자유로이 승강하며, 이에 따라 모관수대도 승강한다. 자유 지하수를 포함하고 있는 대수층을 자유 지하수층이라고 한다. 상하의 불투수층에 사이에 있는 포화대의 지하수층을 자유 지하수층에 대응하여 피압 지하수층이라 하며, 이 지하수를 피압 지하수라 한다.

피압 지하수층 중을 뚫은 정호의 수면에서 상정된 연속적인 수면을 피압 지하수면이라 하며, 자유 지하수면과 함께 넓은 의미로 지하수면으로서 취급하고 있다.

피압 지하수면이 지표면보다 위에 있는 지하수는 정호에서 스스로 솟아나온다.

이상 지하수의 수직분포를 나타내면 그림 4.7과 같다.

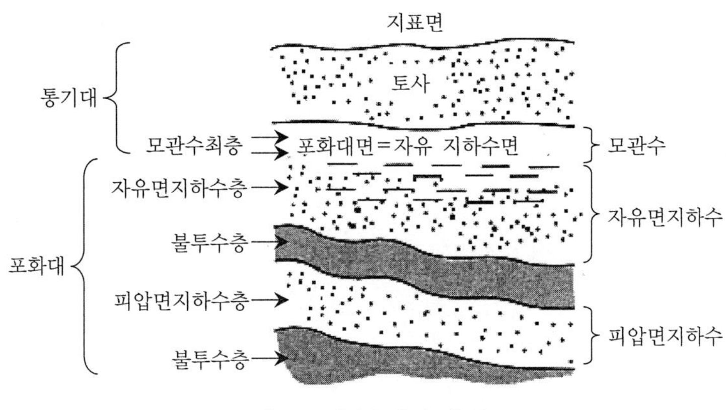

그림 4.7 지하수의 수직 분포

4.4.2 지하수의 수질

지하수의 수질에 관계있는 주된 용존물질은 통상 우수가 지중으로 침투하여, 지각과 접촉하여 일어나는 화학작용에 근거한 것이지만 지상에서 침입하는 오염물질에 의한 것도 많다.

천층 지하수는 지상에서 침투하는 유기오염물질은 생물화학적 작용을 받아 분해된다. 하지만 화학성분은 농축되지 않고 우수에 의해 희석되어 빠른 순환속도로 최종적으로는 하천에서 바다로 배출되는 것에 대해, 심층지하수는 인위적 오염이 가해지면 배출도 희석도 되지 않고, 게다가 유동이 극히 느리기 때문에 수십 년 동안 오염이 계속된다. 그러나 외부 오염이 가해지지 않는다면 일반적으로 세균적 수질은 상당히 양호하다.

인구밀집의 시가지에서 천층 지하수는 오염도가 높고, 광역적일 뿐만 아니라, 최근에는 심층화되고 있다.

더욱이 산업 폐기물의 매립 처분에 의한 유해물질이나, 약액 주입법에 의한 문제가 부상하고 있다. 또 이탄의 퇴적지대에서는 지하수·지표수 모두 다량의 부식물질을 포함하고 있기 때문에 pH가 낮고, 증발잔류물과 철분이 많아서 그대로는 용수로 공급할 수 없다.

지하수의 연평균 온도는 소재지의 연평균 기온보다 1~2(°C) 높으며, 일변화는 지하 1(m) 이내, 연 변화는 지하 20(m) 이내에서 각각 소실한다. 변화가 소실하는 깊이를 항온층이라고 한다. 항온층 이외의 깊이에서 수온은 역으로 30(m)마다 1(°C)의 비율로 상승한다.

Reference 참고 지하의 산소결핍 공기

지하수의 과잉양수 결과 지하수위가 이상하게 저하하거나, 때로는 지하수가 완전히 고갈되기도 한다. 이처럼 지하수가 완전히 고갈한 대수층의 모래층이나 자갈층이 점토·실트층 등의 불투수층하에 존재하는 경우에는 이들 갈수 상태의 지층중의 제1철 화합물이나 유기물 등의 피산화성 물질이 지층 공극 중의 공기에 의해 산화작용을 일으켜 공기 중의 산소를 소비한다. 그런데 외계에서 공기의 공급은 상부의 불투수층에 의해 차단되어 있기 때문에 지층 공극 중의 공기는 산소결핍상태로 빠지며 질소가스가 주성분이 된다.
최근 도심부의 지하공사에서 산소결핍(산결) 공기에 의해 인신사고가 발생하고 있다. 이것은 이러한 갈수상태의 모래층이나 자갈층 내에서 압기공사가 행해지면, 압력이 걸린 공기가 지층의 공극 내로 침입한다. 즉, 상술한 것처럼 과정을 거쳐 산결공기화하여 이것이 공극을 누비며 주위로 퍼져 환기불량의 개소에 분출하여 인명의 위험이 조성된다.

4.4.3 용천수

용천수는 통상 지하수가 자연적으로 지표, 지중의 동공, 하천, 바다, 호소 등에 솟아나기 때문에 통상 용천하는 상태를 눈으로 확인할 수 있지만, 용천구가 명확하지 않고 지상에 넓게 침출하면 여기에 습지대가 형성된다.

용천수의 용천 상황에 대해서는 여러 가지 인자, 특히 기압의 영향이 크며, 자유 지하수나 불압수에서의 용천수는 거의 이 영향을 받지 않지만 피압 지하수나 유압수에서의 용천수는 그 영향이 크다.

통상 용출량은 강우나 눈 녹은 물의 침투에 의해 증가하고 용출의 항상성은 지층수로부터 용천수가 크다. 자유 지하수나 지표 가까이의 불압수에서 용출량은 강우 등의 영향을 받는 것이 크다. 수질의 오염은 특히 암호수에서의 용천수에 대해 경계할 필요가 있다.

4.4.4 복류수

복류수는 현존 하천 하상의 투수층, 또는 현존 하천 가까이 과거의 범람원 및 제내지의 투수층 중을 흐르고 있는 지하수이다.

복류수의 존재 개소는 현재의 하도와 반드시 일치하지 않으며, 갈수기에 하천수가 말라도 풍부한 복류수가 얻어지는 경우가 적지 않다. 따라서 하천류의 현상만으로 존재개소를 속단할 수 없다. 이론적으로는 복류수의 취수는 하천수를 취수하는 것이다.

수질은 하천수의 수질 및 투수층의 지질과 두께 등에 의하지만 일반적으로는 자연 여과를 거치고 있기 때문에 침전 등의 처리가 필요하지 않을 정도로 양호하다. 그러나 하천의 증수기(연중 비, 눈 따위로 물이 불어나는 시기)에는 오탁이 그대로 복류수에 나타나는 것도 있다.

4.5 원수의 확보

4.5.1 수원의 개발

수도의 수요증대에 대응하여 원활한 급수를 해야 하는 현상에서는 원수의 확보가 중요하며, 이를 위해서는 수원을 개발하지 않으면 안 된다. 하천에서 수자원의 개발은 유량을 원활히 하여 항상 안정한 취수를 할 수 있도록 유량을 조작하는 것을 의미한다.

수원을 개발 계획할 때에는 먼저 수자원의 유한성을 전제로 수자원 개발과 국토의 종합개발 계획의 관련을 고려하지 않으면 안 된다. 개발된 수원은 '유한된 귀중한 수자원'이기 때문에 유효하게 이용하기 위해서는 수자원 개발 시설이나 기타 수도시설은, 수도의 광역화 견지에서 합리적으로 배치하지 않으면 안 된다.

수자원 개발 수단으로서는 ① 산업용수에 한정하지 않고 현재 타당하다고 생각되는 양 이상의 물을 소비하고 있는 물 이용자 전체에 관해서, 기득수리권을 합리화하는 등 사용하지 않는 하천수의 합리적 이용을 도모한다. 더욱이 ② 수자원 개발시설로서 다목적 도수로·댐·하구언·유황조정 하천·지하댐 등을 건설하며, ③ 호소조정·배수재이용·해수담수화·인공강우·증발억제 등의 방법이 생각되는 한편 ④ 소비절약이 상당히 중요하다.

이하 이들에 관해서 기술한다.

1) 다목적 도수로

이것은 개발된 수자원으로서 원수를 광역적 또는 종합적으로 융통하기 위해 하천 간, 하천과 지역 간을 유기적으로 맺는 수로이다.

2) 다목적 댐

광역적 이수에 대해 가장 현실적인 시설이다.

3) 하구언

큰 하천을 하구부에서 둑으로 직접 막아 상류의 댐이나 하천으로부터 방류되는 무효 및 미이용의 하천수를 바다 직전에서 최후로 포착하여 저장할 목적으로 염해 방지효과도 크다.

4) 하구호

하구언과 같은 모양의 기능이 있기 때문에 하구를 둘러싼 형태 또는 하구에서 떨어진 해중에 만들어진 인공의 담수호이다. 이 호와 하천을 도수로로 연결하여 하천수를 여기로 도입함으로써 하구의 평야지대에 대량의 원수를 보유할 수 있어 극히 큰 의미가 있다.

5) 유황 조정 하천

저수지와 같은 모양의 기능을 유량이 다른 별도의 하천에 완수하게 하기 위해 2개의 하천을 연결하는 수로이다.

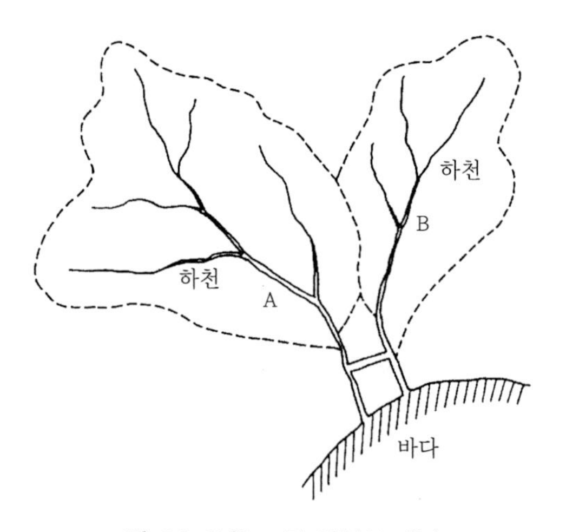

그림 4.8 유황 조정 하천의 개념도

그림 4.8과 같이 A, B 2개의 하천이 근접해 있고 A는 동계풍수에 잉여수량이 있으며, B는 하계풍수에 잉여유량이 있다고 한다.

A가 하계에 갈수의 경우 B의 잉여유량을 수로 C를 거쳐 A로 도입하면 A는 하계, 동계 모두 안정한 취수를 할 수 있다. 이 수로 C가 유황 조정 하천이다.

이 경우 B의 수원지대는 A에서 저수지와 같은 역할을 하고 있다고 보아도 좋다. 단 B에 관해서는 수로 C보다 하류의 연안지역에서는 소요수량 이상의 유량이 확보되어 있지 않으면 A에 물을 배분하는 것은 불가능하다. 이러한 하천만 있다면 특히 댐을 만들지 않아도 신규의 수리를 만들 수 있다.

6) 지하 댐

이는 사용하지 않는 상태의 지하수가 하류로 표류하는 것을 유효하게 이용하기 위해 지하수가 존재하는 대수층 중에 불투수성의 벽 또는 여기에 준하는 것을 설치하여 상류 측에 지하수를 저장하는 것이다.

널말뚝 공법, 각종 주입 공법 또는 여기에 준하는 공법으로 비교적 간단하게 시공할 수 있다. 지하수의 과도의 고저에 의한 장해, 지표수와 연계하고 있는 지하수가 지표수의 수위변동에 의해 받는 악영향 또는 지하수의 염수화 등을 방지할 수 있다.

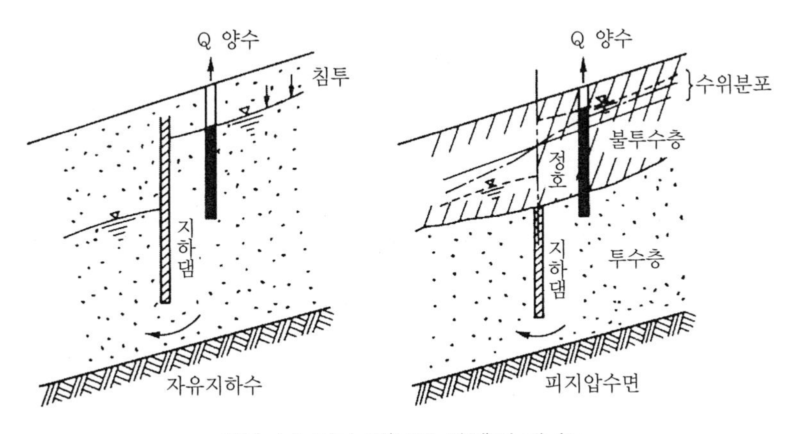

그림 4.9 지하 댐(부분 관입)의 개념도

7) 호소 조정

호소 수위의 상승과 저하를 적당하게 조정하여 불사용의 호소수 이용도를 높일 수 있도록 하는 방법이다.

8) 배수의 재이용

물의 재이용이라든지 순환이용은 이전부터 이미 공장 등에서 절수의 목적으로 행해지고 있었지만 현재는 수자원의 재개발책이라는 적극적인 의의를 가지고 있다. 이용의 대상이 되는 배수는 주로 도시하수의 처리수이며, 여기에 어떤 처리를 시행하여 공업용수와 잡용수로서 사용하는 것이 일반적이다.

공업용수의 용도는 냉각, 세정, 보일러용 등이지만 활성오니법과 같은 고급처리를 한 2차

처리수에도 각종 불순물을 다량으로 포함하고 있다., 부식, scale, slime, 취기, 기포, 염소이온의 다량 함유 등의 결점이 있기 때문에, 3차 처리(screening, 여과, 응집여과, 응집침전, 활성탄처리, 오존처리, 염소처리 등의 조합이 고려되고 있음)를 행하지 않으면 안 된다.

잡용수의 용도는 목욕, 세탁, 세차, 살수, 화장실용, 기타 등이다. 이들 잡용수는 잡용수도(중수도)에 의해 급수되며, 저질수를 활용하여, 고질수의 수요를 줄일 수 있다. 잡용수도의 수질기준에 관해서는 여러 가지 제안이 있지만 아직 결론에 도달하지 않고 있으며, 이 외에도 문제점이 있으며 특히 수도와의 교차연결의 잘못 사용이 심각하다. 배수의 재이용은 개개의 빌딩 또는 일정의 지구, 지역이 자기가 배출하는 배수를 자가 처리하는 형식으로 행한다.

음용수로서의 재이용은 이스라엘에서 하수 처리수를 지하주입 후 재차 지하수를 취수하고 있는 예가 있으며 회수한 물은 양질이라고 한다.

관개용수로서 재이용은 파리의 하수 분야가 옛날부터 유명하다. 논밭 관개용수의 경우는 병원균 제거를 위해 3차 처리가 필요하다.

Reference 참고 **3차 처리**

하수처리수의 BOD나 SS 등의 제거율을 높이더라도 용존의 영양염류가 방류처의 수역을 부영양화하여 오탁을 진행시키기 때문에 이것을 방지하기 위해 또는 일정 지역 내의 물 부족 대책으로서 배수의 재이용을 위해 고도의 기술을 사용하여 3차 처리가 행해진다.

9) 해수의 담수화(탈염)

담수원의 고갈의 결과, 양적으로 무진장의 해수를 개발하려고 하는 것이 해수 담수화이며, 중동, 지중해와 대서양, 카리브 해와 남미, 미국 등의 지역에 보급한다. 국토해양부 조사에 따르면 2016년 세계의 탈염설비의 총용량은 12,600만 (m^3/day)으로 매년 증가하고 있다.

담수화 원리는 해수중의 수분[해수는 염류 3~4(%), 수분 96~97(%) 포함]을 순수로서 추출하는 것과 염류를 모아 제거하는 것 두 가지 방식이 있다.

과거의 많은 제안을 거쳐 현재로서는 전자의 증발법과 냉동법, 후자의 막법 세 가지 방식이 중요한 방법이다.

증발법은 해수 중의 수분을 증발시켜 얻은 수증기를 응축시키는 조수법이며, 양질의 물이 얻어지는 것이 특징이다. 현재는 다단 플래쉬 증발법이 세계의 주류를 이루고 있다. 이 방법은 플래쉬 증발법(고온의 물을 감압용기에 넣어, 순간적으로 비등 증발시키는 방법)을 다단적으로 행하는 것이다. 최근에는 이것을 더욱이 개량한 다중효용진공 증발법이 개발되고 있다.

막여과법에는 전기투석법과 역삼투법 두 가지 방법이 있다. 전기투석법은 직류를 사용하여 이온교환막에 의해 해수 중의 음이온과 양이온을 분리하여 담수를 얻는 방법이지만 박테리아 등의 무전하 성분은 분리할 수 없다.

역삼투법은 일종의 여과법이며, 삼투막이 염류 등의 용존물질을 투과시키기 어려운 성질을 이용하여 이 용액에 삼투압 이상의 압력을 가해 막을 통과한 물만을 얻는 방법이다.

냉동법은 해수를 얼려서 얼음을 만들어 얼음에 부착하는 모액을 담수로 씻어낸 후 얼음을 융해하여 물을 얻는 방법이지만, 현재는 아직 실용화되지 않고 있다.

10) 인공강우

인공강우의 목적은 여름 등 건조기의 수원 지역에 인공적으로 강우를 일으켜 수원의 갈수를 보충하는 것이다. 현재 세계 각국에서 실용화를 위해 빙정설(氷晶說)에 근거하는 silver iodide(아이오딘화은) 지상발연법에 의하고 있다. 세계에서 최초의 실험은 1946년(Schaefer과 Langmuier에 의함)이며, 일본에서는 1951년 동경전력(주)에 의한 것이 최초이다. 그러나 아직 빙속성이 있는 수자원 개발 수단으로는 되지 않고 있다.

11) 증발억제

비가 적은 특히 하기 건조지대에서는 수면 증발손실이 상당히 크기 때문에 증발억제는 큰 문제이다. 대저수지의 증발방지법으로서는 수면을 분자층피막으로 덮은 단분자막 피복법이 행해지며 세틸알코올이 이용된다.

이 물질은 수면에 적하되면 자력으로 전개하여 단분자막을 형성하여 수면 증발이 억제되기 때문이다. 막은 생물에 무해하기 때문에 수질은 오염되지 않지만, 막의 지속에 문제가 있으며 실용효과가 실정되어 있지 않기 때문에 실용화되어 있지 않다.

❐ 참고문헌 ❐

1. 管原 健, 水圈における化學成分の季節的變化, 水道協會雜誌, No.190, 1960.
2. 津田松苗, 陸水生態學, 共立出版, 1974.
3. 巽巖, 菅原正孝,上水道工學要論, (株)國民科學社, 1983.
4. 內藤幸穗, 藤田賢二, 改訂上水道工學演習, 學獻社, 1986.
5. 유명진, 조용모, 『상수처리(정수의 기술)』, 동화기술, 1995.
6. 박중현, 『최신 상수도공학』, 동명사, 2002.
7. 中村 玄正, 入門 上水道, 工學圖書株式會社, 1997.

Chapter 05

취 수

Chapter 05 취 수

5.1 개 론

취수지점의 위치나 취수구조의 적합 여부는 수도 전반의 유지관리에 미치는 영향이 크기 때문에 취수시설의 설치에 관해서는 다음 요건을 고려해야 한다.

① 계획 취수량의 확보와 자유조절이 기능할 것
② 수질이 양호하며 장래에도 오탁되지 않을 것
③ 취수시설의 유지관리가 안전 용이할 것
④ 건설·유지비가 저렴하며, 또한 장래 시설의 확장에도 유리할 것
⑤ 자연환경에 대해 충분히 배려할 것

물의 수송은 자연유하에 의한 것이 가장 신뢰도가 높기 때문에, 취수도 도수도 될 수 있는 한 자연유하에 의한 위치에 취수시설을 설치하는 것이 바람직하다.

계획 취수량은 계획 1일 최대 급수량을 기준으로 하여 필요에 따라 정수장에서 작업용수량과 도수로에 있어서 누수량을 전망하여, 계획 1일 최대 급수량의 10(%) 정도 증가로 한다. 단, 정수장에서 배수처리수를 재이용하는 경우는 작업 용수량을 줄일 수 있다. 만약 장래 확장 시에는 취수량을 증가해야 할 전망이 있을 때 이것을 고려해둔다.

취수시설의 선정에 있어서 취수시설은 수원의 종류, 취수량의 대소, 취수지점의 지형·유황·하상 상황 등을 고려하여 적당한 것을 선정하지 않으면 안 된다. 그러기 위해서는 예정 취수지점에서 필요사항의 조사를 행한다. 이는 다음에 기술한다.

5.2 취수지점의 조사와 선정

5.2.1 하천수 취수

1) 조사

취수량의 확보와 조정은 예정의 취수지점에서 갈수, 평수, 홍수, 최대 갈수, 최대 홍수의 각 수량, 수위 및 계획고수의 유량, 수위를 조사한다.

이들은 계획취수의 가능성을 판단 또는 취수시설의 설계상 중요한 항목이다. 또 각종의 권리에 속하는 이수 상황을 조사한다. 수질에 관해서는 오탁원의 실태와 수질보전 대책의 실시 상황 및 강우와 탁도와의 관계, 연간의 수질변화 등을 조사하여 수질의 현황과 장래의 예측을 수행하는 것이 중요하다.

취수시설의 안전유지로서 예정 취수지점의 지형, 지질, 하천의 유황(상술한 여러 가지 수위, 수량 등) 등도 조사한다.

2) 취수지점의 선정

상기의 조사 결과에 근거하여 취수지점은 다음 항목에 적합하도록 선정해야 한다.

① 하상이 안정하고 있는 유황에 바로 대응하여 취수조정을 완전하게 할 수 있으며, 완류지점으로 장래 하천 개수공사의 지장이 되지 않는 지점일 것. 또 표류물이나 주운에 의한 시설의 파괴, 한냉지에서의 결빙에 주의할 필요가 있다.

② 오수의 유입개소나 하구부근에서 해수가 거슬러 올라가거나, 오수·오물·쓰레기 등이 정체하는 장소를 피해야 하며 장래에도 수질이 양호한 지점일 것. 또한 상기 ①의 하상의 안정을 붕괴(유역산림의 남벌에 의한 토사의 유출, 유역의 개발공사, 하천의 개수공사, 모래·자갈 채집 등)하는 원인은 동시에 수질오탁의 원인이 되므로 주의해야 한다.

③ 취수지점 및 그 후배지는 지질이 양호하며, 산사태나 제방의 붕괴 등 우려가 없는 곳이어야 한다.

강우에 따른 고탁도 하천수의 취수에 관해서 Goda(合田)는 이러한 탁도의 자연 감쇠에 관한 지수법칙을 제한하고 있으며, 최고 시 탁도 경과 후 탁도의 일변화를 다음 식 (5.1)에 의해 예보할 수 있다.

$$\log \frac{T}{T_0} = -k \log(1+t) \tag{5.1}$$

여기서, T : 최고 시 후의 t일째의 탁도

T_0 : 최고 시 탁도

t : 최고 시 후의 경과 일수

k : 감쇠 특성 계수

여기서 k를 대표적인 몇 개의 강우량, 또는 하천 수위에 대해 구해 놓으면, 정수장 조작에 유효 편리한 탁도 예보법을 얻을 수 있다고 한다.

5.2.2 호소수 및 저수지 수의 취수

1) 호소수의 경우

조사의 요점은 취수량의 확보를 위해, 하천수 취수의 경우처럼 호소의 각종 수위 및 연 간의 수위변동과 호소수량과의 관계나 갈수기의 취수에 의한 수위저하가 경관, 주운, 농·어업 등에 미치는 사회적 영향 외에 호저상황도 조사하며 호소의 수심도도 작성해야 한다. 이상 조사에 의해 취수시설의 건설이나 취수방법에 관한 자료를 얻을 수 있다. 수질에 관해서는 연간 변화, 유입 하천과 호소의 수질, 특히 미생물의 계절적 변동, 부영양화 등의 조사는 최고의 양호한 수질의 물을 취수하는 데 중요하다. 또 연안상태, 풍향, 풍속 등도 수량이나 수심과 같이 수질에 영향을 미치기 때문에 조사의 대상이 된다.

취수지점의 선정에 대해서는 다음의 여러 항목을 고려하지 않으면 안 된다.

① 갈수기에도 계획 수량을 취수할 것. 단, 한냉지에서는 결빙에 주의가 필요하다.

② 오염수나 하천의 유입점, 항로 등의 근방은 피하며, 호저 침전물의 교란 영향이나 토사의 유입 등이 없으며, 양호한 수질이 장래에도 보증되는 지점일 것

③ 취수시설이 안전하게 축조 할 수 있는 토지 조건일 것

2) 저수지의 경우

조사 사항으로서는 4.3.4(저수지)에 서술한 것처럼 강수량과 유출량 및 저수지의 증발량, 하천유량과 유사량, 계획고수유량 등의 수문사항, 유역면적, 지질, 지형, 임상, 개발 등의 유역상황 및 수질과 이수상황 등이다.

취수지점 선정의 요점은 연안의 파랑이나 산사태 등에 의한 탁도나 토사에 의한 취수구의 폐색의 우려가 없고, 표류물이 집적하지 않으며, 장래에도 양호한 수질이 보증되고, 취수시설이 안전하게 축조할 수 있는 지저상황의 지점일 것 등이다.

5.2.3 지하수 및 용천수의 취수 경우

1) 지하수의 경우

예비적으로 각종 수문자료를 검토하며 또 부근의 기존 정호의 한계 양수량(5.3.2의 지하수 취수 시설 참조), 정호 수위의 변화, 수질, 지역 정호의 총양수량과 양수 수위와의 관계, 동수구배, 대수층의 위치와 투수계수 등을 조사하여 해당지역의 물 수지를 검토하며, 이것만으로 불충분한 경우에는 보충으로 지표지질조사, 물리적 지하탐사, Boring, 전기검층, 양수시험 등을 행하며, 계획취수가 가능한가, 어떤가를 판단한다.

계획취수가 가능하다고 판단하여 취수지점을 선정하는 데 해수의 영향이 없는 개소, 다른 정호나 집수매거에 미치는 영향이 적은 개소, 천층 지하수에서는 함수층이 두꺼워 지하수량이 풍부하며 오히려 부근에 오염원이 없는 개소를 구하지 않으면 안 된다.

2) 용천수의 경우

연간의 용천수의 유출량의 변화와 수질변화에 관해서 조사한다. 강우시의 유출량이 급증하거나, 탁한 용천수는 지표수의 영향을 받기 쉬운 천층 지하수로 볼 수 있기 때문에 특히 수질에 주의를 기울려야 하며, 취수지점으로서는 외부보다 오염받을 우려가 없는 개소를 선택한다.

5.3 취수 시설

취수시설의 요건에 관해서는 5.1의 개요에서 서술했지만, 요점은 계획 취수량의 확보, 양호한 수질, 유지관리의 안전 용이를 주된 요지로 하는 구조로 하지 않으면 안 된다.

5.3.1 지표수의 취수 시설

1) 취수문

취수문은 하천 표류수나 호소의 표층수를 취수하기 위해 수원의 수변에 축조되는 시설로서, 원수는 취수문을 거쳐 여기에 접속하는 도수로에 유입된다.

통상 하안 또는 호안에 직접 설치한 철근콘크리트(RC)의 문 형태의 구조물로, 취수량 조정용의 게이트 또는 물막이 판을 또는 그 전면에 스크린을 설치한다.

일반적으로 취수문은 유량 상황·하상이 안정한 중소 하천의 상류부에서 갈수기에도 일정 이상의 수심이 있는 개소에서 소량 취수에도 적합하지만 고정 둑 등에 대한 수위를 높이면 중량 취수도 가능하다. 상시 유지관리는 비교적 용이하지만 적설이나 결빙에 대해 게이트 조작에 관리상 배려가 필요하다.

취수문의 설치위치는 지반이 견고하며, 될 수 있는 한 자연 수면구배로 계획취수가 가능한 곳을 선택하는 것이 좋다.

호소에 있어서는 일반적으로 갈수기 때 호소에 유입 수량 이하의 취수량이면 중·소 수량의 안정 취수는 가능하다. 취수 위치는 특히 취수문의 전면이 매설되지 않는 개소가 바람직하다.

취수문에 게이트식과 물막이판식의 2형식이 있다. 게이트식 수문은 통상 강철제 또는 주철제(규모와 사정에 의해 목재도 있음)의 게이트를 취수량의 대소에 의해 1~여러 개의 문을 설치하며 모래 유입 우려가 있는 경우는 수문의 상류에 물막이판을 설치한다.

물막이판식 수문은 소규모의 게이트식 수문의 예비 또는 보조로서 사용되는 것이 있다. 그림 5.1은 취수문의 구조 예이다.

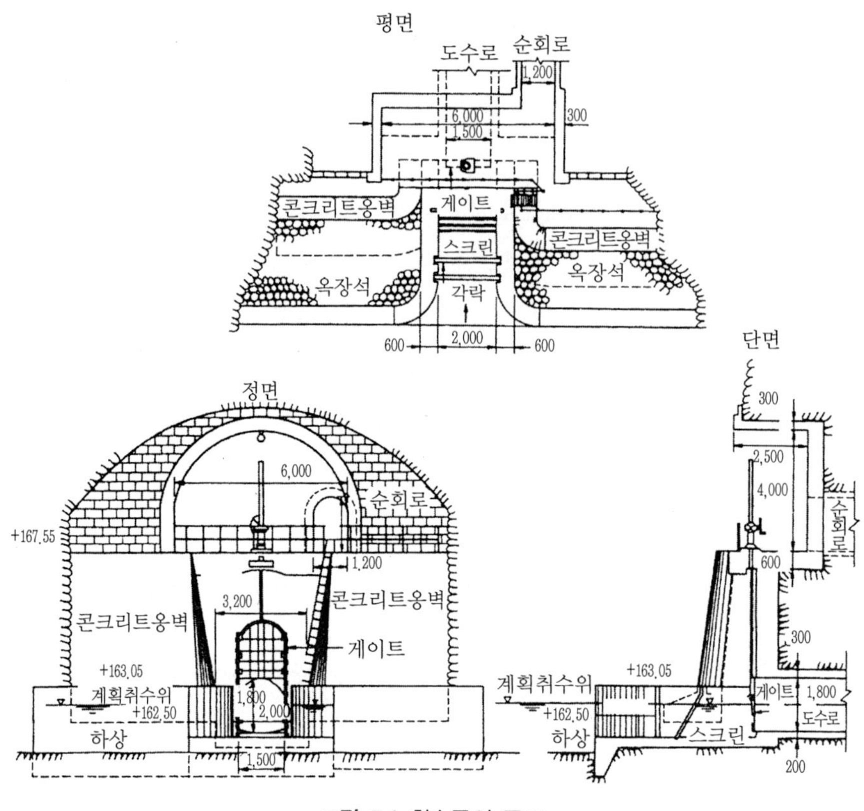

그림 5.1 취수문의 구조

2) 취수관거

취수관거는 복단면 하천의 저수호안에 설치한 취수구로부터 관거 내로 표류수를 취수하여, 자연유하로 이것을 정수장으로 도수하는 것이다. 일반적으로 대·중하천에서 갈수량·갈수위가 일정 이상으로 안정하고 있는 경우, 중양 이하의 취수에 적합하지만 고정 둑의 설치 등으로부터 대량의 취수가 가능한 것도 있다.

그러나 하황 변화가 심한 개소에는 취수가 불가능한 곳도 있다. 최대 갈수위라도 계획취수가 될 수 있도록 관거 내면 상단은 최대 갈수위보다 30(cm) 정도 아래로 포설할 필요가 있다.

취수구에는 전면에 조절용 물막이용판, 그 배후에 스크린, 더욱 필요하다면 침사지를 설치하며, 수량제어로 제수문 또는 칸막이판을 설치한다.

관거는 사고에 대비하여 2개조로 포설하는 것이 바람직하다. 그림 5.2는 취수관거의 취수구의 한 예이다.

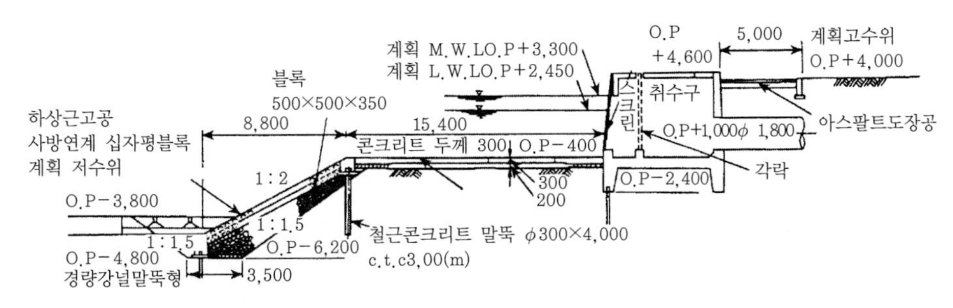

그림 5.2 취수관거의 취수구의 단면

3) 취수틀

이것은 하천·호소에 사용되며, 취수관의 개구부를 하상 또는 호저에 고정한 RC 또는 목제 틀로 둘러싸고, 틀의 내외를 사석이나 콘크리트 공으로 방호한 형식의 간이적인 시설이다.

하천에서는 중·소하천의 상·중류에서 소량 취수로 사용되며, 안정한 하상에서 일정 이상의 수심이 있는 개소에 설치한다.

호소에서는 틀은 일반적으로 RC 제작이며, 중소량의 취수용이지만, 표층수는 취수할 수 없다. 호소에서는 매설의 우려는 적지만, 항로 가까이에서는 수심이 3(m) 이상의 개소에 설치한다. 그림 5.3에 취수 틀의 구조의 예를 나타냈다.

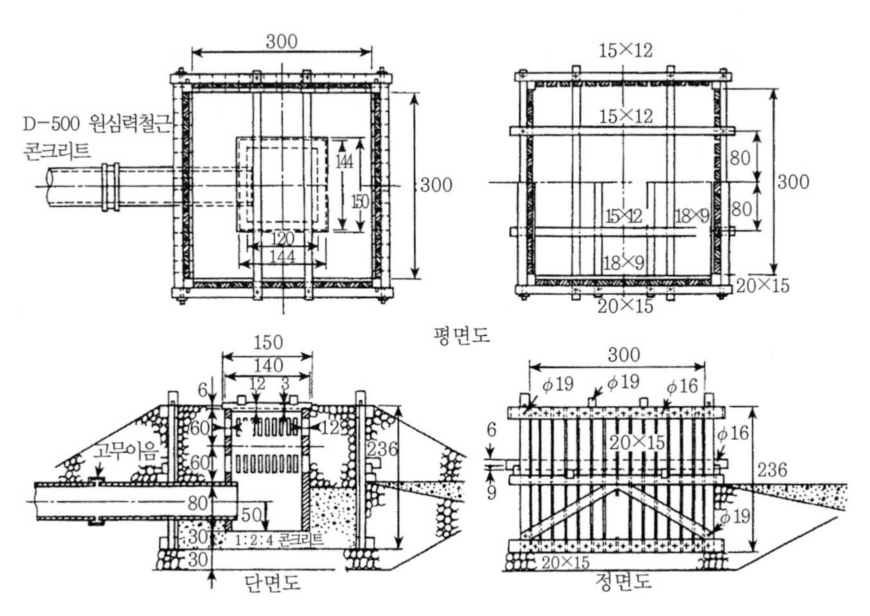

그림 5.3 취수 틀의 구조(단위 : cm)

4) 취수둑·방조둑

취수둑은 하천의 수위가 낮아 취수가 어려운 경우에 하천수위를 둑으로 올려, 취수시설의 하류에 설치하는 고정둑 또는 가동둑이다. 비교적 대량의 물을 정확하게 조정하여 취수하는 경우에 적합하다.

방조둑은 하구부에서 해수가 거슬러 올라가는 것을 저지하여 하천수에 염수화를 방지하기 위해 취수시설의 하류에 설치하는 고정둑와 가동둑으로 이루어진 둑이다.

양자 모두 비교적 대규모 구조물이기 때문에 건설 시에는 미리 자연환경의 보전에 대해 충분한 배려를 하지 않으면 안 된다. 위치와 구조상 주의해야 할 점은 유수의 소통을 방해하지 않는 구조일 것, 하상변화가 적을 것 및 단수·강수 시의 수면 상승이 상류의 하천 공작물에 미치는 영향이 적은 지점을 선택하는 것이 중요하다.

또 취수둑에는 소규모 또는 응급의 것으로 돌망태, 틀, 석재 등으로 둑의 수위를 올리는 것도 있다.

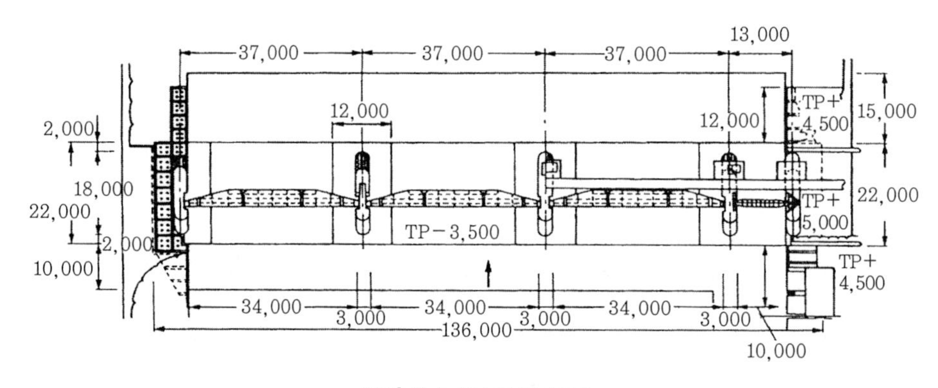

그림 5.4 취수둑의 구조

5) 취수탑

취수탑은 하천이나 호소·저수지에 설치되며, 통상 단면형은 원형 또는 타원형의 환상의 철근콘크리트(RC) 탑상 구조물로 주벽에 여러 단의 게이트식 취수구를 배치하여 수위에 따라 취수할 수 있도록 하며, 탑체의 천정과 육지를 관리교로 연결한 취수시설이다.

일반적으로 대 하천의 중·하류부에서 대·중량의 취수에 적합하며, 유황이 안정하고 있는 갈수기에도 2(m) 이상의 수심이 있으면 연간의 수위변동이 크더라도 안정한 취수가 가능하다. 하천에 설치하는 경우는 유수 저항을 작게 하기 위해 타원형 단면을 사용하며, 장축을 흐름방향에 평행하게 하며 탑체의 천정을 하천의 계획 최고 수위보다 높게 한다.

6) 취수구

최하단의 취수구는 하천 수위가 계획 최저 수위로 내려간 경우에도 계획 취수구가 되는 위치에 설치하지만 하상 밑부분은 원칙적으로 설치하지 않는다.

각 취수구의 전면에는 스크린을 또 탑체의 내 또는 외측에 제수문, 또는 칸막이판 등을 부착하며, 조작은 탑 상부의 실내에서 행한다. 또 하상의 탑체 주위에는 세굴방지를 위해 견고하게 하상을 시공해야 한다.

호소·저수지에 설치하는 경우에는 탑체는 원형단면으로 하고, 천정 높이는 호소·저수지의 계획 최고 수위에 덧붙여 바람이나 지진시의 파랑고를 고려할 필요가 있다.

흙댐의 저수지에서는 취수탑이나 도수관거는 댐에서 떨어진 견고한 산지 부분에 설치해야 하지만, 어쩔 수 없이 제체의 상류 측의 정상 부분에 설치하여, 이 때문에 도수관거가 제체를 횡단하지 않으면 안 되는 경우는 제체 하부의 기초지반 중에 매설한다.

이때 고압의 침투수가 관거의 외면을 따라 제체 외로 누출하는 것을 방지하기 위해 관거에는 일정 간격으로 지수벽을 붙여, 뒤채움 할 때는 양질의 점토 등으로 특히 유의하여 시공해야 하며 이 부분이 장래 댐의 약점이 되지 않도록 유의해야 한다. 관거를 직접 제체 내에 매설해야 하는 것은 아니다. 그림 5.4는 하천에서 취수탑의 예이다.

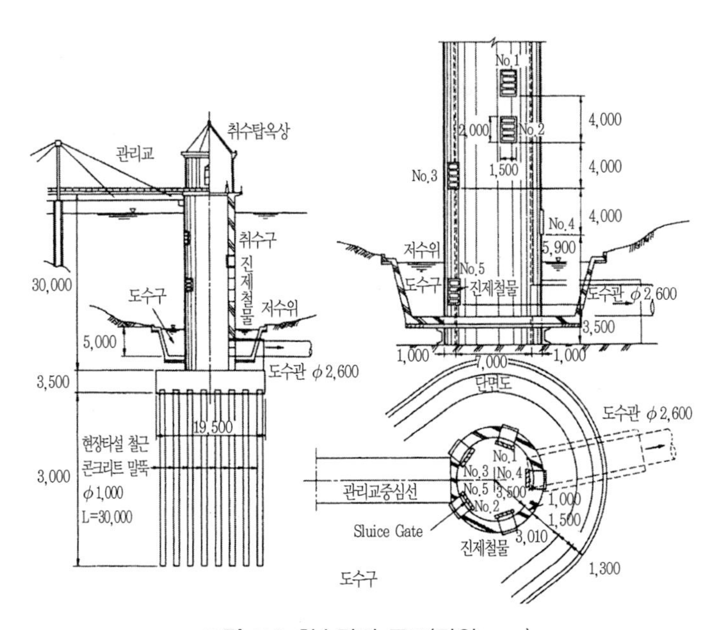

그림 5.5 취수탑의 구조(단위 : mm)

5.3.2 지하수의 취수 시설

지하수의 취수 시설은 통상 정호 또는 집수매거가 주된 시설이지만, 이들 시설의 계획이나 설계에는 먼저 양수량을 파악할 필요가 있다. 양수량은 지하수의 조사 데이터를 수리학의 공식에 적용하여 구할 수 있다. 여기에 처음으로 정호·집수매거의 양수량에 관한 주된 공식을 서술한다.

대수층 중에 정호를 파서 일정량의 양수를 개시하면, 차츰 정호 수면이 저하하지만 어느 시간 경과하면 수면 저하가 정지한다. 이러한 상태를 양수의 평형상태라고 한다.

이에 대해 일정량의 양수를 계속하는 한, 정호 수면의 저하가 계속되는 상태를 비평형 상태라고 한다. 이러한 상태는 정호의 수위만 아니라 정호 외측의 지하 수면에도 영향을 미치고 있다. 정호의 수리는 평형 또는 비평형의 상태에서 많은 연구가 진행되고 있다.

평형이론에서는 티엔(Thien, G.)의 평형식(equilibrium formula)이 지금까지 실용화하고 있으며, 비평형 이론에서는 티이스(Theis, G.V.)나 야콥(Jacob, C.E.)의 비평형식(nonequilibrium formula)이 넓게 사용되며, 그 외에도 초우(Chow, V.T.)의 식 등이 있다.

1) Darcy의 법칙

지하수는 토사입자의 간극을 메우고 있으며, 중력으로 흐르기 때문에 유선은 평행하지는 않지만 전체로서 일정하게 흐름 방향을 가지고 있다.

지금 A : 지하수 흐름 방향의 직각 단면적(cm^2), Q : A를 정상적으로 흐르는 유량(cm^3/sec), l : 유하 거리(cm), h : l을 유하할 때 손실수두(cm), k : 토사의 투과 계수(cm/sec)라고 하면,

$$v = \frac{Q}{A} = k \cdot \left(\frac{h}{l}\right) = k \cdot I \qquad (5.2)$$

단, $I = \frac{h}{l}$

거시적으로 본 $Q/A = v$를 가진 지하수의 유속으로서 식 (5.2)를 Darcy의 법칙이라 한다. k는 토사의 입경, 형태, 공극률, 물의 점성계수 등에 관한 상수이며 속도의 차원을 가진다.

하젠(Hazen)의 실험식

$$k = c(0.7 + 0.03t) \cdot d_e^2 \qquad (5.3)$$

여기서, k : 토사의 투수 계수(cm/sec)

d_e : 토사입자의 유효경(cm)

t : 온도(°C)

c : 계수(50~150, 통상 116)

k에 관한 공식은 다른 Kozeny, Rose-Fair-Hatch, Slichter, Terzaghi, Zunker 등의 식이 있지만, 계산 값과 실제 값이 상당히 차이가 나는 경우가 많기 때문에, 개략 값을 구하는 경우에 사용해야 할 것이다. 투수계수의 개략치를 표 5.1에 나타냈다.

표 5.1 투수계수의 개략치

구분	점토	침전오니	미세 모래	가는 모래	중간 모래	큰 모래	작은 자갈
입경(mm)	0~0.01	0.01~0.05	0.05~0.1	0.1~0.25	0.25~0.50	0.50~1.0	1.0~5.0
k(cm/sec)	3×10^{-6}	4.5×10^{-4}	3.5×10^{-3}	0.015	0.085	0.35	3.0

Darcy의 식은 지하수의 유속이 그다지 크지 않아도 층류의 경우에는 실험치와 잘 일치하지만, 유속이 증가하여 난류로 변이하면 성립하지 않는다. Re(레이놀스 수) < 4가 이 법칙의 성립 조건의 한계이다.

2) 정호 및 집수매거의 양수량에 관한 공식

(1) 정상 상태의 정호의 수리

① 자유 지하수로부터의 양수량

정호 하부가 불침투층에 달한 경우 Thien의 평형론에서는 그림 5.6과 같이 정호에서 일정량을 연속 양수하면, 여기에 따른 지하수면의 강하량은 정호에서 멀어짐에 따라 감소하며 어느 거리에서 실용상 제로(0)가 된다.

대수층의 조성은 균등하며 이 이하의 불투수층과 경계면을 수평면이라 하면 상기의 지하수면 강하량 제로의 한계는 정호를 중심으로 한 원이 된다. 이것을 정호의 영향원(circle of influence)이라 하지만 실제로는 완전 원이 아닌 계란형이 많으며 띠 모양의 것도 있다.

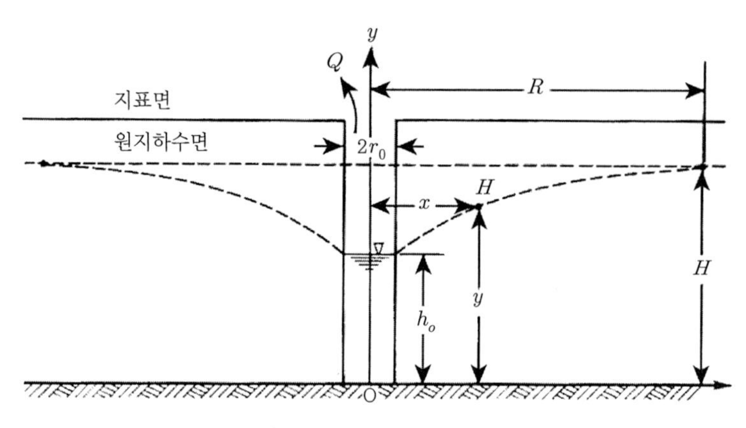

그림 5.6 자유 지하수의 정호

그림에서 Q : 양수량(m^3/min), h_0 : Q를 양수중의 정호의 수심(m), r_0 : 정호의 반경(m), H : 원지하수 깊이(m), R : 영향원 반경(m), k : 투수계수(m/min)라 하며, 또한 물은 정호의 다공성의 주벽에서 자유로 유입하고, R보다 먼 거리에서는 지하수면의 저하는 없으며, 흐름은 정상적이라고 가정한다.

일정량 Q를 양수하여 평형상태에 달하면 정호를 중심으로 하는 모든 가상 동심원통면을 통하여 정호로 유입하는 유량은 일정하며 이것은 양수량 Q와 동등하다. 양수 중의 지하수면 상의 한 점 P에서 수면 구배는 이것이 현저하게 크지 않는다면,

$$I = \frac{dy}{dx} \tag{5.4}$$

P점을 통하는 가상원통의 측면적은 $A = 2\pi xy$

Dracy의 식 (5.2)에 상식을 대입하여

$$Q = kAI = k \cdot 2\pi xy \cdot \frac{dy}{dx} \tag{5.5}$$

$$\therefore\ ydy = \frac{Q}{2\pi k} \cdot \frac{dx}{x} \tag{5.6}$$

이것을 적분하여 정호의 외벽 $x=r_0$에서 $y=h_0$라 하면

$$y^2 = \frac{Q}{\pi k}\ln\left(\frac{x}{r_0}\right) + h_0^2 \tag{5.7}$$

다음으로 $x=R$에서 $y=H$가 되는 조건을 상식에 대입하면

$$Q = \pi k \frac{H^2 - h_0^2}{\ln\left(\frac{R}{r_0}\right)} = 1.36k\frac{H^2 - h_0^2}{\log_{10}\left(\frac{R}{r_0}\right)} \tag{5.8}$$

$$(\ln x = 2.30\log_{10} x)$$

대수층이 무한대로 넓다고 생각될 때는 식 (5.8)에서 $R\to\infty$로 하면 $Q\to 0$가 되므로 정상운동은 모순을 초래한다.

그러나 근사계산에서는 영향원의 반경 R을 통상 r_0의 3,000~5,000배 또는 500~1,000(m) 정도로 잡지만 실제로 R은 경험적으로 결정되는 것이 많다. 그러나 R은 식 (5.8)의 대수 중에 포함되어 있기 때문에 R이 Q에 미치는 영향은 비교적 작다.

② 집수매거로부터 자유 지하수의 취수량

그림 5.7에서, H : 원지하수 수심(m), h_0 : 매거 내의 수심(m), L : 매거 길이(m), R : 영향원 반경(m)라 하면, 불투수층은 수평이며 매거는 그 위에 설치된다. 지하수는 양측 벽 부분에서만 유입한다고 가정한 경우는 정호의 경우와 같은 모양으로 생각에 따르면 한쪽 만에 관해서 지하수면상의 한 점 P를 통하는 연직 가상면으로부터 유입하는 수량을 Q'라 하면,

$$Q' = kLy\frac{dy}{dx} \tag{5.9}$$

이것을 $x=0$에서 $y=h_0$의 조건에서 적분하면,

$$y^2 = \frac{2Q'}{kL}x + h_0^2 \tag{5.10}$$

상식에 $x=R$에서 $y=H$의 조건을 넣고, 또 매거 양측으로부터 유입량을 Q라 하면,

$$Q=2Q'=\frac{kL\left(H^2-h_0^2\right)}{R} \tag{5.11}$$

이 된다.

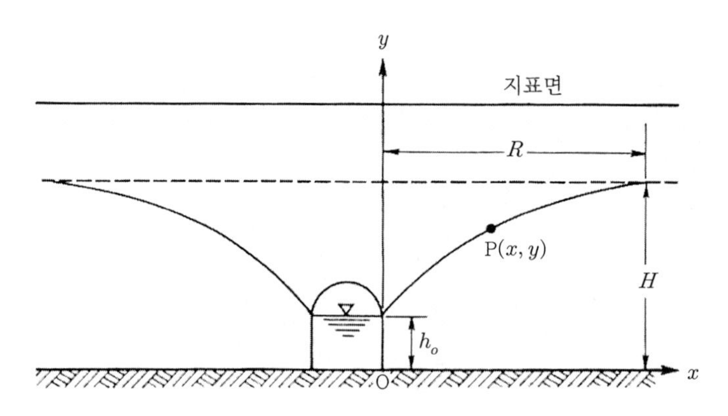

그림 5.7 자유 지하수의 취수

③ 피압 지하수로부터 양수량

정호벽이 대수층을 관통하고 있는 경우를 그림 5.8에 나타냈다.

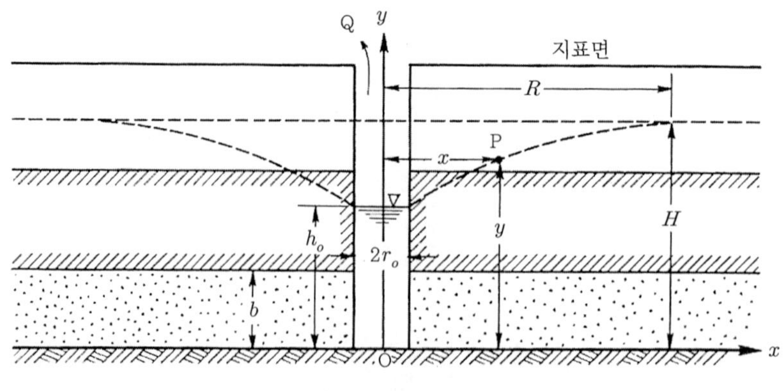

그림 5.8 피압수의 정호

대수층 두께 b가 무한대로 넓은 수평 피압 대수층이 양수 전 대수층 하단에서 최초 수압면까지의 높이 H는 압력수두이며, 유량 Q를 양수하여 평형 상태가 되었을 때 정호의 수위가 h_0가 되었다고 하면 정호에 대한 유입량은 자유 지하수의 경우와 같은 생각으로

$$y = \frac{Q}{2\pi kb}\ln\left(\frac{x}{r_0}\right) + h_0 \tag{5.12}$$

를 얻을 수 있다. 이 식에 $x = R$에서 $y = H$의 조건을 넣으면,

$$Q = 2\pi kb\frac{(H - h_0)}{\log_e\left(\frac{R}{r_0}\right)} = \frac{2\pi kb(H - h_0)}{2.3\log_{10}\left(\frac{R}{r_0}\right)} \tag{5.13}$$

(2) 비정상 상태의 정호의 수리

① 피압 지하수로부터의 양수량

Theis의 비평형식

$$Q = \frac{4\pi Ts}{W(u)} \tag{5.14a}$$

$$W(u) = \int_u^{\infty} \frac{e^{-u}}{u}du \tag{5.14b}$$

$$= -0.5772 - \ln u + u - \frac{u^2}{2\cdot 2!} + \frac{u^3}{3\cdot 3!} - \frac{u^4}{4\cdot 4!} + \cdots \quad (u < 1)$$

$$u = \frac{r^2 S}{4Tt} \tag{5.14c}$$

여기서, s : t시간 양수 후의 수위 저하량(m), Q = 양수량(m^3/hr), r :정호중심으로부터 거리(m), t : 양수시간(hr), T : 침투량 계수(m^2/hr), T에 관해서는 $T = k \cdot b$(피압 지하수의 경우)이다. k : 투수계수(m/hr), H : 원지하수 깊이(m), b : 피압 대수층의 두께(m), S : 저류계수(무차원), $W(u)$: Wenzel의 정호 함수

양수시험을 행하여 T, S를 구하면, k를 알 수 있으며, 또 임의시간의 임의점의 수위 강하량을 계산할 수 있다.

식 (5.14a)는 T와 S에 관해서 직접 풀 수 없지만, 타이스(Theis, C.V.)의 도식해법에 의해 구할 수 있다.

또 Theis 법의 간편법으로서 Stallman의 방법이 있으며, 특수한 경우에 대한 Chow의 방법이나 Jacob의 직선해법, 수위해복법 등도 있지만 이들에 관해서는 전문서를 참조하기 바란다.

(3) 군 정호

근거리에 어떤 2본 이상의 정호로부터 동시에 같은 수량의 양수량을 양수하면, 각 정호가 서로 영향을 받아 정호의 양수량이 단독 양수의 경우와 비교하여 감소한다. 이 현상을 정호의 간섭(interference of well)이라 한다. 군 정호에서는 각각의 정호가 너무 접근하면 간섭이 심하게 되며, 군 정호를 중심으로 그 주위의 광대한 범위의 지하수위 저하에 영향이 나타난다. 간섭에 의해 생기는 영향권 내의 수위 저하량은 독립적으로 계산된 각 정호의 수위저하 영향의 총합과 같다.

한정된 부지 내에 복수의 정호를 설치하는 경우에는, 정호를 지하수 흐름방향에 직각, 또는 지그재그로 배치하여 이 간격을 상호 간섭하지 않을 정도로 한다.

(4) 양수량의 의의

자유 지하수(불압수)는 계속 양수해도 보급되기 쉽기 때문에 지하의 물 수지가 평형하여 문제는 없다. 하지만 피압 지하수(피압수)는 최초 자연 상태에서 물 수지는 평형하지만 양수를 시작하면 양수량에 따라 새롭게 평형이 발생하기도 있다.

그러나 완전한 피압수에서 보급은 곤란하기 때문에 양수할수록 수량이 소모되어, 그 결과 지하수위의 저하가 심해 각종 지하수 공해를 일으킨다. 여기에 안전 양수량이라는 생각을 고려하게 된다.

Reference 참고

紫崎(Sibazaki)에 의하면 안전양수량을 '대수층을 파괴하거나, 수질에 변화를 일으키거나 또는 경제적으로 많은 손해를 미치지 않는 계속적으로 양수할 수 있는 지하수량'으로 정의하고 있다. 즉, 지하수 공해를 일으키지 않고 계속적으로 물 수지가 적자가 되지 않는 양수량이다.

그러나 '계속적'은 현실적으로 타당하지 않는 경우가 있기 때문에 최근에는 계속적이라는 용어를 사용하지 않게 되었다. 오히려 양수에 의한 위험 내용의 평가 여하로 중점이 바뀌었다. 즉, 안전 양수량은 지하수분(지하수역) 내부의 자연조건만으로 결정하는 것이 아니며, '양수에 따른 위험과 이익을 고려하여 오히려 용인할 수 있는 양수량'이라고 한다. 즉, 사회적인 가치판단에 따라 비로소 결정되는 것이다. 그러나 통상은 '지하 수역의 물 수지 균형을 붕괴하지 않고 장기적으로 양수할 수 있는 양수량'이라고 하고 있다. 어쨌든 안전 양수량은 광역적인 지하수역을 대상으로 하여 물 수지의 균형을 문제로 하는 것에 대해 하기의 한계 양수량·적정 양수량 등은 어느 것이나 개개의 정호를 대상으로 하고 있는 점이 다르다.

한계 양수량이라는 것은 피압수의 양수량이 증가함에 따라 정호의 수위가 저하하며, 정호 주위의 지하수의 흐름이 층류에서 난류로 바뀌는 경계점에서 양수량이다. 이 경계점은 단계 양수 시험의 결과로부터 도상으로 구할 수 있다. 山本(Yamamoto)에 의하면 단계 양수 시험[양수량을 단계적으로 바꾸어(단계적으로 증가시켜, 단계 강하 시험과 단계적으로 감소시키는 단계 상승 시험이 있다), 그때마다 여기에 따라 안정한 수위 강하량 또는 수위 상승량을 구하는 시험이며 그 결과로부터 한계 양수량·적정 양수량, 또는 대수층의 수두 손실계수라든지, 난류의 경우 정호수두 손실계수 등을 구할 수 있다.]을 행하여, 수위 강하량(S_w)~양수량(Q)의 관계를 보통 방안지에 플롯한 경우에 직선부에는 정호 주위의 지하수의 흐름이 층류이며, 지수곡선부에서는 난류인 것을 나타낸다. 그래서 이 경계에서 양수량이 한계 양수량이다.

이에 대해 보통 방안지 상에 지수곡선의 변곡점을 층류와 난류와의 변이점이라 생각하여, 양 대수지상에 기울기가 45°의 직선과 45° 이상의 직선과의 교점에 해당하는 양수량을 한계 양수량이라고 하는 것은 타당하지 않다.

한편, 과잉 양수라고 하는 것은 대수층의 구조에 변화(파괴)가 일어나거나, 여러 가지 정호 장해가 발생하는 양수의 상태이다. 바꾸어 말하면 양수한 지하수 중에 계속적으로 배출되는 모래가 보이는 양수는 과잉 양수라고 생각해도 좋다.

과잉 양수가 되지 않는 양수의 한계가 적정 양수량이다. 통상 적정 양수량은 한계 양수량의 70(%) 이하로 하고 있다. 적정 양수량은 개개의 정호에 고정은 아니며, 단독 양수와 집단 양수에서는 분명히 다르기 때문에 개개의 정호 양수 시험의 결과를 갖고서 집단 양수할 경우, 개개 정호의 양수량의 규제 규준은 되지 않는다.

3) 정호

정호는 구조상 통정호(pit well)와 관정호(tubular well)로 구별되며, 깊이의 점에서는 대체로 30(m)보다 얕은 자유 지하수 또는 복류수를 취수하는 것을 천정호(shallow well), 이것보다 깊은 피압수 취수를 심정호(deep well)라 하며, 후자는 최근 600(m)에 미치는 것도 있다.

통정호는 비교적 직경이 넓고 깊은 구멍을 파서 그 속에 우물통(정호 측)을 조립하여 만들기 때문에 굴착정이라고도 하며 천정호로서 사용된다.

관정호는 통정호에 비해 훨씬 소구경의 강관을 우물통으로 하여 통상 심정호로 사용되어지지만 가끔 천정호로서도 이용된다.

천정호·심정호 모두 양수는 펌프에 의하지만 심정호라도 자분하는 경우에는 펌프를 필요하지 않는 것도 있다.

(1) 천정호

단면이 통상 원형 또는 타원형, 때로는 장방형의 RC의 우물통을 지면을 굴착하면서 설치하며, 대형의 우물통은 우물통 침하법에 의해 설치한다. 집수는 우물통의 측벽에서 행하면 정호 주위의 모래나 지상에서 오염물이 유입할 우려가 있기 때문에 저부에서 행한다.

이 경우 유수 저항을 적게 하기 위해서 우물통 바닥과 불침투층과의 간격을 우물통 외경의 1/4 이하로 한다. 또 양수 시 모래의 유입이나 부상하는 것을 방지하기 위해 정호 바닥에는 밑에서 순차적으로 소·중·대의 자갈을 30(cm) 두께 정도 깔며, 정호 밑에서 유입속도는 모래 유입방지상 3(m/sec) 이하로 한다.

저부 집수만으로는 취수량이 부족하다면 측벽에서 집수해야 하지만 이 경우는 집수공을 정호의 최저 수위 이하로 설치해야 한다.

천정호의 깊이는 지표에서 오염을 피하기 위해 될 수 있는 한 깊게 하는 것이 바람직하지만 보통 8~10(m) 정도의 것이 많다.

정호의 크기는 양수시험 결과로부터 시공의 난이, 양수관 부착 등의 조건을 감안하여 결정하지만, 일반적으로는 내경이 10(m) 이하가 많다.

지상에서 오염 침입을 방지하기 위해 우물통의 외주 지표는 배수를 양호하게 하며, 불투수성의 포장을 행한다. 또한 우물통의 상단을 지표면상 30(cm) 이상 높게 하여 뚜껑, 통기구멍, 맨홀, 수위계 등 오염을 방지할 수 있도록 설치한다. 그림 5.9는 천정호의 한 예이다. 관정호를 천정호로 사용하는 경우의 구조는 심정호에 준한다.

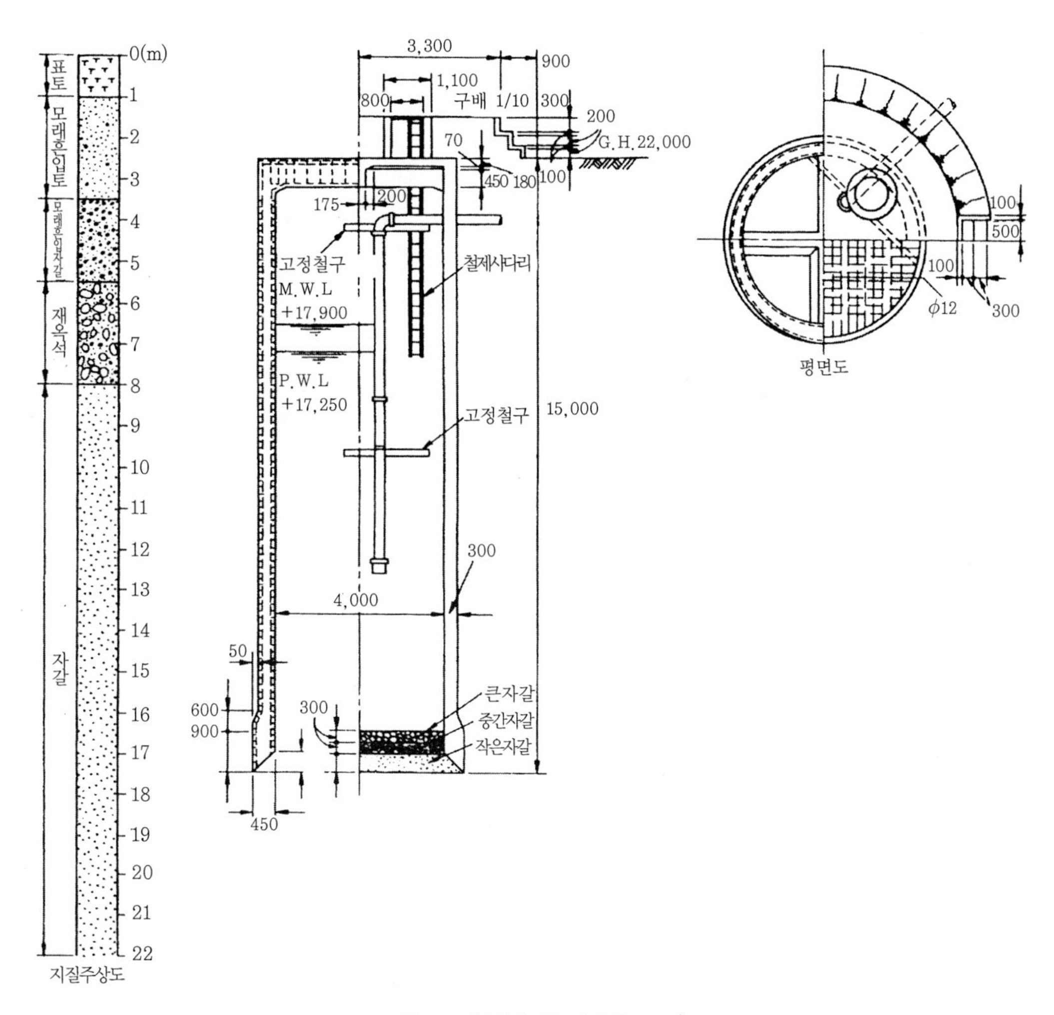

그림 5.9 천정호 구조(단위 : mm)

① **종형 집수정** : 천정호의 취수량을 증가시키기 위해, 우물통의 벽 측으로부터 대수층 중에 거의 수평 방사상으로 다공 집수관을 돌출하여 집수하는 형식의 대 구경의 천정호이다. 대수층은 충분히 두께가 있으며, 우물 밑을 불투수층에 달하게 하여 콘크리트로 충진할 필요가 있다. 그림 5.10은 한 예이다.

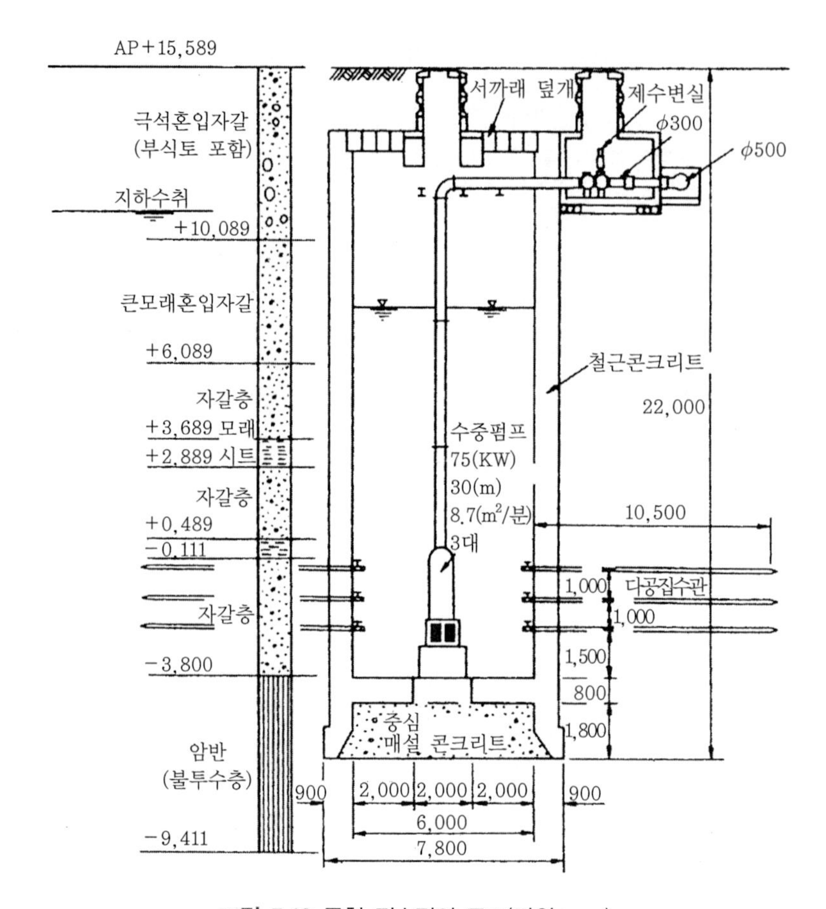

그림 5.10 종형 집수정의 구조(단위 : mm)

(2) 심정호

심정호는 피압 지하수를 취수하는 관정호로 동력 양수기를 가지고 있지 않는 자분성의 것(소구경의 굴발정호)과 이것을 가지는 자분성 또는 비자분성의 것(대구경)이 있다.

비자분성의 것은 채수층에 설치한 strainer(채수관)에 유입하는 피압 지하수를 펌프로 양수하는 것이며, casing(측관)·strainer 및 casing 내에 매달은 양수관과 펌프로 구성되어 있다(그림 5.11). 심정호의 취수를 안정시키기 위해서는 지하수 조사에 의해 양호한 대수층을 찾거나, 또는 지하수 부존량(자연조건하에서 대수층 단면을 단위 시간에 유동하는 지하수량)에 맞는 능력의 펌프를 선택하는 등 배려가 필요하다.

① **우물의 굴착방법** : 일반적으로 굴착에는 여러 가지 방법이 있지만, 심정호의 굴착 즉 우물을 파는 경우에는 기계굴착이 넓게 행해지고 있으며 우물을 파는 기계가 사용된다.

우물을 파는 방법에는 크게 나누어 오픈 홀(open hall) 공법과 풀팩(full pack) 공법이 있다.

오픈 홀 공법은 우물 파는 기계를 가지고 흙탕물(점토수)을 송수하여, 공벽의 붕괴를 방지하면서 소정의 심도까지 라공을 굴진하여, 굴착완료와 동시에 strainer를 부착한 케이싱을 설치하는 공법이며, 풀백공법은 흙탕물을 사용하지 않고 outer casing을 차례로 삽입하여 굴착기로 소정의 심도까지 굴진이 끝난 시점에서, casing 하단에 strainer를 설치한 후, 어느 심도까지 아웃터 케이싱을 끌어올리는 공법이다.

굴착기에는 회전식(rotary system)과 충격식(percussion system)이 있다. 회전식은 굴착철관의 선단에 부착한 비터를 동력으로 회전하여 암석을 굴착하고 동시에 펌프로서 굴착철관을 통하여 우물 저부의 점토수를 보내 굴착철관과 공벽과의 사이에서 굴착과 동시에 지상에 배출한다. 점토수는 굴착붕괴의 상승, 비트의 냉각, 붕괴방지의 역할을 하는 것이다. 충격식은 하단에 비트를 부착한 로프 또는 철봉을 상하로 움직여 그 낙하의 충격에 의해 지층을 파괴하여 굴착하며, 굴착토사를 샌드펌프 또는 bailer에 의해 끌어올리는 방법이다.

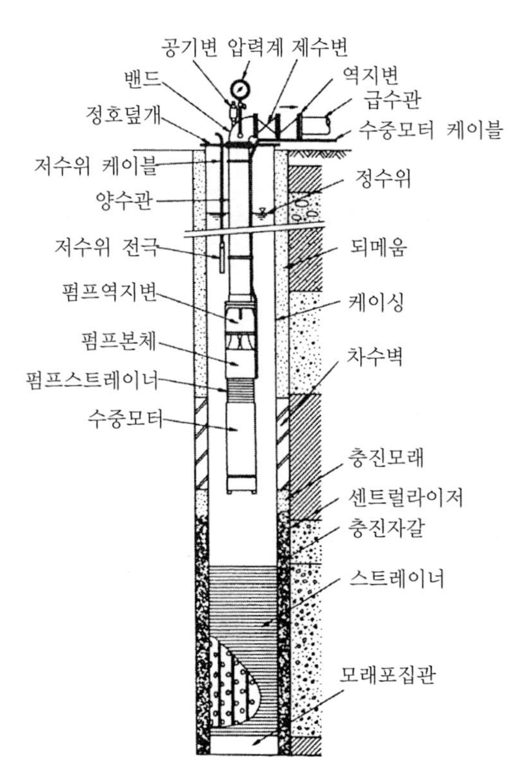

그림 5.11 심정호의 구조

② **strainer** : 이것은 채수층에서 모래를 저지하여 물만을 우물 내로 유입시키기 위해, casing의 일부에 부착된 일종의 유공관이며 심정호의 생명이 되는 부분이다.
그림 5.12는 대표적인 strainer의 구조를 나타내고 있다.

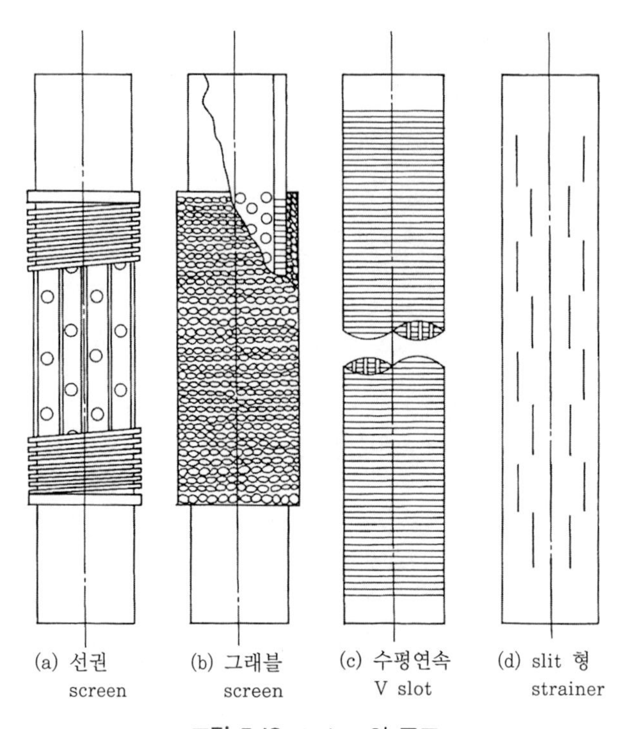

그림 5.12 strainer의 구조

strainer의 위치는 될 수 있는 한 제1 대수층을 피해 제2 대수층 이하로 하는 것이 지표오염수의 침입을 피하는 데 바람직하다.

③ **펌프** : 수도용 펌프에는 용도상에서 여러 가지 형식이 있지만, 심정호에 사용되는 수중 모터 펌프가 넓게 이용되고 있다. 이 펌프는 펌프부와 모터부가 일체의 구조로 되어 있으며, 이것을 수중에 설치하여 운전한다. 따라서 수몰형이기 때문에 운전소음이 지상으로 나오지 않으며 지상 부분은 토출 측의 배관만 있기 때문에 설치면적이 적으며, 긴 중간축이 없기 때문에 구조가 간단하다는 장점이 있다.
최근 심정호에 한정되지 않고 비교적 소규모의 송·배수 시설용으로도 사용되고 있다. 양수량은 20~30,000(L/min), 모터 출력 400(W)~370(kW), 양정 5~500(m)의 것이 있다.

소용량의 가정용 심정호용 피스톤 펌프는 양수량 10~200(L/min), 양정 40(m) 정도가 한도이다. 또 에어 리프트 펌프나 젯트 펌프는 양수효율이 낮다.

④ **모래제거 장치** : 심정호 완성 후, 수중에 혼입한 모래를 제거하기 위해 침사조, 여과기, 원심력 모래 분리기(액체 사이클론의 응용) 등을 설치할 필요가 있다.

4) 집수매거

집수매거는 복류수나 자유 지하수의 취수에 사용되어지는 RC의 유공 관거구조로 단면형은 원형 또는 말굽형이 일반적이다.

연결부분은 끼워 넣을 수 있는 수구형으로 하고, 매거의 주위는 내부에서 외부로 옥석, 사리, 가는 모래의 순으로 각각 50(cm) 두께 이상 충진하여 채움을 행한다.

설치장소가 제외지이면 매거를 목재 틀 또는 RC 틀로서 보호하며, 하상도 바닥공사를 실시한다. 또한 암거의 종단·분지점, 기타 필요한 개소에는 접합정을 설치한다(그림 5.13).

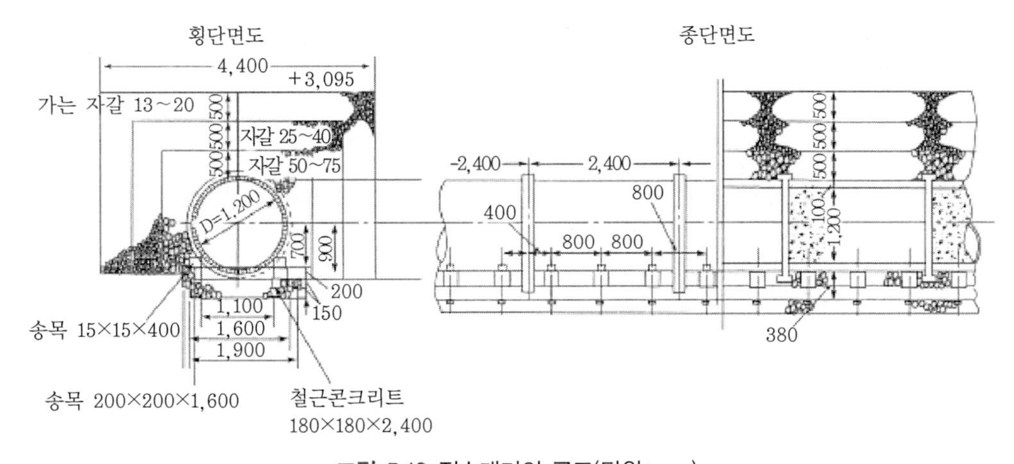

그림 5.13 집수매거의 구조(단위 : mm)

설치방향은 복류수의 흐름 방향에 직각으로 하지만 복류수가 풍부하다면 평행 또는 평행에 가깝게 하는 경우도 있다. 통산은 단선으로 설치하지만 취수량을 증가시키기 위해서는 단선으로부터 1~수본의 지거를 분기시킨다.

표준 매설 심도는 5(m)로 하며 홍수 시에 노출·유실 또는 탁수의 침입을 방지한다. 그러나 불투수층이 이보다 얕은 경우라든지 하층의 수질이 불량한 경우는 이것에 한하지 않는다.

집수매거의 연장은 양수 시험 결과를 기준으로 하며 유입속도가 3(cm/sec) 이하가 되도록 수리공식을 사용하여 산정한다. 본체는 수평 또는 완만한 구배로 설치하고, 매거 유출단의 거내 평균유속을 1(m/sec) 이하로 한다. 집수공은 취수가 유효할 수 있도록, 폐색이 적은 것으로 한다.

5) 용천수의 취수시설

용천수의 연간 용출량의 변화와 수질 변화를 조사하고, 특히 취수지점이 오염원에 근접하고 있는 경우에는 장기간의 수질조사를 행한다. 강우 시에 용출량이 급증하거나 혼탁한 용천수는 지표수의 영향을 받기 쉬운 천층 지하수로 보이기 때문에 특히 수질에 주의할 필요가 있다.

① **취수시설** : 수질의 오염방지와 용수량의 항상성 유지에 주목하여 취수시설을 설계해야만 한다. 즉, 지표로 용출 후 외부에서 오염의 침입이나, 햇볕에 의한 생물의 번식을 방지하기 위해 용출 점을 둘러쌓아서 통상 철근콘크리트의 맨홀이 있는 집수정을 만들며, 그 주위의 지표에는 배수구를 설치한다.

취수는 저부 또는 측벽부로부터 행하기 때문에 이 부분을 다공성 구조로 한다. 집수정에는 인공·월류관·배수관을 설치하며 유출구에 스크린과 제수 밸브를 부착시키고, 집수정 자체를 흙으로 덮어 피복하는 것이 좋다(그림 5.14).

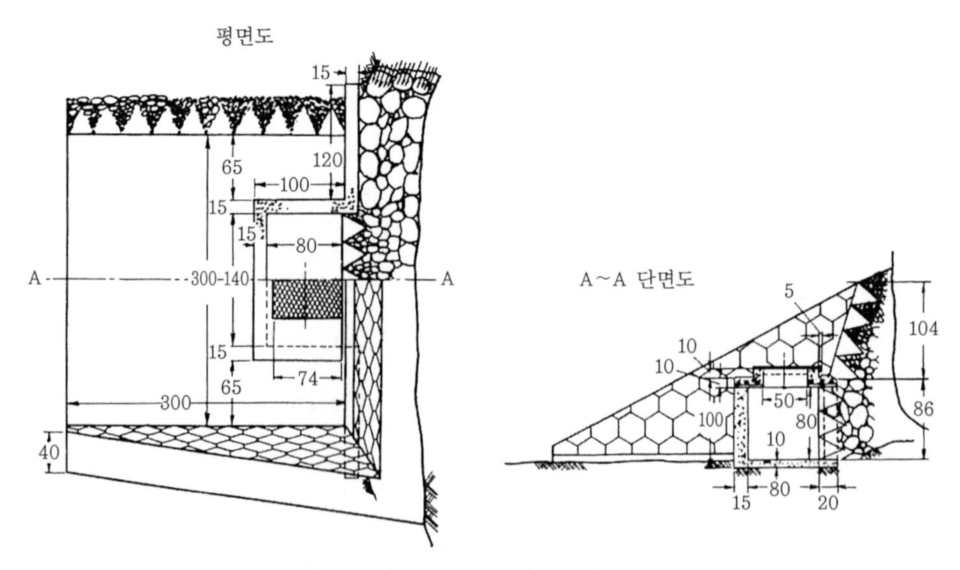

그림 5.14 용수 취수시설의 구조(단위 : cm)

5.4 침사지

하천 표류수를 취수하여 도수하는 데 앞서, 취수구에 될 수 있는 한 가까이 침사지를 설치하여 원수 중에 포함하고 있는 모래를 침강 제거하며, 도수로에 유입되지 않도록 하는 것이 필요하다. 이것은 도수로에 토사가 유입하여 수로 내에서 침강 퇴적하면 물의 흐름을 저해하며, 또 정수장까지도 유하하면 여러 가지 지장을 초래할 염려가 있기 때문이다.

침사지의 구조 및 바람직한 지내의 흐름 상황은 다음과 같다.

① 지는 철근콘크리트 구조를 원칙으로 하며, 형상은 장방형, 또는 유입·출부를 차츰 넓히거나 축소시키는 수로 확대부라는 형태로서 폭 : 길이=1 : (3~8)로 한다. 길이는 다음 식에 의해 구한다.

$$L = k(h/v)V \tag{5.15}$$

여기서, L : 지의 길이(m)

h : 지의 유효 수심(m)

V : 지내의 평균유속(cm/sec)

v : 제거해야 할 모래입자의 침강 속도(cm/sec)

k : 안전율(1.5~2.0으로 지내 수류의 난류에 의한 침강 효율의 저하를 고려한 것)

② 침사지의 고수위는 계획 취수량이 유입될 수 있도록 하천의 최저 수위 이하로 한다. 지의 표준 설계조건은 다음과 같다.

- 지내 평균유속 : 2~7(cm/sec)
- 용량 : 계획 취수량의 10~20(분)간의 양
- 유효수심 : 3 ~4(m)[단 0.5~1.0(m)의 퇴사 깊이를 전망할 것]
- 지의 만수위상 여유고는 0.6~1.0(m)(월류설비가 없는 경우), 0.3(m)(월류설비가 있는 경우)

③ 지내의 정류를 위한 정류벽·도류벽을 설치하며, 또 지내의 모래를 배출할 목적으로 지저 중앙부에 홈을 만들어, 종방향의 저구배를 배사구로 향하여 1/100, 지저 횡방향 구배를 중앙으로 향하여 1/50 정도로 한다.

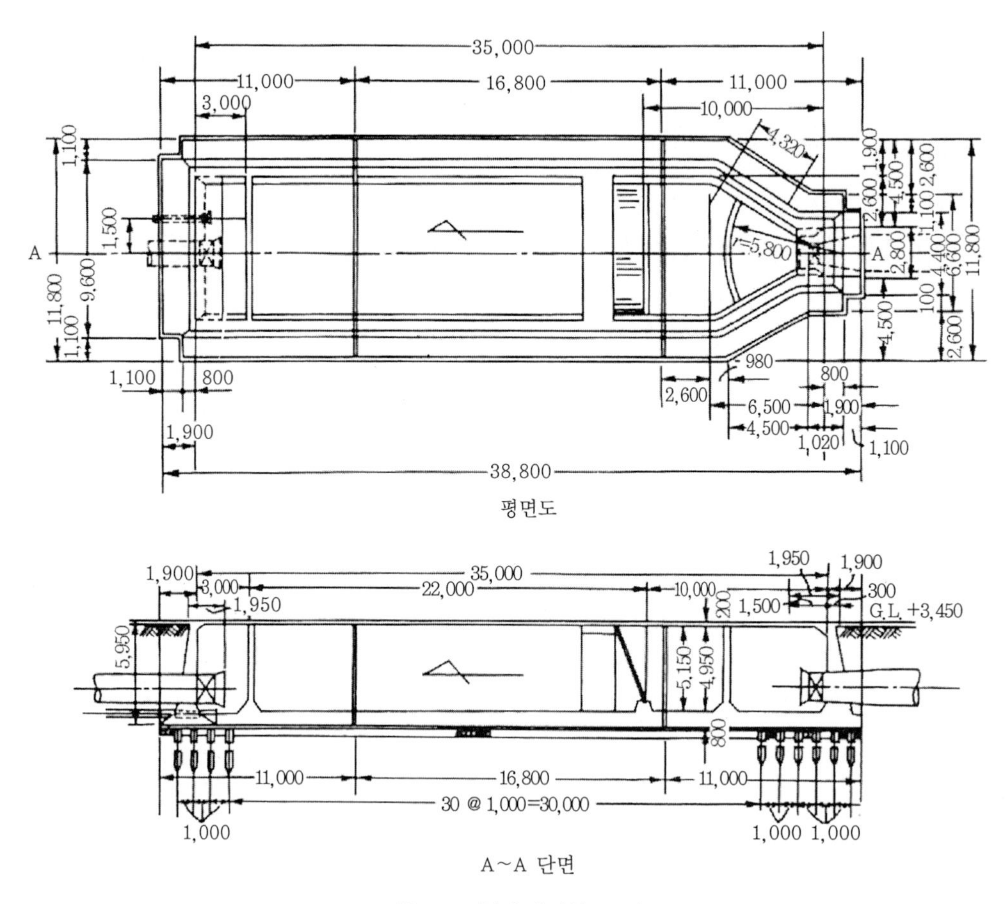

그림 5.15 침사지(단위 : mm)

④ 한랭지에서는 지붕을 설치하여 냉해를 방지하는 것이 좋다.

⑤ 지의 유출·입구 및 배사구에 게이트(gate) 또는 제수밸브를 설치하고, 유입 측 정류벽의 하류 측에 스크린을 부착시키며, 또한 필요하다면 지의 측벽의 일부에 월류 위어를 설치한다.

⑥ 지수는 2지 이상으로 하며, 1지의 경우에는 격벽으로 2지로 나누든지 또는 bypass를 설치한다.

예제 5.1

Q=1.737(m^3/s)의 하천수 중의 모래입자를 제거해야 할 침사지를 설계하라. 단 모래입자의 밀도ρ=2000~2650(kg/m^3), 제거해야 할 최소 입경 D=10^{-6}(m)이며, 모래입자 침강속도는 Stokes 식 (7.9)에 의한다.

해

우선 제거해야 할 입자의 침강속도를 계산한다. 입자의 침강속도는 입자밀도가 작을수록, 점성계수가 클수록, 작아지기 때문에 안전적인 설계를 하기 위해 입자 밀도로서 2000(kg/m^3), 물의 점성계수로서, 수온 0(℃) 부근의 값 1.8×10^{-3}(kg/m·s)로 한다.

• 모래입자 침강속도

$$v=\frac{(\rho_s-\rho_f)g\cdot D^2}{18\mu}=\frac{(2000-1000)\times 9.8\times(10^{-4})^2}{18\times 1.8\times 10^{-3}}=3.02\times 10^{-3}(\mathrm{m/s})$$

$$\therefore \text{ 소요면적 } A=\frac{Q}{v}=\frac{1.737}{3.02\times 10^{-3}}=575(\mathrm{m}^2)$$

평균속도 u를 40(mm/s), 유효수심을 3(m)로 하면,

• 침사지 폭

$$B=\frac{Q}{uH}=\frac{1.737}{40\times 10^{-3}\times 3}=14.5(\mathrm{m})\rightarrow 7.5(\mathrm{m})\times 2\text{지}$$

• 침사지 길이

$$L=\frac{A}{B}=\frac{575}{7.5\times 2}=38.3(\mathrm{m})\rightarrow 39(\mathrm{m})$$

가 된다. 검토하는 의미에서 체류시간을 계산해보면,

• 체류시간

$$\tau = \frac{BLH}{Q} = \frac{7.5 \times 2 \times 39 \times 3}{1.737} = 1010(s) \fallingdotseq 16.8(\min)$$

이상의 결과를 그림으로 나타내면 다음과 같다.

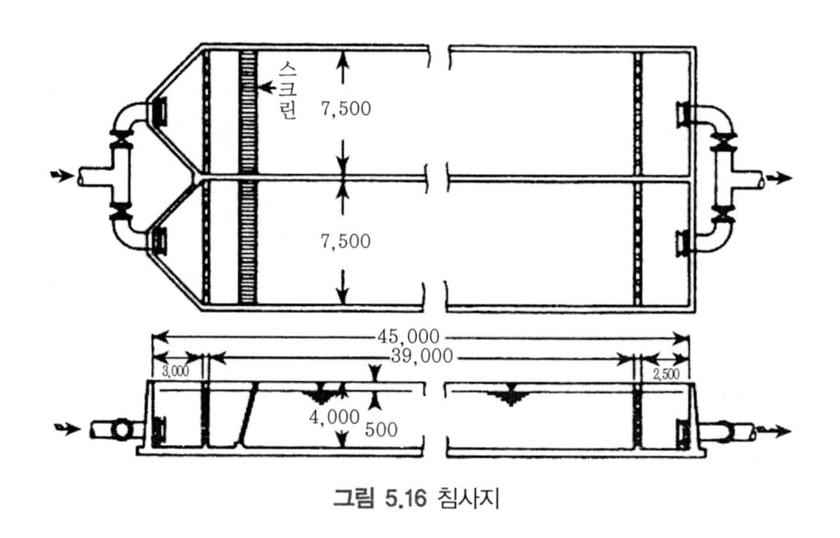

그림 5.16 침사지

❒ 참고문헌 ❒

1. 合田 健 : 河川取水点と高水時濁度について, 水道協會雜誌, No.246, p.12~, 1955.
2. 紫崎達雄 : 地下水と人間環境をめぐって、URBAN KUBOTA, Apr.久保田鐵工, 1963.
3. 山本莊毅, 揚水試驗と井戸管理, 昭晃堂, 1970.
4. 內藤幸穗, 藤田賢二, 改訂 上水道工學演習, 學獻社, 1986.
5. 巽巖, 菅原正孝, 上水道工學要論, (株)國民科學社, 1983.
6. 김동하, 『상수도공학』, (주)사이텍미디어, 2004.

Chapter 06

도수 및 송수

Chapter
06 도수 및 송수

6.1 총 설

도수시설은 취수시설에서 정수장까지 원수를 수송하는 것이며, 이에 대해 정수를 운반하는 시설을 송수시설이라 한다. 도수·송수노선의 시점과 종점의 수위 고저관계 및 이 사이의 지형 등에 의해 도수 및 송수방식, 즉 도수·송수로의 형식이 달라진다.

계획도수·송수시설은 계획취수량 또는 계획송수량을 전 유량의 크기로 설계하며, 장래의 수량증가가 예상될 때, 확장 계획에 있어서 취수량의 증가의 전망은 있는가, 또는 후에 도수·송수시설을 증설하는 것이 여러 가지 사정으로 곤란하다고 예상되는 경우 등에는 최초에 장래의 확장 분을 고려하는 것이 유리하다.

6.1.1 도수·송수 방식

도수·송수 노선의 시점과 종점의 수위 고저관계, 시·종점 간의 지형지세, 또는 계획도수·송수량의 대소 등에 의해 자연유하와 펌프 가압의 2방식이 있다.

자연유하 방식은 자유 수면을 가진 구배를 유하하는 방식이며, **펌프 가압식**은 펌프의 압력에 의해 관수로 내를 흐르는 방식이다. 도수·송수노선의 시점이 종점보다도 고수위에 있으면, 자연유하 방식에 의하지만, 양자 간의 수위차가 근소하며, 자연유하 방식으로 적당한 수로 구배를 얻기 어렵다든지, 지세가 평탄하다든지, 역으로 시점이 종점보다도 낮은 경우에는 펌프가압식에 의한다.

자연유하식의 경우에는 수리학적 개수로와 관수로가 사용되며, 가압식에는 오로지 관수로가 사용된다.

자연유하식에는 일반적으로 도수가 안전 확실하고, 유지관리가 용이하며, 경비가 저렴하지만, 개거 도수에서는 오염의 우려가 있는 것 외에 수로에 적당한 구배를 가지든지, 또는 불량지반 및 기타 장해를 피해 우회하는 등으로 인하여 수로 연장이 길어지거나, 단면도 크지는 등 불리한 점도 있다.

이에 대해 펌프 가압식은 수리학적 동수구배로 흐르기 때문에, 지형에 영향을 받지 않고 노선을 선정하여 관로연장을 단축할 수 있다. 관로 단면적도 자연유하식에 비해 작게 할 수 있기 때문에, 건설비는 일반적으로 자연유하식보다 저렴하며 외부로부터 오염도 없다.

그러나 펌프 설비비나 동력비 등 유지비가 늘어나며, 조작도 복잡하고, 펌프나 동력원의 사고 등에 의해 도수의 안전성도 자연유하식에 비해 떨어진다.

따라서 도수·송수 방식을 어떤 것으로 할 것인가는 상기의 두 형식의 득실을 비교 검토하여, 도수·송수량이나 수로 종류의 경제성 등을 고려하여 종합적으로 결정해야 한다.

도수로의 형식으로서는 지표부의 개거와 지하매설의 관수로·암거·터널 등이 있다.

6.1.2 노선의 선정

도수거는 몇 개의 비교 노선에 관해서, 도상과 실시 답사에 의해 수리·내진성·유지관리·경제성 등의 여러 점으로부터 종합적으로 판단하여 결정해야만 한다.

예를 들면 사면부·비탈머리·성토 등 지반의 불안정한 개소는 될 수 있는 한 피하고, 또 지반의 고저차가 큰 경우에는 일정한 완만한 구배를 얻기 위해 많은 금액의 토공비를 들이거나, 수로교·잠거 등이 필요하게 되면 공사비가 증대하기 때문에, 도수 길이가 증가해도 우회하여 평탄한 루트를 선택하는 편이 경제상 도수의 안전상으로부터 바람직한 경우가 있다. 만곡부가 많지 않도록 고려하는 것도 손실수두를 감소시키는 데 필요하다.

도수관거는 도수거 노선의 선정요령 외에, 용지는 원칙적으로 공도·수도 용지로서, 수평·연직의 급 굴곡을 피하며, 어떠한 경우에도 최소 동수구배선 이하가 되도록 루트를 선정한다. 사고에 대비하여 관로를 2개조 포설하는 것(요소에 연락관을 부착할 것) 등이 필요하다.

송수관거는 외부 오염방지상 관수로를 원칙으로 하며, 상수 관거로 하는 경우에는 폐수로라면 특히 수밀성이 높으며, 복개를 하는 철근콘크리트구조의 암거 또는 터널로 하지 않으면 안 된다. 일반적으로 수리적·구조적으로는 도수의 경우에 준하면 된다. 터널로 하면 송수거리를 단축할 수 있으며, 또 단면을 크게 하여 배수지를 겸용할 수 있다. 송수거 내의 평균유속의 최대한도는 도수거에 준하면 좋다. 단 최소 유속의 제한은 불필요하다.

송수관은 노선의 선정, 관경의 결정, 관종·포설 공법·부속설비(접합정·맨홀·밸브류·서지탱크·배수설비·관 기초·이형관 방호공 등) 등 총체적으로 도수관에 준하면 좋다. 또 송수관의 평균 유속의 최대한도는 도수거에 준하며, 모르타르 라이닝관은 5.0(m/sec)로 한다. 모든 관 종에 관해서는 최소 유속의 제한은 불필요하다.

6.2 개수로(Open Channel)

개수로는 구조가 안전해야 하며, 오히려 수밀적·내구적이지 않으면 안 된다. 통상 콘크리트 구조물 또는 RC 구조물이지만, 지질에 의해서는 콘크리트 블록이나 시멘트 건(cement gun)의 분무 공법을 이용하거나, 강판제로 하는 것이 있다.

개수로는 햇빛에 의해 벽면에 조류가 번식하여 흐름을 악화시키는 것 외에 증발손실, 겨울철의 동결, 오염의 침입 등 많은 결점이 있다. 그러나 암거에는 이러한 결점이 없기 때문에 도수거는 될 수 있는 한 암거로 해야 한다.

- **단면형** : 도수 개거에서는 수리학적으로 가장 유리한 단면을 채용하는 것이 합리적이지만, 이러한 단면은 이론상 반원형이며 실제적으로는 없기 때문에, 통상은 사다리꼴과 장방형이 많이 이용되고 있다. 장방형은 사다리꼴에 비해 용지가 적으며, 장래 뚜껑을 붙인다거나, 측벽 증축 공사를 행하는 경우에는 가장 적합하며, 가장 일반적인 단면형이다.
- **수면구배** : 이것은 시점의 최저 수위와 정수장의 시단(착수정)의 최고 수위 간의 수위차와, 수로의 연장으로부터 구한다.
- **평균유속** : 평균 최대 유속은 벽면의 마모방지상 3.0(벽면이 모르타르 또는 콘크리트)~6.0(벽면이 강, 주철 또는 경질염화비닐)(m/sec), 평균 최소 유속은 미세한 모래의 침전방지상 0.3(m/sec)로 한다. 만약 평균유속이 상기의 최댓값 이상이 되는 경우는, 적당한 개소에 접합정 또는 급하 수로를 설치하며, 0.3(m/sec) 이하의 경우에는 펌프의 사용을 고려하지 않으면 안 된다.

평균유속 공식으로서는, 등류를 전제로 한 Manning식, Kutter식이 개수로의 흐름에 적합하고 높은 정도를 가지며 또한 식 모양이 간단하기 때문에 최근에는 넓게 이용되고 있다.

① Manning 공식

$$v = \frac{1}{n} R^{\frac{2}{3}} I^{\frac{1}{2}} \text{(m/sec)} \tag{6.1}$$

② Ganguillet-Kutter 공식

$$v = \frac{23 + \frac{1}{n} + \frac{0.00155}{I}}{1 + \left(23 + \frac{0.00155}{I}\right)\frac{n}{\sqrt{R}}} \sqrt{RI} \text{(m/sec)} \tag{6.2}$$

여기서, v : 평균유속(m/sec), R : 경심(m), I : 동수구배, n : 조도계수(설계에서는 0.013~0.015로 한다). 단 n의 값은 수로구배 $S \geq 0.001$, 경심 R=0.3~0.9(m)의 범위 내에서는 양 식 모두 동일 값으로 생각해도 좋다.

- **축조** : 개거·암거는 지질이 양호한 평탄지에 축조하고, 성토는 피하지 않으면 안 된다. 어쩔 수 없는 경우 불량 지반이나 성토 상에 축조하는 경우는, 주의하여 부동침하가 생기지 않도록 확실한 기초공사를 행하지 않으면 안 된다.
  개거로 하지 않으면 안 되는 경우는 오염과 위험 방지 상 측벽 수면상의 여유고를 30(cm) 이상, 지반상의 여유고를 20(cm) 이상으로 한다. 절취한 비탈기슭에 축조하는 경우에는 비탈기슭에 측구를 설치하여 우수·오수의 유입을 막는다.
- **신축이음** : 개거·암거에는 10~20(m) 간격으로, 또 지질이 변하는 곳 및 접합정·둑·맨홀·gate 등의 구조물과의 접속부에는 완전한 신축이음을 반드시 설치한다.
- **부속설비** : 도수거의 분기점·합류점, 기타 필요한 개소에는 접합정·맨홀 및 제수문 또는 물막이판을, 수로의 도중에는 여수토구를, 더욱이 필요하다면 순찰 통로를 각각 설치한다.
- **설계** : 도수거 단면 결정에는, 우선 수면구배를 구하고 다음으로 수로의 재질과 단면형상을 결정하여 단면 치수를 가정하며, 평균유속공식으로부터 평균유속을 구하여 여기에 가정유속 단면적을 곱하여 유량을 계산하여, 이 값이 계획도수량으로 같아 질 때까지 단면치수를 수정하여 계산을 반복한다.

예제 6.1

장방형 수로에서 유수 단면적 A 및 수면구배 I를 일정하게 할 때, 최대 수량이 흐를 수 있는 단면의 폭 B와 수심 H와의 비를 구하라. 단 등류로 한다.

풀이

$$v = \frac{1}{n} R^{2/3} I^{1/2}$$

$$Q = B\,H\,v$$

$$R = \frac{BH}{2H + B}$$

$A = BH$ 이므로

$$Q = \frac{I^{1/2}}{n} \cdot A \cdot \left\{ \frac{A}{(2H + A/H)} \right\}^{2/3} = \frac{I^{1/2}}{n} A \cdot \left(\frac{AH}{2H^2 + A} \right)^{2/3}$$

$$\therefore \frac{dQ}{dH} = \frac{I^{1/2}}{n} \cdot A^{5/3} \cdot \frac{2}{3} \cdot \left(\frac{H}{2H^2 + A} \right)^{-1/3} \cdot \frac{A - 2H^2}{(2H^2 + A)^2}$$

$\frac{dQ}{dH} = 0$ 이기 때문에, $A = 2H^2$

따라서 $BH = 2H^2$

$$\therefore \frac{B}{H} = 2$$

예제 6.2

콘크리트 구조로 수면구배 1/1000의 장방형 수로가 있다. 폭 2(m), 유효수심 2(m)인 경우 평균유속을 구하라.

해

① Kutter식에 의한 경우

$$v = \frac{23 + \dfrac{1}{0.013} + \dfrac{0.00155}{0.001}}{1 + \left(23 + \dfrac{0.00155}{0.001}\right)\dfrac{0.013}{\sqrt{2/3}}}\left(\frac{2}{3} \times 0.001\right)^{1/2} = 1.9\,(\mathrm{m/sec})$$

② Manning식에 의한 경우

$$v = \frac{1}{0.013}\left(\frac{2}{3}\right)^{\frac{2}{3}}(0.001)^{\frac{1}{2}} = 1.88\,(\mathrm{m/sec})$$

예제 6.3

원형관의 수리특성곡선을 그림 6.1에 나타냈다. 이들로부터 다음 문제에 답하라.
단 Q : 유량, R : 경심, V : 유속, WP : 젖은 가장자리 길이, WA : 유수단면이다.

① 최대 유량을 나타낼 때의 수심은 얼마인가?
② 만관 유량이 1000(m^3/일)일 때, 수심 전체의 40(%)를 나타낼 때의 유량은 얼마인가?
③ 최대의 유속을 나타낼 때의 수심은 얼마인가?
④ 만관 유량일 때 평균유속이 2(m/s)일 경우, 수심이 전체의 65(%)를 나타낼 때의 평균유속은 얼마인가?

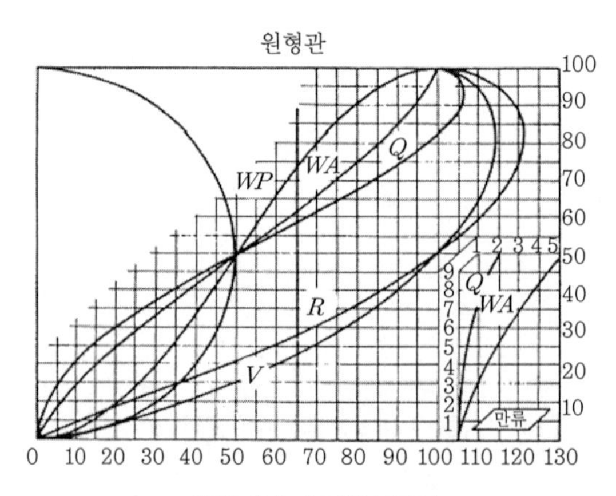

그림 6.1 수리특성곡선

해

① 그림 6.1의 Q 곡선이 최댓값을 나타내는 위치는 0.93D이다.

② 수심이 전체의 40(%), 즉 $0.4D$의 수평선이 Q곡선을 가로지르는 위치는, 전 유량의 35(%)이기 때문에, $1000\times0.35=350(m^3/일)$가 된다.

③ V곡선이 최댓값을 나타내는 위치는 $0.81D$이다.

④ 수심이 전체의 65(%), 즉 $0.65D$의 수평선이 V곡선을 가로지르는 위치는 만관 유량일 때의 평균유속의 115(%)이기 때문에 $2\times1.15=2.3(m/s)$

예제 6.4

직경 2400(mm)의 흄관이 수면구배 8.5/1000로 수원에서 정수장까지 포설되어 있다. 흄관의 조도계수 $n=0.015$인 경우, 수심이 720(mm)일 때 유량과 속도는 얼마인가?

Kutter식 (6.2)로부터

$$Q=Av=A\times\frac{23+\frac{1}{n}+\frac{0.00155}{I}}{1+\left(23+\frac{0.00155}{I}\right)\frac{n}{\sqrt{R}}}\sqrt{RI}$$

여기서 A : 관의 단면적$=2.4^2\times\frac{\pi}{4}=4.52\,(m^2)$

v : 유속(m/s), n : 조도계수(=0.015)

I : 동수구배(=0.0085), $R=0.6$, $D=2.4(m)$

$$\therefore\ Q=4.52\times\frac{23+\frac{1}{0.015}+\frac{0.00155}{0.0085}}{1+\left(23+\frac{0.00155}{0.0085}\right)\frac{0.015}{\sqrt{0.6}}}\sqrt{0.6\times0.0085}$$

$$=11.8\,(m^3/s)$$

$$\therefore\ v=2.61\,(m/s)$$

다음, 수심이 720(mm)이면 $\frac{D'}{D} = \frac{720}{2400} = 0.3$ 이므로

$$\frac{Q'}{Q} = 0.2 \quad \therefore Q' = 0.2Q = 0.2 \times 11.8 = 2.36\,(\mathrm{m^3/s})$$

$$\frac{v'}{v} = 0.77 \quad \therefore v' = 0.77v = 0.77 \times 2.61 = 2.01\,(\mathrm{m/s})$$

6.3 관수로

6.3.1 관 종류

도수관의 종류는 배수관 용도의 주철관·덕타일 주철관·강관·석면시멘트관 및 경질염화비닐관 외 PC관·원심력 RC관이 사용된다.

6.3.2 수 압

일반적으로 관의 강도는 관의 규격으로 나타내고 있는 최대 정수두 외에 40~50(m)의 수격압을 예상하며, 여기에 2.5~5의 안전율을 고려하여 설계되고 있다.

따라서 통상은 최대 사용 수두가 관의 규격 최대 정수두 이하이면 안전하다. 단 원심력 철근콘크리트 관에 관해서는 수격압을 예상할 수 없기 때문에 주의가 필요하다.

도수·송수관의 수압은 어느 점이라도 관내 압이 부압이 되지 않도록 하지 않으면 안 된다. 관내가 부압이 되는 점이 있으면, 그 부분에 공기가 머물러 물이 흐르기 어렵거나, 외부로부터 오수를 흡인할 우려가 있기 때문이다.

6.3.3 관경의 결정

도·송수관의 관경의 산정에 있어서는 관경을 가정하여 후술하는 계산식에 의해 필요 수량을 흘려보냈을 때 손실수두를 계산하여 이것이 시점과 종점과의 수위차가 같은가 작은가를 확인하면 좋다. 시점의 수위는 저수위를, 종점의 수위는 고수위를 취한다. 관내 평균유속의 최댓값은 모르타르나 콘크리트에서 3(m/s), 강이나 주철관은 6(m/s)로 한다.

1) 관로의 동수구배

도수관은 배수관과 달리, 확실하게 계획 수량을 흘려보낸다면, 수압을 될 수 있는 한 낮게 하는 것이 건설비나 유지관리비도 유리하다. 따라서 관은 생각할 수 있는 동수구배선의 최저의 것보다도 낮고, 오히려 여기에 가깝게 포설할수록 수압이 낮아 바람직하다.

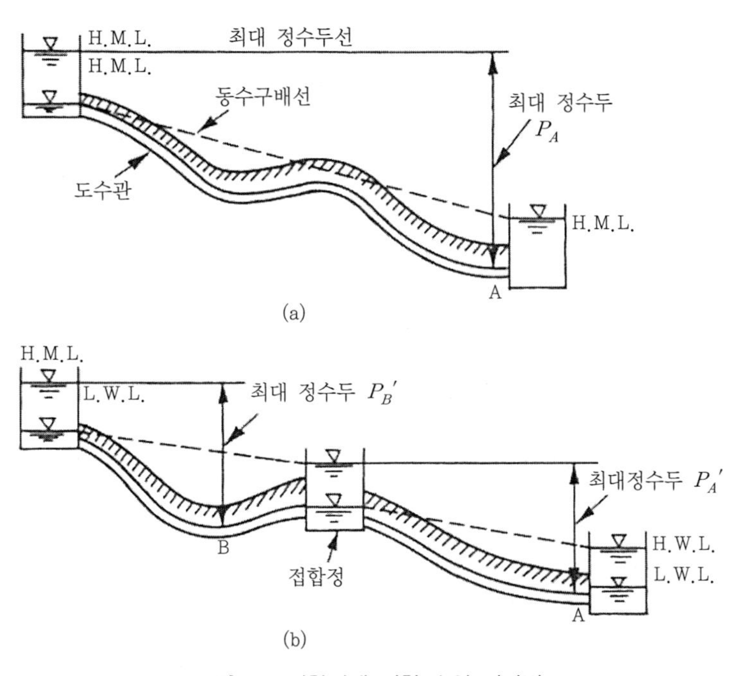

그림 6.2 접합정에 의한 수압 경감법

관경의 산정에서는 안전을 위한 자연 유하의 경우에는 최소 동수구배에 대해서 그림 6.2(a)와 같이 노선 시점의 저수위와 종점의 고수위를 고려한다.

이 경우 지형상 관을 최저 동수구배선보다 아래에 상당히 낮게 포설하지 않으면 안 되기 때문에, 관로에 영향을 미치는 최대 정수두(동 그림의 P_A)가 사용하는 관의 최대 사용 정수두 이상이 되는 경우는, 그림 6.2(b)와 같이, 그 지점의 상류측에 접합정을 설치하면, 최대 정수두는 A점에서는 P_A', B점에서는 P_B'가 되며, 이들 어느 쪽이든 큰 편을 취해도 P_A보다 낮게 되어, 관 깊이를 그만큼 얇게 할 수 있기 때문에 유리하다.

펌프 도수의 경우는 그림 6.3과 같이 펌프받이의 저수위와 관로 종점의 고수위로부터 전양정(실양정과 흡입·토출관로의 모든 손실수두 및 관로 말단의 잔류속도수두의 합)을 고려하면 좋다. 이 경우는 그림의 펌프 A에 의한 최대 정수두 P_A가 과대하기 때문에 도수관을 깊게 하는 것은 비경제적이기 때문에, 중간에 증압 펌프 B를 설치하여, P_A를 P_A'까지 낮추어 관 깊이를 얇게 하면 일반적으로 유리하지만, 펌프를 2개소로 나누는 것은 건설비·유지관리상의 불리하기 때문에, 양자를 비교 검토할 필요가 있다.

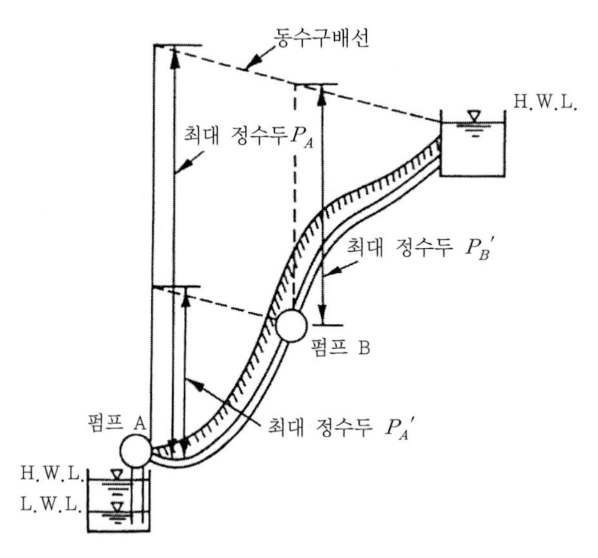

그림 6.3 펌프 가압 도수에 있어서 증압 펌프와 최대 정수두의 감소

또한 최저 동수구배선보다 위쪽으로 관을 포설하지 않으면 안 되는 경우는, 이 점보다 상류 측의 관경을 단일 동수구배선에 대응하는 관경보다 크게 하고, 하류 측을 작게 함으로써 최저 동수구배선을 상승시키는 방법이 있다.

이 경우 접합정을 설치하는 것도 있지만, 경제상·유지관리상으로부터는 접합정을 생략하는 편이 좋을 것이다. 그림 6.4(a), (b)는 이 경우를 나타낸 것이다.

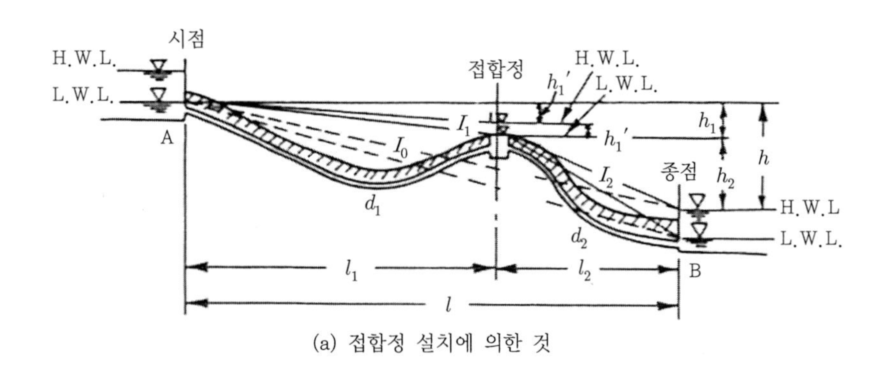

(a) 접합정 설치에 의한 것

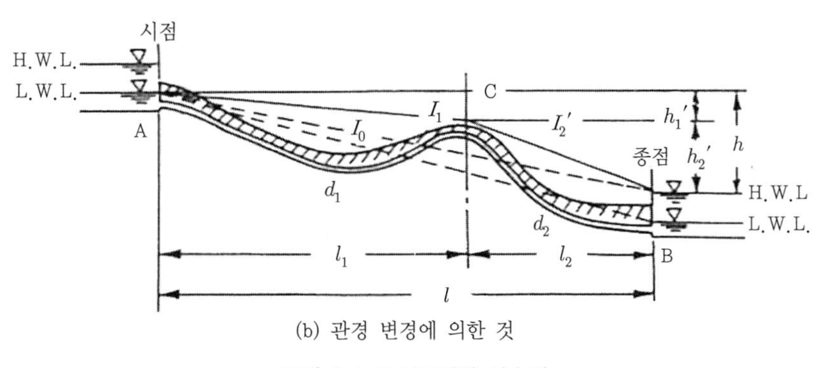

(b) 관경 변경에 의한 것

그림 6.4 동수구배선 상승법

2) 관경의 산정

도수 · 송수 · 배수관 등의 관경 계산에는 Hazen–Williams 공식, Darcy–Weisbach 공식, Manning 공식이 있으며, 전자 2식이 많이 이용된다.

① Hazen–Williams 공식

$$V = 0.84935 CR^{0.63} I^{0.54} \tag{6.3}$$

$$Q = 0.27853\, CD^{2.63} I^{0.54} \tag{6.4}$$

$$I = h/L = 10.666\, C^{-1.85} D^{-4.87} Q^{1.85} \tag{6.5}$$

여기서, V : 평균유속(m/sec), C : 유속계수, R : 경심(m), D : 관경(m), I : 동수구배, Q : 유량(m^3/sec), h : 마찰손실수두(m), L : 관 길이(m)

② Darcy-Weisbach 공식

$$h = \lambda \frac{L}{D}\frac{V^2}{2g} \tag{6.6}$$

$$I = \frac{h}{L} \tag{6.7}$$

여기서, h =손실수두(m), L =관 길이(m), λ =손실계수(m), g =중력가속도[9.8(m/s^2)]

손실수두 λ의 계산식으로, Manning 식과 관련되어 유도되는 식 (6.8) 또는 이론적으로 유도된 Colebrook-White의 식 (6.9)가 이용된다.

$$\lambda = \frac{8n^2g}{(D/4)^{1/3}} \tag{6.8}$$

$$\frac{1}{\sqrt{\lambda}} = 1.14 - 2\log\left(\frac{k}{D} + \frac{9.35\nu}{D^{2/3}\sqrt{2gI}}\right) \tag{6.9}$$

매설된 관로에 있어서 유속계수(C)의 값은 관 내면의 조도와 관로의 굴곡에 의해 다르다. 관로에 있어서 C의 값을 표 6.1에 나타낸다.

표 6.1 Hazen-Williams 공식의 유속계수(C) 값

관 종류	관로에 있어서 C의 값	비고
모르타르 라이닝 주철관	110	굴곡 손실 등을 별도로 계산 할 때, 직선부의 C 값을 130으로 할 수 있다.
피복 강관	110	
석면 시멘트관	110	
경질염화 비닐관	110	

모르타르 라이닝을 행하지 않은 주철관은, 신관에서 C=130 정도이며, 수질의 영향으로 상당히 다르지만, 통수 연수의 경과에 따라 점점 줄여간다.

그림 6.5는 Hazen-Williams 공식 도표이며, C=100 이외의 경우에는 그림 6.6을 사용하여 그림 6.5에서 얻은 값을 보정하면 된다.

수도관의 설계에는 이들의 도표수준으로 정확도로서 실용상 충분하다.

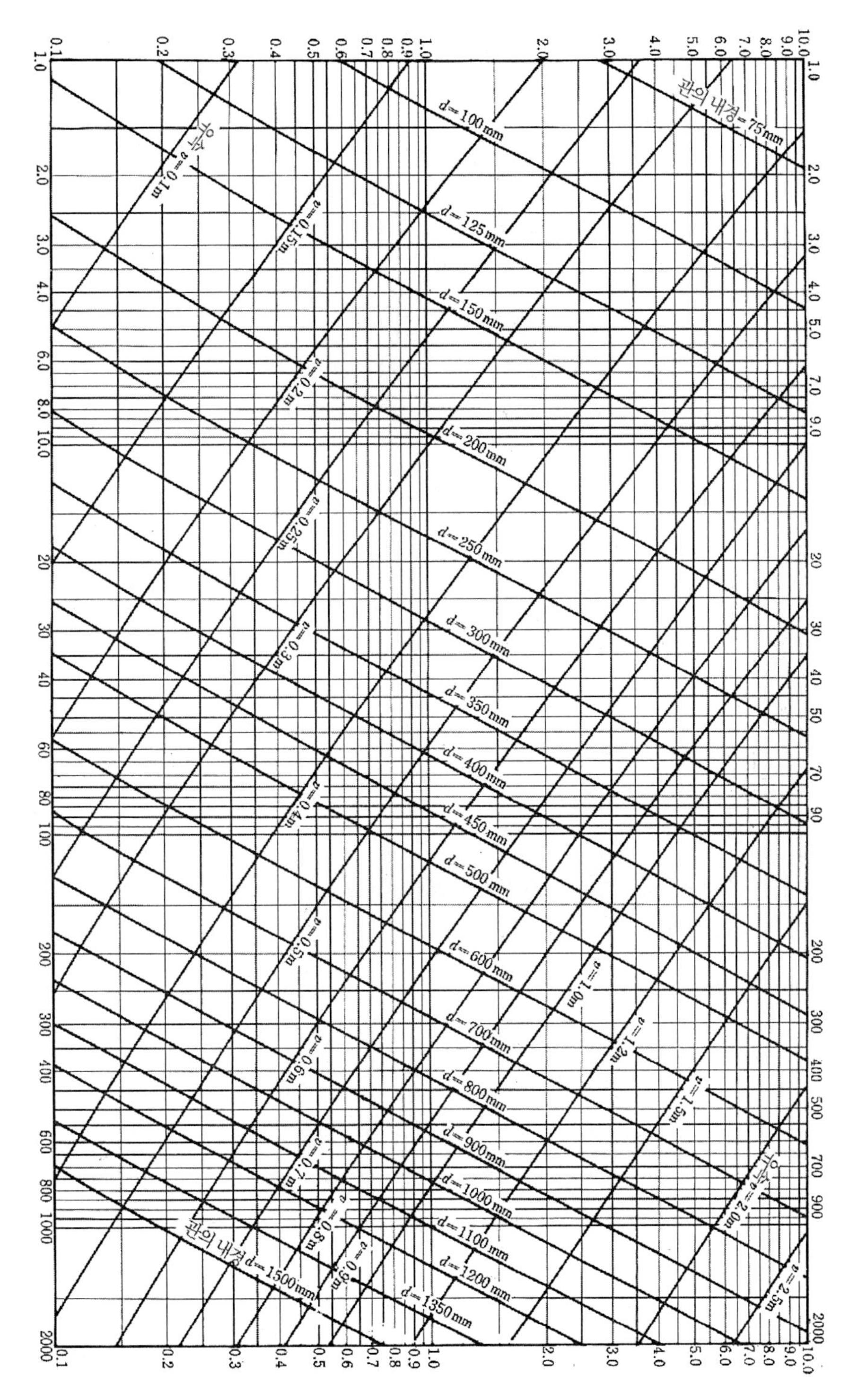

그림 6.5 Hazen-Williams 공식 도표(C=100, 원형관로 기준)

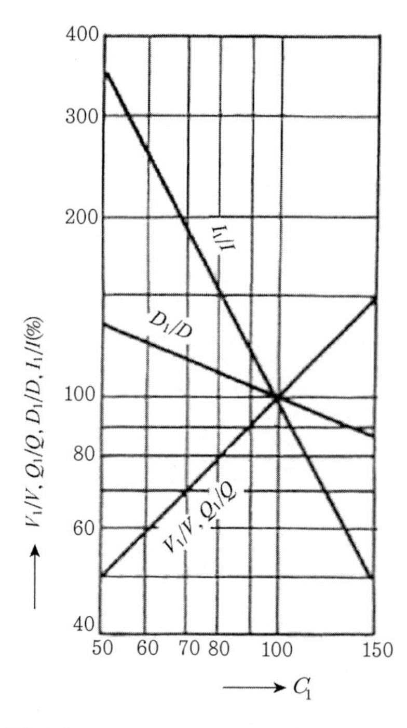

그림 6.6 Hazen-Williams 공식의 C 보정도표

다음으로 펌프 가압도수의 경우는, 펌프 양정과 관경과의 사이에는 경제적으로 일정의 관계가 있으며, 관경을 작게 하면 관 관련비용은 저렴하지만 동수구배가 크게 되어, 그만큼 펌프 양정을 크게 해야 하므로, 펌프 관련비용이 증가한다.

역으로 관경을 크게 하면 펌프 관련비용은 저렴하지만, 관 관련비용은 증가하여 어떻게 하든 비경제적이다. 따라서 관 관련비용과 펌프 관련비용과의 합이 연간 총경비가 최소가 되도록 일정 도수량에 대해 가장 **경제적인 관경**은 단 하나만 존재한다.

이것이 소위 수도관의 경제적 관경이며, 이 경우의 유속·유량·동수구배가 각각 관경에 대응하는 경제유속·경제유량·경제동수구배가 된다. 이들 경제적 수리제원은 주어진 관 종류 및 포설 조건에 대해, 하나의 물가 체계하에서는 각 관경 별로 항상 일정한 값을 나타낸다.

경제적 설계조건에 영향을 미치는 요소는, 관 포설의 재료비 및 인건비, 펌프 설비비(임시 보관 장소 포함), 건설자금의 연이율, 관 및 펌프 설비의 감가상각률 및 고정자산 보존률, 전기 요금 등이 있으며, 이들 중 하나만 변동해도 경제적 제원은 당연히 변화한다.

경제적 관경은 도중에 분기·합류가 없는 일정수량·일정양정의 펌프 가압도수의 경우에 관해서도, 상기의 여러 요소로부터 하기에 가정한 상태로부터 다음 식 (6.10)에 의해 구할 수 있다.

1. 유속공식으로써 Hazen-Williams 공식을 사용하며, C=100으로 한다.
2. 마찰 이외의 손실수두는 고려하지 않는다.
3. 펌프 동력은 직결 전동기에 의한다.
4. 펌프는 연간을 통해 종일 일정수량으로 전 운전으로 한다.

$$d_e = \left[\frac{4117.24 \times 10^{10} \{ f l_2 (r + n_2 + m_2) + a f l_3 (r + n_3 + m_3) + 8760 l_4 \}}{\alpha \beta (r + n_1 + m_1) \eta} \right]^{1/(\beta + 4.87)} \cdot Q^{2.85/(\beta + 4.87)} \quad (6.10)$$

여기서 d_e : 경제적 관경(mm), r : 연이율, l_2 : 1(kW)당 펌프 설비비(전기설비비 포함)(원), l_3 : 펌프 설치 건물 1(m^2)당 건설비(급배수·전기 기타 부대설비를 포함)(원), l_4 : 1(kWh)당 전력요금(원), f : 펌프의 예비용량증률, η : 펌프 합성능률, n_1, m_1 : 관로의 감가상각률 및 고정자산 보존율. n_2, m_2 : 펌프 설비의 감가상각률 및 고정자산 보존율. n_3, m_3 : 펌프 설치건물의 감가상각률 및 고정자산 보존율. $\alpha \cdot \beta \cdot \gamma$: 1(m)당 관 포설 경비(원) l_1과 관경과의 관계를 $l_1 = \gamma + \alpha d^\beta$로 나타낸 경우의 각 정수 {$d$: 관경(mm)}, Q : 유량(m^3/sec), 또 펌프 설치 건물 총면적(m^2)을 $S = b + aP$ {S : 펌프 설치 건물면적(m^2)}, $a \cdot b$: 정수, P : 펌프의 총용량(kW)으로 나타낸다.

Reference 참고

1예로서, 연간 일정 유량을 양수하는 도수관 체계에서, 닥타일 주철관·강관 및 석면 시멘트 관의 각 관 종류를 모래 길에 포설하는 경우에 관해, 다음에 기술하는 계산조건에서는 현재의 물가기준에 근거하여 경제적 제원을 관경 별로 도시하면 그림 6.7과 같다.
다른 조건이 같고, 관로비가 저렴하게 되면, 경제적 관경은 크게 되며, 전력요금이 저렴하게 되면 경제적 관경은 작게 된다.
계산조건 : 1) 보통지반, 모래길, 매설, 2) 펌프 설치건물은 RC 구조물, 3) 관 매설 깊이는 다음 표와 같다.

구경(mm)	깊이(m)
75~300	1.2
350~500	1.3
600 이상	1.5

※ 일본 수도 시설 설계지침·해설(1977)

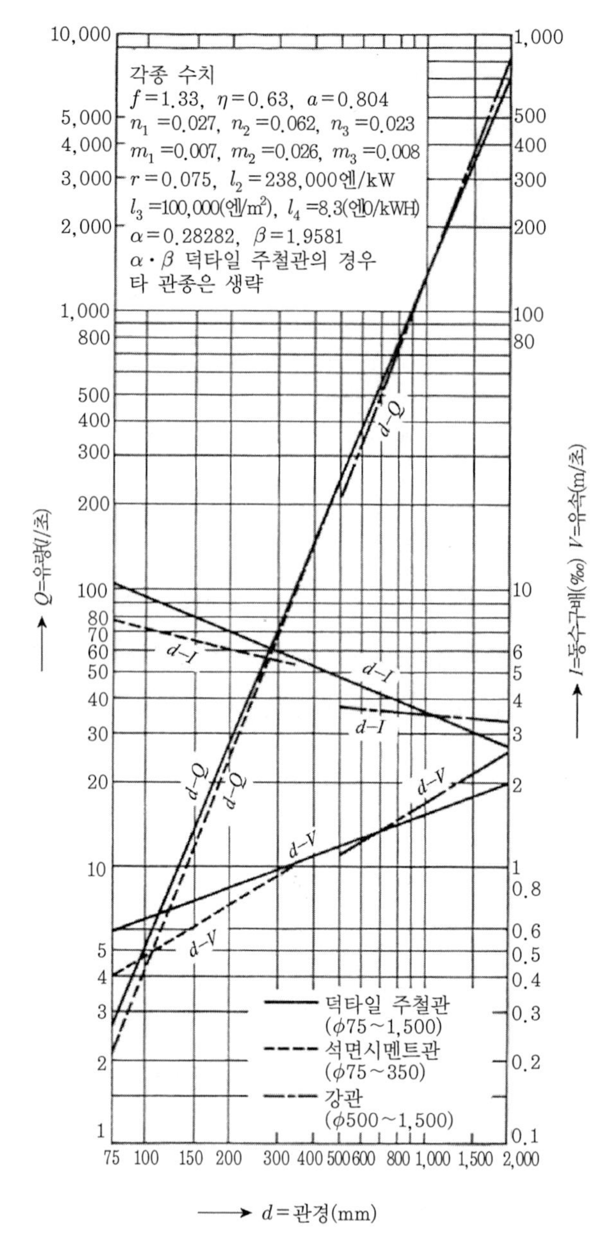

그림 6.7 수도용 각종 관경 경제적 제원 도표

6.3.4 도수관의 횡단공법

1) 개설

도수관이 하천·수로 또는 궤도·간선도로 등을 횡단하는 경우에는 수관교·교량첨가 등 상부를 넘는 횡단법이 행해져, 시가지에서는 도로교통의 확보나 건설공해 방지의 필요, 또는 기설 매설물의 밀집 등의 사정으로부터 굴착 공법을 실시하기가 어렵기 때문에, 비굴착법 추진 공법이나, 실드 공법이 넓게 행해지는 경향이 있지만, 공비가 고가이며 고도한 기술이 요구되는 경우도 많다.

하천이나 수로의 횡단에는 상기의 상부 횡단 법외에 잠거 공법이 있으며, 더욱이 장거리의 하천 및 바다 밑이나 호소 바닥의 횡단에는 특수한 포설 공법이 행해진다.

이들 각종 황단 공법 중 어느 것을 선택할 것인가는, 지형, 하천 및 바다의 상황, 지질, 환경에 대한 영향 등을 사전에 조사하여, 건설비, 시공의 안전성, 유지관리, 재해에 대한 안전성 등을 총괄적으로 비교 검토할 필요가 있다.

2) 궤도·간선도로의 황단

도수관의 궤도나 간선도로의 횡단 개소가 후술의 상부를 횡단하는 것을 허용하지 않는 상황의 경우, 개삭 공법은 부적당하기 때문에, 추진 공법이 실드 공법과 같은 비개삭 공법에 의하지 않으면 안 된다. 특히 궤도 밑을 횡단하는 경우는, 관이 궤도의 윤하중이나 진동의 영향을 직접 받지 않도록 암거 또는 외피로 관을 보호하며, 또 관이 전해부식을 받을 우려가 있는 경우는, 적당한 전해부식 방지 조치를 취하지 않으면 안 된다. 그림 6.8은 보호관에 의한 궤도 횡단보호공의 한 예이다.

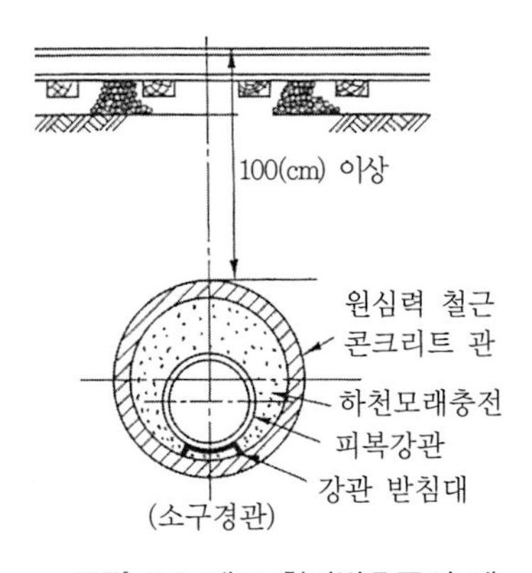

그림 6.8 궤도 횡단방호공의 예

3) 수관교

수관교로서는 종래는 교량 거더 위에 관을 설치하는 수관 전용교가 사용되었지만, 최근에는 용접기술 발달과 고장력강의 개발로 인해, 강관이 구조 부재로서 우수한 역학적인 성질을 가지고 있으며, 제작이 용이하다는 등의 이점 때문에, 파이프빔 수관교와 보강 수관교가 일반화되고 있다.

(1) 파이프빔 수관교

이것은 관 자체를 가로대로 하여, 링스포트 등의 지지 구조물에 의해 지지된 간편하며 경제적인 형식이다(그림 6.9 참조).

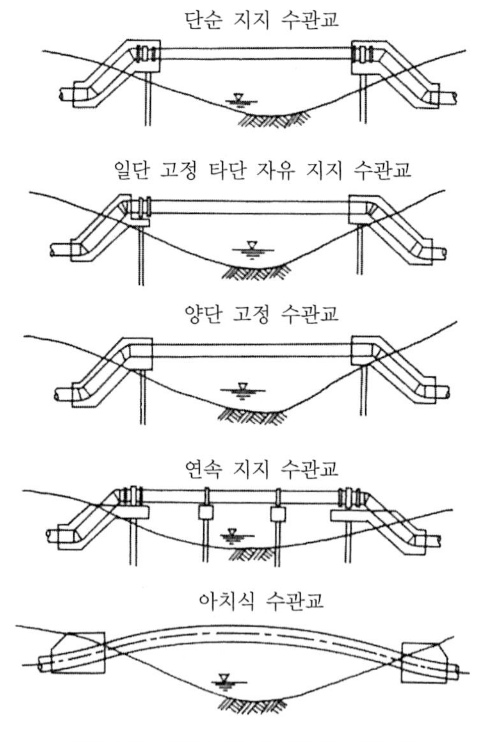

그림 6.9 파이프 빔 수관교의 여러 형식

(2) 보강 수관교

관체와 보강재가 다리구조를 구성하는 것이기 때문에, 교각의 건설이 어려운 계곡이라든지, 연약지반의 개소 또는 장 지간에서는 강도(强度)나 강도(剛度, 금속의 단단하고 센 정도)가 부족한 경우 등에 많이 이용된다(그림 6.10 참조).

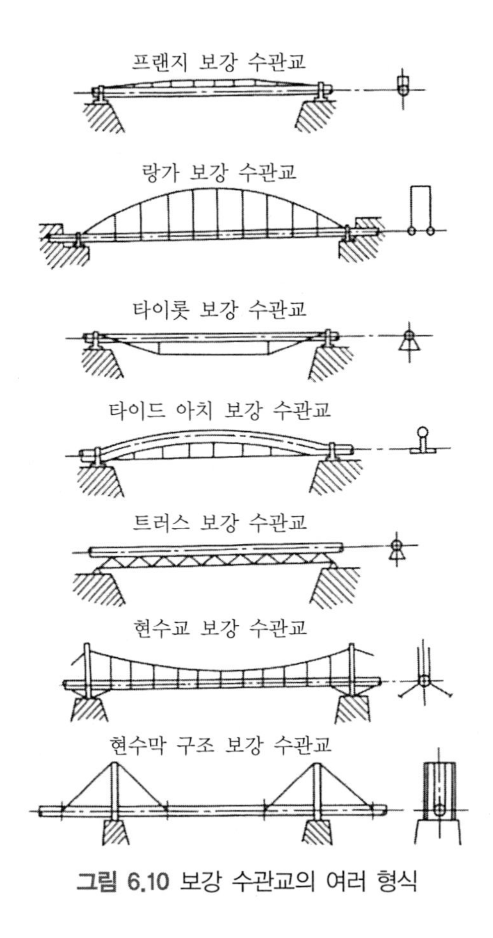

그림 6.10 보강 수관교의 여러 형식

4) 교량 첨가관

횡단개소에 공도교가 있고, 거더 밑에 공간이 충분히 있는 경우에만 사용된다. 교대와 교각부 및 교량 거더의 처짐이 클 경우는 경간의 중간에도 처짐성 이음을 설치하고, 또 첨가관의 최고부에 공기밸브를 설치한다. 또한 한냉지에서는 방한공을 실시할 필요가 있다. 본 다리에서는 원칙으로 관을 첨가하지 않는다.

5) 잠거

본 법은 사고 발견이나 수리가 어렵기 때문에, 안전하고 확실한 설계시공을 해야 한다. 즉 완전 단수를 피하기 위해 관로를 2개조 이상으로 나누어서 그 간격을 충분히 취하고, 하상의 세굴·저하가 발생하여도 관체가 노출하지 않도록 충분한 심도를 가지고 확실한 기초 위에 포설하고, 콘크리트 등으로 관체를 보호하며, 유수부의 하상에는 필요하다면 하상기초 공사를 행한다. 또 대규모인 잠거의 양단에는 진흙 배출관과 맨홀을 설치한다. 관로의 만곡은 원칙적으로 45° 이하로 하고, 굴곡부는 콘크리트 지지대로 정착하며, 그 부근에 처짐성 이음을 삽입한다.

6) 견인식 공법

이 방법은 노선 상에서 양단과 중앙에 작업 말뚝을 만들고, 양단말뚝으로부터 중앙말뚝(조인트 말뚝)을 향하여 수평 보링을 행하고, 중앙말뚝에서 보링의 오차를 수정하며, 다음으로 전장에 PC 강선을 관통시켜, 양단말뚝으로부터 반대 말뚝의 수도관을 지중으로 PC 강선을 가지고 견인하여, 각각의 관을 중앙 구멍까지 도달시켜, 여기서 조정관으로서 양쪽의 관을 연결하는 것이다. 이 방법은 연장 50~500(m)의 비교적 대구경관의 포설에 적합하다.

7) 실드 공법

실드 공법은 원래는 연약지반에 있어서 터널 공법이지만, 최근 대 구경관의 포설에 사용되는 중요한 공법이며, 추진 연장도 500~1000(m)가 표준이다.

지반조건이나 환경영향에 대한 관계로 여러 가지 보조적 수단에 의해 지반의 안정을 기하지 않으면 안 되는 경우가 있다. 수도용 실드의 단면 형상은 원형이다. 도수 터널에서는 콘크리트로 2차 복공한 터널 그대로, 도수관로로서 사용하는 경우도 있다. 하지만 송·배수 터널은 대부분이 압력관로이며, 일반적으로 강관 또는 덕타일 주철관을 터널 내에 삽입하여 배관하는 방식을 취하고 있다. 대표적인 방식은 다음과 같다.

(1) 콘크리트 충전식

그림 6.11(a)와 같이 반경이 수도관의 직경보다 300~400(mm) 큰 내경의 1차 복공 시멘트를 전장 완료 후, 동심위치에 도수관 본체(강관 또는 덕타일 주철관)를 순차 삽입하여 접합하고 (강관에서는 안쪽 금속접합, 닥ㅌ타일 주철관에서는 내면 연결), 1차 복공과 관과의 공극에 2차 복공 콘크리트를 충전한다. 배관용 덕타일 관경은 700~2600(mm)이다. 이 방식은 다음의 b.에 비해 실드가 작은 단면에서는 공비가 저렴하지만, 관의 점검 보수시에 단수를 해야 한다는 점이 결점이다. 그러나 현재는 가장 일반적으로 사용되고 있다.

(2) 점검 통로방식

그림 6.11(b)와 같이 수도관보다도 반경이 600~700(mm) 큰 2차 복공 콘크리트를 완성 후, 터널 내에 배관과 복공과의 사이에 공간을 점검 통로로 한다. 실드 단면은 a. 보다 크며, 공비는 고가이지만, 유지관리가 충분하게 행할 수 있다.

(3) 시멘트형 강관방식

그림 6.11(c)와 같이 1차 복공 시멘트를 두꺼운 강판으로 제작하고, 현장에서 조립하여 용접해서 강판으로서, 내면을 모르타르 라이닝하는 방식이다.

전 2자보다도 공비는 저렴하지만, 숙련된 용접기술이 요구 된다. 지하수위 이하의 지중에서는 이 방식은 부적합하며, 일반적으로는 유압도수 터널 등에 사용된다.

(4) 구분사용 방식

통신 케이블 등 수도 이외의 시설과 수도관을 동일 터널 내에 수용하는 경우에는, 각 시설의 소요 공간을 확보하도록 터널 내 공간을 결정한다. 이 방식의 단면의 최소 치수는 통상 내경 1.8(m)이다(그림 6.11(d) 참조).

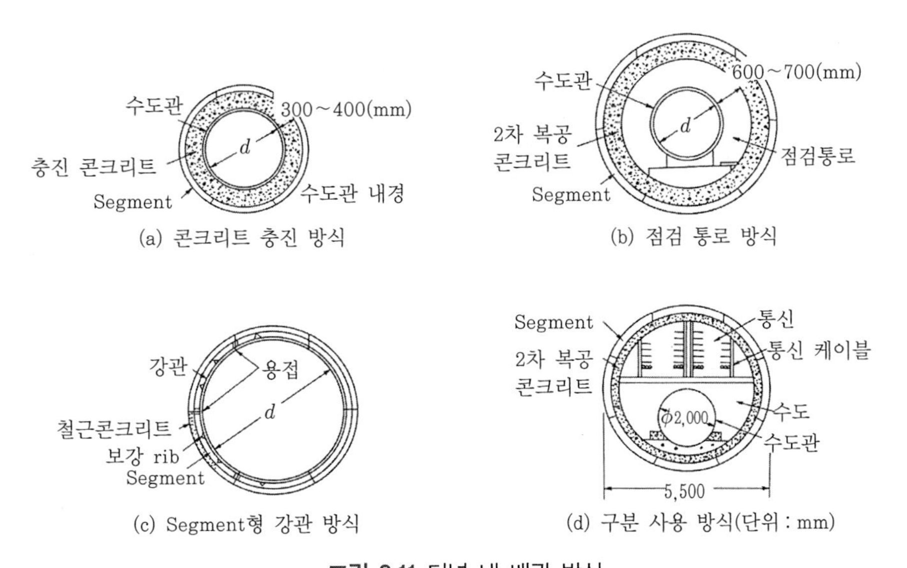

그림 6.11 터널 내 배관 방식

8) 하천·바다·호소 저부 포설

도서 지역이나 특정 지역에 대한 도수·송수·배수 또는 거리 단축을 위해서 신공법에 의한 하천, 바다 밑이나 호소수 저부에 도수·송수·배수관 등을 포설할 필요가 최근 많아지고 있다.

수심이 얕은 경우에는 마감 절개 공법이라든지, 또는 침설 공법도 가능하지만, 수심이 큰 경우에는 이러한 공법은 불가능하다.

현재는 긴 용접 강관의 처짐성·경량·고강도 등의 특성을 이용하여, 장거리의 수도관도 경제적으로 단기간에 포설할 수 있게 되었다.

공사 계획을 세우는 데 환경, 지형, 지질, 수저상황 등을 엄밀하게 조사하고, 특히 기상, 해상, 주행, 어장 등의 각종 정보를 수집하여 공법이나 시공시기 등을 결정하지 않으면 안 된다.

Reference 참고

포설 공법에는 다음과 같은 것이 있다.

① **부유예항법** : 육상의 파이프 야드로, 될 수 있는 한 긴 관을 접합하고, 진수 후 관체의 부력과 보조 부표에 의해 수상을 부유예항하며, 예인선으로 관을 들어 올려서, 이미 포설해 있는 관(선단은 끌어올려져 있음)을 해상에서 용접한다. 천기의 변화에 대응하기 어렵고 또 작업을 중단할 수 없는 장대한 관로에는 부적합하다.

② **해저예항법** : 파이프 야드로, 적당한 길이로 용접된 장관을 예인선, 해상에 고정된 거룻배, 또는 대안의 윈치(winch)등에 의해 해저에 포설된 와이어로프(wire rope)로서 해상으로 끌어내어 다음의 긴 관을 육상에서 연결하며 이것을 반복한다. 상당히 대구경 관도 포설할 수 있으며, 곡선도 취할 수 있다.

③ **포설선법** : 크레인·용접설비·진수대 등을 장비한 작업선 상에서 단관을 순차 용접하면서 해저로 침설해가는 방법이다. 장대의 파이프라인의 포설에 적합하며, 복잡한 관로도 가능하며, 외계의 상황이나 기상의 변화 등에 대한 대응성은 크다.

6.4 부속설비

도수관에는 유지 및 사고 처리상 각종의 부대설비가 필요하지만, 송·배수관과 공통의 것이 있으며, 이들에 관해서는 여기에 서술한다.

1) 접합정(junction well, 연결정)

이것은 대부분이 자연 유하식에 의한 관로에 설치하는 것이다. 따라서 관로에서 수두를 분할하여 적당한 수압을 가지게 하고, 또는 둘 이상의 수로로 유입수를 모아 하나의 수로로 도수할 때 그 접합부에 설치하는 시설이다.

일반적으로 관로에서는 수평·수직의 급격한 경사를 피해야 하며, 어떠한 경우에도 관의 위치를 최저 동수구배선 이하가 되도록 선정해야 한다. 그런데 관로가 최저 동수구배선 이상으로 되는 것을 피할 수 없을 때에는 그 지점에 접합정을 설치하든지, 또는 이 지점을 경계로 해서 상류는 관경을 크게 해서 수두의 손실을 적게 하고, 하류는 필요한 관경으로 축소하여 동수구배선의 상승을 계획해야 하는데, 이때에는 접합정을 생략하는 것이 경제적이고 유지관리상 편리하다.

또한 관로에 작용하는 최대 정수두가 사용하는 관종의 허용 최대 수두 이하가 되어야 하는데, 이 수압 이하로 할 수 없을 때에는 특수 고압관을 사용하든지, 그 지점 부근에 접합정을 설치하여 정수압을 감소시키는 방법도 있다.

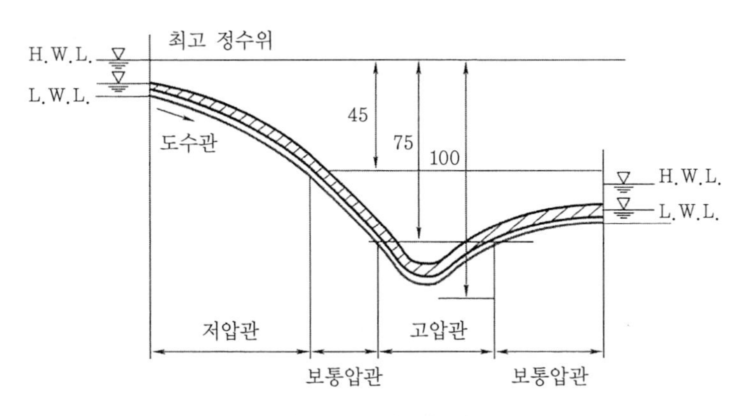

그림 6.12 최대사용 정수두

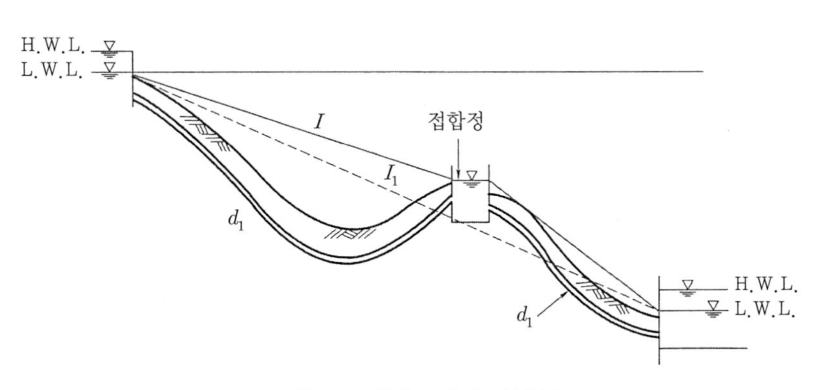

그림 6.13 동수구배 후 상승법

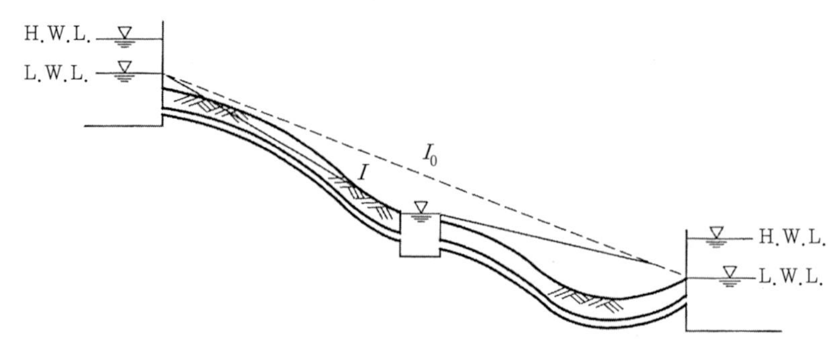

그림 6.14 접합정에 의한 동수구배 하강법

일반적으로 접합정은 철근콘크리트, 프리스트레스트 콘크리트, 강판 등으로 만들어지는데, 어떠한 경우도 수밀성과 내진성을 가진 구조로 하여야 한다. 접합정의 용량은 수압을 조절함과 함께 수면의 동요를 흡수하고 원활한 도수가 가능한 것으로, 통상 계획도수량의 1.5분 이상으로 하며, 수심은 3.0~5.0(m)를 표준으로 한다. 계획도수량이 작을 때는 수면면적이 작아져 수면동요를 흡수할 수 없기 때문에 최소 10(m^2) 정도가 바람직하다.

2) 맨홀

관로내부의 점검 수리상, 사고가 발생하기 쉬운 수관교, 잠거, 제수밸브 또는 지형지질이 변하는 장소 및 일반부에서도 적당한 간격으로 설치한다.

송·배수관에서는 관경 800(mm) 이상의 관에는 설치하지 않으면 안 된다. 맨홀은 가림판 flange로 밀폐하며, 크기는 600(mm)가 좋다.

3) 제수밸브

제수밸브의 목적은 관내 유수의 정지와 유량조정에 있으며, 도수관의 시점·종점·분기점·진흙 토출개소·연락관, 기타 잠거·가교, 중요한 횡단 개소 등의 전후 및 이들 이외의 개소에도 1~3(km)의 간격[배수관에서는 0.5~1.0(km)]으로 설치한다.

제수밸브로서는 간막이 밸브와 butterfly valve가 많이 이용되지만, 펌프 가압 도수 등에서 수량·수압의 조정이 목적인 경우에는 별도로 조절밸브를 설치하는 것이 바람직하다.

간막이 밸브에는 종형과 횡형이 있으며, 통상은 주철제, 대구경의 것은 강제 또는 덕타일주철제이다. 관경 400(mm) 이상의 관에서는 밸브의 개폐를 용이하도록 부제수밸브를 붙인다. 그림 6.15에 한 예를 나타냈다.

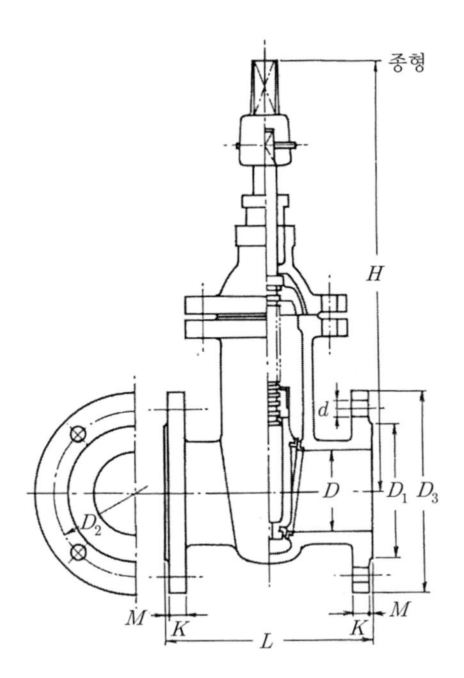

그림 6.15 간막이 밸브(flange type, 종형)

butterfly valve는 렌즈상의 밸브 체를 직경축의 주위를 회전시켜 밸브를 개폐하는 구조이다. 대구경의 것은 거의가 강제·덕타일 주철제이며, 종형과 횡형이 있다. 구조가 간단하며 소형이라는 이점이 있는 반면, 전개 시에도 밸브 체의 두께만큼 유수 단면적이 감소하는 것이 단점이다.

4) 역지밸브

관내의 역류방지에 필요한 개소, 예를 들면 펌프가압 도수펌프의 유입관·유출관, 배수지·고가 탱크의 유입구 등에 설치된다. 힌지(hinge)에 부착된 밸브체가 흐름 방향으로만 열려, 역류 시에는 닫히는 구조로 되어 있다.

5) 공기밸브

관내 공기의 배제와 관내에 공기의 도입 때문에, 관로 구배의 볼록한 부분 및 제수밸브 사이에 오목한 부분이 없는 경우, 한쪽 구배의 고위치 측의 제수밸브 직하류 측에 설치한다.

단구경과 양구경의 두 형식이 있으며, $\Phi 400$(mm) 이상의 관에는 양구경을 사용한다. 그림

6.16과 같이 에보나이트(ebonate, 경화고무) · 오동나무 재질 · 합성수지제 등의 부표(float) 밸브가 관의 만수시에 부상하여 공기구멍을 막고, 공기가 모이면 수면 하강과 함께 밸브가 내려가서 공기가 배출되는 구조이다.

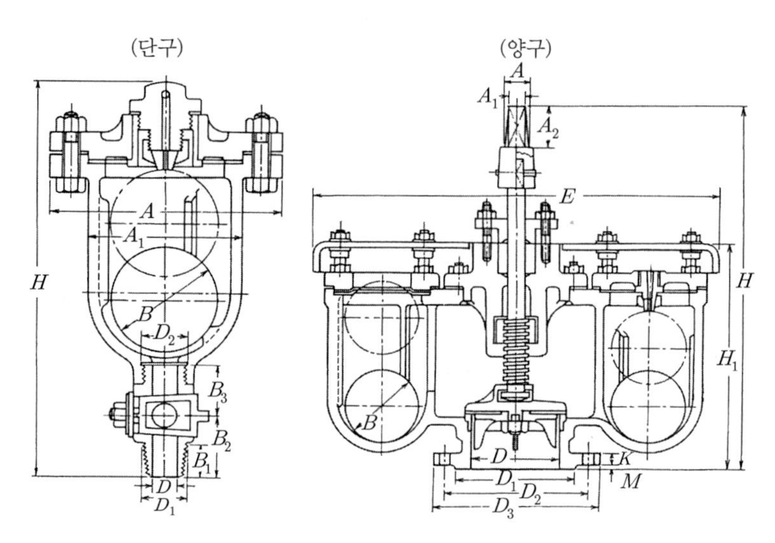

그림 6.16 공기 밸브

6) 배수설비

배수설비의 목적은 관내의 청소와 정체수의 배출이다. 도수관에서는 제수밸브 사이의 거리가 길기 때문에, 그 사이에는 적어도 1개소에 진흙 토출밸브를 설치한다.

설치 개소는 관로 구배의 오목부에 적당한 배수로 또는 하천 등이 있는 곳으로 하고, 토출구 부근은 방류수에 의해 침식방지상, 견고하게 호안할 필요가 있다.

7) 서지탱크(surge tank)

펌프의 수격작용 방지 · 경감을 위해 펌프의 토출 측에 서지탱크(조압수조)를 설치하면, 여기서부터 하류 측의 관로는 수격작용으로부터 단절되어 압력상승이 흡수되며, 압력 강하에 대해서는 물이 보급되어 부압의 발생이 방지된다[그림 6.17(a)]. 압력수로의 수격작용 대책으로서 가장 확실한 방법이다.

장대한 양수 관로에서 펌프가 급정지한 경우, 관로 도중에 생기는 부압에 의해 수주분리를 일으키면, 이것이 재결합할 때에 심한 충격파를 발생하여 관을 파괴하는 위험이 있다. 이것을 방지하기 위해 1방향 서지탱크(one-way surge tank)를 펌프의 토출 측에 설치한다[그림 6.17(b)].

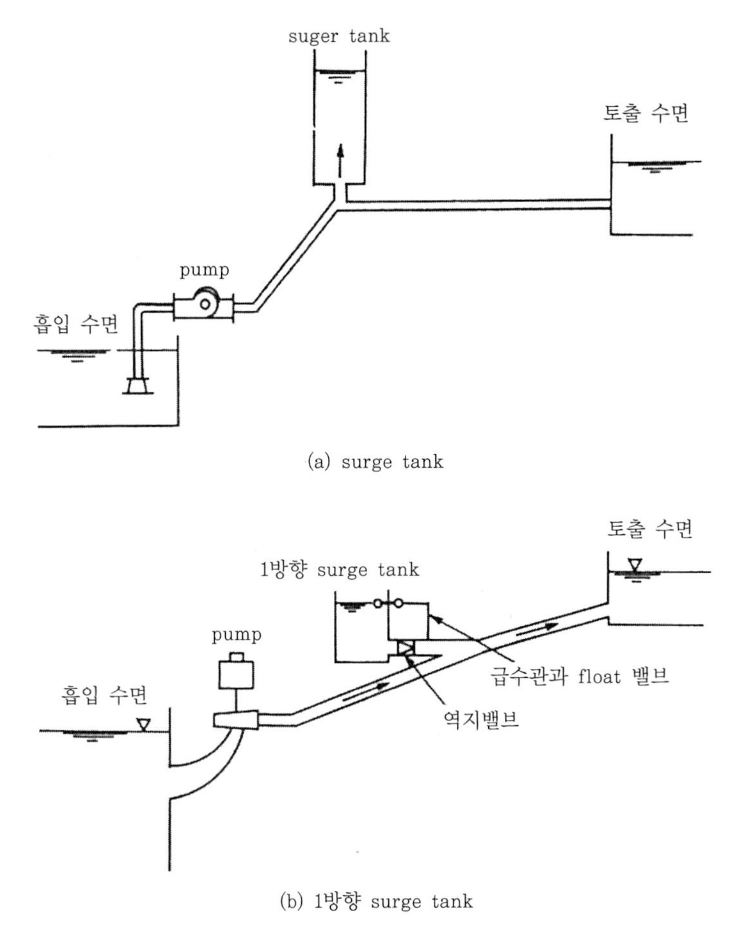

그림 6.17 서지탱크 및 1방향 서지 탱크의 원리

이 방식은 압력 강하 시에 필요한 충분한 물을 보급하여 부압의 발생을 방지하는 것만이 목적이며, 평상시에는 역지밸브에 의해 주관으로부터 분리하여, 주관으로부터 부표밸브를 끼워 급수관을 설치하여 자동적으로 만수시키고 있지만, 주관 내에 압력강하가 일어나면, 탱크의 물은 역지밸브를 통하여 주관 내로 보급되기 때문에, 부압 따라서 수주분리는 방지된다. 상기의 보통 서지탱크(conventional surge tank)에 비해 소 용량으로 낮게 설치할 수 있기 때문에 경제적이지만, 보호범위가 한정된다.

8) 이형관의 보호

통수 상태의 관의 내면에 작용하는 힘으로서는, 정수압과 동수압 외에 관내의 흐름 방향의 이형관의 부분에 있어서 복잡한 변화에 의해 생기는 편압력, 곡선부에서 유동에 의한 원심력 또는 밸브의 급폐 등에 의한 수격압이 더해진다.

관의 강도에 관해서는 관 두께에 이들의 항목이 고려되어 있기 때문에 문제는 없지만, 포설 후 이들의 힘에 대해 이형관을 보호하지 않으면 관의 이동이나 이음매의 탈출을 일으키는 위험이 있다. 정상상태에 있는 보통 단면의 관로의 굴곡부에 작용하는 힘은 근사적으로 정수압과 원심력의 합력이며, 이들은 굴곡부의 중심각의 2등분 선상에 있어서 외력으로 향하여 [그림 6.18(a) 참조] 다음 식으로 나타낸다.

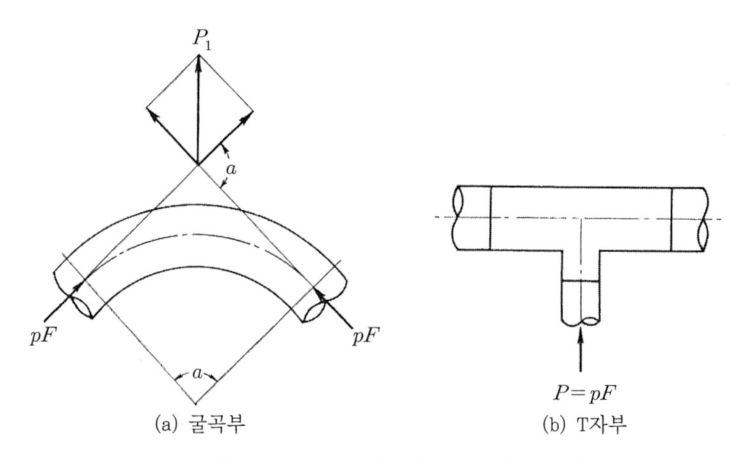

그림 6.18 굴곡부 및 T자부에 작용하는 힘

- 정수압의 합력

$$P_1 = 2pF\sin(\alpha/2) \tag{6.11}$$

- 원심력의 합력

$$P_2 = (2\gamma F v^2/g)\cdot\sin(\alpha/2) \tag{6.12}$$

따라서 굴곡부에 작용하는 힘은

$$P = 2F\left(p + \frac{\gamma v^2}{g}\right)\sin\frac{\alpha}{2} \tag{6.13}$$

여기서, P : 굴곡부에 작용하는 힘(t), p : 정수압의 강도(t/m^2), F : 관의 단면적(m^2), γ : 물의 단위중량(t/m^3), v : 유속(m/sec), α : 굴곡부에 있어서 관로 중심선의 교각, g : 중력가속도(m/sec^2)

T자 관에서는 그림 6.18(b)처럼, $P = pF$가 외향으로 작용한다.

9) 방호공

굴곡부에는 상술한 힘이 작용하기 때문에, 여기에 저항시키기 위해 일반적으로 방호 콘크리트로서 이형관부를 둘러싸고 있지만(그림 6.19), 말뚝박기와의 병용, 또는 금속이음으로 방호하는 것도 있다.

강관은 연속적으로 용접 이음으로 하고 있기 때문에 필요성은 적지만, 안전상으로부터는 제수밸브의 전후 등은 역시 콘크리트로 방호하는 것이 바람직하다.

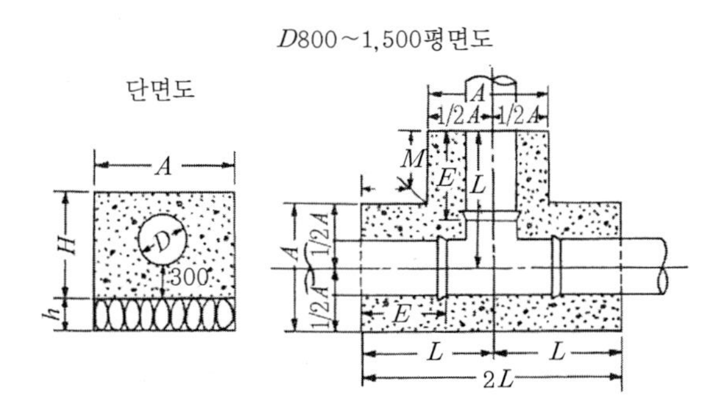

그림 6.19 이형 철관 방호 콘크리트의 예

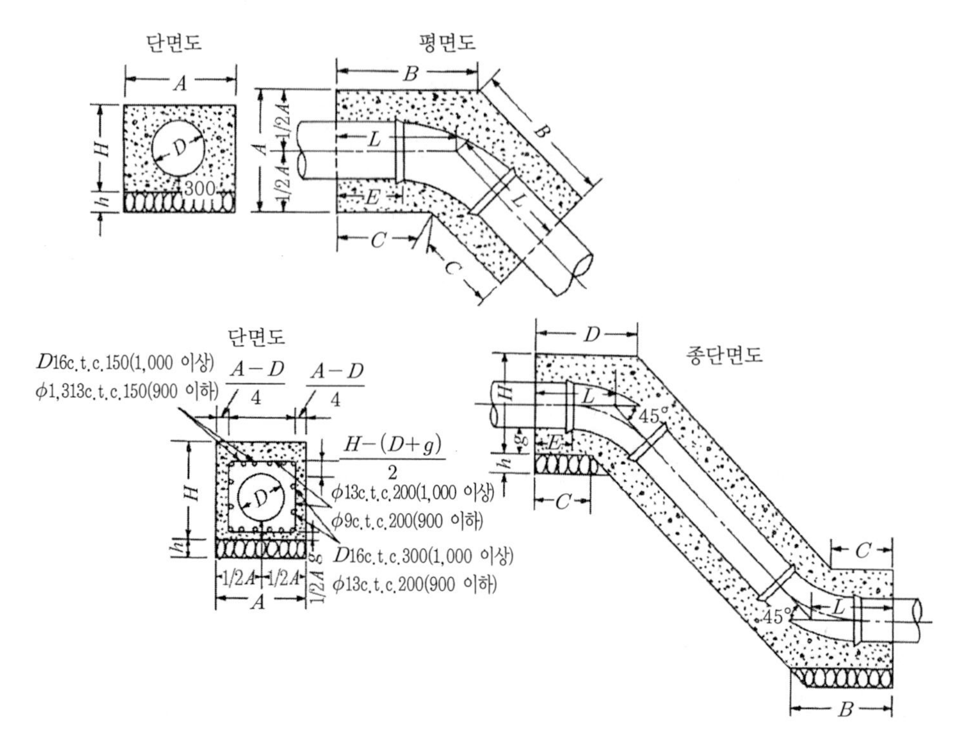

그림 6.19 이형 철관 방호 콘크리트의 예(계속)

6.5 수격현상(Water Hammer)

1) 수격현상

관로에서 어떤 원인으로 관내의 유속이 급격하게 변화한 경우, 관내 압력이 과도적으로 변동하는 현상을 수격작용이라 한다. 수격작용은 밸브의 개폐나 펌프의 기동·정지 시에 발생하며, 특히 정전에 의해 펌프가 급정지한 경우에 문제가 된다.

2) 수격작용의 장해

수격작용이 너무 심할 때 관로나 펌프 계에 대한 영향에는 다음과 같은 것이 있다.

① 압력 상승에 의한 관로, 밸브, 펌프의 파괴

② 압력저하에 의한 관의 찌그러짐

③ 관의 진동에 의한 연결부분의 탈락

④ 압력 저하가 크거나, 수주분리를 일으킨 후, 재결합에 의해 생기는 이상 고압에 의한 관로 파괴

⑤ 역류에 의한 펌프나 원동기의 파손

3) 수주분리

관내압력이 저하해서 관내 절대압이 물의 증기압 이하가 되면, 물은 증발하여 공동이 발생한다. 이러한 현상을 수주분리라 한다. 수주분리를 일으킨 관내의 물은 반드시 재결합하며, 이때 이상한 고압을 발생시킨다.

수격작용 중에서도 가장 주의를 요하는 것은 수주분리 현상이며, 고압으로 장대한 관로를 설계할 경우에는 충분한 해석이 필요하다.

4) 수격 작용의 경감

수격 작용의 경감법으로서 다음과 같은 것이 실용적으로 사용되고 있다.

① 역류를 거의 일으키지 않는 방법 : 급폐식 또는 자폐식이라고 하는 역지밸브를 이용하여 펌프 출구압력의 저하가 그다지 크게 되지 않는 범위 내에 흐름을 멈추게 하는 방법이다.

② 역류를 천천히 일으키는 방법 : ①과는 역으로, 완폐역지밸브나 유압구동밸브 등을 이용하여 역류를 천천히 일으켜, 수격압을 경감시킨다.

③ 펌프에 플라이휘일(flywheel)을 붙임 : 펌프에 관성능률이 큰 플라이휘일을 붙여 정전이 되어도 펌프의 회전수가 급격하게 저하하지 않도록 한다.

④ surge tank를 붙임 : surge tank를 설치하여 관로가 부압이 되면 tank로부터 물을 공급할 수 있도록 하여 수주분리를 방지한다. 2방향 surge tank와 1방향 surge tank가 있다.

⑤ 공기 압력조를 설치 : surge tank와 같은 효과가 있다.

⑥ 관경을 크게 하여 관내유속을 작게 함 : 유속변동을 작게 하는 것이다.

⑦ 배관을 한층 위에 부설하여 어느 점에서도 최저 압력이 증기압 이상으로 되도록 한다.

6.6 펌프설비(Pumping Equipment)

1) 펌프의 종류

상수도의 여러 시설에는 모든 곳에 여러 가지 펌프가 사용되고 있다. 취수펌프나 배수펌프 또는 여과지의 세정펌프, 슬러지펌프, 약주펌프 등 정수장 내에서 사용되고 있는 일련의 펌프가 있다. 이들의 다양한 용도에 사용되는 펌프는 각각, 가장 적합한 형식, 크기 및 재질로 만들어져야 한다.

정수장에 사용되는 주된 펌프로서 다음과 같은 것이 있다.

(1) 원심펌프

가장 많이 사용되고 있다. 날개바퀴의 회전에 의해 물에 원심력을 주어 내보내는 것이다. 효율이 높으며, 수량이 적으며 고양정에 적합하다.

(2) 축류펌프

스크류와 같은 날개바퀴에 의해 물에 추진력(양력)을 주어 내보내는 것이다. 수량이 많으며, 저양정에 적합하다.

(3) 사류펌프

원심펌프와 축류펌프의 중간이다. 원심력과 추진력에 의해 물을 내보낸다. 중수량, 중양정에 적합하다.

그림 6.20에 펌프의 개략도를, 표 6.2에 펌프 선택의 개요를 나타냈다.

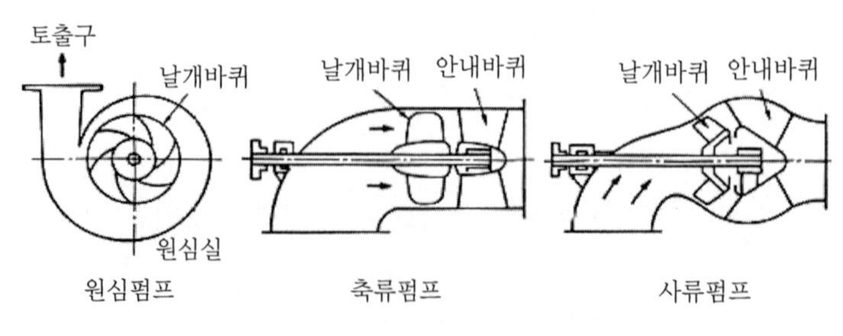

그림 6.20 펌프의 개략도

표 6.2 펌프의 선택

구분	원심펌프	사류펌프	축류펌프
양정	고양정 20(m) 이상	중양정 3.5(m) 이하	저양정 6(m) 이하
구경	50~200(mm)	200(mm) 이상	300(mm) 이상
비고	취수, 배수(配水), 역세, 약주, 배슬러지,	취수, 배수(排水)	저양정의 취수 또는 도수

2) 계획수량과 펌프 대수

펌프는 될 수 있는 한 최고효율점 부근에서 운전 할 수 있도록, 용량 및 대수를 결정하지만, 동일 용량의 것을 갖추는 것이 바람직하다. 표 6.3에 취수·도수·송수펌프, 표 6.4에 배수펌프의 계획수량과 대수를 나타냈다.

표 6.3 취수·도수·송수펌프의 계획수량과 대수

수량(m^3/일)	대수( ) 내는 예비	대수 계
2,800까지	1(1)	2
2,500~10,000	2(1)	3
9,000 이상	3(1) 이상	4 이상

표 6.4 배수펌프의 계획수량과 대수

수량(m^3/일)	대수( ) 내는 예비	대수 계
125까지	2(1)	3
120~450	대 1(1) 소 1	대 2 소 1
400 이상	대 3~5(1) 이상 소 1	대 4~6 이상 소 1

예제 6.5

계획정수량 100,000(m^3/일)의 상수도 취수펌프의 요항 및 형식을 결정하라. 단 취수하는 하천의 고수위는 148.0(m), 저수위는 139.0(m), 정수장까지의 거리는 500(m), 착수정의 수위 159.0(m), 도수관경은 900(mm)로 한다.

해

계획취수량은 계획정수량의 10(%) 증가로 하여,

계획취수량=100,000×1.1=110,000(m^3/일)=1.27(m^3/일)

그림 6.5에 있어서 C=100으로 하면, I=5.5(‰)가 되기 때문에

$$\text{관손실}=\text{관손실}=5.5\times\frac{500}{1000}=2.75(\text{m})$$

실양정=159.0 − 139.0	=20.0
여 유	=1.25
총 양정	=24(m)

취수펌프 대수를 상용 4대로 하면 1대당 양수량은

$$\frac{110000}{4}=27500(\text{m}^3/\text{일})=19.1(\text{m}^3/\text{min})$$

따라서 19.1(m^3/일)×24(m)의 펌프의 형식은 양흡입 원심펌프가 된다.

3) 구경

펌프의 크기는 흡입구경과 토출구경에 의해 나타낸다. 펌프의 구경은 펌프의 토출량이 기준이 되기 때문에 흡입구 및 토출구의 유속을 이용하여 다음 식 (6.14)으로 정한다.

펌프의 흡입구 유속은 1.5~3(m/sec)를 표준으로 한다.

$$D=146\sqrt{\frac{Q}{V}} \tag{6.14}$$

여기서, D : 펌프의 구경(mm)

Q : 펌프의 토출량(m^3/min)

V : 흡입구 또는 토출구의 유속(m/sec)

4) 전양정

펌프의 토출 수위와 흡입수위와의 차를 실양정이라 하며, 여기에 흡입관로, 토출관로의 손실수두를 가해, 펌프의 전양정이라 한다.

$$H = h_a + \sum h_f + h_0 \qquad (6.15)$$

여기서, H : 전양정(m)

h_a : 실양정(m)

$\sum h_f$: 관로의 손실수두의 합(m)

h_0 : 관로 말단의 잔류 속도수두(m)

5) 펌프의 특성

(1) 비교회전도

펌프는 다음 식으로 나타내는 비교회전도 N_S의 대소에 의해 형식이 변한다.

$$N_S = \frac{N \times Q^{1/2}}{H^{3/4}} \qquad (6.16)$$

여기서, N : 펌프의 규정 회전수(rpm/min)

Q : 펌프의 토출량(m^3/min) (양 흡입의 경우는 양수량의 1/2)

H : 펌프의 규정 전양정(m) (다단 펌프의 경우는 1단당 양정)

N_S가 작으면 일반적으로 수량이 적은 고양정 펌프를 의미하며, 크면 수량이 많은 저양정 펌프가 된다. 또 수량 및 전양정이 같으면 회전수가 클수록 N_S가 크며, 따라서 소형이 되면 일반적으로 가격이 저렴하게 된다. N_S는 공동현상 성능, 기타를 논하는 경우에는 도움이 된다. 여기에 관해서는 다음 6) 공동현상에서 기술한다. 다음 표 6.5에 각종 펌프의 N_S값을 나타냈다.

표 6.5 각종 펌프의 N_S값

형식	N_S	형식	N_S
고양정 원심펌프	100~250	사류 원심펌프	700~900
중양정 원심펌프	250~450	사류펌프	800~1200
저양정 원심펌프	450~750	축류펌프	1200~2000

예제 6.6

양수량 12(m^3/min), 전양정 8(m), 회전수 1160(rpm)의 펌프형식은 어떤 것인가? 또, 전양정이 60(m)이며, 회전수가 1750(rpm)의 펌프는 어떤 것인가?

해

최초 펌프에 관해서,

$$N_S = \frac{1160 \times 12^{1/2}}{8^{3/4}} = 845$$

따라서 이 펌프는 사류 원심펌프 또는 사류펌프로 해야 한다.

또 다른 펌프에 대해서,

$$N_S = \frac{1750 \times 12^{1/2}}{60^{3/4}} = 281$$

따라서 중양정 원심펌프가 된다. 양수량이 비교적 많기 때문에 양흡입 원심펌프로 해도 좋다.(이 경우 N_S=200이 된다)

(2) 펌프의 효율과 축동력

펌프축의 소요동력을 펌프의 축동력이라고 하며, 다음 식 (6.17)과 같다.

$$P = \frac{0.163\,\gamma \cdot Q \cdot H}{\eta} \tag{6.17}$$

여기서, Q : 양수량(m^3/min)

H : 전양정(m)

γ : 액체의 단위체적 질량(kg/L) (상온 청수 $\gamma=1$)

η : 펌프 효율(−)

P : 펌프의 축동력(kW)

또 펌프를 구동하는 원동기의 출력은 축동력 여유를 예상한 것으로, 식 (6.18)과 같다.

$$R = P\frac{1+\alpha}{\eta_t} \tag{6.18}$$

여기서, R : 원동기 출력(kW)

α : 여유율, 전동기의 경우 0.1, 엔진의 경우 0.2~0.25

η_t : 전동 효율, 직결의 경우 1, V벨트의 경우 0.95

펌프의 효율은 펌프의 형식, 크기 및 운전 점에 의해 다르다. 일반용 펌프의 표준효율은 그림 6.21과 같다.

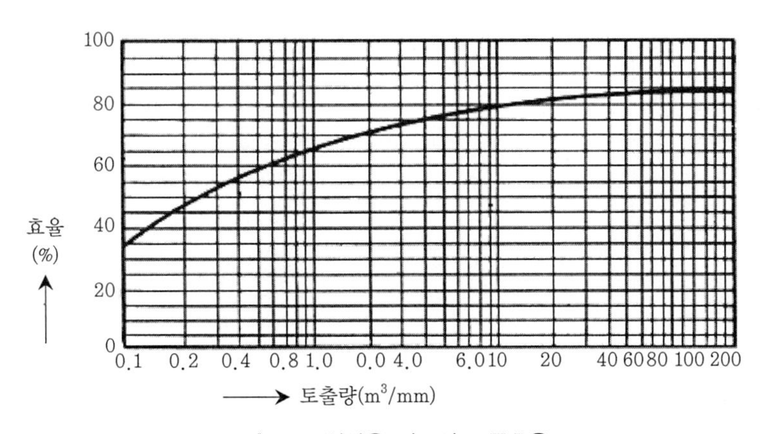

그림 6.21 일반용 펌프의 표준효율

예제 6.7

펌프의 축동력이 식 (6.17)로 나타내는 것을 증명하라.

해

액체의 밀도 $\rho(\mathrm{kg/m^3})$, 유량 $q(\mathrm{m^3/sec})$, 전양정 $H(\mathrm{m})$라고 하면, 매초 필요한 에너지, 즉 동력은

$$p=\rho\cdot g\cdot q\cdot H(\mathrm{kg\cdot m/s^2\cdot m/s})$$

그런데 $\rho=1000\gamma$, $q=Q/60$ 이며, $1(W)=1(J/s)$, $1(J)=1(N\cdot \mathrm{m})$, $1(N)=1(\mathrm{kg\cdot m/s^2})$ 이기 때문에, 펌프의 효율이 1의 경우 동력 P_0는,

$$P_0=1000\gamma\frac{Q}{60}H\times 9.8\times 10^{-3}=0.163\gamma\cdot Q\cdot H(\mathrm{kW})$$

$$\therefore\ P=\frac{0.163\gamma\cdot Q\cdot H}{\eta}(\mathrm{kW})$$

Reference 참고

펌프 효율이 1의 경우 동력 P_0를 펌프의 수 동력이라고 한다

예제 6.8

예제 6.7에서 사용한 펌프의 전동기 용량을 결정하라.

해

그림 6.21의 그림으로부터 효율은 80(%) 정도이기 때문에,

$$P = \frac{0.163 \times 1 \times 19.1 \times 24}{0.8} = 93.4\,(\mathrm{kW})$$

$$R = \frac{93.4 \times 1.1}{1} = 103\,(\mathrm{kW}) \rightarrow 110\,(\mathrm{kW})$$

Reference 참고

전동기는 범용품을 사용하기 때문에 110(kW)로 한다.

예제 6.9

예제 6.8에 있어서 톱니바퀴(gear) 기구를 사용하여 엔진 구동한 경우, 엔진의 출력은 얼마로 하면 좋은가? 단 톱니바퀴의 효율은 95(%)로 한다.

해

$$R = \frac{93.4 \times 1.2}{0.95} = 118\,(\mathrm{kW})$$

$$\fallingdotseq 160\,(\mathrm{PS})$$

Reference 참고

전동기의 출력은 kW로 나타내는 것에 대해, 엔진의 출력은 PS(마력)으로 나타내는 것이 많다.
1(PS)=0.746(kW), 즉 1(PS)=75(kg · m/sec), 1(kW)=102(kg · m/sec)이다.

6) 공동현상(Cavitation)과 흡입양정

펌프의 날개바퀴 입구에 정압이 수온에 상당하는 포화증기압 이하로 될 때, 그 부분의 물이 증발하여 공동을 만들면, 펌프의 성능을 현저하게 저하시켜 진동을 일으키고 또한 장시간에 걸쳐 재료에 대한 침식이 발생할 수 있다.

일반적으로 흡인 높이가 클수록 공동현상(cavitation)이 발생하기 쉽기 때문에, 흡인 높이는 될 수 있는 한 작게 하는 것이 바람직하다. 그러나 구조물로 인해 아무래도 높은 위치에 펌프를 설치하지 않으면 안 되는 경우는, 공동현상에 대해 충분히 고려해야 하며, 경우에 따라서는 펌프 형식을 변경하지 않으면 안 된다. 공동현상의 확인은 다음과 같이 행한다.

(1) 공동현상 발생의 유무 확인

① 이용 가능한 유효흡입수두의 계산

이용할 수 있는 유효흡입수두는, Available NPSH(net positive suction head)라고 하며, 펌프 날개 입구의 압력이 포화증기압에 대해 어느 정도 여유를 가지고 있는 가를 나타내는 양으로, 다음식 (6.19)로 나타낸다.

$$H_{sv} = H_a - h_s - h_v - h_f \tag{6.19}$$

여기서, H_{sv} : 이용 가능한 NPSH(m)

H_a : 대기압(m)[표준 대기압의 경우 10.3(m)]

h_s : 흡입 높이(m) 흡입 실양정(흡입−, 압입+)

h_v : 수온에 상당하는 포화증기압을 수두로 나타낸 것(표 6.6 참조).

h_f : 흡입구 및 흡입관의 총손실수두(m)

표 6.6 온도에 따른 포화증기압

온도(°C)	0	10	20	30	40
h_v	0.06	0.13	0.24	0.43	0.75

② 펌프가 필요하는 유효흡입수두의 계산

펌프가 필요로 하는 유효흡입수두는, 물이 날개로 들어가기 직전의 속도수두와 날개 입구에서 일어나는 국부적인 최대 압력저하와의 합이며, 다음 2가지 계산방법이 있다.

• Thoma의 계수에 의한 방법

$$h_{sv} = \sigma H \tag{6.20}$$

여기서, h_{sv} : 펌프가 필요하는 유효흡입수두(m)

σ : Thoma의 공동계수(그림 6.22 참조)

H : 펌프의 전양정(m)

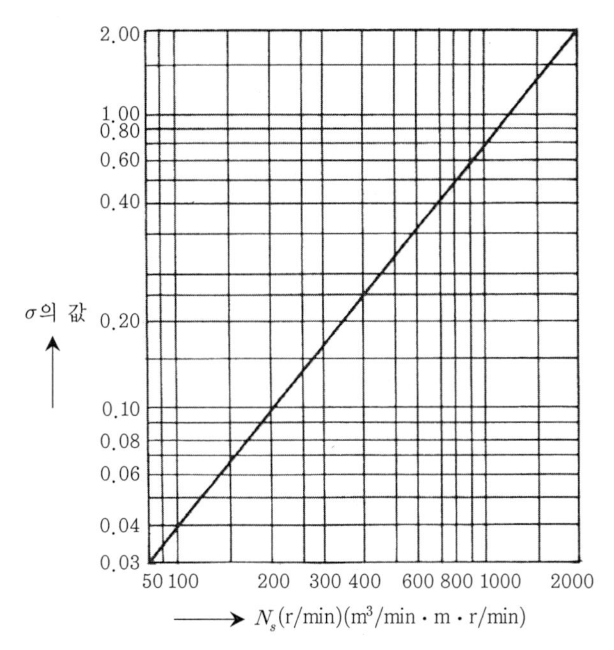

그림 6.22 비교회전도 N_S와 공동계수 σ의 관계

• 흡입 비속도에 의한 방법

$$S = \frac{Q^{1/2}}{{h_{sv}}^{3/4}} \tag{6.21}$$

여기서, S : 흡입 비속도(≒1200)

• 공동현상 발생유무의 확인

$H_{sv} > 1.3\ h_{sv}$ 이면, 공동현상 발생 염려는 없다.

$H_{sv} < 1.3\ h_{sv}$ 이면, 공동현상 발생 염려가 있다.

예제 6.10

그림 6.23과 같이 펌프를 설비할 경우, 공동현상이 발생하지 않도록 하기 위해서는 펌프의 N_S의 크기는 얼마로 하면 좋을까? 단 최대 양수량 50(m^3/min), 전양정(m), 온도 20(°C)로 한다.

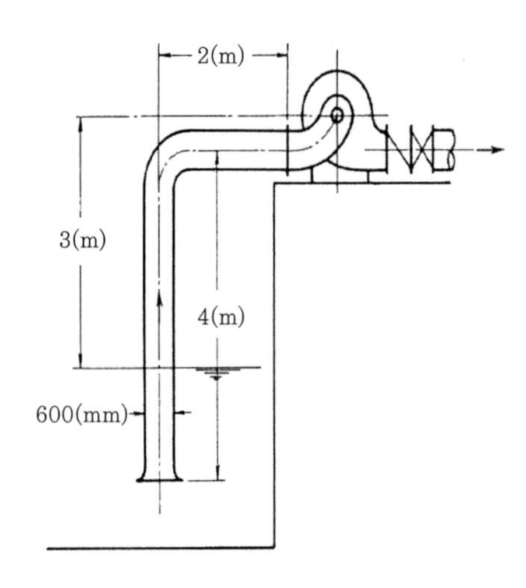

그림 6.23 펌프 설비

해

h_f를 계산한다. 입구손실 수두계수 $\xi_i = 0.1$, 굴곡손실 수두계수 $\xi_b = 0.2$, 직관부마찰계수 $\lambda = 0.015$라고 하면,

$$h_f = \frac{v^2}{2g}\left(\xi_i + \xi_b + \lambda\frac{L}{D}\right)$$

$$= \frac{1}{2\times 9.8}\left(\frac{50}{60\times 0.283}\right)^2\left(0.1 + 0.2 + \frac{0.015\times 6}{0.6}\right)$$

$$= 0.2(\text{m})$$

$$\therefore H_{sv} = 10.3 - 3.0 - 0.24 - 0.2 = 6.86(\text{m})$$

$H_{sv} > 1.3\,h_{sv}$이기 위한 조건은

$$\sigma H < \frac{H_{sv}}{1.3}$$

$$\therefore \ \sigma < \frac{H_{sv}}{1.3H} = \frac{6.86}{1.3 \times 40} = 0.132$$

그림 6.22에서 $\sigma < 0.132$가 되는 N_S의 값은 $N_S < 250$이다.

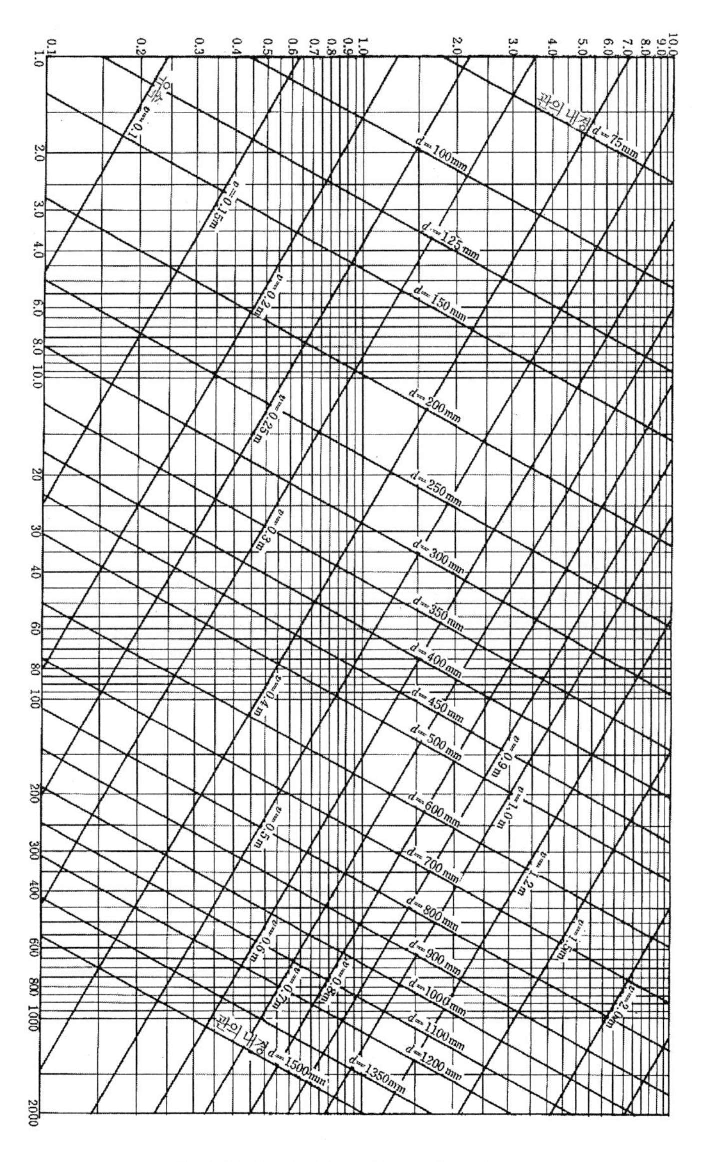

그림 6.24 Kutter의 공식 도표(n=0.013)

❐ 참고문헌 ❐

1. 扇田彦一 : ポンプ加壓送水管線の經濟的設計, 水道協會雜誌, No.234号, p.3. 1954.
2. 德善義光, 佐藤眞次 : 可動橋勝鬨橋中央徑間における500耗配水管の水中沈設工事, 水道協會雜誌, No.63号, p.13. 1938.
3. 日本水道協會, 日本水道維持管理指針, 1982.
4. 이종형,『상하수도공학』, 구미서관, 2008.
5. 內藤幸穗, 藤田賢二, 改訂 上水道工學演習, 學獻社, 1986.
6. 박중현,『최신 상수도공학』, 동명사, 2002.

Chapter 07

침 전

Chapter 07 침 전

7.1 총 설

침전(sedimentation)은 수처리에서 고액 분리상 중요한 공정의 하나이며, 그 목적은 대상으로 하는 액의 고형물 농축에 의해 두 가지로 나눌 수 있다.

하나는 현탁액의 고형물 농도가 희박한 경우에, 고형물을 침전시켜 그 상등액을 얻는 것이 목적이며, 본 장에서 서술하려고 하는 수도에서 보통침전이나 응집침전이 여기에 해당하며, 여기에 사용하는 장치를 침전지(또는 침전조)라고 한다. 또 다른 것은 고형물 농도가 농후한 경우에 고형물을 침강분리 시켜 함수량이 적은 농밀한 고형물(슬러지)을 얻는 것을 목적으로 한다. 이것을 농축이라고 하며, 이것을 위한 장치를 농축조라고 한다. 농축법은 수도에서 정수장 내에 발생하는 여러 가지 슬러지의 처리에 사용되고 있으며, 여기에 관하서는 9장에 서술한다.

수중의 현탁입자가 개개의 단독이든지 또는 자연적으로 접촉합체로서 대형화하든지, 있는 그대로의 상태에서 중력만으로 침전하는 현상을 **보통침전**(plain sedimentation)이라고 한다. 이것은 일반적으로 침전에 장시간을 요하기 때문에 장치가 크게 된다.

여기서 침전시간을 단축하여 침전 능률을 올리든지, 또는 보통침전에서는 고액 분리가 상당히 어려운 콜로이드와 같은 미세입자나, 용해질 등도 침전에 의해 분리 제거가 용이하게 되도록, 약품(응집제라고 함)을 물에 가해, 이들을 플록(floc, 응집체, 응괴)화시켜, 침전을 촉진시키는 방법을 들 수 있다. 이 방법을 **약품침전법**(chemical sedimentation)이라 한다.

종래의 약품침전법은 전 공정에서 각 단계의 조작(약품의 주입·혼화, 응집·플록형성, 침전분리 등)에 대해서 개개의 시설을 평면적으로 배열한 결과, 광대한 토지와 과다한 건설비 외에 전반적인 조작 관리에도 상당한 노력과 시간이 필요하게 된다. 이에 대해 이들과 같은 기능을 가진 필요한 일련의 장치를 단일 장치로 조합한 형식의 **고속응집침전지**(suspended solid contact clarifier, 부유물 접촉침전지, 강제응집침전지라고 함)가 개발되어 넓게 보급되고 있다.

7.2 응집 및 플록형성

7.2.1 응 집

1) 콜로이드입자의 응집

(1) 콜로이드입자의 전하와 전기 2중층

입자가 작고 분할되어 미소입자가 되거나, 수 미크론~수 미리 미크론이 되면, 그 단위 체적당 표면적이 상당히 크기 때문에, 이들 표면에 특수한 성질이 나타나, 이것이 그 입자 전체의 성질에 영향을 미치며, 입자는 전체로서 특별한 성질을 띠고 있게 된다. 이러한 상태를 그 물질의 **콜로이드상태**라고 한다.

콜로이드 물질이 다른 물체 중에 분산하고 있는 계를 **분산계**, 분산입자의 것을 **분산질** 또는 **분산상**이라고 하며, 더욱이 이들을 분산시키고 있는 매질을 **분산매**라고 한다.

자연수 중의 현탁물질 중에는 주로 점토 미립자와 부식(식물의 분해 생성물이며, 소위 후민질)과 같은 유기 착색물질이 콜로이드 상태로 존재하지만, 기타에도 무기·유기의 콜로이드입자가 존재한다.

이들의 입자 사이에는 물리적인 van der Waals의 인력이 작용하고 있기 때문에 응결할 수 있음도 불구하고, 실제로는 이들의 콜로이드입자는 통상 음으로 전하하고 있기 때문에 정전기적으로 상호 반발하여 응결이 방해되어 안정적으로 분산하고 있다. 이 정전기적 반발력을 감소시키든지 소멸시켜 응결을 일으키기 위해서는 양이온을 가하면 좋다. 즉, 음전하를 가진 콜로이드입자는 전해질 용액중의 양이온에 대해 인력을, 음이온에 대해서는 반발력을 미치기 때문에, 콜로이드입자의 표면에서는 양이온 농도는 높게 되며, 반대로 음이온은 외측으로 반발되어 음이온 농도가 낮게 되어, Helmholtz의 **고정전기2중층**(electrical double layer)이 형성된다.

한편 수중의 이온은 열운동을 받아서 농도 분포가 동일하게 된 결과, 이러한 음·양의 양이온 농도의 불균형은, 입자의 표면으로부터 어느 정도 떨어진 곳까지 영향을 미치고 있다.

이처럼 넓은 구조의 전기2중층을 **확산2중층**(diffused double layer) 또는 **Gouy층**(Gouy layer)라고 일반적으로 부르고 있다.

Stern은 이후 생각을 수정하여, 입자의 바로 표면에는 반대 이온 또는 반대 전하를 가진 미립자가 흡착되어 고정층을 형성한다고 하여, 이것을 Stern층이라고 하며, 이들 Stern층과 확산2중층의 2개의 층으로 구성되는 전기2중층이 콜로이드입자의 외측 부분을 형성하고 있다고 생각하여, 이것을 **Gouy·Stern 2중층**으로 이름 붙였다. 그림 7.1은 Gouy·Stern 2중층을 모형적으로 나타낸 것이다.

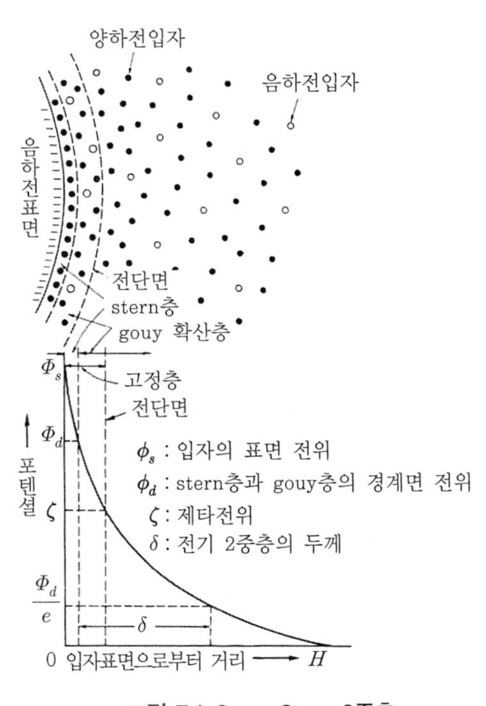

그림 7.1 Gouy·Stern 2중층

(2) 제타(ζ)전위

콜로이드입자의 표면에는 입자에 고정된 수층이 있기 때문에 입자가 이동할 때 주위의 정지한 물과의 사이에 활동면이 생긴다. 이 활동면에 나타나는 Gouy 층의 전위를 전기2중층에 있어서 **제타전위**(ζ- potential) 또는 **계면동전위**(electrokinetic potential)라고 한다(그림 7.1 참조).

상기와 같이 고정 수층이 표면에 존재하기 때문에 입자간의 반발력의 원동력이 되어 입자의 응집이 방해되는 것이다. 이러한 전기적 반발력을 줄이기 위해 가하는 전해질을 **응집제**(coagulants)라고 하며, 콜로이드입자와 반대 부호의 전하를 가진 이온의 원자가가 큰 전해질일수록 응집력이 크다.

이 관계를 Schultze-Hardy 법칙이라고 하며, 통상의 수도 원수 정도의 이온농도 조건하에서는 응집 임계 제타전위는 10~12(mV)가 실용상의 값으로 보고 있다.

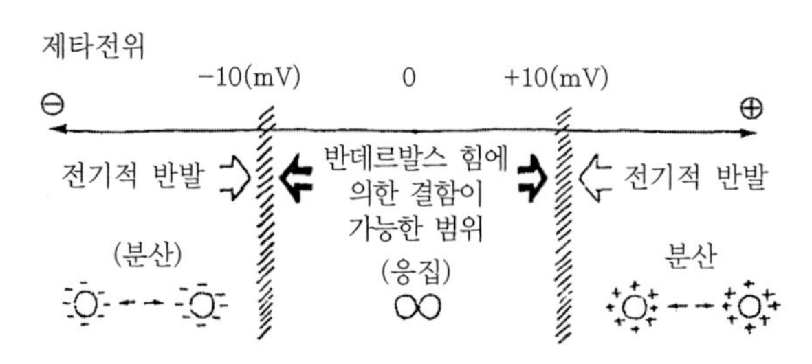

그림 7.2 콜로이드 결합의 범위

(3) 응집기구의 화학적 측면

응집의 현상에는 정전기적인 설명만으로는 불충분하며, 화학적으로 설명하지 않으면 안 되는 면이 있다. 예를 들면 전해질로서 황산알루미늄을 첨가한 경우, 양호한 플록을 생성시키기 위해서는 단순히 콜로이드입자의 제타전위를 저하시킬 뿐만 아니라, 동시에 알루미늄의 수산화물 형성이 필요하게 된다.

이 수산화물은 콜로이드입자의 공극에 존재하며, 입자간의 결합에 기여하고 있다고 생각된다.

알루미늄이온은 수중에서의 가수분해·중합반응에 의해 여러 가지 형태로 존재하지만, 일반적으로 pH에 의해 다르게 변한다. 이것을 표 7.1에 나타냈다.

표 7.1 pH와 알루미늄 종류

pH 영역	알루미늄 종류
$pH < 4$	$[Al(OH_2)_n]^{3+}$ ($n=6\sim10$)
$4 < pH < 6$	$[Al_6(OH)_{15})_n]^{3+}$, $[Al_7(OH)_{17}]^{4+}$, $[Al_8(OH)_{20}]^{4+}$, $[Al_3(OH)_{34}]^{5+}$
$6 < pH < 8$	$[Al(OH)_3]$ (침전)
$8 < pH$	$[Al(OH)_4]^-$, $[Al_5(OH)_{26}]^{2-}$

전하중하능력과 결합능력 중 어느 요소가 중요한가는 현탁질 성분의 종류나 그 크기에 의해 다르며, 이것에 의해 최적 응집 pH도 다르다.

한편 고분자 응집제는 멀리 떨어진 곳의 입자에 대해서도 입자와 압자와의 사이에 **가교**(cross linkage, 선상중합체 분자사이에 화학결합을 할 수 있는 것)를 만들어, 이들 입자를 결합시키는 작용이 있다. 고분자 응집제의 응집기구는 응집제의 종류에 의해 각각 특징이나 차이는 있지만, 상기의 가교작용과 중화작용에 근거하는 것으로 생각된다. 이상과 같이 응집제에는 전화중화능력뿐만 아니고 화학결합능력도 요구된다.

2) 응집용 약품

정수장에서 사용되는 응집용 약품에는 **응집제**(coagulants)와 **응집보조제**(coagulant aids)가 있다. 응집제는 무기계 및 유기계의 2종류로 분류된다. 응집보조제는 그 목적에 따라 2가지로 대별되며, floc 성장을 촉진하고 플록 입경을 크게 오히려 무겁게 하기위해 사용되는 **플록 형성 보조제**와 응집제의 가수분해 반응에 의해 소비되는 알칼리분이 부족하지 않도록 첨가되는 **알칼리 보조제**로 나뉜다. 이하에 이들의 주된 것에 관해 서술한다.

(1) 무기계 응집제

① **황산알루미늄**(황산반토, alum, $Al_2(SO_4)_3 \cdot 18H_2O$)

이것은 저렴하며 무독성이기 때문에 대량 첨가가 가능하며, 거의 모두 수중 탁질에 적합하며, 결정은 부식성·자극성이 없으며, 취급이 용이하여 시설을 오염시키지 않는다. 따라서 수도에서 가장 널리 사용되고 있는 응집제이다. 이것은 고형과 액상이 있다. 황산알루미늄 용존 알칼리와 반응하여 수산화알루미늄 또는 그 중합체를 생성한다.

② **암모니아백반**(ammonia alum, $(NH_4)_2SO_4 \cdot Al_2(SO_4)_3 \cdot 24H_2O$)

고탁도수가 아니면 비상 재해 등에 사용되는 소규모 정수 장치에 한해 단독 사용할 수 있지만 용해속도는 느리다.

③ **알루민산나트륨**(sodium aluminate, $NaAlO_2$)

수산화나트륨($NaOH$)에 알루미나(Al_2O_3)를 녹인 것으로, 단독으로는 응집작용이 약하기 때문에 통산은 황상알루미늄과 같이 사용한다.

④ **황산제1철**(ferrous sulfate, $FeSO_4 \cdot 7H_2O$, 녹반)

수중의 알칼리와 반응시간이 길기 때문에 반드시 알칼리제를 병용할 필요가 있다. 높은 알칼리도에서 탁도 만을 가지는 높은 pH의 수처리에 적합하다.

⑤ **염소화 코퍼러스**(chlorinated copperas, $FeSO_4 \cdot 7H_2O + 1/2Cl_2$)

황산제2철과 염화제2철과의 혼합물이다. 플록은 깨지기 어렵고 침강성이 좋으며, 응집 pH의 폭이 넓으며, 알칼리성에서 용해하지 않는 등의 이점이 있는 반면, 부식성이 강한 것이 결점이다.

⑥ **폴리염화알루미늄**(poly-aluminium chloride, PAC)

알루미늄의 축합에 의해 폴리머를 형성하고 있기 때문에 유명한 합성고분자 응집제이다. 황산알루미늄은 수중의 알칼리분과 반응하여 폴리머를 만들지만 PAC는 그 자체가 폴리머로서 만들어져 있기 때문에, 응집성은 황산알루미늄보다도 뛰어나다고 생각된다.

(2) 무기계 보조제

① **알칼리 보조제**

알칼리분이 부족한 원수에 대해 알칼리분을 보충하기 위해 사용되기 때문에, 수산화칼슘·탄산나트륨·수산화나트륨 등이 이용된다. 수산화칼슘은 경도를 증가시키며, 용해도가 작은 것이 결점이며, 탄산나트륨은 고가이지만 경도는 증가시키지 않고, 용해도가 크다.

② **플록형성 보조제**

여기에는 활성규산 (활성실리카)·응집침전 슬러지·벤트나이트·시멘트 더스트·플라이 애쉬 등이 있다.

활성규산은 콜로이드상의 중합규산이며, 그 자체가 음의 콜로이드이기 때문에, 양의 전하를 가진 알루미늄 수화물과 강하게 결합하여 강고하며 무거운 플록이 형성된다.

응집침전 슬러지를 병용하면, 황산알루미늄 단독 사용의 경우보다도 훨씬 효과적으로 응집할 수 있으며, 응집제의 절약도 된다. 슬러지에 미리 황산을 가해, 알루미늄을 용출시키는 것보다도 한층 효과를 기대할 수 있다.

③ **유기계응집제**

유기계응집제는 저분자염·계면활성제 및 고분자 응집제로 대별되지만, 응집제로서는 고분자 응집제가 대부분을 차지하며, 이외는 거의 사용되지 않는다.

고분자 응집제는 원료와 제법으로부터 천연고분자물 및 유도체와 합성고분자물로, 또 합성고분자물은 제법과 분자형상으로부터 중합형과 축합형으로 나뉜다.

고분자 응집제 중에서도 양이온성의 것은 상당히 흡착활성을 하며, 음하전입자로 흡착하여 제타전위를 낮추어, 가교에 의한 안정작용을 한다. 비이온성·음이온성은 중화효과는 기대할 수 없지만, 조대입자나 콜로이드의 1차 응결한 플록에 대해서는 가교작용이 발휘되며, 또 알루미늄 염·철염·양이온성고분자 응집제와의 병용에 의해 제탁 효과는 크다.

그러나 수도의 정수처리 공정에서 사용이 인정되고 있는 것은, 천연고분자물인 **알킬산 나트륨**뿐이며, 이 외의 유기고분자 응집제(폴리아크릴 아미드계)는 허가되지 않고 있다. 알킬산 나트륨은 다시마·대황·청새치 등을 알칼리 처리하여 만들며 음이온성이다. 그 작용은 가교작용·이온교환작용이다.

예제 7.1

대상 처리수량 10,000(m^3/일)의 정수장에 응집제 및 알칼리제의 주입장치를 계획하라. 응집제로서는 고형황산알루미늄을, 알칼리제로서는 수산화칼슘을 사용하며, 황산알루미늄 주입률은 최대 60(mg/L), 평균 30(mg/L), 최소 10(mg/L)로 한다.

해

황산알루미늄 최대 주입량$= 10000 \times 60 \times 10^{-3} = 600$(kg/일)

황산알루미늄 평균 주입량$= 10000 \times 30 \times 10^{-3} = 300$(kg/일)

황산알루미늄 최소 주입량$= 10000 \times 10 \times 10^{-3} = 100$(kg/일)

수산화칼슘 최대 주입량$= 600 \times 0.333 = 200$(kg/일)

수산화칼슘 평균 주입량$= 300 \times 0.333 = 100$(kg/일)

수산화칼슘 최소 주입량$= 100 \times 0.333 = 33$(kg/일)

황산알루미늄의 용해농도를 10(%), 수산화칼슘의 용해농도를 5(%)로 하면, 위의 각 경우에 대응하는 용액의 양은 각각 6000, 3000, 1000 및 4000, 2000, 670(L/일)이 된다. 용해조의 크기는 평균주입량의 1일분 용해할 수 있는 것을 2조씩 설계하는 것으로 하면, 결과는 다음과 같다.

황산알루미늄용액의 주입펌프와 계량장치 용량 : 1000~6000(L/일)

수산화칼슘의 주입펌프와 계량장치 용량 : 600~4000(L/일)

황산알루미늄 용해조 : 3000(L)×2조

수산화칼슘 용해조 : 2000(L)×2조

황산알루미늄 저장고 : 300(kg/일)×30일분=9(t)

수산화칼슘 저장고 : 100(kg/일)×30일분=3(t)

해설

고형황산알루미늄의 용해농도는 특별한 사정이 없는 한 10(%) 정도이다. 수산화칼슘은 용해도가 낮기 때문에, 완전히 녹지 않으며, 슬러리 상태로 사용하는 것이 보통이다. 용해조의 크기는 작업시간 관계상 1(일)분 또는 반일분의 용해량으로 선택하는 것이 많다. 응집제와 알칼리제의 저장량은 30(일)분 이상일 것으로 수도시설기준에 규정되어 있다.

예제 7.2

활성규산 1(kg)을 제조하는 데 필요한 규산소다 및 황산의 양을 구하라. 단 규산소다는 무수규산 28(%), 황산나트륨 9(%) 함유, 황산은 98(%) 농도의 것을 사용한다.

해

활성규산 조제의 반응식은 다음과 같다.

$$Na_2O \cdot nSiO_2 \cdot xH_2O + H_2SO_4 = Na_2SO_4 + nSiO_2 + (x+1)H_2O$$

또 Na_2O와 SiO_2와의 함유 양으로부터

$$n = \frac{62 \times 28}{60 \times 9} = 3.21$$

$$\therefore\ H_2SO_4\text{양} = \frac{98}{60 \times 3021} \times \frac{100}{98} = 0.519\,(\text{kg})$$

$$\therefore\ \text{규산소다 양} = \frac{100}{28} = 3.57\,(\text{kg})$$

규산소다 $Na_2O \cdot nSiO_2 \cdot xH_2O$의 활성제로서 황산외에 염소도 사용된다. 활성규산은 우변의 $nSiO_2$를 말한다.

7.2.2 플록형성의 이론

응집에 의한 제타전위가 어느 정도 저하한 단계의 입자군에서, 입자 상호의 충돌합일과 분리를 통하여 입자가 성장해 가는 응괴 현상을 **플록형성**(flocculation)이라고 한다. 플록형성은 브라운 운동, 흐름장소의 속도차, 난류에 의한 충돌합일 현상으로 밀접하게 관계한다.

그러나 이들 중 브라운운동(Brownian movement)에 의한 입자의 불규칙한 변동은, 입자경이 작은 범위(통상 1μ 이하)에서 볼 수 있는 현상이며, 게다가 이 정도까지의 입자의 성장은 실 장치에서는 비교적 단시간에 달성되기 때문에 실제로는 플록형성은 브라운 운동의 영향이 미치지 않는 영역에서의 문제라고 생각된다. 즉, 수류의 속도구배와 난류가 플록형성의 주원인이 되고 있다.

Camp, T. R. 등은 입자의 충돌회수는 그 점의 평균 흐름의 **속도구배**(velocity gradient)에 비례한다는 다음 식을 제안하고 있다.

$$N = \frac{4}{3} G d^3 n^2 \tag{7.1}$$

여기서, N : 단위체적의 현탁액 중에서 단위시간당 입자의 충돌회수

d : 입자의 직경

n : 단위체적의 현탁액 중에 포함되어 있는 입자 수

G : 속도구배$(= \sqrt{\epsilon_0/\mu})$

ϵ_0 : 단위시간당 단위체적의 유체 중에서 소실된 에너지

μ : 유체의 점성 계수

상식으로부터 플록형성의 정도는 속도구배뿐만 아니라 플록입자농도의 2승, 플록입자경의 3승에 비례하는 것을 알 수 있다.

실제 지에 있어서 플록형성은 후술하는 우류식 개거 수로나 플록큐레이터(flocculator)를

사용하지만 각각의 경우에 G값(G-value)은 다음과 같이 구할 수 있다.

• 우류식 개거 수로의 경우

$$G = \sqrt{\frac{v\rho gs}{\mu}} = \sqrt{\frac{vgs}{\nu}} = \sqrt{\frac{gh}{\nu t}} \tag{7.2}$$

• flocculator의 경우

$$G = \sqrt{\frac{C_D A v}{2\nu V}} \tag{7.3}$$

여기서, v : 평균유속　　　ρ : 물의 밀도
g : 중력가속도　　　s : 수면구배
ν : 물의 동점성계수　　　t : 체류시간
C_D : 형상저항계수　　　A : 총 교반 면적
V : 교반지 내의 물의 체적

Camp는 G=10~75(sec^{-1})을 최적 조건으로 하고 있지만, 더욱이 시간 요소를 도입한 ***GT*** **값**(G값과 플록형성지의 체류시간의 곱)도 제안하고 있으며, 이 값이 23,000~210,000의 경우에 만족한 교반조건을 얻을 수 있다고 하고 있다.

Fair, G. M.은 최적 G값을 30~60(sec^{-1})로 하고, 만약 G값을 혼화 도중에 조절할 수 있다면, 최초는 100(sec^{-1}) 정도로 높게 잡고, 나중에 플록 파괴를 방지하기 위해 10(sec^{-1}) 정도로 줄여도 좋다고 하고 있다.

다음으로 난류하에서 입자의 충돌 합일에 관해서는 Levich, V. G.에 의해 다음 식이 유도되고 있다.

$$N = 24\pi\beta\sqrt{\frac{\epsilon_0}{\mu}}\,d^3 n^2 \tag{7.4}$$

여기서 β는 정수이다. 상식 중의 $\sqrt{\epsilon_0/\mu}$는 식 (7.1)의 G값과 완전히 같은 형태이다.

전술의 G, T 값의 불합리성을 때문에, Levich, V. G.의 생각은 플록 성장과정을 나타내는 지표로서 현탁물 농도 C도 고려한 ***G· C· T*값**을 주장했다. 이것은 교반계속시간 T, 초기입자군의 체적 농도 C, 교반강도 지수 $G(=\sqrt{\epsilon_0/\mu})$의 곱으로 나타내고, ϵ_0로서는10^{-6}~10^{-7}(erg/cm^3·sec) 정도를 고려하면 좋다고 한다. $G\cdot C\cdot T$값을 이용한 플록형성지의 설계법에 관해서는 수리 공식집을 참조하기 바란다.

또한 플록의 물성, 즉 입경분포, 내부 구조 등의 기초적 성질은 **ALT 비**(알루미늄 주입률에 대한 탁도량 비)에 의해 결정된다고 생각되지만, 동일 ALT 비라도 탁질 농도가 높은 쪽이 낮은 것보다도, 플록 밀도·입경이 작게 된다는 보고도 있다.

7.2.3 응집지의 구조

1) 구성과 기능

응집지는 침전의 전처리 공정, 즉 혼화지와 플록형성지로 구성되어 있으며, 그 기능은 다음에 서술하는 3단계로 나누어 생각할 수 있다.

응집의 **제1단계**는 응집제와 원수와의 충분한 혼화이지만, 이 단계는 정수 효율 전반적으로 높이기 위해 극히 중요하다. 초기의 화학적·물리적인 현상은 극히 단시간 내에 완료하여, 미세한 플록의 핵이 형성된다. 그러기 위해서는 약품주입 후에 **급속혼화**(rapid mix)에 의해 응집제를 될 수 있는 한 급속 또는 균등하게 원수 중으로 확산시켜, 원수 전체를 동시에 화학반응이 일어나도록 하는 것이 효과적이다.

제1단계에서 형성된 미세 플록은 플록형성지로 흘러가면 원수중의 콜로이드입자가 플록 주위를 둘러쌓아 응집이 일어나는 것이 **제2단계**로 상당히 중요하다. 만약 이 응집의 단계에서 실패하면 여과수중에 콜로이드입자가 누출하며(breakthrough 현상), 이것을 방지하는 것은 거의 불가능하게 된다.

여기서는 플록과 콜로이드입자 간의 충돌을 될 수 있는 한 많게 하기 위해, 효과적인 완속의 연속 교반이 필요하다.

제3단계는 최종 단계이며, 플록형성지 후방에서 일어난다. 이 단계의 목적은 제2단계에서 응집한 플록을 상호 충돌에 의해 집괴시켜, 급속 침강성의 대형입자로 성장시키는 것이며, 역시 완속의 연속 교반이 필요하다. 이 3단계의 시점에서 직쇄형으로 분자량이 큰 중합체를 첨가하면 가장 효과를 올릴 수 있다.

2) 약품주입 설비

응집제·보조제 등을 첨가하기 위해서는 설비의 형식, 약제의 농도, 주입률, 주입장소 등을 고려한다. 응집제의 주입률은 일반적으로 jar-test에 의해 결정한다. 기타 이들 원수의 탁도나 알칼리도 등을 근거로 산정하는 방법이나 현탁입자의 CEC(양이온 교환용량) 등으로부터 구하는 방법도 제안되고 있다.

약제의 농도는 일반적으로 5~10(%) 용액이 적당하지만, 황산알루미늄에서는 저농도가 탁질 제거율이 높다. 주입량이 많을 때는 20~30(%)의 고농도로 하는 것도 있다.

주입장치에는 습식과 건식이 있다. 수도에서 주로 사용하는 황산알루미늄은 액상으로서 습식주입방식에 의하고 있지만, 주입장소는 혼화지의 입구, 또는 급속교반부 등 수류의 난류가 강한 장소가 적합하다. 알칼리제는 응집제가 가장 좋은 조건하에서 사용될 수 있도록, 주입장소는 응집제의 주입점보다 상류 측으로 하는 것이 보통이다. 또 플록형성 조제의 주입률이나 주입점은 통상 실험에 의해 결정한다.

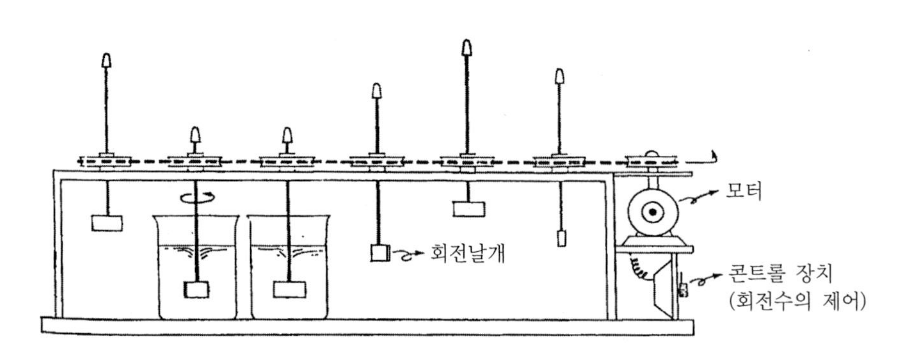

그림 7.3 자 테스트 장치

자 테스트(jar-test)

이것은 응집시험으로서 그림 7.2처럼 자 테스트(응집시험장치)를 사용하여 행한다. 즉, 수개의 비커에 시료수의 일정량을 취하고, 급속교반[회전날개의 주변속도 약 40(cm/sec)]을 하면서, 주입률이 단계적으로 변화도록 응집제를 전 비커에 동시에 주입한 후, 최초의 1분간 급속교반을 행하며, 계속해서 완속교반[회전날개의 주변속도 15(cm/sec)]을 10분간 행하면서, 이 사이 플록 생성 상황을 관찰하여 10분 경과할 때 교반을 정지하여 회전날개를 들어 올려 정치한다. 10분간 정치한 후, 플록의 침전 상황을 관찰하여 상등수의 탁도·pH 및 알칼리도 등을 측정하며 이들 시료수에 대한 최적 주입률을 결정한다. 자 테스트에는 날개의 회전속도를 자유로 바꿀 수 있도록 가변속 모터가 사용되고 있다.

3) 혼화지

원수와 약품을 혼화시키기 위해 각형 또는 원형의 독립된 혼화지를 만들든가, 또는 플록형성지의 일부 또는 수로의 일부를 이용하여 혼화지를 설치한다.

혼화시간은 계획정수량에 대해 1~5분간을 표준으로 하지만, 단시간이 좋은 결과를 초래한다.

혼화는 기계적 교반·펌프 등 외부로부터 기계적 에너지를 공급하는 방식과, 도수현상 또는 수로 중에 설치한 저류판 등을 이용한 수류자체의 에너지에 의한 방식이 있다. 일반적으로 기계교반방식은 수두 손실이 거의 없는 것이 특징이다.

① **기계교반에 의한 경우** : 독립한 혼화지에서는 지의 수심이 3~5(m)이며, 그 중심부에 연직축의 프로펠라식 회전날개를 주속 1.5(m/sec) 이상으로 회전시킨다. 이것을 **flash mixer**라고 한다. 급속혼화의 가장 일반적인 방법이다. 또 혼화지가 응집지의 일부로서 만들어져 있을 때는, 응집용 플록큐레이터(flocculator)와 같은 모양을 사용하는 것도 있다. 이 경우 주변속도는 1.5(m/sec) 정도로 한다.

② **저양정 펌프를 이용하는 경우** : 원수를 저양정 펌프로 양수하는 경우, 흡수 측에 약품을 주입하여 펌프 내 및 토출구의 난류를 이용하지만, 타 방법에 비해 조작상의 융통성은 낮다.

③ **도수현상을 이용하는 경우** : 착수정과 응집지와의 사이에 낙차가 있고, 급구배수로가 만들어져 있는 곳은 도수현상이 심한 난류를 이용할 수 있다. 후술의 저류벽에 의한 것보다도 손실수두가 적다.

④ **수로에 설치한 저류벽에 의한 경우** : 응집지에 이르는 도수로 또는 응집지의 일부를 수로상으로 하고, 여기에 수평 또는 상·하우류를 일으키도록 저류벽을 설치하는 것으로 소위 우류수로이다.

4) 플록형성지

플록형성지(flocculation basin)는 혼화지와 약품침전지와의 사이에서 후자에 접속하여 설계한다. 형태는 장방형으로하며, 플록큐레이터(flocculator)를 설치하든지, 또는 저류벽을 가진 우류수로의 형식을 취한다. 어쨌든 물에 미치는 교반 정도를 하류일수록 점점 줄이도록 고려한다. 플록큐레이터(flocculator)의 주변 속도는 15~80(cm/sec), 우류수로의 경우 평균유속은 15~30(cm/sec)를 표준으로 한다. 또 플록형성지의 체류시간은 보통 20~40(분)이 적당하다.

플록형성지에서 충분히 성장한 대형 플록이 플록형성지를 거쳐 침전지로 들어가기까지 도수로 중, 난류에 의해 파괴되지 않도록 수로는 개거로 하고, 오히려 관 길이를 될 수 있는 한 짧게 해야 한다.

또 유속이 크게 되는 도수로나 펌프 양수 등은 피해야 한다. 응집지의 한 예를 그림 7.4에 나타냈다.

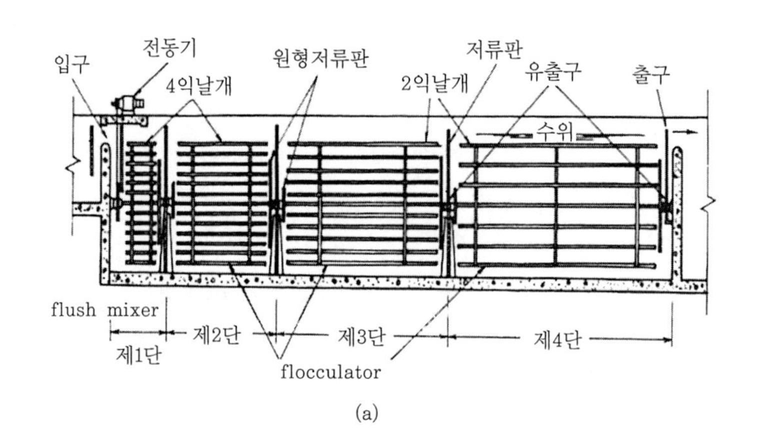

(a)

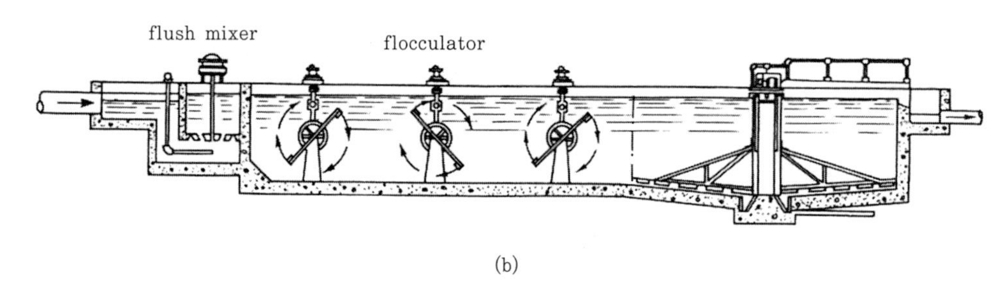

(b)

그림 7.4 응집지의 예

① **플록큐레이터(flocculator) 방식** : 플록큐레이터는 완속교반용 패들(paddle-날개 판)이며 (그림 7.5 참조), 수평 또는 연직의 회전축을 가지며, 수평식에는 축이 흐름방향에 평행한 것과 직각의 것이 있다.

지를 격벽으로 구획하여 순환수로로서 그 안에 설치하는 것이 보통이지만, 침전지의 일부를 플록형성지로서 이용하여 그 안에 설치하는 것도 있다.

교반에 의해 플록이 어느 크기까지 성장하면 수류에 의한 전단력에 저항할 수 없게 되어 파괴가 일어나기 때문에 플록이 크게 됨에 따라 교반강도를 낮출 필요가 있다. 이것을 **tapered flocculation**이라고 한다. 통상 패들의 면적 또는 회전수를 점감하는 방법을 취한다.

그림 7.5 플록큐레이터(flocculator)의 일 예

② **우류 수류방식** : 이 방식은 물이 가지고 있는 수두를 교반에 이용하는 것이기 때문에, 그림 7.6처럼 상하우류식과 수평우류식이 있다. 일반적으로 수량·수질의 급변에 대해서 융통성이 없기 때문에 손실수두가 큰 것이 단점이다.

단면도

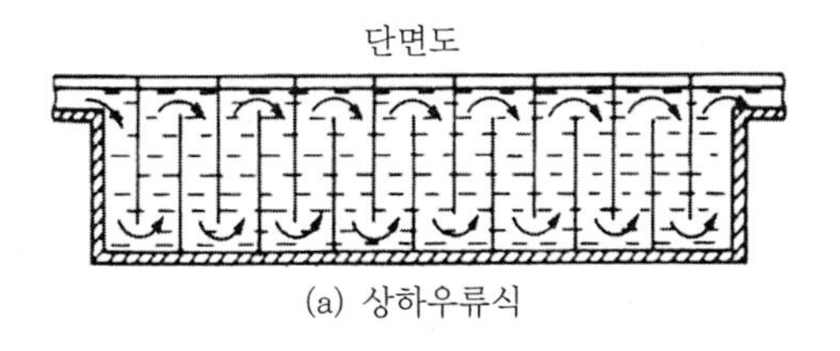

(a) 상하우류식

평면도

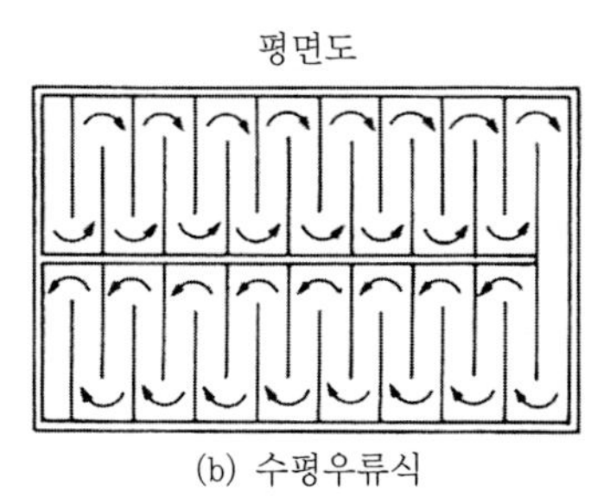

(b) 수평우류식

그림 7.6 우류방식 플록형성지

예제 7.3

처리수량 50,000(m^3/일)의 급속교반지를 설계하라. 단 사용하는 감속기의 효율을 85(%)로 한다.

해

체류시간을 1분으로 하면,

$$\text{지의 필요 용량} = \frac{50000}{1440} \times 1 = 34.7\,(m^3)$$

따라서 크기를 가로 3.5(m)×세로 3.5(m)×유효높이 3(m), 36.8(m^3)가 된다.

$$\text{필요 축동력} = \frac{50000}{86400} \times 2.5 = 1.45\,(kW)$$

$$\text{전동기 동력} = \frac{1.46}{0.85} = 1.7\,(kW) \rightarrow 2.2\,(kW)$$

해설

급속교반지는 정방형 및 장방형으로 하는 것이 많다. 유효수심은 교반날개 구조에 의해서 다르지만, 대충 변 길이와 같은 정도로 생각하면 좋다. 전동기의 출력은 범용의 것을 선택한다. 1440 및 86400의 수치는 각각 1일을 분, 초로 나타낸 것이다.

예제 7.4

예제 7.3에서 교반기의 속도구배 G값과 Gt값을 계산하라. 단 전동기는 최대 출력으로 사용하는 것으로 한다.

해

G값을 나타내는 식으로

$$G = \sqrt{\frac{p}{\mu}}$$

여기서 p =물단위체적당 소비되는 동력= $\frac{2.2 \times 0.85 \times 10^3}{36.8}$ $(\mathrm{kg \cdot m^3/s^3/m^3})$

$$\mu = 1\,(cP) - 10^{-3}(\mathrm{kg/m \cdot s})$$

$$G = \sqrt{\frac{2.2 \times 0.85 \times 10^3}{36.8 \times 10^{-3}}} = 225\,(\mathrm{s}^{-1})$$

$$Gt = 225 \times \frac{36.8 \times 86400}{50000} = 1.43 \times 10^4\,(-)$$

예제 7.5

플록형성지에서 G=30~60(s^{-1}), Gt =10^4~10^5으로 하였을 때, 처리 수량당 교반동력은 어떤 범위에 있는가?

해

물에 미치는 교반동력을 $P(W)$, 플록형성지의 용량을 $V(\mathrm{m}^3)$, 물의 점도를 $\mu(\mathrm{kg/m \cdot s})$라 하면,

$$G = \sqrt{\frac{P}{V\mu}}$$

또 처리수량을 $Q\,(\mathrm{m^3/s})$라 하고, 체류시간을 t라 하며,

$$V = Q \cdot t$$

이다.

따라서 $P = G^2 V\mu = G^2 Qt\mu$

$$\therefore \frac{P}{Q} = G \cdot Gt \cdot \mu$$

$\mu = 10^{-3}(\mathrm{kg/m \cdot s})$, $G = 30 \sim 60(s^{-1})$, $Gt = 10^4 \sim 10^5$을 대입하면,

$$\left(\frac{P}{Q}\right)_{\max} = 60 \times 10^3 \times 10^{-3} = 6000(\mathrm{W/m^3}) = 6.0(\mathrm{kW/m^3})$$

$$\left(\frac{P}{Q}\right)_{\max} = 30 \times 10^4 \times 10^{-3} = 300(\mathrm{W/m^3}) = 0.3(\mathrm{kW/m^3})$$

이상의 결과로부터 예제를 만족하기 위해서는 처리수량 1(m^3/s)당 0.3~6.0(kW)의 동력이 필요하다.

해설

1(W)=1(J/s), 1(J)=1(N·m), 1(N)=1(kg·m/s^2)이다.

실제의 flocculator에서는 동력은 위의 계산치의 최댓값 부근을 취할 수 있다.

보통은 변속기가 붙어 있기 때문에, G값이나 Gt값을 보다 작게 운전할 경우는 날개 회전 속도를 줄이면 된다.

예제 7.6

처리수량 50000(m^3/일)의 플록형성지를 설계하라. 단 지의 수는 2지로 하며, 입축의 교반날개를 각 2기씩 설치하는 것으로 한다.

해

체류시간을 30(min)으로 하면,

$$\text{필요한 1지의 용량} = \frac{50000 \times 30}{2 \times 1440} = 520(\mathrm{m^2})$$

따라서 지의 크기는, 가로 18(m)×세로 9(m)×수심 3.5(m)가 된다.

다음으로 교반동력은 예제 7.5를 참고로 하여,

$$필요한\ 교반\ 동력= \frac{50000 \times 6.0}{4 \times 86400} = 0.87\,(\mathrm{kW})$$

감속기의 효율을 90(%), 변속기의 효율을 80(%)로 하면,

$$전동기\ 출력= \frac{0.87}{0.9 \times 0.8} = 1.21\,(\mathrm{kW}) \rightarrow 1.5\,(\mathrm{kW})$$

예제 7.7

처리수량 50000(m^3/일)의 상하우류식 플록형성지를 설계하라.

해

체류시간을 30(min)으로 하면,

$$필요한\ 지의\ 용량 = \frac{50000 \times 30}{1440} = 1040\,(\mathrm{m^2})$$

유량을 Q, 지의 입구와 출구와의 수위차를 H, 지의 용적을 V라 하면,

$$G = \sqrt{\frac{P}{V\mu}} = \sqrt{\frac{\rho\, Q\, H\, g}{V\,\mu}}$$

$$\therefore H = \frac{G^2\, V\mu}{\rho\, Q\, g}$$

$G = 50\,(s^{-1})$로 하면, 필요한 수위차 H는

$$H = \frac{50^2 \times 1040 \times 10^{-3}}{10^3 \times (50000/86400) \times 9.8} = 0.458\,(\mathrm{m})$$

따라서 조 용량 1040(m^3), 입구 출구의 수위차 0.46(m)의 지이면 된다.

7.3 침전의 이론

7.3.1 입자의 침강속도

1) 단입자의 침강속도

단입자(discrete particle)는 수중을 자유롭게 침강하는 중 크기·형태·중량 등 그 입자의 물성이 시종 변화하지 않는 입자를 말한다.

일반적으로 비교적 입경이 큰 모래·자갈·금속 조각 등이 이들에 해당한다. 이러한 미소입자가 정수 중을 자유로이 침강하면 초기에는 가속도가 더해지지만, 결국은 입자에 작용하는 마찰저항력과 중력 및 부력이 균형을 이루었을 때, 입자는 일정의 속도로서 침강하기에 이른다. 이때 일정속도를 **한계침강속도**(critical settling velocity), 또는 **종말속도**(terminal velocity)라고 하며 이 입자의 중요한 수리학적 특성이다. 통상 단순한입자의 침강속도라는 것은 종말속도를 말한다. 이 침강속도는 상술의 균형조건으로부터 다음과 같이 구할 수 있다.

지금, F_I : 입자에 작용하는 외력, ρ_s : 입자의 밀도(kg/m^3), ρ_f : 유체의 밀도(kg/m^3), V : 입자의 체적(m^3), g : 중력가속도[980(cm/s^2)]라고 하면, F_I은

$$F_I = (\rho_s - \rho_f) g V \tag{7.5}$$

가 된다. 한편, 입자에 작용하는 마찰저항력 F_D는 입자의 저항계수 C_D, 입자의 침강속도를 v_s, 침강방향에 직각입자의 단면적을 A_C라고 하면 다음 식으로 표현할 수 있다.

$$F_D = C_D \cdot \frac{A_C \rho_F v_s^2}{2} \tag{7.6}$$

따라서 침강속도 v_s는 식 (7.5)와 식 (7.6)을 등식으로 하면 다음 식을 얻을 수 있다.

$$v_s = \sqrt{\frac{2g}{C_D} \cdot \frac{\rho_S - \rho_F}{\rho_F} \cdot \frac{V}{A_C}} \tag{7.7}$$

또한 입자가 직경 d(m)의 구형이라면, $V=\pi d^3/6$, $A_C=\pi d^2/4$이므로, 이들을 식 (7.7)에 대입하면 다음 식을 얻을 수 있다.

$$v_s=\sqrt{\frac{4}{3}\cdot\frac{g}{C_D}\cdot\frac{\rho_S-\rho_F}{\rho_F}\cdot d} \tag{7.8}$$

여기서 C_D는 레이놀즈수(Re)의 함수이며, Re의 값의 범위에 의해 v_s는 근사적으로 다음과 같다.

① **미립자 $Re<1$**(Stokes's law)

$$v_s=\frac{g(\rho_S-\rho_F)\cdot d^2}{18\mu} \tag{7.9}$$

여기서, d : 입자경(m), ρ_S : 입자 밀도(kg/m^3)

ρ_F : 유체 밀도(kg/m^3), μ : 액체 점성계수(g/cm·s)

g : 중력가속도[980(cm/s^2)]

$$Re=\frac{d\cdot v\cdot\rho_F}{\mu}$$

② **중간 입자 $1\le Re\le 1{,}000$**(Allen's law)

$$v_s=0.023\left[\frac{(\rho_S-\rho_F)^2g^2}{\mu\rho_F}\right]^{\frac{1}{3}}\cdot d \tag{7.10}$$

③ **큰 입자 $1{,}000<Re<250{,}000$**(Newton's law)

$$v_s=1.82\left[\frac{g(\rho_S-\rho_F)d}{\rho_F}\right]^{\frac{1}{2}} \tag{7.11}$$

이들의 각 식 중 어느 것을 사용할 것인가는 Re 수의 계산에 의해 결정되기 때문에, Re 수 계산에는 침강속도의 값이 필요하다.

이들 계산상 어려움을 해결하기 위해서는 시행착오적으로 어느 식으로 계산하여 Re 수를 나중에 검산하는 방법 외에 도표를 사용하는 방법이 고안되고 있다.

그 하나의 방법은 다음과 같다. 즉, 식 (7.8)과 $Re = Dv\rho_F/\mu$로부터 v를 제거하면,

$$CRe^2 = \frac{4}{3}\frac{D^3(\rho_S - \rho_F)\rho_F g}{\mu^2} = \frac{13.08 D^3(\rho_S - \rho_F)\rho_F}{\mu^2} \tag{7.12}$$

또 D를 제거하면,

$$\frac{C}{Re} = \frac{13.08\mu(\rho_S - \rho_F)}{{\rho_F}^2 v^3} \tag{7.13}$$

입자의 침강속도를 알기 위해 식 (7.12), 침강속도로부터 입자경을 알기 위해서는 식 (7.13)을 사용하며, CRe^2 또는 C/Re를 계산하여, 나중에 그림 7.7을 이용하여 v 또는 D를 계산하여 구할 수 있다.

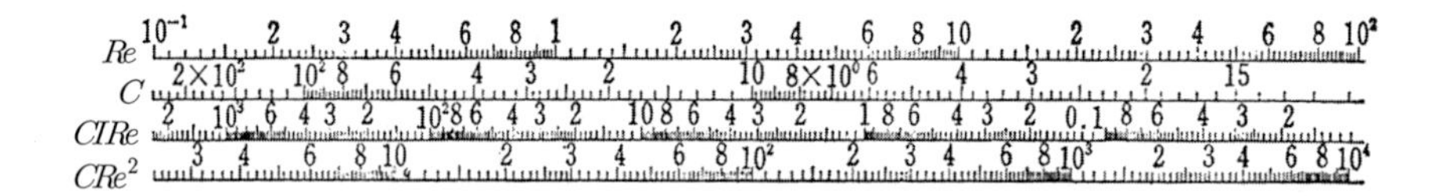

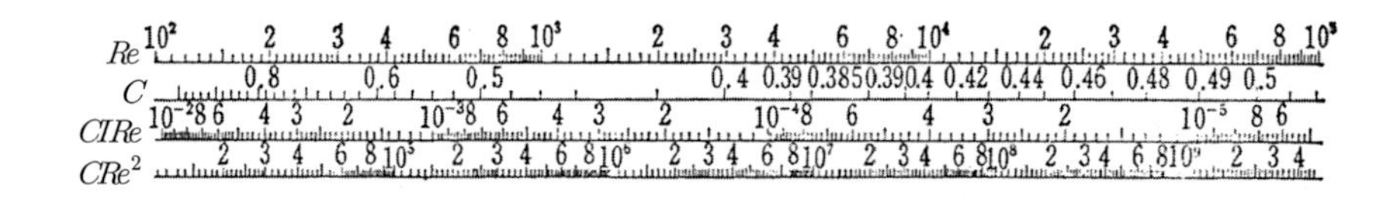

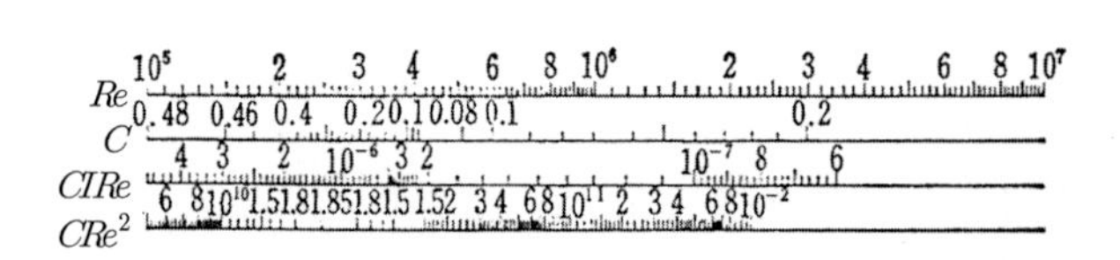

그림 7.7 구형입자의 저항계수 및 그 함수와 Re 수의 관계

예제 7.8

밀도 1200(kg/m³), 직경 1(mm)의 입자가 20(°C)의 수중을 침강할 때의 종속도를 구하라.

해

20(°C) 물의 점도는 1(cP)=10^{-3}(kg/m·s)이기 때문에, 식 (7.12)로부터

$$CRe^2 = \frac{13.08 \times 0.001^3 \times 1000 \times (1200 - 1000)}{0.001^2} = 2620$$

그림 7.7로부터 $Re \fallingdotseq 40$을 구할 수 있기 때문에

$$D = \frac{Re\ \mu}{v\ \rho_F} = \frac{40 \times 0.001}{1000 \times 0.001} = 0.04(\mathrm{m/s}) = 40(\mathrm{mm/s})$$

예제 7.9

20(°C)의 수중을 침강하는 입자의 침강속도가 24(mm/s)일 경우, 입자의 직경은 얼마인가? 단 입자의 밀도는 1200(kg/m³)으로 한다.

해

식 (7.13)으로부터

$$\frac{C}{Re} = \frac{13.08 \times 0.001 \times (1200 - 1000)}{1000^2 \times 0.024^3} = 0.19$$

그림 7.7로부터 $Re \fallingdotseq 16$을 구할 수 있기 때문에

$$D = \frac{Re\ \mu}{v\ \rho_F} = \frac{16 \times 0.001}{0.024 \times 1000} = 0.00067(\mathrm{m}) = 0.67(\mathrm{mm})$$

2) 다입자의 침강속도

모래입자군과 같은 응집성이 없는 다수의 입자가 동시에 침강하는 경우 침강속도는, Fair 등이 행한 급속여과지의 역세정 실험에서 얻은 다음 식이 이용된다.

$$v = v_s \cdot f_e^{4.5} \tag{7.14}$$

여기서, v : 입자의 집단 침강속도, v_s : 단입자의 침강속도, f_e : 입자 집단의 공극률

급속여과지의 역세정은, v에 상당하는 역세정 속도에 대응하여, 사층이 f_e가 되는 공극률을 나타내는 상태로 팽창하고 모래면이 일정한 위치에 정지하고 있을 때, 입자에 작용하는 중력과 부력 및 물의 저항력이 서로 균형을 잡고 있다. 이 식에 의하면 입자의 체적농도가 약 0.22(%)일 때 $v/v_s = 0.99$가 되며, $v \fallingdotseq v_s$로 볼 수 있다. 즉, 0.22(%)의 체적농도는 모래입자에서는 중량농도이며, 약 6(g/L)에 해당하기 때문에 이 농도 이내라면 간섭의 영향은 거의 무시할 수 있다.

여기서 입자가 단순한 구형이라 생각하고 Stokes의 식에 대해 고찰해보자. 침전은 수처리 중 가장 중요한 조작 중 하나이다. 즉, 물보다 무거운입자는 정체됨 물, 또는 극히 흐름이 느린 물에서 침강하여 물과 분리된다. 이 원리를 이용하여 원수가 천천히 흐르도록 넓은지에 유입시켜 입자를 분리하는 것이 **침전지**이다.

입자는 이론적으로 침강되어도 물의 온도차나 바람 등에 의해 야기된 물의 대류에 의해 상하 방향으로 혼합되어 실제로 침강되지 않는다. **보통침전지**(약품을 사용치 않고 단순히 침전시키는 장치)는 **8~12시간** 정도의 긴 체류시간을 거쳐 물을 천천히 흐르게 하여 현탁물을 침전시킨다. 여기서 침전되지 않는 입자는 여과지로 흘러들어 간다. 즉, 10시간 정도 침전시켜도 침강하지 않는 입자는 침전으로 거의 분리되지 않는 것이라 생각해도 좋다. 이것은 물의 대류에 의한 방해 때문이다. 이와 같은 입자가 고농도로 존재할 경우 여과지로 흘러 들어가기 전에 충분히 제거하지 않으면 수처리 조작이 어렵다.

따라서 수처리에서는 응집과 플록형성 조작이 중요하다고 할 수 있다. 약품으로 결집된 입자를 침강시키는 장치가 **약품침전지**라고 한다.

침강속도는 입자의 크기, 밀도, 형상, 물의 온도(점성) 등에 따라 결정된다.

Stokes의 식에 의하면 침강속도는 식 (7.9)와 같다.

$$v_s = \frac{g(\rho_S - \rho_F) \cdot d^2}{18\mu}$$

침강속도는 입자 직경의 2승에 비례하여 커지기 때문에 입경이 클수록 침강속도는 급속하게 커진다. 입자의 침강속도가 커지면 Stokes의 식이 사용되지 못하고 Allen 식이나 Newton 식이 필요하다.

일반적으로 수도에서는 층류에서의 침강을 행하기 때문에 Stokes 식이 사용된다. 플록형성은 입경을 크게 하기 위하여 침강속도를 증대시키기 위한 조작이다. 플록입자기 커짐에 따라 플록 간극에 포함되는 물의 비율이 증가하기 때문에 밀도가 점차 낮아진다.

이 관계는

$$\rho_S - \rho_F = \frac{1}{d^{K_\rho}} \tag{7.15}$$

K_ρ는 일반적으로 1.2~1.5의 값을 취한다. 따라서 증대하는 플록입경의 약 1~2승에 반비례하여 플록의 밀도는 작아진다. 이 관계를 Stokes식에 대입하면 침강속도는

$$d^2 \times \left(\frac{1}{d^{K_\rho}}\right) = d^{0.5} \tag{7.16}$$

이 식에서는 상수, 중력가속도 및 물의 점성계수는 생략하고 직경의 관계만 표시하고 있다. 따라서 밀도가 변하지 않는 모래입자 등의 입자 직경이 5배로 되면 침강속도는 **5^2=25배** 증가하나, 실제 플록에서는 **$5^{0.5}$=2.23배**밖에 증가하지 않는다.

7.3.2 침전효율식

1) Hazen의 이상 침전지에 관한 이론

상류식 장방형 침전지의 침전효율 계산의 기초가 되는 것은 Hazen, A가 주장한 이상 침전지에 관해서 유도된다. 이상 침전지에서는 난류나 편류가 일어나지 않고, 현탁입자의 농도가 흐름 방향에 직각의 단면을 통하여 균등하며 수평유속이 지내의 모든 부분에서 일정하고 입자의 침강속도도 일정하며, 또 퇴적한 입자는 퇴적 장소에서 이동하지 않는 것으로 한다.

수평유속 v가 지내의 어디에도 일정하며, 한번 침전조 저부에 달한 입자는 재차 상승하는 것은 없다고 가정한다.

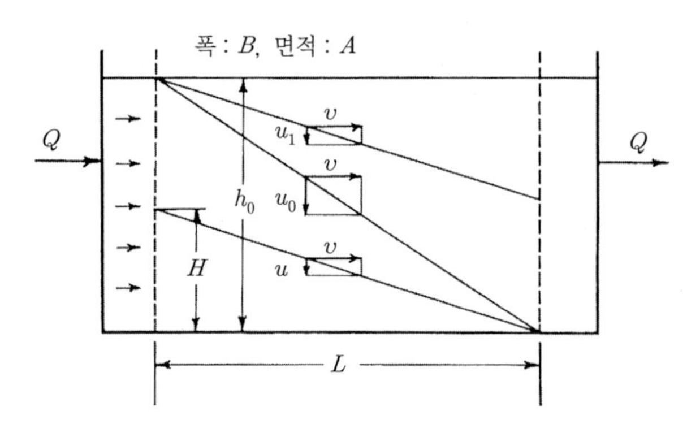

그림 7.8 Hazen의 이상적 층류 침전지(압출 모델)

지금 h_0 : 침전부의 수심, t : 침강속도 u_0를 가진 입자가 L의 거리만큼 침강해서 침전지의 바닥에 도달하는 시간(또는 침전지의 체류시간), v : 수평유속 Q : 유량, V : 침전부의 용적, A : 침전부의 수면적이라고 하면,

$$u_0 = \frac{h_0}{t} = \frac{h_0}{L/v} \tag{7.17}$$

또는

$$Q = u \times B \times h_0 \tag{7.18}$$

이 두 식을 합하면

$$u_0 = \frac{Q}{L \times B} = \frac{Q}{A} \tag{7.19}$$

가 된다. 이 u_0의 것을 **표면 부하율**(surface loading) 또는 **월류율**(overflow rate)이라고 하며, (cm/sec) 또는 (cm/min)라고 하는 속도의 차원을 가지고 있다. 이것은 침전지에서 100(%)

제거할 수 있는 최소입자의 침강속도를 의미하며, 지의 처리수량을 침전지의 표면적으로 나눔으로서 단순하게 구할 수 있다.

침전지 상단에서 유입한 입자가 침전지 출구의 침전조 저부에 달할 때, 이 입자의 침강속도를 u_0라 하면 제거율 y는 다음과 같다. $u \geq u_0$이면 전입자가 제거된다. 즉, $y=1$. 제거율 100(%)이다.

$u_0 \geq u$과 같은 침강속도 u_1을 가진 입자는 상향류식 침전지에서는 제거되지 않지만, 횡류식의 경우에는 전부는 아니지만 일부만 제거된다. 즉, 침전부의 유입단의 연직단면 내에 분산하고 있는 입자 중 침전부의 바닥에서 상방, $h=u \cdot t$의 거리 이내에 있는 것만 제거된다.

여기서, 현탁입자의 개수 농도를 C라고 하면, 침전부의 유입단에서 흐름 방향으로 생각한 미소구간 ΔL 내에 존재하는 입자 수는(폭은 단위 길이를 생각한다), 전 수심 h_0를 통해서 $C \cdot h_0 \cdot \Delta l$개가 있으며 h의 부분에서는 $y=1$개가 된다.

그런데 h의 부분에 있는 입자는 침전되기 때문에 침전제거율 y는 다음과 같다.

$$y=\frac{C \cdot h \cdot \Delta l}{C \cdot h_0 \cdot \Delta l}=\frac{h}{h_0}=\frac{u \cdot t}{u_0 \cdot t}=\frac{u}{u_0}=\frac{u}{Q/A} \tag{7.20}$$

여기서, h_0 : 침전지의 유효 깊이, L : 침전지 길이

B : 침전지 폭, Q : 처리수량, A : 침전지 수면적

h : 침강속도 u가 되는 입자가 L만큼 진행한 사이의 침강하는 거리

이들로부터 침전 제거율은 입자의 침강속도와 표면 부하율과의 함수이며 지의 수심이나 체류시간에는 관계가 없는 것을 알 수 있다.

2) Hazen의 제거율에 관한 이론(완전 혼합 모델)

침전조 내의 입자 농도는 모든 점에서 유출수 농도와 같고, 한번 침전조 저부에 침강한 입자는 재차 부상하지 않는다고 가정한다. 그림에서 유입 농도를 τ_0, 유출농도를 τ로 하면 가정에 의해 침전조 내부의 입자 농도는 τ이므로

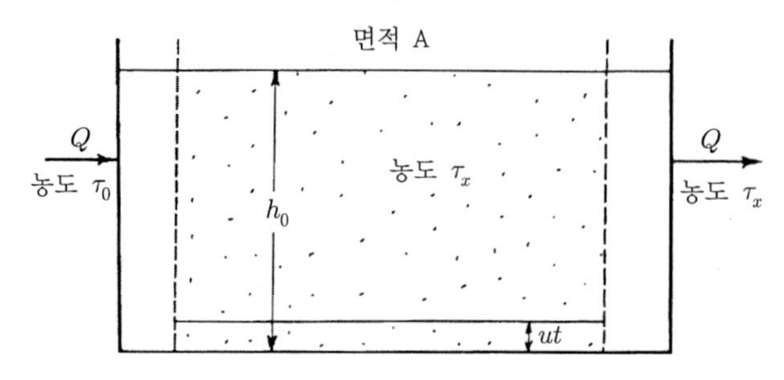

그림 7.9 Hazen의 완전혼합 모델

t시간에 유입하는 입자량$=Q\tau_0 t$

t시간에 유출하는 입자량$=Q\tau t$

t시간에 침전하는 입자량$=utA\tau$

$$\therefore \ Q\tau_0 = Q\tau t + utA\tau \tag{7.21}$$

$$\therefore \ \frac{\tau}{\tau_0} = \frac{1}{1+\dfrac{u}{Q/A}} \tag{7.22}$$

$$\therefore \ y = 1 - \frac{\tau}{\tau_0} = 1 - \frac{1}{1+\dfrac{u}{Q/A}} \tag{7.23}$$

Hazen 이외에도 많은 사람이 여러 가지 침전이론을 제출하고 있다.

예를 들어 **Fair**는

$$y = 1 - \left(1 + \frac{1}{n} \cdot \frac{u}{Q/A}\right)^{-n} \tag{7.24}$$

여기서 n은 정상계수, $1\sim\infty$의 값을 취하며, 이 값이 클수록 단격류가 작은 침전지가 된다.

또 Nakagawa(中川)는 상하 방향은 혼합하지만, 전후 방향은 비혼합이라고 하는 모델을 가정하여 다음 식을 제안하고 있다.

$$y = 1 - \exp\left(-\frac{u}{Q/A}\right) \tag{7.25}$$

이상 어느 식에서도 입자의 침강속도 u와 표면적 부하 Q/A와의 비가 침전효율에 관계하고 있는 것을 알 수 있다. 따라서 침전효율을 높이기 위해서는 입자의 침강속도를 크게 하든지, 또는 표면적 부하를 작게(침전면적을 크게) 하면 좋다.

침강속도를 크게 하는 것이 응집이며, 고속 응집침전지는 입자의 침강속도를 극한까지 크게 한 것이다. 이에 대해 표면적 부하를 작게 하려고 하는 노력은 2계층 침전지 또는 3계층 침전지라는 형태로 이것이 더욱이 경사판 침전지 또는 경사관 침전지로 실용화되고 있다.

예제 7.10

中川(Nakagawa)식 (7.25)를 유도하라.

해

다음 그림 7.10에서 입구로부터 거리 l의 위치의 미소두께 dl의 부분에 관해서 생각하자. 상하방향에는 완전하게 혼합하고 있다면, 이 미소부분에서는 위에서 아래까지 현탁물 농도 τ는 같다. 이 미소 부분에 들어가는 현탁물 농도를 τ, 나가는 현탁물 농도를 $\tau + d\tau$라고 하면,

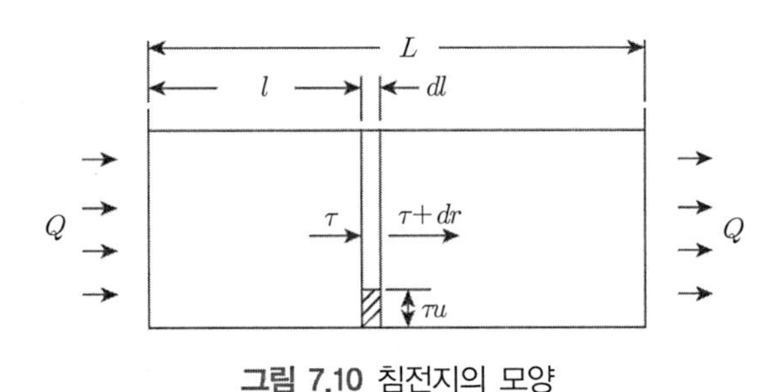

그림 7.10 침전지의 모양

단위시간에 유입하는 현탁물량$= Q\tau$

단위시간에 유출하는 현탁물량$= Q(\tau + d\tau)$

단위시간에 침전하는 현탁물량$= \tau u B dl$

$$\therefore\ Q\tau = Q(\tau + d\tau) + \tau\, u\, B\, dl$$

$$\therefore\ \frac{dtau}{\tau} = -\frac{Bu}{Q}dl$$

$$\therefore\ \ln\tau = -\frac{Bu}{Q}l + C$$

$l = 0$에서 $\tau = \tau_0$이기 때문에, $C = \ln\tau_0$이다. 따라서 $l = L$에서는

$$\ln\frac{\tau}{\tau_0} = -\frac{B\,u}{Q}L = -\frac{A\,u}{Q}$$

$$\therefore\ \frac{\tau}{\tau_0} = \exp\left(-\frac{u}{Q/A}\right)$$

$$\therefore\ y = 1 - \frac{\tau}{\tau_0} = 1 - \exp\left(-\frac{u}{Q/A}\right)$$

3) 수류의 모델화에 의한 침전효율식

Hazen, A.는 지내 수류의 난류를 고려하여 다음 식을 유도하였다.

$$E = \left(1 - \frac{T}{nt}\right)^n \tag{7.26}$$

여기서, t : 지내의 체류시간

T : 입자가 수면에서 지저에 도달하는 시간

n : 가상의 작은 침전지 수

이것은 침전지가 n개의 동일한 작은 침전실에서 이루어지며, 그 실에서 t/n 시간 정치 침전한 후에 난류가 일어난다. 이 정치시간 내에 침전하지 않았던 잔존입자가 상하 같은 모양으로 부유하며, 다음의 소실로 들어가서 여기에서 재차 정치된다고 하는 현상이 n회 반복한다고 가정하여 유도된 것이다.

또한 일단 침전한 입자는 이동도 재부상도 하지 않는다고 한다. Fair는 다음 식으로 침전효율을 나타냈다.

$$E = 1 - \left[1 + \frac{1}{n}\frac{v_s}{Q/A}\right]^{-n} = 1 - \left[1 + \frac{1}{n}\frac{t}{T}\right]^{-n} \tag{7.27}$$

이 식은 역시 침전입자의 재부상은 없다고 하고, 단위시간당 입자가 제거되는 율은 잔존 부유물 농도와 $\frac{1}{(T+t/n)}$이 되는 함수와의 곱으로 같다고 해도 유도된 것이다.

n은 **정상계수**(coefficient of quiescence)라 하며, 난류가 잔잔해지는 정도를 나타내는 지표이며, 이 값이 클수록 침전지의 기능이 좋은 것을 나타낸다.

n값을 미리 아는 것은 어렵지만 기설의 침전지의 효율을 평가하는데 편리하다. 그 판정의 기준은 n=1 불량, n=2 거의 불량, n=4 양호, n=8 우수, $n=\infty$ 최상이다.

그림 7.11에 종류의 n 값에 대한 E와 $\frac{v_s}{(Q/A)}$의 관계가 나타나 있다. n=1은 상하 전후에 완전히 교반된 경우(완전 혼합)에 상당하며, $n=\infty$는 교반은 상하만으로 전후로 행하지 않는 경우(불완전 혼합)에 해당한다.

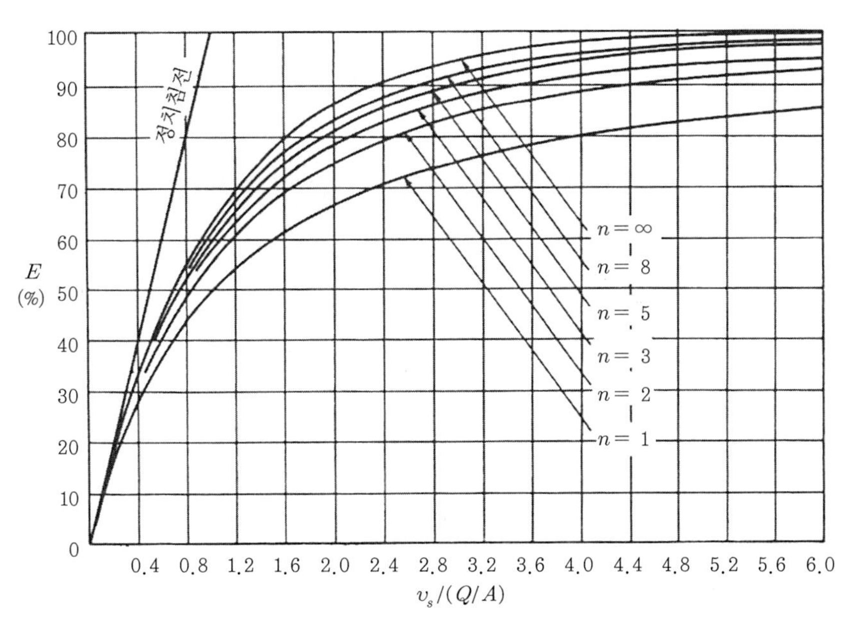

그림 7.11 E와 $\frac{v_s}{(Q/A)}$ 및 n과의 관계

7.4 침전지의 구조

7.4.1 개 요

정수시설에서 사용되는 침전지를 분류하면, 보통침전지와 약품(또는 응집)침전지로 대별할 수 있다. 보통침전지는 수중의 현탁물입자를 자연 상태에 있는 그대로 침전시켜 분리하는 방식으로 완속여과지의 전처리 시설로서 설치되는 것이 많다. 이에 대해 7.1의 총설의 앞부분에서 서술한 바와 같이 약품(응집)침전을 행하는 침전지를 약품침전지라고 한다. 보통은 급속여과지와 조합하여 사용한다. 이미 서술한 바와 같이 약품침전은 기본적으로는 약품주입, 혼화 및 플록형성, 침전분리의 3공정에 의해 구성되어 있다. 약품침전지에는 최종 공정인 침전 분리만을 목적으로 한 것과 3공정 모두를 하나의 조에서 행하는 것이 목적이며 전자를 횡류식 침전지, 후자를 고속응집침전지로서 구별한다.

7.4.2 횡류식 침전지

횡류식 침전지는 약품주입, 혼화 및 플록형성의 단계를 거쳐 들어온 물을 응집플록의 침전분리를 행하는 시설이다. 이것의 원래 형태는 장방형의 횡류이며, 물을 한 점에서 유입시켜 한 점으로부터 유출되는 형태이다. 그러나 이 형식에서는 지내에서 생기는 소용돌이·정체된 물·단락류 및 유출입구 부근에서의 난류 등에 의한 **용량효율**의 저하는 피할 수 없다. 여기서 침전효율을 높이기 위해 여러 가지로 개량되어 왔으며 또한 이론적으로 뒷받침되어 왔다. 예로서 정류벽의 설치, 다층식 침전·경사판 침전 등이 여기에 해당한다. 지의 형태로서는 장방형 이외에도 원형·선형 등도 있지만 이들은 수류 상태가 극히 불안정하다는 이유로 바람직하지는 않다.

1) 단층식 침전지

(1) 지의 형태·크기

지내의 소용돌이·편류·단락 등 수류의 불량 상태를 될 수 있는 한 소거하고, 유수상태를 조정하여 흐름을 평행 직선적으로 하기 위해서는 **길이와 폭의 비**를 3~8 : 1로 하는 것이 바람직하다. 그러나 중간 정류벽(후술)을 설치하는 경우는 3~5 : 1로 하며, 중간 정류벽에 의해 전장이 몇 개로 구분되어 있는 경우에는 각 구획마다 상기의 비율을 유지하는 것이 바람직하다. 너무 가늘고 긴 것은 건설비가 비경제적이다. 폭은 침전효과와 조작 상 11~15(m) 정도의 것이 많다.

(2) 용량·평균유속

용량을 결정하는 데 체류시간은 상당히 중요하며, 이것은 원수 탁도와 현탁 물질의 조성, 약품주입·혼합·교반을 포함하여 응집효과의 정도 침전지의 정류도·수온 등 침전에 영향을 미치는 여러 가지 요소에 좌우된다. 통상은 침전시간이 길수록 침전효과는 좋다고 생각되지만 어쨌든 침전시간이 길어도 제탁효과가 나타나지 않는 것도 있으며 이것은 자연히 경제상의 한계점이다.

기타 설계에서는 유입·유출의 방식, 정류방식 등을 고려하면서, 될 수 있는 한 이상침전에 가까운 수리 상태를 얻을 수 있도록 하지 않으면 안 된다. 지내의 **평균유속**은 입자의 침강속도, 수류의 정류도와 밀접한 관계가 있으며, 또 침전한 입자가 재부상하지 않도록 소류한계유속 등에 의해 그 상한도 결정된다. 일반적으로는 용량은 계획 1일 정수량의 3~5시간 분으로 하며, 지내의 평균 유속은 40(cm/min) 이하를 표준으로 하고 있다.

(3) 유효수심·여유고

침전효율이 표면 부하율만으로 결정된다고 하면 수심은 얕아도 좋겠지만 너무 얕으면 침전 슬러지의 부상이나 외계의 영향에 의한 수류의 난류 등을 크게 받아, 침전효과가 저하하기 때문에 **유효 수심**은 3~4(m)로 한다. 2계층 침전지(후술)의 하단, 복개를 설치한 침전지, **트라프**(trough)에 의해 침전수를 유출할 수 있는 침전지 등에서는 확실히 수류의 지장이 없는 경우에만 유효수심은 2(m) 정도로 해도 좋다.

슬러지 퇴적의 깊이로서는 유효수심 외에 더욱이 30(cm) 이상의 여유고를 둔다. 이 깊이는 플록의 상태나 배출오니의 작업 빈도 등에 영향을 받는다.

플록의 침강성이 좋은 경우는 유입 측일수록 퇴적 슬러지양이 크기 때문에, 여기에 대한 여유도 크게 되며 지저를 유출 측으로 향해 상향구배로 하는 것도 좋은 결과를 나타낼 수 있다.

지의 고수위상 **여유고**는 불시에 원수의 과잉 유입이나 침전수 유출량의 급변, 또는 응급 저수의 필요 유무를 고려해서 30(cm) 정도면 충분하다.

(4) 정류설비

침전지내의 흐름 상태를 침전부의 경우 연직단면의 모든 부분에서 균등한 것이 가장 중요하다. 유입구·유출구에서 난류, 침전부에서 편류나 밀도류, 또는 환류·사수부 등을 적극적으로 소멸시키기 위해 다음 방법을 들 수 있다. 유입구·유출구는 지의 연직단면 전체에 걸쳐 흐름이 균등하게 분포하도록 배치한다. 그러기 위해서는 유입구·유출구에 제수 밸브나 스루스 게이트(sluice gate)를 3~5개소 설치하고, 더욱이 유입구·유출구의 **유공 정류벽** 외에 중간에도 1~3개소에 중간 유공 정류벽(그림 7.12)을 흐름 방향에 직각으로 설치한다.

단, 유입부·유출부의 정류벽의 위치는 유입부·유출부보다 1.5(m) 이상 떨어진 곳에 설치하며, 정류벽의 공의 유수단면적에 대한 비율은 6(%) 정도로 하며, 공을 균등하게 배치한다.

유출을 **월류 위어** 또는 **월류집수 트라프**에 의해 행하는 경우는 **위어 부하율**(weir loading, 인출수량/웨어 전 길이)을 될 수 있는 한 작게 해서 지내의 수류에 악영향을 미칠 수 있는 사수(死水)·슬러지 흡인 등이 발생하지 않도록 하는 것이 매우 중요하다. 그림 7.12에 트라프의 한 예를 나타냈다. 월류 부하율은 일반적으로 500(m^3/d·m) 이하가 바람직하다. 월류 부하율을 작게 하기 위해서는 흐름 방향에 평행 또는 직각의 집수 트라프를 수개 설치하여, 위어의 총길이를 길게 하면 좋다.

더욱이 수류의 안정화를 기하기 위해서는 후술하는 바와 같이 **프라우드 수**(froude number, Fr 수)가 어느 정도 크게 되지 않으면 안 되지만, Fr수가 작은 경우에는 **도류벽**을 설치함으로써 유속을 변화하지 않고 이것을 크게 할 수 있다.

그림 7.12 다공 집수 트라프의 일예

(5) 지저구배·슬러지 배출구

인력 배출 슬러지의 경우는 배수구를 향하여 1/200~1/300의 지저 경사구배를 두며, 슬러지 배출구는 유입 측으로부터 지의 전장 1/4~1/2의 점에 설치한다. 슬러지 수집기 등의 기계장치가 있는 경우의 구배는 1/500~1/1,000이면 좋다.

(6) 슬러지 수집기·배출슬러지 설비

장방형 침전지에 사용되는 슬러지 수집기(sludge scraper)에는 주행식, 링크밸트식, 수중견인식 등이 있다. 주행식은 장방형의 지의 단변을 경간으로서 걸친 수집판을 매달아 선로상을 주행하는 형식이며, 퇴적 슬러지를 배출 슬러지구로 향하여 밀고 나간다.

그림 7.13에 그 예를 나타냈다. 또 링크밸트식은 그림 7.14와 같이 엔드리스 체인(endless chain)의 회전에 의해 여기에 부착된 수집판이 슬러지 구를 향하여 퇴적 슬러지를 밀고 가는 형식이기 때문에 슬러지 구에 모인 슬러지는 밸브 또는 게이트로부터 자연유하하든지 또는 슬러지 펌프에 의해 배출된다.

수중 견인식은 그림 7.15와 같이 이는 다음에 서술하는 경사저침전지에 사용되고 있다.

그림 7.13 주행식 슬러지 수집기의 한 예

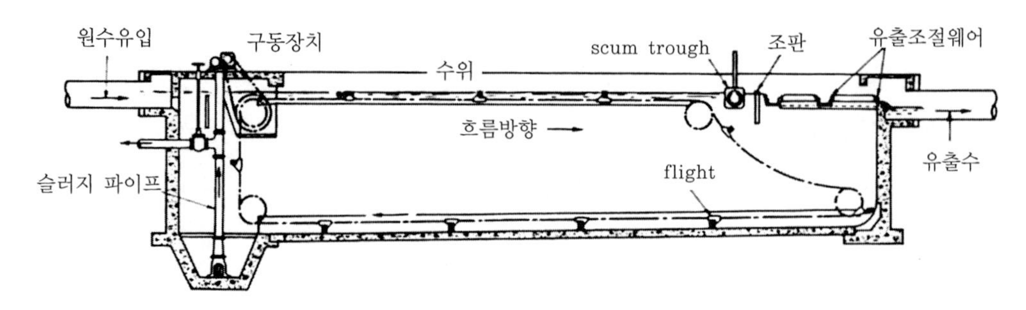

그림 7.14 링크 밸트식 슬러지 수집기

그림 7.15 수중 견인식 슬러지 수집기

2) 단층경사저 침전지

그림 7.8의 이상 침전지의 입자의 침강 경로도에서 침강속도가 μ_0인 직선은 100(%) 침강하는 여러 가지 입경의 입자 중 최소 침강속도를 가진 입자의 침강속도를 나타내고 있다. 따라서 이보다 큰 침강속도의 입자는 모두 제거된다. 이러한 압자에서는 이 점선으로부터 위의 부분은 침전효과의 면에서는 전부 관계가 없다. 이론상 이 부분은 침전에는 아무런 효과도 없는 것이다.

실제의 침전지에도 이러한 극한의 침강 경로로부터 벗어난 부분은 지의 기능상 상당히 중요하지 않다. 여기서 이 침전무효의 부분을 제거하여 바닥을 경사시켜 삼각형의 종단면으로 한 것이 **경사저침전지**이다. 그림 7.16(a)는 한 예이다. 그림과 같이 침전지의 수면에 일정 간격으로 설치한 일련의 집수 트라프로부터 일정수량을 빼내면, 유선은 동 그림 (b)와 같이 트라프를 향하여 경사의 위쪽으로 늘어난다.

일반적으로 상징수의 중간 유출의 효과는 그림 7.17과 같이 침전가능 범위가 h_1으로부터 h_2로 확대되는 것으로 이해된다.

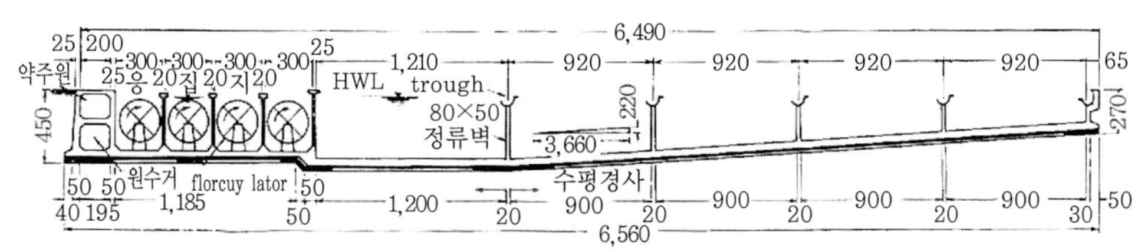

(a) 경사저 침전지의 종단면의 예

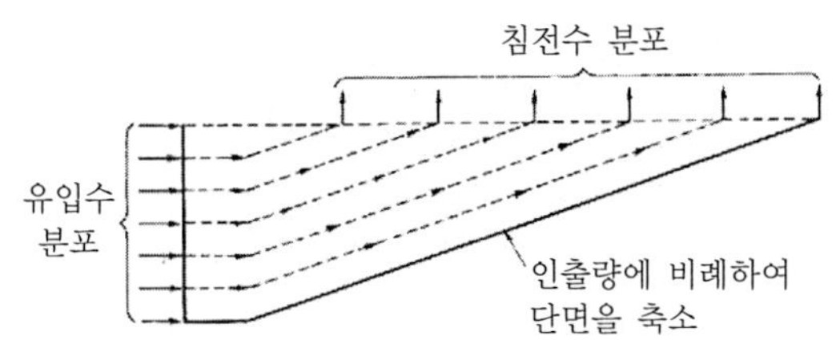

(b) 경사저와 중간유출의 경우 침전지부와 수류의 경로

그림 7.16 경사저 침전지(단위 : mm)

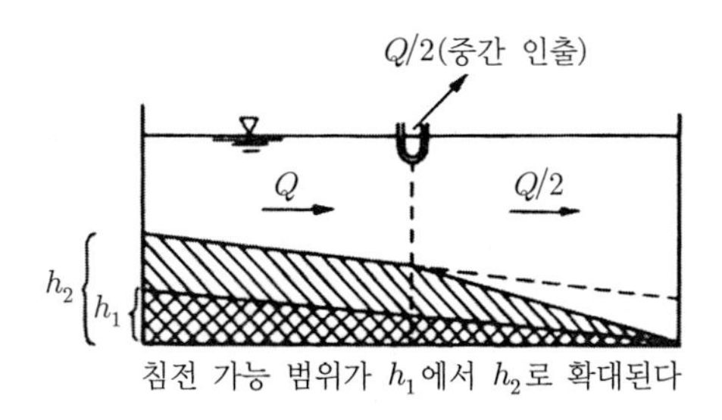

그림 7.17 중간 유출 효과

예제 7.11

처리수량 4200(m^3/d)의 보통침전지로서 폭 10(m), 길이 40(m), 유효깊이 3.5(m)의 크기가 있다. 이 침전지의 체류시간, 평균유속, 표면부하율을 계산하라?

해

$$체류시간 = \frac{10 \times 40 \times 3.5}{175} = 8\,(h)$$

$$평균유속 = \frac{2.92}{10 \times 3.5} = 0.0835\,(m/min)$$

표면부하$= \frac{4200}{10 \times 40} = 10.5$(m/일)$= 7.3$(mm/min)

예제 7.12

침전지의 설계에 있어, 각 제원을 다음과 같이 정한 경우, 가장 경제적인 길이와 폭을 구하라. 단 $C_e = C_i$로 한다.
w : 폭, l : 길이, a : 1지의 면적, n : 1열에 배치하는 지수,
C_e : 외벽단위의 길이 축조 비, C_i : 내벽 단위 길이의 축조비, C : 벽의 총 축조비

해

$$a = w\,l,\ \therefore w = \frac{a}{l} \tag{1}$$

$$C = (2nw + 2\,l)\,C_e + (n-1)\,C_i \tag{2}$$

식 (1)을 식 (2)에 대입하며,

$$C = \left(2n \times \frac{a}{l} + 2l\right)C_e + (n-1)l\,C_i$$

저 면적은 일정하기 때문에, 경제적 검토의 경우에는 고려할 필요가 없다. 따라서 경제적 설계를 위해서는 $dC/dl = 0$을 만족하면 된다.

$$\frac{dC}{dl} = \left(-2n\frac{a}{l^2} + 2\right)C_e + (n-1)C_i = 0 \tag{3}$$

$C_e = C_i$로 하면, 식 (3)은

$$C_e\left(n - 1 - 2n\frac{a}{l^2} + 2\right) = 0$$

$$\therefore\ n - 2n\frac{a}{l^2} + 1 = 0 \text{ 또는 } n + 1 = \frac{2nw}{l}$$

따라서,

$n = 2$로 하면 $w = \frac{3}{4}l$

$n = 3$로 하면 $w = \frac{2}{3}l$

$n = 4$로 하면 $w = \frac{5}{8}l$

$n = 5$로 하면 $w = \frac{3}{5}l$

예제 7.13

처리수량 4200(m^3/일)의 정수장의 약품침전지를 설계하라.

해

(1) 침전지의 치수결정

체류시간을 4시간으로 하면,

$$\text{필요한 침전지 용량} = \frac{50000}{24} \times 4 = 8330\,(m^3)$$

따라서 지의 치수를 다음과 같이 한다.

폭 18(m)×길이 67(m)×유효깊이 3.5(m)×2지

(2) 평균유속의 검토

$$v = \frac{50000}{18 \times 3.5 \times 2 \times 1440} = 0.276\,(m/min) < 0.4\,(m/min)\ \therefore\ OK$$

(3) 정류벽 구멍 치수의 결정

구멍의 총면적을 유수단면적의 6(%)로 하면, 1지에 관해서

$$\text{정류벽의 구멍의 총면적} = 18 \times 3.5 \times 0.06 = 3.78\,(\text{m}^2)$$

이 결과로부터 150(mm)Φ의 구멍을 500(mm) 간격으로 설치한다(구멍의 개수는 6×35가 되므로, 구멍의 총면적은 0.0177×6×35=3.7(m^2)이 된다).

(4) 유출웨어 길이 결정

웨어 부하율을 500(m^3/d/m)로 하면, 1지에 관해서는

$$\text{필요한 웨어 길이} = \frac{50000}{2 \times 500} = 50\,(\text{m})$$

이 결과로부터 웨어의 형상은 그림 7.18과 같다.

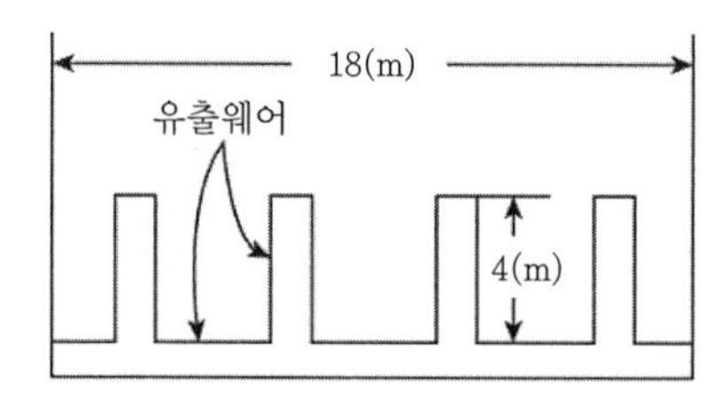

그림 7.18 침전지 웨어의 형상

예제 7.14

예제 7.13에서 1지당 그림 7.19와 같이 슬러지 배출관을 6개 설치할 경우, 슬러지 배출관의 구경을 결정하라. 단 원수 탁도 50(mg/L), 처리수 탁도 5(mg/L), 황산알루미늄 주입률 20(mg/L), 배출 슬러지 농도 10(kg/m^3), 슬러지 배출 주기 1(일), 슬러지 배출 시간 10(min)이다.

해

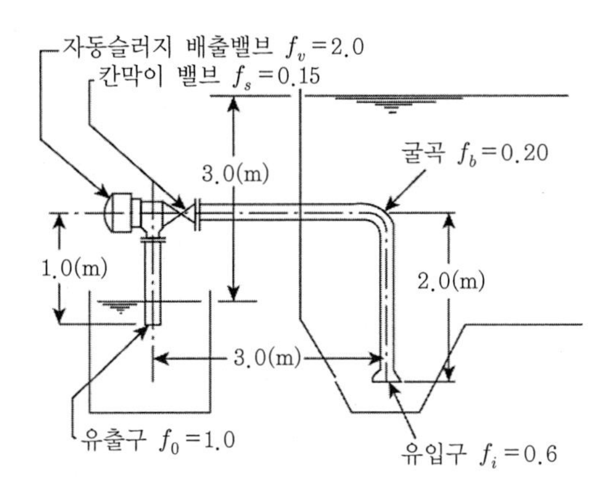

그림 7.19 슬러지 배출관의 형상

(1) 슬러지 배출량의 계산(표 9.1 참조)

$$\text{슬러지 배출량} = \frac{(50-5)+0.234\times 20}{10}\times 25000\times 10^{-3} = 124(\mathrm{m^3/d})$$

따라서 슬러지 배출관 1본당 슬러지 배출량 Q는

$$Q = \frac{124}{10\times 6} = 2.07(\mathrm{m^3/min}) = 3.45\times 10^{-2}(\mathrm{m^3/s})$$

(2) 관경의 결정

관경 d, 배관 길이 l, 직관부 압력손실수두계수 $\lambda(=0.03)$, 수위차 H라고 하면,

$$H = \lambda\frac{l}{d}\frac{v^2}{2g} + (f_i+f_b+f_s+f_v+f_0)\frac{v^2}{2g}$$

$$v = \frac{4Q}{\pi d^2}$$

$$\therefore Q = \frac{\pi d^2}{4}\sqrt{\frac{2gH}{\lambda l/d + f_i + f_b + f_s + f_v + f_0}}$$

$$= \frac{\pi d^2}{4}\sqrt{\frac{2 \times 9.8 \times 3}{0.03 \times 6/d + 0.6 + 0.2 + 0.15 + 2.0 + 1.0}}$$

$$= \frac{\pi d^2}{4}\sqrt{\frac{58.8}{0.18/d + 3.95}}$$

d=0.1(m)로 하면,

$$Q = \frac{\pi \times 0.1^2}{4}\sqrt{\frac{58.8}{0.18/0.1 + 3.95}} = 2.50 \times 10^{-2}(\text{m}^3/\text{s})$$

이것은 식 (1)에서 구한 슬러지 배출량 $Q = 3.45 \times 10^{-2}(\text{m}^3/\text{s})$를 만족하지 않기 때문에, d=0.15(m)으로 하여 재계산한다.

$$Q = \frac{\pi \times 0.15^2}{4}\sqrt{\frac{58.8}{0.18/0.15 + 3.95}}$$
$$= 5.97 \times 10^{-2}(\text{m}^3/\text{s}) > 3.45 \times 10^{-2}(\text{m}^3/\text{s})$$

이 결과로부터 슬러지 배출 관경은 150(mm)으로 결정한다, 또 150(mm) 관을 사용한 경우, 슬러지 배출시간은 주어진 조건의 10(min)보다 짧아도 좋다[5.8(min)].

해설

개략적으로 구하는 경우에는 처리수중에 유출하는 탁도는 무시하고, 50(mg/L)×25000(m^3/d) = 250(kg/d)으로 해도 좋다.

슬러지 배출 농도는 (%)로 표시되는 경우도 많지만, (kg/m^3) 단위로 표현하는 것이 보다 정확하다. 슬러지의 밀도가 1(kg/L)에 가까운 경우는 1(%)≒10(kg/m^3)이다.

3) 2계층침전지와 경사판침전지

Hazen의 이론에 의하면, 침전지의 침전효율은 체류시간이 아닌, 침전면적에 관계한다. 따라서 통상의 침전지에 또 하나의 저판을 설치하여 2층으로 하면, 효과는 배가 된다. 이러한 침전지를 2계층침전지라고 한다[그림 7.20(a)]. 같은 모양으로 3계층침전지도 생각할 수 있다.

경사판침전지[그림 7.20(b)]는 이 생각을 더욱 발전시킨 것으로, 지내의 얇은 판을 많이 늘어뜨려 침전면적을 증대시키기 위한 침전지이다.

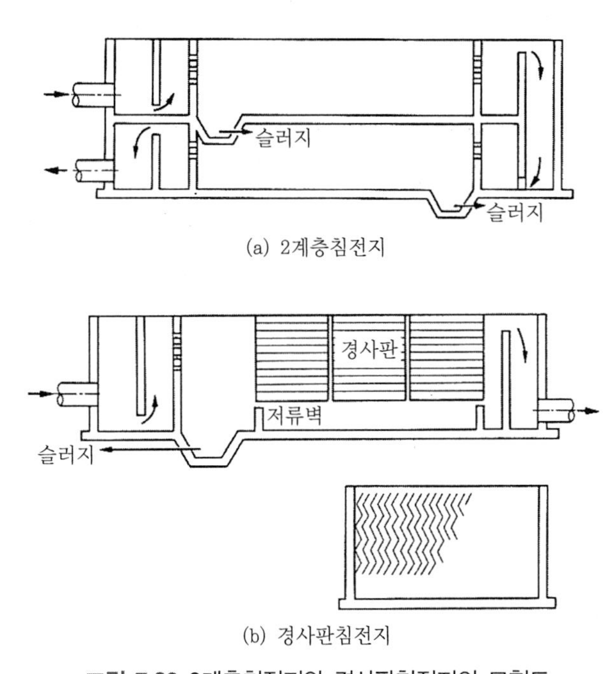

그림 7.20 2계층침전지와 경사판침전지의 모형도

이론상은 층의 수를 늘릴수록 침전효율은 높게 되지만, 슬러지를 긁어모으거나 재부상의 문제 등을 고려하면 실용적으로는 2~3층이 한도라고 생각된다. 그림 7.21과 그림 7.22에 각각 반환2계층식과 하강반환2계3층식을 나타냈다.

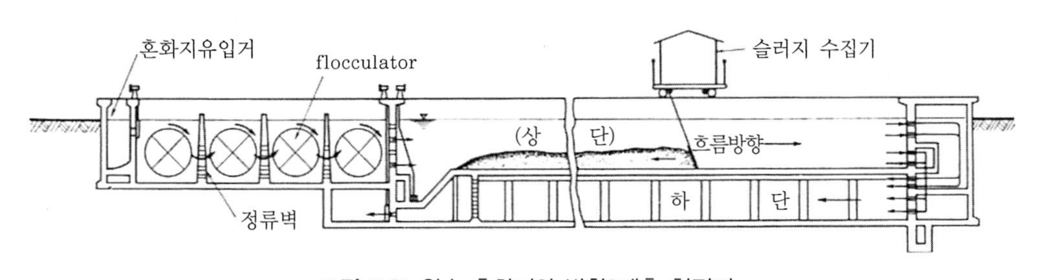

그림 7.21 완속 혼화지와 반환2계층 침전지

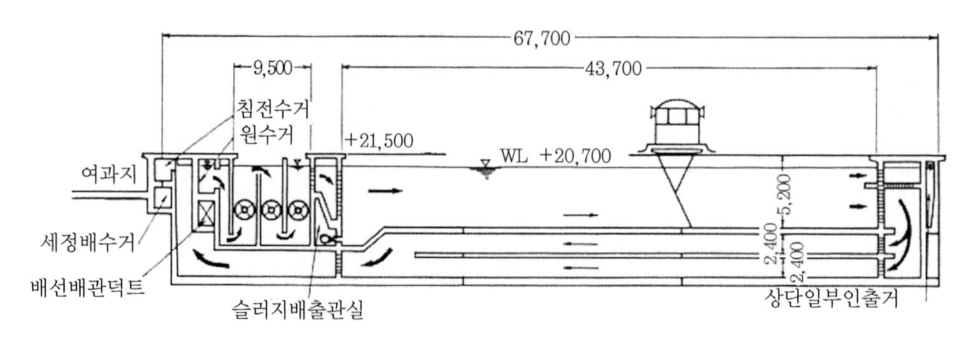

그림 7.22 플록형성지와 하강반환2계3층식 침전지

판이 경사지게 되어 있는 것은 판 위에 침전한 슬러지를 낙하시키기 위한 것이기 때문에, 통상 수평과 이루는 각을 60° 정도로 하고 있다.

시설기준에 의하면 경사판 침전장치는 다음과 같은 점에 유의해야 한다.

① 침전속도는 0.5～0.8(m/h)로 할 것
② 효율은 0.75를 표준으로 할 것
③ 지내 평균유속은 0.6(m/min)으로 할 것
④ 장치 내 통과시간은 다음과 같이 할 것
100(mm) pitch의 경우 20～40(min)
50(mm) pitch의 경우 15～20(min)
⑤ 경사판 하단과 지저의 간격은 1.5(m)를 표준으로 하고, 슬러지 배출 설비나 경사판의 구조 등으로부터 어느 정도 가감할 것
⑥ 침전지 유입부 벽 및 유출부 벽과 경사판 양단과의 거리는 각각 1.5(m) 이상으로 할 것
⑦ 원수의 수질변화가 현저한 경우라든지, 소규모 수도에서는 지내 체류시간이 1(h)이상이 되도록 고려할 것

종래 사용해온 경사판의 필요 매수의 결정에는 다음 식을 사용한다.

$$A = \frac{Q}{u}\frac{1}{\eta} \tag{7.28}$$

여기서, A : 경사판 투영 면적(m^2), Q : 침전지의 처리수량(m^3/min)
u : 입자의 침강 속도(m/min), η : 경사판의 효율

또 경사판(그림 7.23)에 의한 제거율이나 필요 길이를 구하기 위해서는 다음 여러 식이 제안되고 있다.

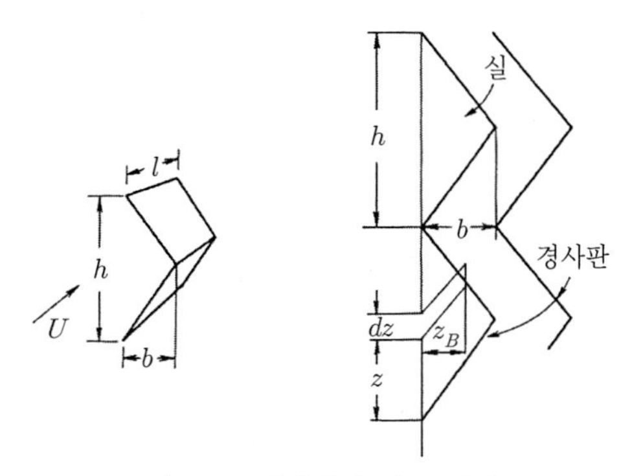

그림 7.23 경사판의 필요 길이

(1) 경사판 1실의 퇴적률 :

$$1-\frac{8}{15}\frac{d_c}{d_M} \tag{7.29}$$

단 $d_c=\left(\dfrac{Uh}{kl}\right)^{\frac{1}{2}}$

U : 지내 수류의 수평 방향 유속

h : 경사판 1실 높이

l : 경사판 길이

$kd_c{}^2$: 입경 d_c의 입자 침강 속도

d_M : 생각하는 경사판에 유입하는 입자 중 최대의 입자경

(2) 침전지의 퇴적률(경사판 통과 전)

$$\begin{aligned} r_1 &= \frac{1}{3}\frac{X}{X_M}(0 \le X \le X_M) \\ r_1 &= 1-\frac{2}{3}\left(\frac{X_M}{X}\right)^{\frac{1}{2}} \quad (X_M \le X) \end{aligned} \tag{7.30}$$

단 $X_M = \dfrac{U}{k{d_M}^2} H$

X: 경사판 설치 위치와 유입구와의 거리

$k{d_M}^2$: 최대 입자의 침강속도 v_{sM}

H: 침전지의 수심

(3) 경사판의 퇴적률

$$r_2 = 1 - \frac{1}{3}\frac{X}{X_M} - \frac{8}{15}\frac{d_c}{d_M} \; (0 \le X \le X_M)$$

$$r_2 = \frac{2}{3}\left(\frac{X_M}{X}\right)^{\frac{1}{2}} - \frac{8}{15}\frac{d_c}{d_M} \quad (X_M \le X) \tag{7.31}$$

(4) 침전지의 퇴적률(경사판 통과 후)

$$r_3 = (1 - r_1 - r_2)\frac{1}{3}\frac{X}{X_M} \; (0 \le L - X \le X_M)$$

$$r_3 = (1 - r_1 - r_2)\left[1 - \frac{2}{3}\left(\frac{X_M}{L - X}\right)^{\frac{1}{2}}\right] \quad (X_M \le L - X) \tag{7.32}$$

단 $X_M = \dfrac{UH}{k{d_c}^2}$

L : 침전지 전체 길이

(5) 총퇴적률

$$r = r_1 + r_2 + r_3 \tag{7.33}$$

(6) 경사판의 크기

$$\frac{h}{l} < 3.52\left(\frac{v_{sM}}{U}\right)\left(1 - \frac{1}{3}\frac{X}{H}\frac{v_{sM}}{U}\right)^2 \quad (0 \le X \le X_M)$$

$$\frac{h}{l} < 1.56\frac{X}{H}\,(X_M \le X) \tag{7.34}$$

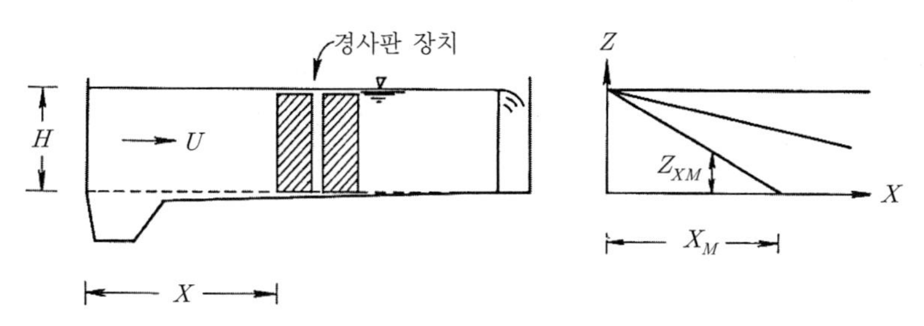

그림 7.24 경사판의 설계 위치

예제 7.15

2계층 침전지에는 그림 7.25과 같이 평행식과 반환식의 2가지 방식이 있다. Hazen의 이론(압출 흐름)을 사용한 경우, 제거율 y는 각각 어떻게 되는가? 또 Nakagawa식을 사용한 경우는 어떤가? 단 상하층 모두 같은 유량, 같은 단면적으로 하고, 수면적을 A, 유량을 Q로 한다.

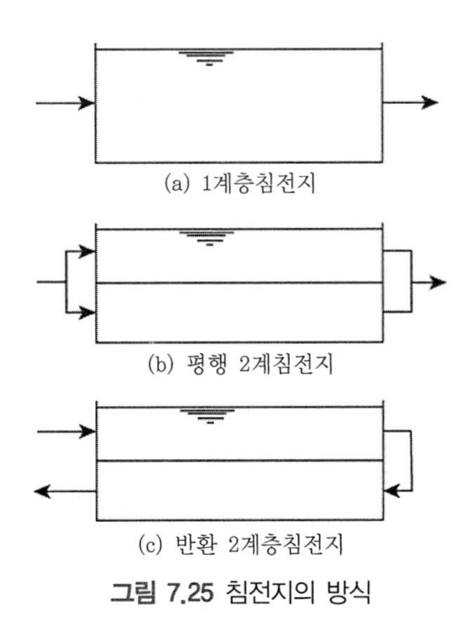

그림 7.25 침전지의 방식

해

(1) Hazen 이론에 의한 경우

평행류 2계층침전지에서는 분리면적이 1계층의 2배로 되었기 때문에,

$$y = \frac{2Au}{Q}$$

반환식 2계층침전지에서는 반환점에서 상하의 혼합이 일어나기 때문에, 평행류의 경우와 조금 다르다. 우선 상단부터 생각하자.

상단의 제거율 $y_1 = \dfrac{Au}{Q}$

하단으로 유입하는 현탁물의 비율 $= 1 - y_1 = 1 - \dfrac{Au}{Q}$

$\therefore$ 하단에서 제거율 $y_2 = \left(1 - \dfrac{Au}{Q}\right)\dfrac{Au}{Q}$

$\therefore$ 전 제거율 $y = y_1 + y_2 = \dfrac{2Au}{Q} - \left(\dfrac{Au}{Q}\right)^2$

(2) Nakagawa식을 사용한 경우

Nakagawa식은 항상 상하방향으로는 혼합하고 있다고 가정하고 있기 때문에, 어느 경우에도 같은 식으로 표현된다. 즉 1계층 식에 있어서 면적을 2배로 하면 된다.

$$y = 1 - \exp\left(-\frac{2Au}{Q}\right)$$

예제 7.16

처리수량 60,000(m^3/d)의 경사판침전지를 설계하라. 단 지수를 3지로 하고, 경사판은 길이 2,000(mm), 폭 200(mm)의 것을 수평과 이루는 각 60°로 하여 20단 매단다.

해

체류시간을 1(h)라 하면

$$필요한\ 침전지\ 용량=\frac{60000}{3\times 24}=833(\mathrm{m}^3)$$

따라서 침전지 1지의 크기를 다음과 같이 한다.

폭 10(m)×길이 21(m)×수심 4(m)

$$지내\ 평균유속=\frac{20000}{10\times 4\times 1440}=0.347(\mathrm{m/min})<0.6(\mathrm{m/min})\ \ \mathrm{OK}$$

입자의 침강속도를 0.6(m/h)로 하면, 경사판의 필요 투영면적은

$$A=\frac{20000}{0.6\times 24}\times\frac{1}{0.75}=1850(\mathrm{m}^2)$$

한편 주어진 경사판이 지의 폭 방향으로 몇 장 설치할까를 계산하면,

$$\frac{지폭}{경사판\ 투영폭}=\frac{10}{0.2\cos 60°}=100(장)$$

그러나 실제로는 경사판의 지지재나 지벽과의 공극이 필요하기 때문에, 10(장)은 설치할 수 없다. 설치할 수 없는 부분을 전체의 5(%)로 하면 지폭 방향으로 95(장) 설치할 수 있다. 따라서 경사판 장치 1(열)당 투영면적은 $A_1=2\times 0.2\times\cos 60°\times 95\times 20=380(\mathrm{m}^2)$

$$\therefore 필요한\ 경사판\ 열수=\frac{A}{A_1}=\frac{1850}{380}=4.87\rightarrow 5(열)$$

이상의 결과를 그림으로 나타내면 그림 7.26과 같다.

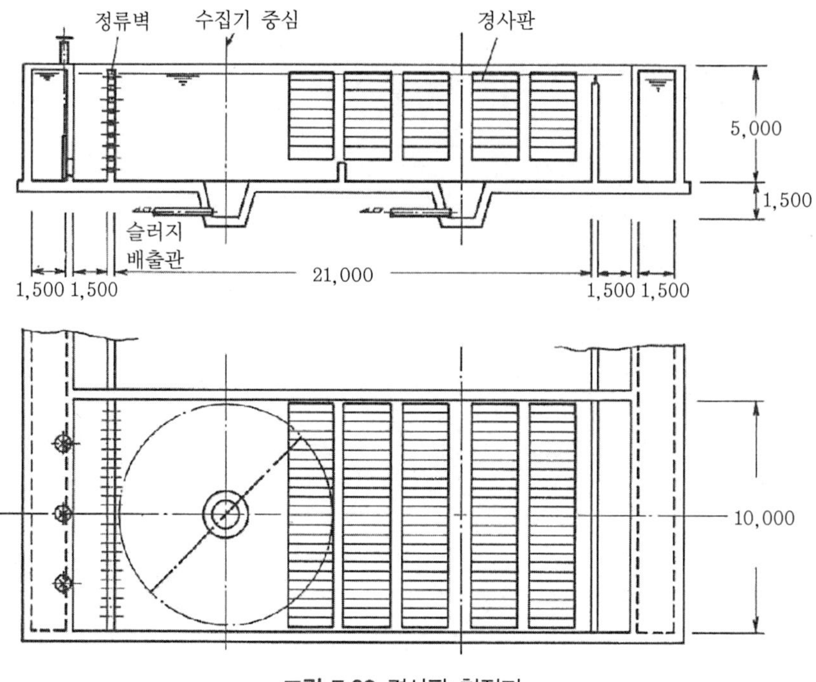

그림 7.26 경사판 침전지

예제 7.17

지폭 18.7(m), 지의 길이 19.4(m), 유효수심 4(m)의 침전지의 경사판장치를 설치하려고 한다. 제거하려고 하는 입자의 침강속도를 10(mm/min)으로 하여 경사판침전지를 해석하라. 또 침전지에 의한 처리수량은 40,000(m^3/d)로 한다.

해

침전지의 처리량 : $Q = 40000\,(\mathrm{m}^3/d) = 27.7\,(\mathrm{m}^3/\mathrm{min})$

침전지의 표면적 : $A = 19.4 \times 18.7 = 362.78\,(\mathrm{m}^2)$

침전지의 수심 : $H = 4\,(\mathrm{m})$

침전지의 평균유속 : $U = \dfrac{27.7}{19.4 \times 4} = 357\,(\mathrm{m/min}) \fallingdotseq 6\,(\mathrm{mm/s})$

침전지의 표면부하 : $S_1 = \dfrac{27.7}{362.78} \fallingdotseq 76\,(\mathrm{mm/min})$

침전지의 체류시간 : $T = \dfrac{362.78 \times 4}{27.7} \fallingdotseq 52\,(\mathrm{min})$

우선 식 (7.28)로부터 경사판의 필요 장수를 구하면,

$$A = \frac{Q}{u}\frac{1}{\eta} = \frac{27.7}{0.01} \times \frac{1}{0.7} = 3957\,(\mathrm{m}^2)$$

경사판은 그림 7.23에 있어서 $b = 0.0925\,(\mathrm{m})$, $h = 0.35\,(\mathrm{m})$, $l = 2\,(\mathrm{m})$로 정하면, 경사판 1장의 투영면적은 0.185(m^2)이 되기 때문에, 경사판 필요 장수는 3957/0.185=21389(장)이 된다.

다음 경사판의 조립은 수심방향으로 20열, 지폭방향 180(장)[간격 0.1(m)]로 하면, 경사판의 길이는 2(m)이기 때문에, 경사판 장치의 총길이는

$$2\,(\mathrm{m}) \times \frac{21389}{20 \times 180} \fallingdotseq 12\,(\mathrm{m})$$

가 된다.

한편 Hazen의 이론에 의하면, 침전지내를 입자가 침강할 때 궤적은, 침강속도와 수평유속과의 벡터 합성으로 구한 값에 의해 표시된다. 따라서 필요한 경사판의 길이는 다음과 같다.

$$\frac{357}{10} \times 0.35 = 12.5\,(\mathrm{m})$$

다음 식 (7.29)~(7.34)를 적용하여 계산한다.

경사판장치를 유입구로부터 2(m) 지점에 설치하고, 포함되어 있는 입자 중, 최소의 침강속도를 5(mm/min)으로 가정하면,

$$r_1 = \frac{1}{3}\frac{X}{X_M} = \frac{1}{3} \times \frac{2}{143} = 0.0046$$

단 $X = 2\,(\mathrm{m})$

$$X_M = \frac{U}{u}H = \frac{357}{10} \times 4 = 143\,(\mathrm{m})$$

$$r_2 = 1 - \frac{1}{3}\frac{X}{X_M} - \frac{8}{15}\frac{d_c}{d_M} = 1 - \frac{1}{3} \times \frac{2}{143} - \frac{8}{15} \times 0.71 = 0.6168$$

단,

$$kd_c^{\ 2} = 5\,(\mathrm{mm/min})(\text{최소 침강속도})$$

$$kd_M^{\ 2} = u = 10\,(\mathrm{mm/min})$$

$$\frac{d_c}{d_M} = \left(\frac{5}{10}\right)^{\frac{1}{2}} = 0.71$$

$$r_3 = (1 - r_1 - r_2)\frac{1}{3}\frac{X}{X_M}$$
$$= (1 - 0.0046 - 0.6168) \times \frac{1}{3} \times \frac{18.7 - 2}{286} = 0.0073$$

단 $X_M = \frac{UH}{kd_c^{\ 2}} = \frac{357 \times 4}{5} = 286\,(\mathrm{m})$,

총퇴적률 $r = r_1 + r_2 + r_3 = 0.6287$ (또는 63%)

경사판의 필요장

$$\frac{h}{l} \leq 3.52\left(\frac{v}{U}\right)\left(1 - \frac{1}{3}\frac{X}{H}\frac{v}{U}\right)^2$$

$$\therefore l \geq \frac{0.35}{3.52 \times \frac{10}{357} \times \left(1 - \frac{1}{3} \times \frac{2}{4} \times \frac{10}{357}\right)^2} = 3.6\,(\mathrm{m})$$

더욱이 침전 효율을 70(%)로 생각하면, 총퇴적률은 0.6287×0.7=0.44가 된다. 지금 계산의 간략화를 위해 r_1 및 r_3를 무시하여 생각하면, 식 (7.33)은 다음과 같이 표현할 수 있다.

$$r \fallingdotseq 1 - \frac{8}{15}\frac{d_c}{d_M} = 0.44$$

$$\therefore \ \frac{d_c}{d_M} = \left(\frac{U}{k{d_M}^2}\frac{h}{l}\right)^{\frac{1}{2}} = 1.05$$

$$\therefore \ l \fallingdotseq 12\,(\mathrm{m})$$

이상 3법에 의한 경사판의 필요장은 12(m), 12.5(m), 12(m)로 구해지며, 거의 근사한 값을 얻을 수 있다.

7.4.3 고속 응집침전지

고속 응집침전지는 응집과 침전에 관한 공정의 모두를 하나의 조에 조합한 형식이기 때문에 종래의 횡류식 침전지에 비해 조작의 복잡성, 수질·수량의 급변에 대응하기 어려운 등의 결점도 있다. 하지만 침전시간이 짧고, 약제 사용량을 절약할 수 있으며, 침전수가 양호한 수질이며, 소요 수면적이 작아서 좋다는 등의 이점이 있다.

이 형의 침전지는 상향류식에 속하는 것이기 때문에 기능상 **슬러지 순환형, 슬러지 blanket 형, 혼합형**(또는 복합형)의 3종류로 분류된다. 어느 형식이라도 용량은 계획 정수량의 1.5~2.0시간 분, 지내의 평균 상승유속은 40~50(mm/min)으로 한다.

1) 슬러지 순환형

이미 생성한 플록을지 내로 순환시키고, 그중에 유입수의 응집과 플록의 성장을 행하는 것이다.

그림 7.27은 이러한 형식의 대표적인 예이다.

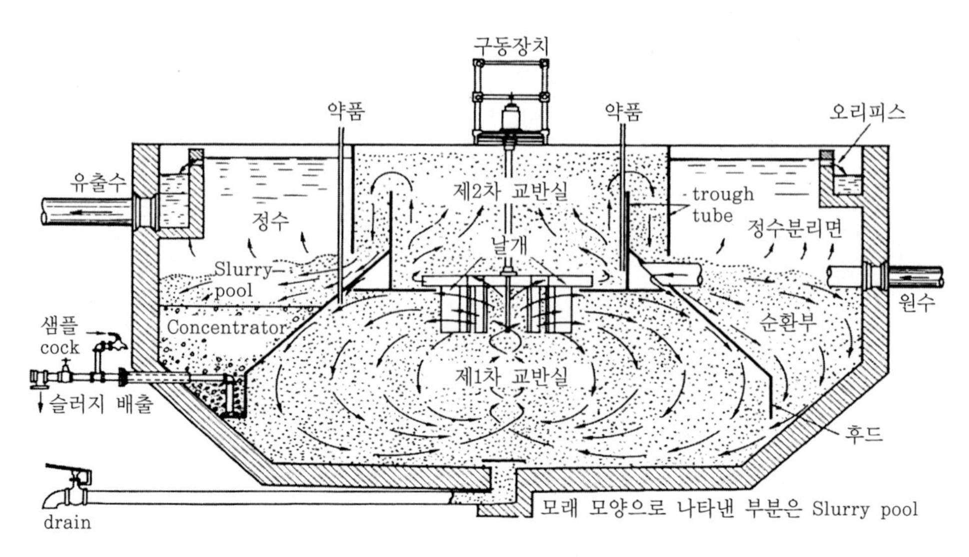

그림 7.27 슬러지 순환형

우선, 원수는 제1차 교반실로 들어간다. 여기에서는 이미 형성된 적당한 입자 농도를 가진 슬러리(floc)와 이 실에 주입된 응집제가 균일하게 혼합되어 원수 중의 탁질이 응집하면 동시에 기존의 플록에 흡착된다. 날개(impeller)의 상부에 설치된 제2차 교반실로 들어간다. 여기서 플록이 숙성되어 trough tube를 하강하여 넓은 공간을 가진 침전분리부로 유출한다.

여기서는 상등수는 상향 흐름으로 주변의 유출거를 거쳐 장치 외로 유출하며, 플록은 침강분리한다.

상등수로부터 분리한 슬러지의 대부분은 이 부분의 하부에서 재차 제1차 교반실로 순환하며, 원수와 접촉하여 정화를 촉진하지만 슬러지의 일부는 침전분리부에 설치한 농축실로 유입한다. 여기서 압밀농축되어 주기적으로 시한작동의 자동배출 슬러지 밸브로부터 배출된다.

2) 슬러지 blanket형

그림 7.28과 같이 원수는 우선 중앙의 교반실로 들어가 여기에 주입된 약품과 함께 교반혼합되며 플록형성이 이루어진 후 저부에서 외주의 분리실로 유출한다. 여기서는 이미 농축된 슬러지가 일정한 수준으로 존재하고 있다. 원수가 일정 유량으로 이 슬러지 층 내부를 하부에서 상부로 향하여 통과하는 사이 새로운 플록은 슬러지와 접촉하며 포착된 물로부터 분리한다. 이 경우 슬러지 층은 마치 부유하는 여과층과 같은 역할을 하는 플록을 저지한다. 침강퇴적 슬러지는 자동배출 슬러지 밸브로부터 보다 일정시간마다 배출된다. 슬러지 blanket의 높이

는 유량과 과잉 슬러지의 배출 정도에 지배되며, 또 장치의 치수나 원추형의 경사 등은 슬러지의 성질, 밀도, 물의 점성 등에 의해 다르다.

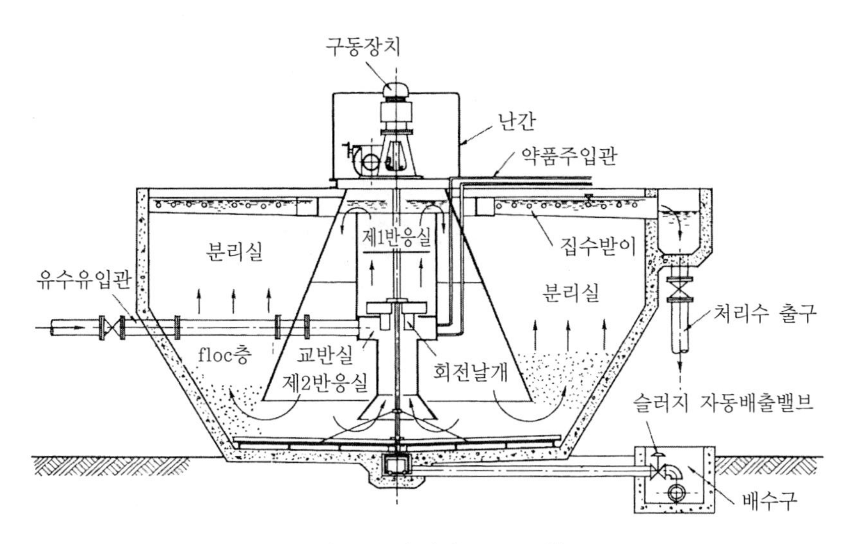

그림 7.28 슬러지 blanket형

또 교반은 회전날개에 의한 것 외에 **맥동식**과 분출식이 있다. 맥동식은 그림 7.29처럼 장치 하부에서 수중의 일부에 주기적으로 급격한 유동을 미치는 것으로부터 교반과 같은 효과를 미치는 방식이다.

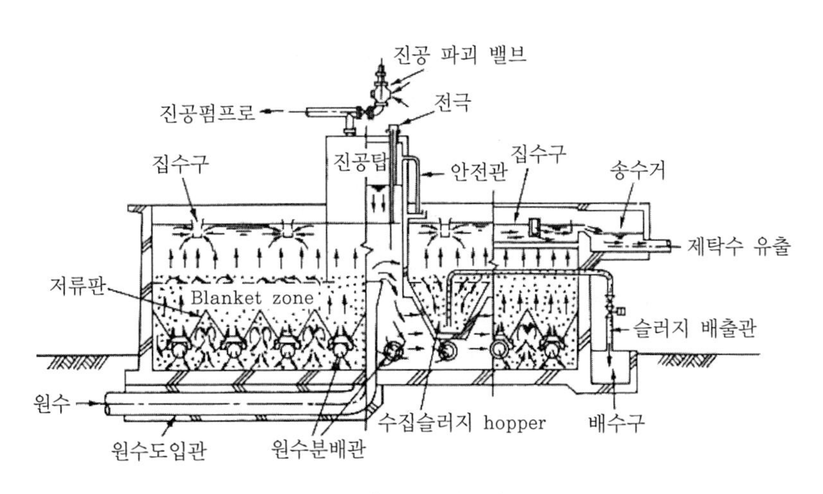

그림 7.29 맥동식

또 **분출식**은 원수를 회전팔의 노즐로부터 분출시킬 때 생기는 와류를 이용하여 교반하는 방식이다.

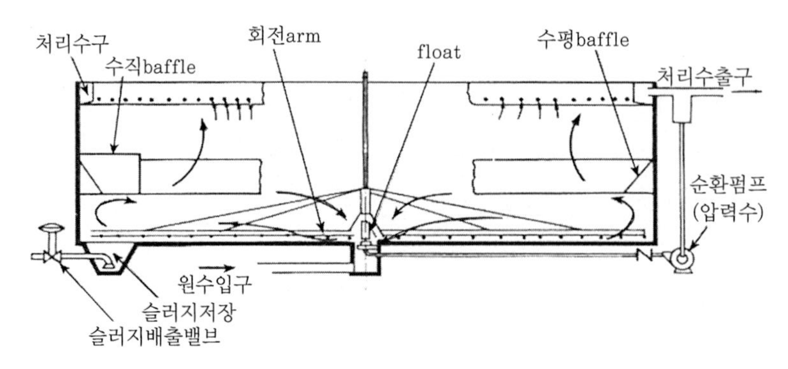

그림 7.30 분출식

3) 혼합형

이 형은 앞 2종의 혼합형이며 최초의 응집단계를 slurry 순환방식에 의해 행하며 슬러지 blanket의 저부에서 slurry를 분출 상승시킨다.

그림 7.31처럼 원수는 중앙의 교반실로 들어가 여기에서 이미 형성된 순환 slurry와 접촉하여 응집하며, trough tube를 하강하여 살수 회전 arm으로부터 분출한다. 회전 arm은 slurry를 분출하면서 회전함과 동시에 수집슬러지 기기로도 작용하여, 슬러지를 슬러지 poket에 수집한다.

회전 arm으로부터 상부에는 상향류에 의해 슬러지 blanket이 형성된다.

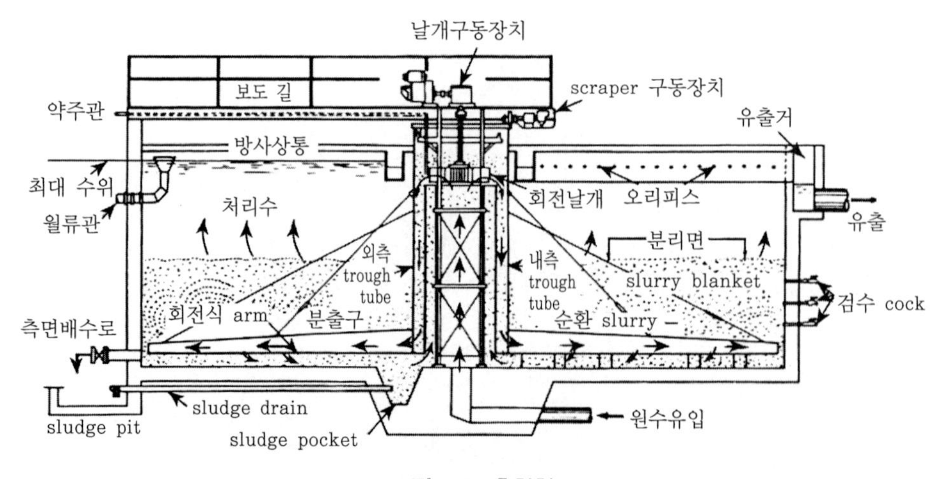

그림 7.31 혼합형

7.5 보통침전지

보통침전은 약품침전을 행하지 않으면 안 되는 경우 외에는 원수 탁도가 높지 않은 경우에 사용되지만 연간 최고 탁도가 30도 이상의 경우에는 약품침전을 행하는 시설로서 갖출 필요가 있다. 또 저수지나 지하수를 원수로서 원수 탁도가 상시 10도 이하의 경우는 보통침전을 생략할 수 있다.

보통침전지로서는 일반적으로 연속식의 횡류식 장방형 단층침전지가 사용되며 침전효율을 좋게 하기 위해 수리학적 기타 여러 조건은 약품침전지의 경우와 같기 때문에 구조, 형상 등 현저하게 다른 것은 없지만 단지 다음의 점에 주의를 요한다. 즉, 보통침전지에는 약품침전지처럼 상류 측에 플록형성지를 갖고 있지 않기 때문에 원수 유입구에 생기는 심한 교란이 바로 침전부에 영향을 미친다.

따라서 이 영향을 피하기 위해 원수 유입구와 유입 정류벽과의 사이에 유입부의 공간을 충분히 크게 잡든지 또는 유입구 전에 저류벽을 설치하든가 또는 유입수로로 하든지 하여, 특히 정류에 만전을 기하지 않으면 안 된다. 보통 침전지의 예를 그림 7.32에 나타냈다.

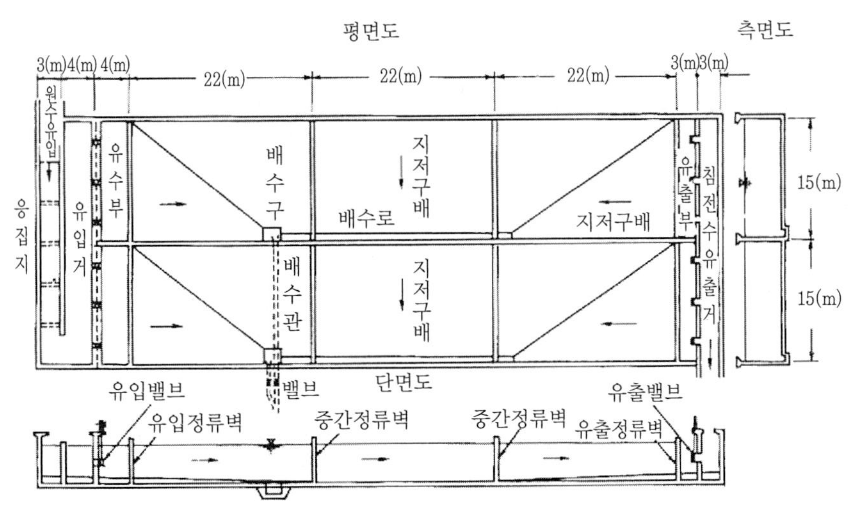

그림 7.32 보통 침전지

용량은 원수의 탁도분포와 침강속도의 실측자료 등을 근거로 하여 결정하지 않으면 안 되지만, 통상은 계획 1일 정수량의 8시간 분을 표준으로 한다.

지내의 평균유속도 약품침전의 경우를 고려하여 기준으로 30(cm/min)을 표준으로 하고 있다.

유효 수심, 여유고, 지저구배, 정류설비 또는 배출슬러지 출구, 월류관, 배수관 외에 배출슬러지 설비 등은 약품침전지에 준한다.

❐ 참고문헌 ❐

1. 丹保憲仁, 水處理における凝集機構の基礎的研究(I), 水道協會雜誌, 1964 .
2. 丹保憲仁, アルミニウム による凝集の研究, 水道協會雜誌, 1978 .
3. 丹保憲仁, 水處理における凝集機構の基礎的研究(III), 水道協會雜誌, 1965 .
4. 丹保憲仁, 水處理における凝集機構の基礎的研究(IV), 水道協會雜誌, 1965 .
5. 用廢水管理叢書, 凝集沈澱, 工學圖書, 1966.
6. 小島貞男 外, 凝集劑・ポリ鹽化アルミニウムの實用化に関する研究(1), 水道協會雜誌, 1967.
7. Fair, G.M. & J.C.Geyer, Water Supply and Waste Water Disposal, John Wiley & Sons, 1954.
8. 合田健編, 水質工學－應用編, 丸善, 1976 .
9. 丹保憲仁, フロック形成過程の基礎的研究(I), 水道協會雜誌, 1970.
10. 日本土木學會編, 水理公式集, 1971.
11. 大橋文雄 外 , 衛生工學 ハンドブック, 朝倉書店, 1967 .
13. 日本水道協會, 日本水道維持管理指針, 1982.
14. 內藤幸穗, 藤田賢二, 改訂 上水道工學演習, 學獻社, 1986.
15. 巽巖, 菅原正孝, 上水道工學要論, 國民科學社, 1983.
16. 박중현, 『최신 상수도공학』, 동명사, 2002.
17. 中村 玄正, 入門 上水道, 工學圖書株式會社, 1997.
18. 川北和德 , 上水道工學(第3版), 森北出版社, 1999.

Chapter 08

모래여과

Chapter

08 모래여과

8.1 총 설

침전 처리된 물은 계속해서 인공적인 두꺼운 모래층으로 구성되어 있는 모래여과지로 도입되어 여과처리된다.

모래여과(sand filtration)는 모래 여층 중에 미 여과수를 침투 유하시켜 수중에 포함되어 있는 부유물질, 콜로이드, 세균류 또는 용해성 물질 등의 불순물질이나 오염물질을 제거하는 정수 방법이다.

모래여과는 급속여과와 완속여과로 대별되지만 양자의 상위 점은 구성요소의 면에서는 전자가 약품침전으로부터 침전수를 처리 대상으로, 대해 후자는 보통침전과의 조합을 기본으로 한다.

더욱이 여과속도 등의 조작 조건이나 세정 등의 관리면에서 상위는 물론 여과 기구에서도 근본적으로 다르다.

급속여과는 완속여과에 비해 처리수질의 점에서 약간 열세인 것, 소요면적, 원수수질의 악화에 대한 순응성, 조작의 연속화·자동화 등의 점에서 우수하다.

따라서 물수요의 증대와 공공용 수역의 만성적인 수질오탁이라고 하는 현황에서는 수도의 규모 여하를 불문하고 급속여과의 채용, 완속여과로부터 급속여과에 대한 전환 경향이 나타나고 있다.

더욱이 종래부터 표준형 급속여과 방식으로 나타나는 불합리한 점을 보충하고, 여과 성능을 한층 높이는 것을 목적으로 하여 여러 가지 변법도 제안되어 개발되고 있다. 이 개선의 방향은 대부분의 경우 여층이 가지는 탁질 저류 능력을 최대한으로 발휘하려고 하는 것이다.

8.2 정수방식과 모래여과

정수방식을 대별하면, 염소소독 만의 방식, 완속여과 방식, 급속여과 방식 및 특수 처리를 포함한 4가지 방식으로 분류된다.

염소소독만의 방식은 소독 이외의 정수처리 시설을 설치하지 않기 때문에 처리조작도 용이하지만 원수수질이 극히 좋은 경우에만 채용한다.

완속여과 방식은 완속여과지를 중심으로 한 방식이며 유지관리에 고도의 기술을 필요로 하지 않지만 넓은 면적과 많은 노력이 필요하다.

본 방식의 경우 통상은 여과의 전처리 공정에 보통침전지를 설치하지만, 원수의 수질에 의해서는 이들을 생략하거나 또는 역으로 약품처리 가능한 침전지로 하는 경우도 생각된다.

급속여과 방식은 응집침전지와 급속여과지를 중심으로 한 방식이다. 여과속도는 완속여과에 비해 30~40배가 되며, 이만큼의 설치면적이 적게 들어 도시 등에서 용지 취득이 곤란할 때는 적당한 방식이지만 완속여과에서 볼 수 있는 생물화학적 작용은 기대할 수 없기 때문에 일반적으로 여과수의 수질은 완속여과 방식보다 그다지 양호하지는 않다.

그러나 색도 등 콜로이드상 물질의 제거를 목적으로 하는 경우는 급속여과 방식이 유리하다.

특수 처리를 포함한 방식은 상기의 시설에서는 먹는 물 수질기준에 적합한 정수를 얻을 수 없을 때 또는 관의 보전상 유해한 성분이 포함되어 있을 때, 상기 방식에 각각의 성분의 제거에 유효한 처리 방법을 더한 방식이다.

이들 4방식 중 어떤 방식을 채용하는가는 원수의 수질, 정수량, 용지의 취득, 건설비·유지비, 유지관리의 난이, 관리수준 등을 고려한 종합적인 견지에서 판단해서, 최종 결정되어야 하지만 이 중 가장 중요한 원수의 수질 면에서 본 선정 기준을 표 8.1에 나타냈다.

표 8.1 정수방법의 선정과 기준

정수방법	원수수질	처리법		적요
염소소독 만의 방식	① 대장균군[100(mL/MPN)] 50 이하 ② 일반세균[1(mL)] 500 이하 ③ 타 항목은 수질기준에 항상 적합할 것	소독설비만으로 할 수 있음		
완속여과 방식	① 대장균군[100(mL/MPN)] 1,000 이하 ② 생물화학적 산소요구량(BOD) 2(mg/L) 이하 ③ 연평균 탁도 10도 이하	완속 여과지	침전지 불요	연 최고 탁도 10도 이하
			보통침전지	연 최고 탁도 10~30도 이하
			약품처리 가능한 침전지	연 최고 탁도 30도 이상
급속여과 방식	상기 이외	급속 여과지	약품 침전지 고속응집침전지	① 탁도 최저 10도 전후, 최고 약 1,000도 이하, 변동의 폭이 극단적으로 크지 않을 것 ② 처리 수량의 변동이 적을 것
특수 처리를 포함한 방식	부식성 유리탄산	Aeration, 알칼리처리		
	pH 조정(pH 낮은 부식성)	알칼리처리		
	철	전염소처리, Aeration, pH 조정, 철박테리아법		
	망간	① [산화]+[응집침전]+[모래여과] 전염소처리, 과망간산칼륨처리(오존처리) ② 접촉여과법 망간사여과법, 2단여과 ③ 철박테리아법		
	생물	약품(황산동, 염소, 염화동)처리, 2단여과, Micro-strainer		
	취미	발생 원인 생물제거, Aeration, 활성탄처리, 염소처리, 오존처리		
	음이온 계면활성제, 페놀 등	활성탄처리(오존 처리)		
	색도	응집침전, 활성탄처리, 오존처리		
	불소	활성알루미나법, 골탄처리, 전해법		

* 주 ( )는 실제로는 그다지 사용되지 않음

8.3 모래여과의 이론과 기구

8.3.1 탁질억류 기구

1) 완속여과의 기구

새로운 모래여과지에서 원수를 여과하면, 차츰 사층의 표면에 원수중의 무기질적 협잡물(토사의 미립자 등)이나 유기질적 협잡물(여러 가지 생물이나 그 사체 등)이 억류되어 더욱이 여러 가지 세균류 등이 번식한다. 이들 생물체나 분비물 등도 가해짐으로써 생물화학적으로 생성된 끈적끈적한 젤라틴상의 막이 사층 표면에 형성되며, 더욱이 사층의 표면부에 모래입자면에도 응착하여 마침내 모래입자의 공극을 메우게 된다. 이러한 상태가 된 사층의 표면이 어느 두께를 가진 부분을 여과막(schmutzdecke)이라고 하며, 이 여과막의 형성에 따라 여과수의 수질도 개선된다. 이 의미에서 완속여과는 **표층여과**이다.

여과효력의 발현은 여층 표면의 여과막의 억류 작용에 의한 것이 주체이지만, 이 외에도 사층 내부로 침투한 생물막의 제라틴 상태에 의한 흡착작용, 같은 젤라틴 상태의 생물상호간의 생존경쟁에 의한 세균류의 사멸, 사층에 의한 단순한 기계적 억류작용(straining), 사층 공극에서 침전작용, 여과막 및 여층의 산화작용 등으로 생각할 수 있다.

그러나 여층 내부에 젤라틴상의 생물막이 여과조건의 급변에 의해서는 박리하여, 여과수류에 따라 세정되어 여과수 중에 나타나면 여과수 수질이 악화, 계속해서 **여과효력의 감쇄**로 연결된다. 또 완속여과의 정화기구가 주로 생물작용에 근거한 이상 생물의 기능이 저해되는 원수의 수질의 경우에는 여과효력은 충분히 발현되지 않게 된다.

2) 급속여과의 기구

상기와 같이 완속여과의 여과막은 생물학적으로 구성되어 있기 때문에 이 여과기구는 생물학적 정화작용을 주체로 간주하는 데 약품침전지에서 침전수를 받아서 급속여과지에서 형성되는 여과막은 인공의 플록에서 이루어지는 **인공여과막**이며, 완속여과의 생물막과는 상당히 다르다.

따라서 급속여과의 탁질 억류 능력은 생물작용에 기인하는 것이 아니고 물리화학적인 작용에 의한 것이 크며, 게다가 인공여과막 자체에는 절체적인 정화능력이 갖추어져 있지 않다.

여기에서 새삼스럽게 충분하게 해명되어 있지 않은 급속사 여과의 억류기구에 관해 여러 가지 설에 관해 기술한다.

일반적으로 급속여과에서 탁질입자의 억류는 여재억류 표면에의 탁질입자의 **수송**(transport)과 그 억류 표면에서 **부착**(attachment), 2가지 단계를 거쳐 행해진다.

수송단계의 여러 인자로서는, Brown 운동, 관성운동, 유체역학적 작용, 저지작용, 체분리작용, 중력침강을 들 수 있다(그림 8.1 참조).

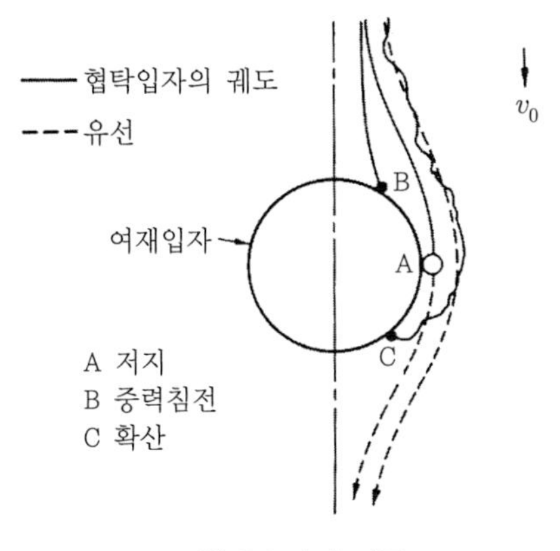

그림 8.1 수송기구

브라운운동은 물 분자의 열운동에 의한 충격이 현탁입자에 가해지는 결과 생기는 입자의 불규칙적인 운동이며, 약 1(μm) 이하의 소입자에 관해서 나타나는 현상이다.

따라서 통상의 응집조작으로 나타나는 플록은 이것보다도 큰 수 (μm) 이상이기 때문에 브라운 운동이 수송과정의 주 인자인 것은 생각하기 어렵다.

관성운동은 현탁입자로부터 여재입자 간의 굴곡한 수로를 통과할 때, 현탁입자와 유체와의 질량차가 크면, 수류의 굴곡에 추종하지 않고 유선으로부터 이탈하여 직진하여 여재표면에 달하는 운동이지만 공기 중의 떠 있는 먼지를 여과하는 기체여과의 경우와는 다르다. 물과 현탁입자와의 밀도차가 큰 경우에는 작용하지만 물의 여과 경우에는 중요한 인자는 아니다.

유체역학적 작용은 여재 주변에 형성된 유선 간의 압력차에 의해 현탁입자가 여재표면에 수송되는 현상을 말한다. 즉, 현탁물입자가 회전하면 유선의 진행방향과 회전방향이 일치한 측에서는 압력이 높으며, 그 반대 방향에 힘이 생겨 입자를 움직인다. 이를 유체역학적 작용이라 하며 이 작용도 무시할 수 있다.

여기서 **체분리작용**(straining)은 여재입자가 구성하는 공극보다 큰 현탁입자는 체분리에 의해 제거되며, **저지작용**(interception)은 유선상을 수송되어 온 현탁입자가 현탁물입자경이 여재 공극보다 작은 경우 현탁입자가 유선을 따라 여재입자에 가깝게 통과하면 여재입자에 접촉이 발생되어 여재 표면에 의해 저지되는 현상을 말한다. 이것은 수류와 상대하는 여재에만 한정된다.

중력침강작용(gravity)은 현탁물입자가 물보다 밀도가 크면 유선에 수평방향 성분이 생길 때 중력방향으로 유선에서 이탈하는 것을 말한다.

현재로서 급속여과에서 수송과정의 탁월한 인자는 **저지작용**(interception)과 **중력작용**(gravity)이라고 보는 편이 유력하다.

단지 이 2가지의 인자 중 어느 것이 주요한 인자인가에 대해서는 논의가 나누어지고 있으며, 아이버스(Ives, K.J), 마로우다스(Moroudas, A.)들은 중력침강을, Ebie(海老江)는 저지작용을 각각 중시하고 있다.

이상 수송과정에서 여재 표면에 도달한 현탁입자는 그 표면에 반드시 포착된다고 한정할 수 없다. 이 부착과정에 관한 인자로서 체분리작용·표면전기적 작용·화학적 결합·흡착작용 등 여러 가지로 생각되지만, 이 중 어느 것이 탁월한 인자인가는 여재입자나 현탁입자의 특성에 의해 다르다. 어쨌든 현탁입자나 여재표면의 물리화학적 성질이 중요하며, 이것이 여재입자와 현탁입자의 사이 또는 현탁입자 간의 응집부착력을 지배한다고 할 수 있다.

8.3.2 여과방정식

모래여과의 공정을 비롯하여 이론적으로 해석한 것은 Iwazaki(岩崎)이며, 여과방정식으로 다음과 같다.

• 수질변화식

$$\frac{\partial c}{\partial z} = -\lambda c \tag{8.1}$$

• 연속식

$$\frac{\partial \sigma}{\partial t} + v\frac{\partial c}{\partial z} = 0 \tag{8.2}$$

여기서, c : 현탁질의 농도, z : 사층면에서의 거리

λ :저지율 또는 여과 계수

σ : 여층의 단위 체적 중에 억류된 현탁입자량

t : 여과시간, v : 여과속도

식 (8.1) 중의 여과계수 λ는 정수가 아니며, 일반적으로 초기 여과계수 $\lambda_0(t=0)$와 현탁질의 억류량 σ의 관계로서 나타나지만 다음 여러 식이 대표적이다.

- Iwazaki 식

$$\lambda = \lambda_0 + a\sigma \tag{8.3}$$

- Mint 식

$$\lambda = \lambda_0\left(1 - \frac{\sigma}{\sigma_c}\right) \tag{8.4}$$

- Ives 식

$$\lambda = \lambda_0 + a\sigma - \frac{b\sigma^2}{\epsilon_0 - \sigma} \tag{8.5}$$

여기서, λ_0 : 초기 여과 계수, a, b : 정수

σ_c : 주어진 조건하에서 극한 억류량

ϵ_0 : 공극률 ϵ의 초깃값

또 초기 여과계수 λ_0는 여과속도나 여재입경 등 이외에 현탁입자의 입경이나 제타전위에 의해서도 영향을 받아 변화한다.

λ_0와 여과속도 v 및 여재입경 d와의 사이에는 통상 다음과 같은 관계가 성립한다.

$$\lambda_0 \infty v^{-m} d^{-n} \tag{8.6}$$

여기서, $m=0.1 \sim 0.7$, $n=1.5 \sim 2.5$ 정도이다.

식 (8.3)~(8.5) 중에서 가장 일반성을 가지고 있는 것은 Ives 식이며, 이것에 의하면 λ는 초기에는 부착표면적에는 증가와 함께 직선적으로 증가하며, 계속해서 공극 사이의 유속의 증가에 따라 서서히 감소한다.

Iwazaki 식은 미세여재의 저속여과, 또 민츠(Mintz, D.M.)의 식은 조대여재의 고속여과에 각각 근사적으로 사용된다.

상기에 서술한 여과이론의 정량적 해석은 여과계수를 탁질 억류량의 관계로 취급하며 여층을 black box로 간주하고 소위 거시적으로 취급하는 데 불과하다.

이에 대해 현탁입자의 운동을 상세하게 추적하여 여층에서 입자의 억류현상을 정량적으로 표현하려고 하는 시도도 이루어지고 있다. 이것을 **궤도이론**(trajectory theory)이라고 한다. 이 거시적인 취급에서 대부분의 경우 **포집효율**(single collector efficiency) η가 되는 지표가 이용되고 있지만 여과계수 λ와의 사이에는 다음 관계가 있다.

$$\lambda = \frac{3(1-\epsilon)}{2d}\eta \tag{8.7}$$

여기서, η : 단위시간당 여재의 단위 표면적에 1개의 입자가 충돌합일하는 율

ϵ : 공극률, d : 여재입자의 직경

이 궤도모델은 현탁입자와 여재입자와의 충돌합일의 과정을 해석할 때, 유체 역학적 작용·물리적 작용 및 계면화학적인 인자 등을 함께 논할 수 있다.

궤도이론에 근거하여 η를 구하면, λ를 산정할 수 있으며, 입자의 포집 능력을 여과 계수로서 평가할 수 있다.

야오(Yao, K.M.)는 η를 확산·저지·중력침전의 3가지 원인으로 나누어서 다음과 같이 표시했다(그림 8.1 및 8.3.1(2) 참조).

$$\eta = \eta_D + \eta_I + \eta_G \tag{8.8}$$

단,

$$\eta_D = 4.04\, P_e^{-\frac{2}{3}},\ \ \eta_I = \frac{3}{2}\left(\frac{d_p}{d}\right)^2,\ \ \eta_G = \frac{(\rho_p - \rho) g\, d_p^2}{18 \mu\, v_0} \tag{8.9}$$

여기서, η_D, η_I, η_G : 각각 확산·저지·중력침강에 기인하는 포집효율

P_e : 페클 정수, d_p : 현탁입자의 직경

d : 여재입자의 직경, ρ_p : 현탁입자의 밀도

ρ : 물의 밀도, g : 중력가속도

μ : 물의 점성계수, v_0 : 유속

또 전기 2중층에 의한 반발력이 무시할 수 없는 저 이온 강도계에서 부착효율을 고려하여 궤도이론을 수정하여 여과계수를 구하는 예도 있다.

또한 여과방정식으로서는 식 (8.1) 및 (8.2)가 흔히 사용되지만 기타에도 공극률을 고려한 여과방정식도 제안되고 있다. 더욱이 Hujita는 여과계수 λ 대신에 단입자층 제거율이라고 하는 개념을 도입함과 동시에 무차원층 두께를 이용하여 보다 일반성이 있는 여과방정식을 제안하고 있다.

8.3.3 손실수두의 이론

1) 폐색하고 있지 않은 여층의 경우

완속여과에서도 급속여과에서도 여과 개시 직후의 사층이 아직 폐색하지 않은 청정한 상태에서 손실수두식은 Hazen, Darcy, Fair-Hatch 등에 의해 각각 제시되고 있지만 여기서는 Darcy의 법칙과 Fair-Hatch의 식에 관해서 기술한다.

(1) Darcy의 층류 저항 법칙

$Re < 4$가 되는 경우의 사층의 침투류의 마찰손실수두와 단면유속과의 관계로부터 두께 H가 되는 여층을 물이 통과할 때의 손실수두는 다음 식으로 나타낼 수 있다.

$$h_f = \frac{vH}{k} \tag{8.10}$$

여기서, h_f :손실수두(cm), v : 여과속도(cm/d)

H : 사층두께(cm), k : 침투계수(cm/d)

이 식에서는 급속여과지의 층화한 사층에서 k의 산정법이 문제이다.

(2) Fair－Hatch 식

Fair－Hatch 식이 차원해석과 실험으로부터 구한 식이다.

$$\begin{aligned} \frac{h_f}{H} &= 1.067\frac{C_D}{g}\frac{1}{\epsilon^4}\frac{v^2}{d} \\ &= 0.178\frac{C_D}{g}\frac{v^2}{\epsilon^4}\frac{A}{V} \end{aligned} \tag{8.11}$$

단,

$$\frac{A}{V} = \frac{\alpha}{\beta}\frac{1}{d} \tag{8.12}$$

여기서, h_f : 두께 H(cm)의 사층에 의한 손실수두(cm)

C_D : 모래입자의 형상저항 계수

$$C_D = \frac{24}{Re} + \frac{3}{\sqrt{Re}} + 0.34 (Re \geq 1), \quad C_D \fallingdotseq \frac{24}{Re} (Re < 1)$$

여기서, g : 중력가속도(cm/sec^2)

ϵ : 사층의 공극률

v : 여과속도(cm/sec)

d : 모래입자의 대표입경(cm)

A : 입자의 표면적(cm^2)

V : 입자의 체적(cm^3)

α, β : 각각의 표면적, 체적에 관계한 모래의 형상계수(표 8.2 참조)

표 8.2 모래의 형상계수의 개략치

모래입자의 형태	β	α/β
각이 많은 것	0.64	6.9
날카로운 것	0.77	6.2
닳은 것	0.86	5.7
둥근 모양의 것	0.91	5.5
구체	0.52	6.0

층화 사층의 경우에는, ϵ, C_D 및 α/β는 각 층마다 다르기 때문에, 식 (8.11)은 다음과 같다.

$$\frac{h_f}{H} = 0.178 \frac{v^2}{g} \Sigma \left(\frac{\alpha}{\beta} \frac{C_D}{\epsilon^4 d} p \right) \tag{8.13}$$

여기서, p는 d가 되는 입경으로 대표되는 모래입자의 조성 비율이다. 또, 간단하기 때문에 ϵ, α/β는 전 층에 걸쳐 일정하며 근사계산해도 좋다.

(3) Lever 식

$$\frac{h_f}{H} = \frac{200 \mu v}{\rho_f \, g \phi^2 D^2} \frac{(1-\epsilon)^2}{\epsilon^3} \tag{8.14}$$

여기서, ϕ : 여재의 형상계수(0.8)

μ : 물의 점성 계수(kg/m·s)

ρ_f : 물의 밀도(kg/m^3)

이 식의 적용 범위는 $Re < 10$이다.

보통 여과속도의 범위에서 폐색이 진행한 여층의 흐름은 층류역에 속하여 손실수두 h_f는

$$h_f = K(t)v \tag{8.15}$$

K_t는 Darcy의 투수계수의 역수에 여층 깊이를 곱한 것이며, 시간 t와 함께 증가한다.

예제 8.1

여재경 0.6(mm), 여재 두께 600(mm), 여재 공극률 0.45일 때 급속여과지의 초기 손실수두를 여과속도 120(m/d) 및 180(m/d)에 관해서 구하라.

해

(1) Fair-Hatch 식

① **여과속도** 120(m/d) = 1.39×10^{-3}(m/s)

$$Re = \frac{\rho_f D v}{\mu} = \frac{10^3\times0.6\times10^{-3}\times1.39\times10^{-3}}{10^{-3}} = 0.834 < 1$$

$$\therefore\ h = 0.178\times\frac{24}{Re}\times\frac{Lv^2}{g\epsilon^4 D}\frac{\alpha}{\beta}$$

$$= 0.178\times\frac{24}{0.834}\times\frac{0.6\times(1.39\times10^{-3})^2}{9.8\times0.45^4\times0.6\times10^{-3}}\times5.5 = 0.135\,(\mathrm{m})$$

② **여과속도** 180(m/d) = 2.08×10^{-3}(m/s)

$$Re = \frac{\rho_f D v}{\mu} = \frac{10^3\times0.6\times10^{-3}\times2.08\times10^{-3}}{10^{-3}} = 1.25 > 1$$

$$C_D = \frac{24}{Re} + \frac{3}{\sqrt{Re}} + 0.34$$

$$= \frac{24}{1.25} + \frac{3}{\sqrt{1.25}} + 0.34 = 22.2$$

$$\therefore\ h_f = 0.178\times\frac{22.2\times0.6\times(2.08\times10^{-3})^2}{9.8\times0.45^4\times0.6\times10^{-3}}\times5.5 = 0.234\,(\mathrm{m})$$

(2) Lever 식

Lever 식의 적용범위는 Re < 10이기 때문에 위의 어느 경우도 하나의 식으로 표현된다. 여재의 형상계수 $\Phi = 0.8$로 하면

$$h = \frac{200\mu L v}{\rho_f g \Phi^2 D^2}\frac{(1-\epsilon)^2}{\epsilon^3}$$

$$= \frac{200 \times 10^{-3} \times 0.6 \times v}{10^3 \times 9.8 \times 0.8^2 \times (0.6 \times 10^{-3})^2} \times \frac{(1-0.45)^2}{0.45^3}$$

$$= 1.76 \times 10^2 v$$

$$v = 120m/d = 1.39 \times 10^{-3}(\mathrm{m/s})$$

$$h = 1.76 \times 10^2 \times 1.39 \times 10^{-3} = 0.244(\mathrm{m})$$

$$v = 180m/d = 2.08 \times 10^{-3}(\mathrm{m/s})$$

$$h = 1.76 \times 10^2 \times 2.08 \times 10^{-3} = 0.366(\mathrm{m})$$

2) 폐색하고 있는 사층의 경우

Koda(合田)는 모래에 의한 마찰저항이 유속의 1승에 비례한다고 하여, 완속여과와 급속여과 각각에 관해서 이하의 손실수두식을 유도했다.

(1) 완속여과

그림 8.2와 같이 원점을 모래 표면으로 Z축을 연직하향으로 잡으면 표층부의 압력수두 h_δ는 다음과 같다

$$h_\delta \fallingdotseq Z\left(\frac{1-h^n}{\delta}\right) + h_0 \tag{8.16}$$

여기서, h_δ : 여층의 표면부에서 압력수두(cm)

h^n : 두께 δ(cm)가 되는 표층부에 의한 손실수두(cm)

h_0 : 사상수심(cm), δ : 표층부의 두께(cm)

Z : 여과층의 깊이(cm)($0 \leq Z \leq \delta$)

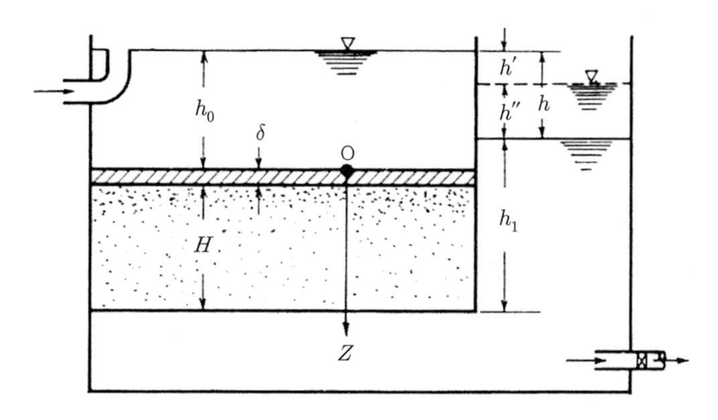

그림 8.2 모래여과의 설명도

(2) 급속여과

급속여과는 다음 식으로 나타낼 수 있다.

$$\frac{p}{\rho g} = h_p = \frac{p_0}{\rho g} = Z - \nu\left(\frac{v}{g}\right)\int_0^Z \frac{dZ}{k^n} \tag{8.17}$$

여기서, p : 깊이 Z(cm)점의 압력(dyne/cm^2)

ρ : 물의 밀도(g/cm^3), g : 중력가속도(cm/sec^2)

h_p : 깊이 Z(cm)점의 공극수의 압력수두(cm)

p_0 : 사층표면($Z=0$)의 압력(dyne/cm^2)

v : 여과속도(cm/sec), k^n : 침투계수(cm^2)

ν : 물의 동점성계수(cm^2/sec)

이 식의 우변 3항이 손실수두를 나타내고 있다. 이 식의 의의는 그림 8.3에서 설명할 수 있다. ①, ②, ③, ④의 압력 그림은 사면하의 각점의 압력(대기압을 기준으로 함)을 나타낸 것으로 ①은 물이 유동하고 있지 않은 경우, ②는 사층이 아직 폐색을 일으키지 않은 여과 개시 당초의 것(모래의 입도가 상하로 다르기 때문에 일직선으로는 되지 않음), ③은 여과 진행 중, ④는 여층의 폐색이 상당 진행한 여과 말기의 것이다.

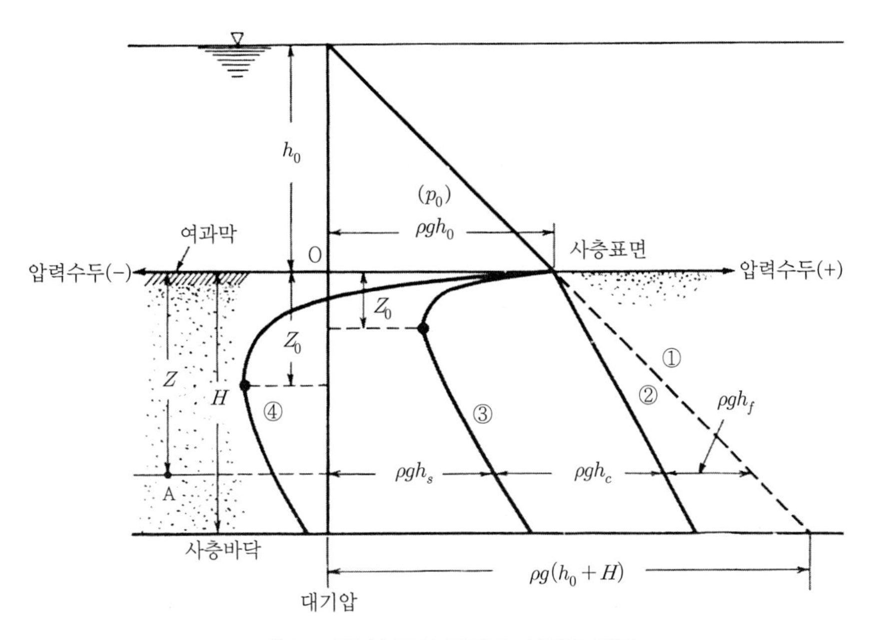

그림 8.3 압력수두의 위치적·시간적 변화

사면하 Z의 점 A에 관해서 말하면, h_f는 A점보다 위의 사층 만에 의한 손실수두, h_c는 사층의 공극을 폐색한 탁질을 위해 부가된 손실수두이다.

③, ④의 최소 압력의 점의 위치(Z_0)는 폐색이 진행함에 따라 아래 방향으로 이동하며, 이 경향은 여과 속도가 크게 될수록 현저하게 된다.

또 사층 내의 압력이 대기압 이하 (부압)이 된 부분에서는 air−binding[8.6.1(4)참조]이 일어날 가능성이 있다.

기타 Ives는 동수구배와 비퇴적물량과의 관계를 그림 상으로 나타내면, 극히 직선에 가깝기 때문에, 균등 입경의 여층에서 총손실수두를 근사적으로 다음 식으로 나타낼 수 있다.

$$H = h_0 L + k v c_0 t \tag{8.18}$$

여기서, H : 총손실수두(cm), h_0 : 여층초기(청정여과) 동수구배

L : 여층 두께(cm), k : 정수, v : 여과속도(cm/sec)

c_0 : 미 여과수중의 현탁물 농도[(ppm) = 10^{-6}]

t : 여과 게시 후의 여과 계속시간(min)

3) 부수압(부압)

부압의 발생 기구는 Koda의 식 (8.17)에 근거하여 설명할 수 있다. 즉, 폐색이 진행하고 있는 부분에서는 공극부의 감소에 의해 여과 속도는 증대하지만, 이것에 의해 속도수두도 이상하게 높게 되며, 결과로서 대기압보다도 낮은 압력이 된다. 또 Tatsumi Iwao(巽巖)는 손실수두와 사층 내부의 압력분포의 관계에 관해서 베르누이 식을 이용한 해석과 실험을 행하였으며, 이 결과로부터 부압의 발생 기구를 다음과 같이 요약할 수 있다.

① 여과수 인출수위(사면을 포함)가 사면 위에 있으며, 모든 점에 정압으로 나타난다.

② 인출수위가 사면과 집수장치 저면의 사이에 있으면, 인출수위 이하에서는 반드시 정압, 이 면 이상의 점에서는 폐색상황 여하에 의해 정·부압 어느 쪽이든 된다. 그러나 인출수위 이상의 점의 압력이 이하의 점의 압력보다 작다고는 단정할 수 없다.

③ 인출수위가 집수장치 저면과 일치할 때는, 사층 내는 정·부 어느 쪽이든 되지만, 하층부에 부압이 발생하기 쉽다. 집수장치 저면에는 정압이다.

④ 인출수위가 집수장치의 저면 이하로 내려가면, 사면 바로 아래의 정압 부분은 점점 작게 되며 부압 부분이 확대하여 사층 전역이 거의 부압이 될 가능성이 강하다. 이 경우 하층부에 다소 정압 부분이 남는 것도 있지만, 이것은 인출수위가 내려가는 정도에 의한 것이다. 인출수위의 저하 형태가 현저할수록, 사층의 하층부 부압은 결정적이 되며 ②와 비교하여 거의 반대의 현상이 나타난다.

⑤ 압력수두의 분포는 사면에서는 사상수심에, 집수장치 저면에서는 인출수위에 같으며, 이 중간의 분포는 일반적으로 불규칙하며, 이 중간변화를 지배하는 것은 구분된 얇은 사층 Δh와 이것에 의한 손실수두 Δa의 비(($\Delta h / \Delta a$)가 지배적 요소이며,

i) 사층의 폐색상황이 일정하다면 직선 변화를 한다.

ii) 손실수두가 표층부의 폐색 진행부에 한정된 경우에는 여기서 정압으로부터 급격하게 현저한 concave적인 곡선으로 감소하는 압력도를 나타내며 이로부터 하부에서는 직선분포에 가깝다.

이들 중 ②와 ④의 차이가 중요하며, 부압발생 영역이 여과속도와 밀접한 관계를 가지는 것을 시사하고 있다.

8.4 여과효율

여과효율에 관해서는 종래는 기준수질의 음료수를 얻는 것을 목표로서, 수질면, 특히 세균의 제거효율을 중시하여, 이것을 하나의 근거로서, 여러 가지 표시법이 제안되어 왔다. 그러나 실제상은 세균 제거율만으로는 불충분하며, 여과수중의 세균의 절대수를 합쳐서 생각하지 않으면 무의미하며, 더욱이 수질면에 더해 완속여과 수량, 바꾸어 말하면 일정의 조작조건(여과조건)하에서 적정한 수질의 여과수의 총량을 고려해서 질·량의 양 면으로부터 여과효율을 논하는 것이 타당하다.

8.4.1 세균제거율

세균제거율에 대해서는 다음의 여러 식이 있다.

$$종래의 식 : E = \frac{x - y}{x} \tag{8.19}$$

여기서, E : 세균 제거율, x : 원수중의 세균 수, y : 여과수중의 세균 수

이 식은 일반적으로 간편하게 사용되고 있지만, 원수중의 세균 수 또는 여과수중의 이들 다소와 제거 능률과의 관계 등은 고려되지 않고 있다.

Kondou(近藤)에 의하면 x의 값이 크게 되면 E도 크게 되는 경향이 있다.

(1) 울만(Wolman, A)의 식

$$y = x^c \tag{8.20}$$

여기서 c는 능률 계수이지만, $y = x$의 경우 $c = 1$, $y = 1$의 경우 $c = 0$가 되며, 보통 능률의 의미와는 반대가 되는 점이 불합리하다.

(2) Hirose의 식

$$y = x^{1-e'} \text{ 또는 } c' = \frac{\log x - \log y}{\log x} \tag{8.21}$$

여기서 c'는 능률 지수이다.

Hirose는 식 (8.20)의 결점을 수정하여, 상식으로 제안하였다. 그러나 $y=x$에서 $c'=0$, $y=1$에서 $c'=1$이 된 경우는 좋지만, $y=0$의 경우에 적용할 수 없는 결점이 있다. 단 식 (8.19)에서 여과수중의 세균 수와 제거능률과의 관계가 고려되지 않은 점이 시정되어야 한다.

Iwazaki는 여과에 의한 세균의 제거에는 지체가 있는 것을 생각하여, 동 시점에서 x, y를 사용하여 상기의 E, c'를 구하는 것은 타당하지 않다.

8.4.2 수량적 효율

부쳐(Boucher, P.L,)는 총여과수량과 여과손실수두를 주요한 요소로 생각하여, 다음의 **여과효율지수**(filtrability index)를 구하고 있다.

$$I = \frac{1}{V} \ln \frac{h}{h_i} \tag{8.22}$$

여기서, I : 여과효율 지수

h : 어느 시각까지의 여과손실수두(ft)

V : 손실수두가 h로 될 때까지의 전 여과 수량(Eng. gal.)

h_i : 여과초기의 손실수두(ft).

같은 여과법을 행하고 있는 경우에는 I의 값이 작을수록 효율은 좋다. I는 같은 여과지, 같은 여과속도라도 수질 등에 의해서 변동하며, 다분히 여과수량의 면에서 본 여과효율로서 의미를 가지고 있다.

또 간단한 방법으로서 다음과 같이 나타내는 방법도 있다. 즉, 유효여과 지속시간을 T(hr), 평균여과속도 v(m/hr)로 하면, 여과지의 단위면적당의 1여과 사이클에 여과하는 유효수량은

$vT(\mathrm{m}^3)$이다.

하나의 표준값으로서 여과속도를 $v_0=120(\mathrm{m/d})[=5(\mathrm{m/hr})]$, 유효여과시간을 $T_0=24(\mathrm{hr})$로 하면, $v_0T_0=120(\mathrm{m}^3)$이 되며, 수량적 여과효율지표 η는 다음 식으로 나타낼 수 있다.

$$\eta=\frac{vT}{v_0T_0}=\frac{vT}{120} \tag{8.23}$$

η의 값이 클수록 효율이 높은 것을 나타낸다.

8.5 완속모래여과법

8.5.1 여과지의 구조와 기능

완속여과지는 통상 높이가 2.5~3.5(m)의 주벽과 격벽, 또 여기에 비해 넓은 저면적을 가진 철근콘크리트 구조의 지이며 지의 주요부는 사층과 이것을 지지하는 사리층 및 하부의 집수장치이다.

1) 분체의 형상 및 배치

(1) 여과면적·여과속도

여과총면적을 $A(\mathrm{m}^2)$, 소요여과수량(1일 최대 급수량)을 $Q(\mathrm{m}^3/\mathrm{d})$, 여과속도를 $v(\mathrm{m/d})$로 하면, 이론상의 **총여과면적**은 $A=Q/v(\mathrm{m}^2)$으로 구하지만, 여기에 예비지의 면적을 가한 것을 소요 총여과면적이라 한다.

여과속도는 완속여과의 정화기구로부터 생각하면 느릴수록 좋지만, 경제성 등을 포함한 종합적인 견지에서 4~5(m/d)를 표준으로 하고 있다.

(2) 형상·배치

장방형의 지를 1~2열로 상접해서 설치하며, 그 주위에 유지관리용 공지를 갖추어 놓는다. 장방형의 지를 병렬로 한 경우, 주벽과 격벽의 각 단위길이당 건설비가 같다고 가정하면, 경제적인 폭 w와 길이 l의 비는 지수를 n으로 하여 $w/l=(n+1)/2n$으로 나타낼 수 있다.

2) 여층

(1) 여과모래·여층두께

여층모래의 중요성은 입자조성과 재질에 있으며, 그 좋고 나쁨은 여과 기능에 직접 영향을 미치며, 유지관리에도 관계한다.

유효경은 0.30~0.45(mm), 균등계수는 2.0 이하가 표준이다.

사층두께에 관해서는 완속여과의 본질은 표층여과에 있지만, 여과의 효과에는 전 모래층이 공헌하고 있기 때문에 충분히 고려하지 않으면 안 된다.

완속여과지에서는 모래층을 걷어내는 것을 상당한 회수로 반복하여 행하는 것을 전망하여 사층의 설계 두께를 70~90(cm)로 한다.

최소 두께는 원수의 수질, 여과속도, 모래의 입도 등에 관계하며, 과도하게 얇으면 여과수 수질을 악화할 위험이 있기 때문에 모래층 두께가 45~50(cm)가 되면 걷어내는 것을 중지하고 모래를 보충하는 것이 좋다.

(2) 여과사리·사리층 두께

사리층은 사층하에서 사층을 지지하며 오히려 여과수의 균등집수를 목적으로 하기 때문에 모래입자가 물의 유하에 따라 유실되지 않도록 상층에서부터 하층으로 향하여 순차적으로 미세부터 조대한 입경 3~60(mm)의 것을 입도를 3~4단으로 순차 배열하며, 총두께를 40~60(cm)로 한다. 또 여과사리의 형태는 여과수의 저항을 작게 하기 위해 구형에 가까운 것이 좋다.

3) 하부 집수장치

사층과 사리층 밑에 있으며, 여과수를 모아 이것을 여과지 외로 배출하기 위한 장치가 **하부 집수장치**이다. 요점은 잡수장치 내에 생기는 손실수두가 될 수 있는 한 작을 것, 여과지 전면에 있어서 여과의 균등성이 있다.

Reference 참고 여과의 균등성

여과의 균등성은 여과지 사면의 모든 점에서 장소적, 시간적으로 항상 소정의 여과속도로 여과가 행해지는 것이며, 여과 현상의 본질이 수리학적으로 보아 균질한 입상층 내의 물의 유동에서 유로의 저항이 그 상황을 지배하기 때문에, 이 흐름의 상태를 항상 일정하게 유지하는 것이 여과의 균등성을 얻는 결과가 된다. 따라서 유로의 저항이 사면상의 모든 점에서 일정하기 위해서는 사층 및 사리층이 일정한 입도의 입자로 동일한 혼합 상태로 구성되어 두께가 일정한 것 외에 더욱이 집수장치에서 손실수두가 같은 구조로 되어 있는 것이 이상적이다. 이것은 사면상의 위치에 의해서 유로의 저항이 다른 경우에는 여과속도에 차가 생기며, 그 결과 여과막 물질(젤라틴상의 슬러지)의 사층 내부에 대한 침입깊이에 차이가 발생한다. 이 때문에 국부적으로 다른 것보다도 깊은 사층이 오염된 장소에서는 상황이 더욱이 진행하면 결국 그 점부터 유출하는 여과수의 수질이 악화되는 위험이 있기 때문이다.

집수장치의 구조는 상기의 목적에 따라 집수거의 지거와 주거를 지저에 대칭으로 위치되도록 설치한다. 보통 그림 8.4와 같이 배치한다.

거내 유속은 지거 15(cm/sec) 이하, 구배는 지거 1/150 정도, 주거 1/200 정도로 한다. 지거의 간격을 과대하게 하면 여과의 불균등을 발생하기 때문에, 어느 점이라도 수평거리 4(m) 이하로 한다. 그림 8.5는 주거·지거 단면의 예이다.

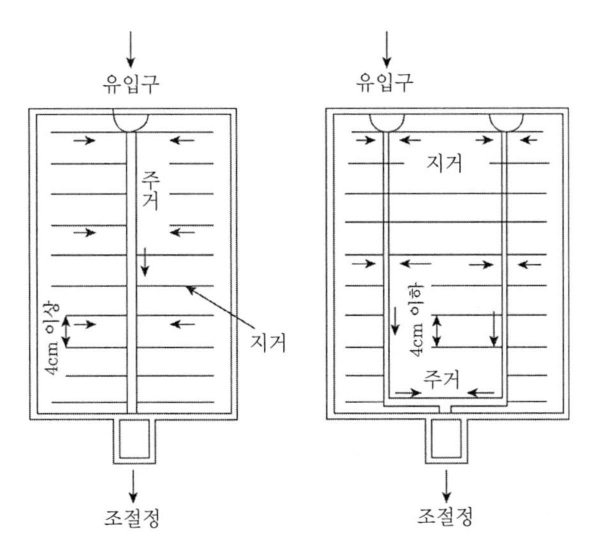

그림 8.4 하부 집수거의 일반배치

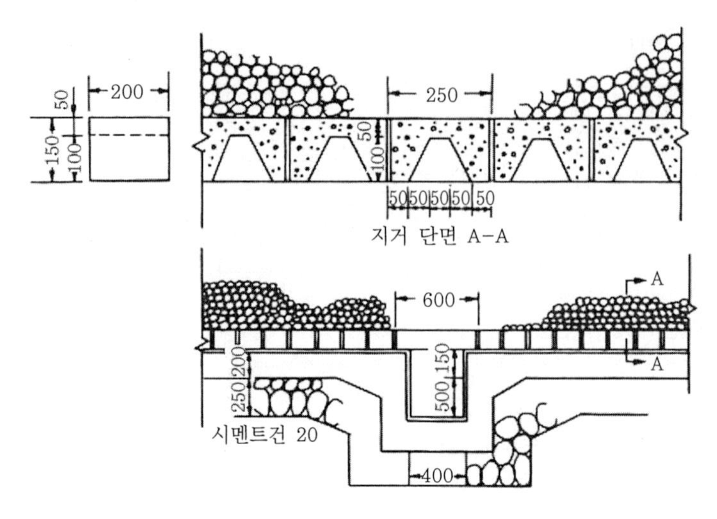

그림 8.5 하부 집수장치 단면도(단위 : mm)

4) 유출입 설비, 기타

원수의 유입 설비는 유입수의 교란에 의해 사면이 세굴 되지 않도록 배려하는 것이 가장 중요하다. 또 여과지에는 1지마다 반드시 유량조절장치를 갖춘 조절정을 설치하며, 여기에는 여과손실수두계·여과속도 및 여과수량 지시계 외에 필요한 관 밸브류를 설치한다. 여과유량의 조절에는 현재는 Venturi meter 식의 자동유량조정기(그림 8.6)가 사용되고 있다. 기타 오리피스 판의 전후 수위차를 기준으로 하여 유량을 조절하는 것이나 사이폰을 응용한 것 등이 있다.

여과지의 오염된 모래는 통상 인력으로 걷어 내에 지외로 반출 후, 세사장에서 모래 세정을 행한다. 세사설비로서는 ejector를 이용하여 오염된 모래와 물과의 혼합류를 발생시킴으로써 세사하는 것이 많다.

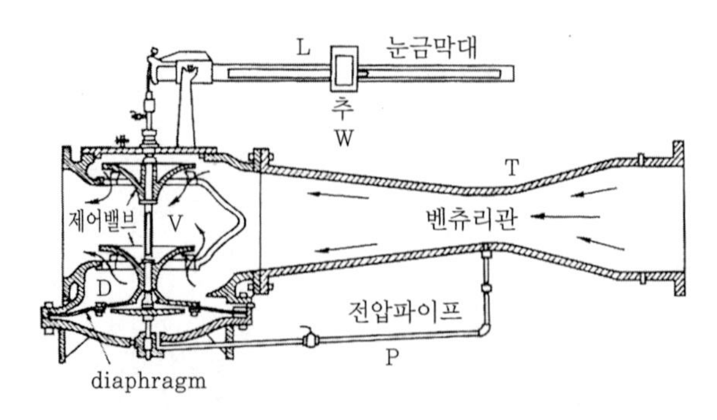

그림 8.6 Venturi meter식 유량조절기(Simplex형)

8.5.2 여과지의 조작과 관리

1) 여과속도

여과속도 4~5(m)를 표준으로 하지만, 원수의 오염도가 낮은 경우에는 7(m/d) 정도로 하는 예도 있다. **여과속도**는 여과 기능상 상당히 중요하며, 확실한 근거 없이 표준 이상으로 올려서는 안 된다. 여과속도를 너무 올리면, 숙성한 여과막에 crack을 발생시켜 억류 작용이 불완전하게 되며 또 여층 내부에서 여과 기능을 분담하고 있는 젤라틴상 물질의 탈락도 많아지기 때문에 여과수의 수질상 위험하며, 여과지속 일수의 단축과 관련된다.

2) 여과 손실수두

여과 손실수두가 증가하여 여과수 인출 수위가 사면과 일치할 때를 한도로 하여, 여과를 정지하여 오염된 모래를 걷어내는 것이 원칙이다.

그러나 정수장에 의해서는 원수의 수질 기타 관계에서 여과수 인출수위를 사면까지 낮추면 사층의 오염이 보다 심부로 미친 결과, 오염된 모래의 걷어내는 두께가 증가할 뿐만 아니라 사층의 청정유지가 곤란하게 되는 이유로 인출수위가 사면에 도달하지 않는 상태로 여과를 정지하는 경우가 있다.

3) 오염된 모래의 걷어내기

오염된 모래의 걷어내기에는 미리 지의 물을 사면 배수관과 여과조절정의 배수관보다 사면하 약 30(cm)까지 조용히 배수해둔다. 이 경우 급속하게 배수하면 오염물이 여층 내부로 흘러 들어갈 우려가 있기 때문에 주의를 요한다. 중요한 것은 염소 소독한 여과수로 사면상 20~30(cm)까지 행하며, 계속해서 원수를 소량씩 사면이 교란되지 않도록 주의 깊게 차츰 증량한다. 직접 원수를 사면으로 도입해서는 안 된다. 걷어내는 것을 반복하는 것보다 시층두께가 40~50(cm)로 줄어든 경우에는 새로운 모래를 설계 사층두께까지 보충한다.

완속여과의 관리상 오염된 모래의 걷어내는 작업은 상당히 중요하다. 이것은 여과 지속일수에 좌우되는 것은 물론이지만, 근본적으로는 원수수질·여과수량·여재입도 등이 영향을 미친다. 걷어내는 두께와 여과효력 발현시기·여과지속시간·손실수두·수질·여과수량 등의 관계를 장기에 걸쳐 조사하는 것은 유지관리상 중요하다.

4) 여과효력의 발현과 여과배수

완전히 새로운 사층이나 보충한 모래의 여층에서 여과를 개시해도 여과막은 미완성이며, 사층 내부에도 미성숙하기 때문에 여과수의 수질은 불량하다.

따라서 이와 같은 불량 여과수는 급수하지 않고 폐기한다. 이것을 **여과배수**라고 한다. 그러나 이러한 상태를 고려하지 않고 여과를 계속하는 도중에 차츰 여과막의 억류 작용이 완전하게 되며 사층 내부의 오염물질도 멈추게 된다. 이 상태가 여층의 완숙이며 여과수 수질은 향상되어 수질기준에 도달하다. 이것이 여과효력이 발현한 상태이다. 일반적으로 **여과효력발현**까지의 시간은 여과막의 숙성 정도와 사층 내부의 오염물질의 유출 정도(안정도)에 의해 차이는 있지만 수시간을 요한다고 한다. 그러나 오염된 모래를 걷어낸 직후의 여과재개의 경우는 이미 사층 내부에는 오염물질이 어느 정도 잔류하고 있기 때문에 여층의 숙성이 빨리 달성되어 여과효력 발현에 요하는 시간은 상기의 새로운 모래나 보충한 모래의 경우보다는 짧다. 여과효력발현의 판정은 수질시험에 의하지만 시험 항목은 적어도 탁도·색도·일반세균·대장균 등이다.

5) 사층 내부의 청정유지의 중요성

여과에 의한 자연적인 오염물질의 사층 내 침입 외에 전술처럼 모래의 걷어낸 경우의 부적절한 배수 작업이나 밸브의 고장, 지벽의 균열 등에 의한 원수의 누수 등에 의해 오염물질이 직접 사층 심부로 침입하면 사층 내에 오염물이 많게 되며, 결국 탈락하여 여과수에 나타날 뿐만 아니라 세균 등의 번식과 더불어 사층을 고결시켜 사층의 폐색이 심하게 되어 여과장해를 일으키는 결과가 된다. 따라서 사층 내부를 항상 청정하게 유지하지 않으면 안 된다.

6) 완속여과의 제거효과

일정의 여과조건하에 있는 완숙 여층에서는 다소의 여과조건 변동에는 여과수 수질은 영향을 받지 않지만 사층 내부의 안정을 파괴하는 큰 여과조건의 변동이 일어나면 여과수 수질이 악화하는 우려가 있다. 따라서 여과지의 구조상의 결함을 없애고, 조작을 극히 신중하게 행하며, 오히려 여과 조건의 변동에는 충분히 경계하여 여기에 대처하지 않으면 안 된다. 또 미여과수 중의 협잡물과 여과능률과의 관계를 고려할 필요가 있다. 원수의 유기오염 증가에 따른 제거기능이 저하하여 여과지속시간이 단축되는 것도 알려져 있다.

8.6 급속모래여과법

8.6.1 중력식 급속여과지

1) 시설 개요

표준형의 중력식 급속여과지에서는 소면적의 여과지가 다수 병렬로 설치되며 부속기기·관 종류도 다양하지만 전체로서 상당히 콤팩트하게 구성되어 있다.

주요 시설로서는 약품 주입기실, 여과지, 조작로, 배관로, 수질시험실, 관리실, 염소주입기실, 사무실, 기타 세정펌프 또는 세정탱크 등이 있다.

형식은 통상 그림 8.7과 같이 유입관을 통하여 지내로 도입된 물은 여층을 위에서 아래로 향하여 흐르며, 하부 집수장치와 여과수 관을 거쳐 여과수거로 유출한다. 이것이 여과 공정이며, 수중의 현탁물은 여층을 통과하는 사이 여재에 포착되어 억류된다. 여층이 억류 현탁물로 폐색되면, 여층 하부로부터 압력수를 상방향으로 보내 여층을 세정한다. 이것을 역류세정이라 한다.

역류세정 시 여층표면에 압력수를 주입하여 세정효과를 높이고 있으며, 이것을 표면세정이라고 한다. 관로에는 여러 가지 관거, 밸브, 유량조정기 기타 계기류가를 설치되어 있다. 최근에는 중앙관리실에 있어서 모든 공정을 원격조작으로 관리하고 있다.

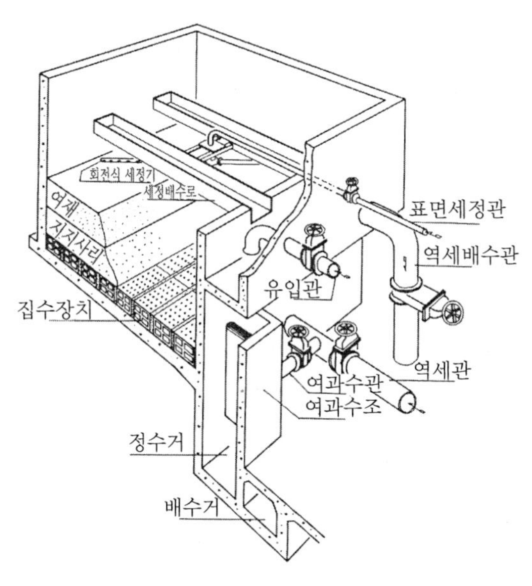

그림 8.7 중력식 급속여과지

2) 구조

필요한 총여과면적과 여과수량·여과속도의 관계는 완속여과지의 경우와 동일하며(8.5.1 참조), 여과속도는 120~150(m/d)를 표준으로 한다.

(1) 형상·배치

여과지의 형태는 장방형으로 하며 길이와 폭의 비는 하부 집수장치·트라프·배수구·표면세정방식(고정식 또는 회전식) 등을 고려하여 결정하지만, 일반적으로 1.25~1.35이며, 배치는 배관·유지관리, 토지의 상황 등으로 조작로의 한쪽 또는 양쪽에 병렬시킨다.

(2) 여층

① 사층

여과모래에 관해서 완속여과용의 것과 다른 점은 입도이다. 급속여과에서는 급속도의 여과에 적합하도록 완속용의 여과모래보다는 조대한 입자로서 입도를 갖춘 것으로 유효경(e.s.) 0.45~0.7(mm), 균등계수(u.c.) 1.7 이하를 표준으로 하며, 최대경은 2.0(mm)를 넘지 아니하며 최소경은 0.3(mm) 이하가 되지 않도록 부득이한 경우라도 최대경보다 큰 것 또는 최소경보다 작은 것이 1(%) 이하인 모래를 사용한다. 모래는 균등계수가 작을수록 입도를 갖춘 것이기 때문에 공극률이 크게 되며 여과저항이 감소하여 역으로 억류작용이 상승한다.

세사의 혼입율이 많으면 역세정에 의해 표면부에 세사가 퇴적하여 여층의 폐색이 신속하게 일어나며, 여과지속시간을 단축할 뿐만 아니라 니구(mud ball)의 형성 원인이 되기 쉽기 때문에 바람직하지 않다.

또 **사층두께**에 관해서는 전술처럼 여과기구로부터 생각하면 완속여과처럼 신뢰도가 높은 억류작용을 원하지 않기 때문에 그다지 얇게 하는 것은 위험하며, 두께가 너무 크면 건설비가 증가하기 때문에 60~70(cm)가 적당하다.

그러나 Hujita는 여층두께는 단독으로 논해야 할 성질의 것이 아니며, 여재입자경과의 관계, 즉 여층두께-여재입경비가 여재구성을 결정하는 데 극히 중요한 지표로 하며, 더욱이 통상의 여과지의 적용범위에서는 이 비를 800 정도로 하면 충분하다.

② 자갈층

자갈의 입도와 두께는 하부 집수장치의 형식에 의해 다르며 표 8.3이 표준이다.

표 8.3 자갈층의 표준적 구성

하부 집수장치	최소경	최대경	층수	전층 두께
srtainer 형 및 wheeler 형	2(mm)	50(mm)	4층 이상	300~500(mm)
유공관형	2(mm)	25(mm)	4층 이상	500(mm)
유공블록형	2(mm)	20(mm)	4층	200(mm)

자갈층의 역할은 완속여과의 경우와 같은 사층의 지지와 여과수 및 세정수의 균등분포이기 때문에, 상층보다 하층을 향해 순차적으로 작은 입자부터 큰 입자별로 배열하는 것이 보통이다. 이것은 역세정중의 자갈층의 안정을 유지하는 데 필요하며, 특히 자갈층의 최상부에서 모래·자갈의 변이층을 이루고 있는 가는 자갈층은 사층의 저면에 세정수를 유효균등으로 분포해야 할 역할을 가지고 있기 때문에 이 입도가 중요하며, 역세정에 의해 이동해서는 안 된다. 그러나 실제로는 세정에 의한 자갈층의 난류는 완전하게는 회피할 수 없다. 이러한 역세정 시에서 가는 자갈의 부양과 그 이동을 억제하는 방법으로서 자갈층의 **K형 배열**(또는 sandwitch 방식)이 있다. 이것은 그림 8.8처럼 최소 입도의 가는 자갈층 위에 더욱이 순차 입경의 큰 자갈층을 2~3층 겹치는 배열법이 있다.

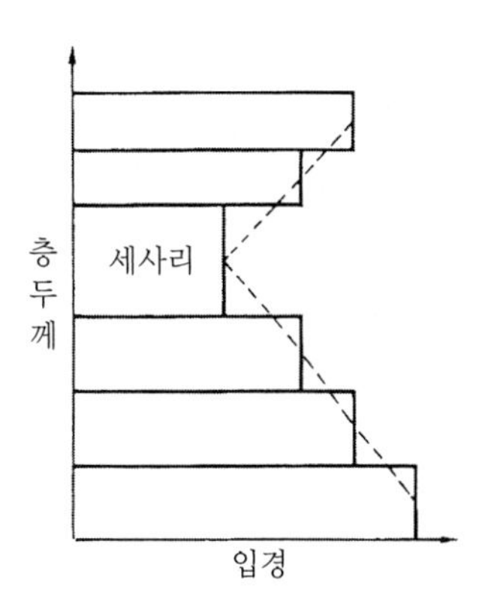

그림 8.8 자갈층의 K형 배열

③ 하부 집수장치

급속여과지의 사층의 세정은 완속여과지와 다르며, 압력이 있는 세정수를 하부 집수장치를 통하여 역세하며, 사층을 부유 상태로 하여 교란함으로써 수행한다. 이 때문에 하부 집수장치는 여과수의 균등 집수 이외에 여상의 모든 부분에 대해 역세수를 균등하게 분포해서 균등 또는 유효한 세정을 행하도록하지 않으면 안 된다. 이 때문에 일반적으로는 단면을 충분하게 취함으로서 손실수두를 작게 하고, 수압의 평균적인 균일화를 기하며 물의 분배과정에서는 통수공경을 좁게 통수저항을 어느 정도 크게 함으로써 여층에서 여층의 평면적으로 균일한 유출입을 기하도록 설계된다.

그러나 손실수두가 너무 작아 하부 집수장치에서는 유출 측에서의 수위변동의 영향을 보다 직접적으로 받아 여과조건이 흐트러지기 쉽다.

현재 사용되고 있는 하부 집수장치는 주로 strainer 형, wheeler 형, 유공 block 형, 다공관형, 다공판형의 여러 형식이 있다.

a. strainer 형

스트레이너(strainer)는 그림 8.9와 같이 여러 가지 형태의 내식성이 강한 금속 또는 합성수지 등으로 만든 노즐 또는 캡으로 소공 또는 slit에 구멍을 뚫어 단관을 부착한 것이다. 단관의 총단면적은 여과면적의 0.25~0.4(%)로 함으로써 균등한 세정속도를 얻을 수 있다. 이것을 집수지관[주철관, 석면시멘트관 또는 경질연화비닐관으로, 중심 간격은 10~20(cm)로 한다]에 10~20(cm) 간격으로 또 동일 높이로 strainer의 머리부를 여과지의 저판의 표면에 나오도록 부착한다.

공기병용 세정의 여과지에서는 세정수 관 외에 송기관(air-pipe)을 매설하여 이것을 집수지관과 연결한다. 송기의 경우에 strainer가 분기공으로서 역할을 한다.

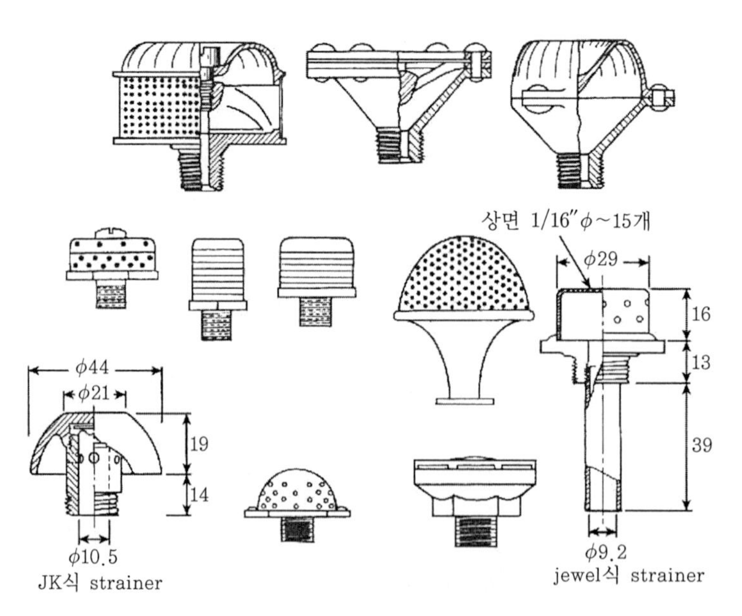

그림 8.9 strainer head(단위 : mm)

b. wheeler 형

wheeler 형 집수장치는 그림 8.10과 같이 여과지의 콘크리트 상판 전면에 절두역각추형의 패인 곳을 중심 간격 30(cm) 정도로 종횡으로 만들고, 이 밑에 합성수지 또는 도제의 단관을 부착하여 분출공으로 하고 패인 곳의 중심부에는 대소 수개씩 자기 구를 넣는다. 분출공은 상판하의 압력수실(세정용 압력수가 세정탱크로부터 이 실로 유입한다)로 통한다. 단관의 총 단면적을 여과면적의 0.25~0.4(%)로 하는 것은 strainer의 경우와 같은 이유이다. 물의 압력 수실로부터 단관을 통하여 자구 간의 공극을 빠져나가 상승한다.

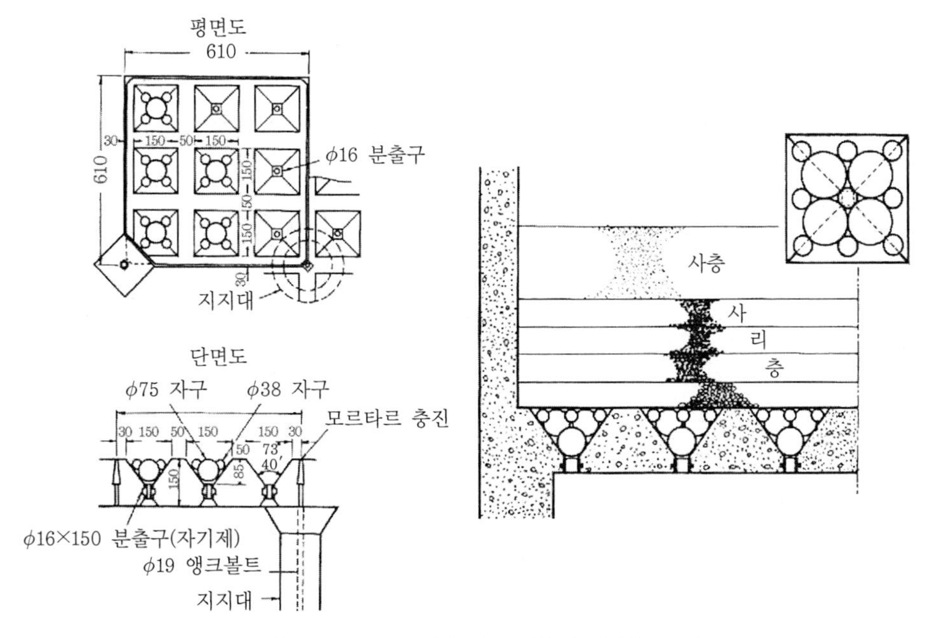

그림 8.10 wheeler 형 하부 집수장치(단위 : mm)

c. 유공블록(block) 형

유공블록은 그림 8.11과 같이 유약을 쳐서 소성한 일종의 블록으로 상면에 다수의 소공과 중단에 이보다도 큰 구멍이 있다. 이것을 여과지의 저판상 전면에 규칙적으로 깔아 놓고, 이음부에는 면밀하게 모르타르로 충진한다.

이 **특징**은 여상의 손실수두와 역류세정시의 손실수두 모두 wheeler 형에 비해 상당히 작으며 사리층은 얇아서 좋고 오히려 wheeler 형에 필요한 압력수실은 인출부 이외는 불필요하기 때문에 여과지의 깊이가 상당히 얕아도 좋으며 여상공사가 상당히 간단 부식·마모의 우려가 없는 것 등이다. 따라서 건설비·유지관리비가 적게 든다.

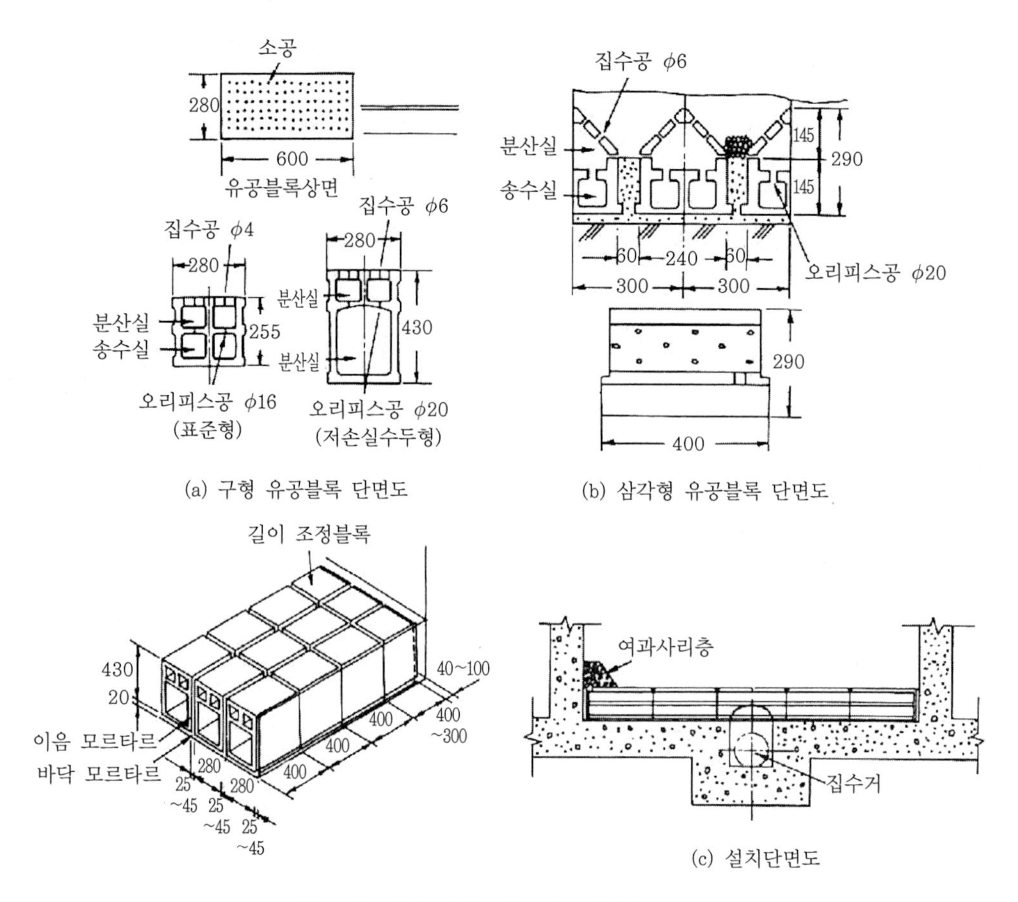

그림 8.11 유공블록형 하부 집수장치(단위 : mm)

통상 개구비(집수공 총면적의 여과면적에 대한 비)는 장방형 표준형으로 0.65(%), 장방형 저수두형으로 1.36(%), 삼각형 표준형으로 0.57(%)이다.

d. 다공관형

다공관형의 형상 및 포설상황을 그림 8.12에 나타냈다. 지수 본관으로부터 직각으로 집수지관을 30(cm) 이하의 간격으로 분기하여 지지대 위에 부착한다.

지관의 길이는 관경 60배 이하로 하고 하부 또는 경사부에 소공[ϕ6~12(mm), 중심 간격 7.5~20(cm)]을 뚫는다. 소공의 총단면적은 지관의 25~50(%), 총여과면적의 0.2(%) 정도로 하며, 본관 단면적은 지관단면적의 1.75~2.0배로 한다.

또 지관의 말단은 각각 닫는 것보다도 상호 연락하는 편이 관내의 압력분포를 보다 균등하게 하기 때문에 바람직하다.

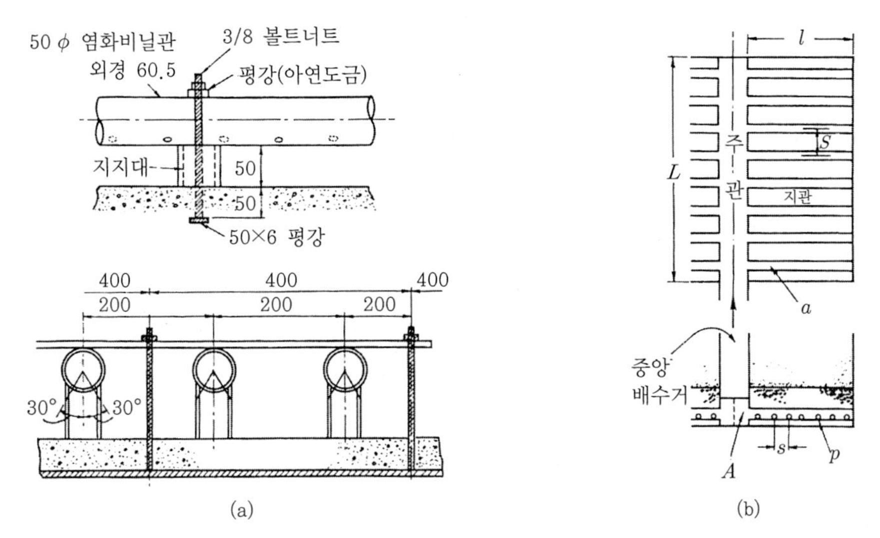

그림 8.12 다공관형 하부 집수장치(단위 : mm)

Sueishi(末石)는 상기와 같은 관용기준이 수리학적으로 불명확한 점이 많으며, 대형의 급속여과지일수록 불합리성이 현저한 결점이 있는 것을 수정하려고 유량분포비와 비손실수두를 새로운 요소로서 도입함으로써 다음의 역세정 분포의 균등도를 나타내는 식을 유도했다(그림 8.12(b) 참조)

$$\alpha\beta = \gamma\frac{Ll}{A} = \frac{(1+R)\sqrt{3R^2-1}}{2R\sqrt{2(K+3)}} \tag{8.24}$$

여기서, $\alpha = \dfrac{aL}{SA}$: 지관 총단면적의 주관 단면적에 대한 비

a : 지관단면적(m^2)

L : 주관길이(m)

S : 지관 중심 간격(m)

A : 주관단면적(m^2)(주관양측에 지관을 가질 때는 항상 반으로 한다)

$\beta = C\dfrac{pl}{sa}$: 1본 지관에 있는 소공 총단면적에 대한 유공비

C : 소공유량계수(보통의 다공관에서는 0.6~0.8)

p : 지관 1단면에 있는 소공의 총단면적(m^2)

s : 소공의 중심 간격(m)

l : 지관의 길이(m)

$\gamma = \dfrac{Cp}{sS}$: 여과 면적에 대한 소공 총면적의 유공비

$K = \dfrac{2gHA^2}{U^2L^2l^2}$: 비손실수두

g : 중력가속도(m/sec^2)

H : 세정 시 집수장치에서 생기는 손실수두(m)

U : 세정속도(m/sec)

R : 세정균등도, 즉 유출속도분포의 최대, 최소 비

이 식은 주관 내의 마찰효과가 작으며 또 지관의 길이 l이 내경의 60배 전후일 때 적용할 수 있다.

e. 다공판형

다공판형은 직경이 수 (mm)의 입상물에서 구성된 판을 알력수실상에 부착한 것으로 통수성능으로서는 통기율 55(m^3/m^2/min)[20(℃)에서 수주 50(mm)의 공기압 차일 때], 공극률 34~38(%) 정도가 요구된다. 이 방식에서는 일반적으로 자갈층을 생략하기 때문에 구조물을 얕게 할 수 있다.

④ 수심 및 여유고

여과지의 사면상의 수심은 1.0(m) 이상으로 한다. 8.3.3(2)에도 기술한 것처럼 여과의 진행에 따른 여상 내에 생기는 압력변화는 그림 8.13과 같이 사면의 정의 압력수두로부터 사층의 상층부에서 부의 압력수두로 급격하게 감소하며, 경시적으로 사층의 심부로 향하여 점차 증가하여 부압 영역을 넓혀간다.

그림에서 알 수 있듯이 같은 크기의 부압이 발생할 때까지의 시간(여과 지속시간)은 수심의 큰 쪽이 크다. 따라서 여과지속시간의 점에서 보면 수심이 클수록 좋은 상황이지만 여기에도 한도가 있으며 대개 1.0(m) 정도가 표준이다.

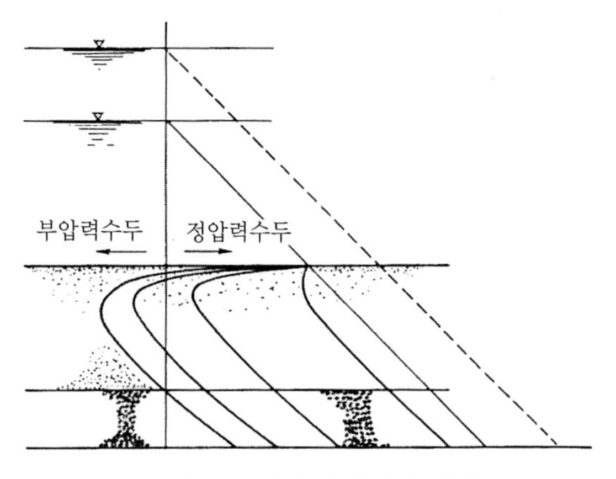

그림 8.13 여상 내의 압력 변화

최근 여과속도의 상승에 따라 수심을 크게 하는 경향이 있다. 한편 **내부여과**의 경향이 강하고 손실수두의 발달이 늦은 경우나 세정을 빈번히 행하는 경우는 부압이 발생하지 않는 범위에서 수심을 표준보다 얕게 하는 것도 가능하다. 또 여과지에서 천단까지의 여유고는 30(cm) 정도로 한다.

예제 8.2

다공관식 및 유공블록식의 하부 집수장치의 손실수두를 여과속도 120(m/d) 및 180(m/d)에 관해서 구하라. 단 집수장치의 개구비 β는 각각 0.2 및 0.65(%)로 하며, 유량계수 $C = 0.65$로 한다.

해

집수장치의 구멍을 통할 때 물의 유속 u은, 손실수두를 h_c로 하면

$$u = C\sqrt{2g\,h_c}$$

로 표현된다. 또 여과면적을 A, 집수장치의 개구 총면적을 u로 하면

$$u = \frac{A}{a}v = \frac{v}{\beta} \text{이므로}$$

$$h_c = \frac{v^2}{2g\, C^2 \beta^2} = K_2 v^2$$

따라서 다공관식은

$$h_c = \frac{v^2}{2 \times 9.8 \times 0.65^2 \times 0.002^2} = 3.02 \times 10^4 v^2$$

$v = 120\,(\mathrm{m/d}) = 1.39 \times 10^{-3}\,(\mathrm{m/s})$ 및 $v = 180\,(\mathrm{m}/d) = 2.08 \times 10^{-3}\,(\mathrm{m/s})$에서는 각각 $h_c = 0.058\,(\mathrm{m})$ 및 $h_c = 0.131\,(\mathrm{m})$가 된다.

유공블록 식에서는,

$$h_c = \frac{v^2}{2 \times 9.8 \times 0.65^2 \times 0.0065^2} = 2.86 \times 10^3\, v^2$$

$v = 120\,(\mathrm{m/d}) = 1.39 \times 10^{-3}\,(\mathrm{m/s})$ 및 $v = 180\,(\mathrm{m/d}) = 2.08 \times 10^{-3}\,(\mathrm{m/s})$에서는 각각 $h_c = 0.006\,(\mathrm{m})$ 및 $h_c = 0.012\,(\mathrm{m})$가 된다.

해설

급속여과지의 하부 집수장치에는 여러 가지 형식이 실용되고 있다. 상기 예에서 알 수 있듯이 유공블록식에는 손실수두는 거의 무시할 정도로 작은 것에 비해, 다공관식에서는 반드시 무시할 수 없는 크기가 된다. 집수장치에서 손실수두가 $h_c = K_2 \cdot v^2$로 표현되는 것은 여과공정뿐만 아니라 역세공정에서도 같이 K_2의 값은 양 공정에 대해 동일하다.

(3) 세정법

세정방식에 의해 세정설비의 의도가 다르기 때문에 양자를 같이 기술한다.

① **역류세정법**(역세법, back wash)

급속여과지의 사층의 세정방법은 완속여과와 다르며, 사층이 여과지 또는 여과지에 있는 상태 그대로, 집수장치를 통하여 strainer 또는 wheeler의 구멍으로부터 압력 세정수를 분출시킨다. 자갈층을 통해 사층의 하부에 균등하게 역송된 물은 상승력에 의해 사층을 유동 교란시켜, 사립자 상호 충돌과 유수의 전단력에 의해 사층의 공극이나 사립자의 표면에 존재하는 플록의 슬러지상의 물질을 탈락시켜 물과 함께 배출시킨다. 이러한 물만에 의한 세정법을 **역류세정법** 또는 **역세법**이라고 한다.

다음 항에 기술하는 공기세정법을 병용하는가 안 하는가 불문하고 역류세정에서 가장 중요한 문제는 역세수의 상승에 의해 발생되는 사층의 팽창현상(sand expansion)이며, 이것이 사층의 세정효과와 밀접한 관계를 갖는 것에 관해서는 후술한다.

② 공기·물세정법

우선 최초에 압축공기를 공기관을 통하여 잡수장치 내로 보내고 strainer로부터 분출시키면 기포상승 통로 주위의 사층에 진동을 미친다. 이로 인해 응결되어 있는 사층이 완화되며, 계속해서 행하는 역세정이 원활하여 세정효과가 높아지기 때문에 역세정의 보조수단으로서 역세정 전에 공기를 보내는(통상 이것을 **공기세정**이라 한다) 방법을 **공기·물세정법**이라고 한다.

Tatsumi(巽)의 연구에 의하면 물 세정 전후에 공기세정을 행하면 세정효과가 크며, 이것은 공기 송입량에 비례하는 것으로 입증되었다. 공기세정을 행하기 위해서는 공기압축기와 송기관이 필요하다.

③ 표면세정법

표면세정(surface wash)은 사면상 5~25(cm)의 높이에 있는 세정수 관의 지관에 부착된 노즐로부터 여층 표면부에 압력수를 고속으로 분사시켜 슬러지상층을 파쇄함과 동시에 여재 상호의 충돌·마찰을 통하여 세정효과를 올리는 것이다.

세정수 관에는 고정·회전의 2가지 형식이 있다. **고정식**에는 수평관 자체에 소공[약 30(cm) 간격]을 뚫어 사수시키는 것과 수평관으로부터 수직관을 내려서 선단에 노즐로부터 사수시키는 것이 있다. 그림 8.14는 고정식의 표면세정상황을 나타낸 것이다.

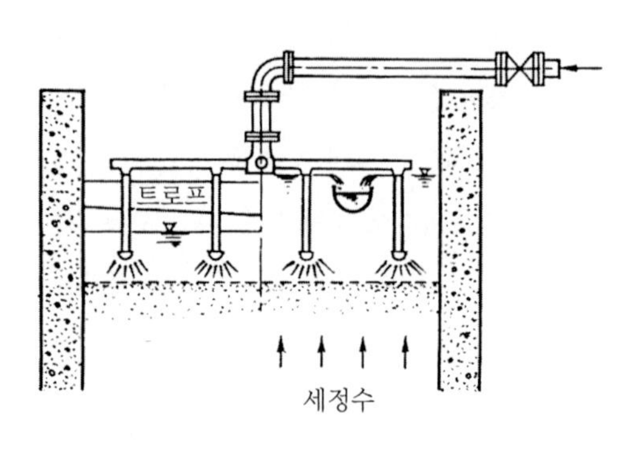

그림 8.14 고정식 표면세정방식

회전식은 그림 8.15처럼 연직회전축의 하단에 부착된 수평회전관의 측면과 선단의 소공으로부터 사수시켜 이 반력에 의해 회전관을 회전(7~10회/분)시키는 것이다.

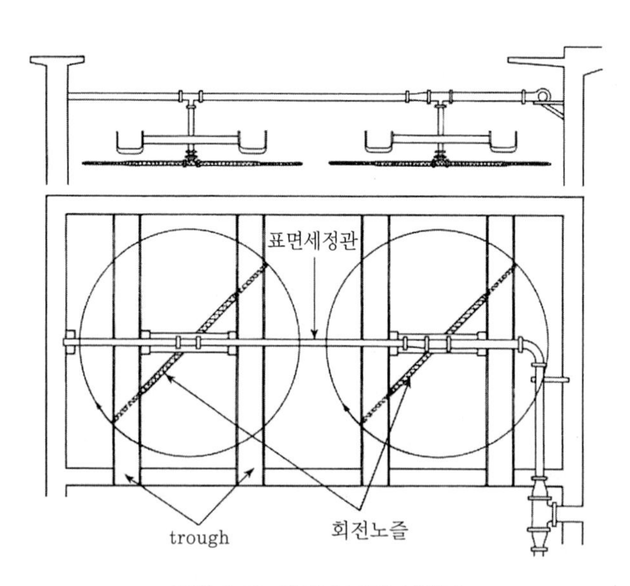

그림 8.15 회전식 표면 세정기

④ **트라프(trough)**

트라프는 세정배수통 또는 gutter라고 부르며, 원수유입 관거와 연결되며, 세정 중 세정오수를 유출시키는 것이 주목적이기 때문에 배수상으로부터 중요한 점이 몇 가지 있다. 즉, 용량은 세정수의 최대 유량을 완전하게 배수하지 않으면 안 되기 때문에 계획 최대 유량의 20(%)

증가로 한다. 월류하는 trough 상호 가장자리의 간격을 최대로 하면 중간부에 오수의 정체부가 발생하고 너무 좁으면 모래 취급에 지장이 발생한다. 또 트라프의 수가 증가하기 때문에 1.5(m) 이하 적당하게 결정한다. 트라프의 가장자리의 상단은 세정속도·여재입도·사층의 팽창도 및 트라프의 형상 치수 등에 따라 사면상 40~70(cm)의 높이로 한다. 트라프의 배치는 그림 8.16이 일반적이며 단면형상은 장방형 외 바닥 형상이 원형·삼각형·평판형 등이 있다. 또 트라프의 상단은 완전하게 수평 또는 동일한 높이가 되어야 한다.

트라프의 수심 결정에는 상류단이 최대 수심이 되기 때문에 이것을 구하면 좋다(그림 8.16 참조). 여기에 대해 다음 식이 있다.

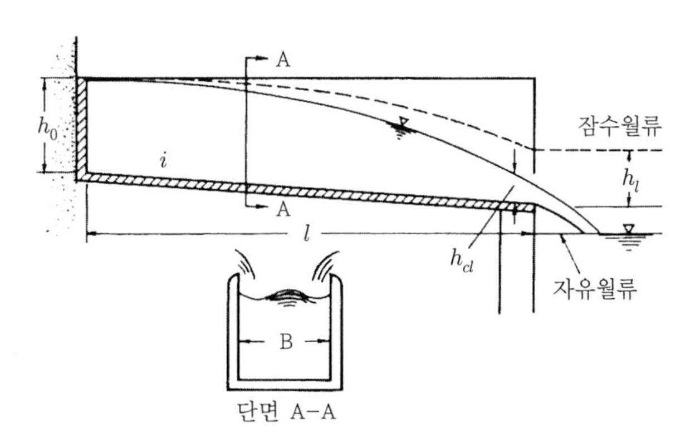

그림 8.16 트라프(trough)의 수리

a. Thomas·Camp 식

• 하류단이 자유낙하의 경우

$$h_0 = \sqrt{2h_{cl}^2 + \left(h_{cl} - \frac{il}{3}\right)^2} - \frac{2}{3}il \tag{8.25}$$

• 하류단이 자유낙하가 아닌 경우

$$h_0 = \sqrt{\frac{2h_{cl}^3}{h_t} + \left(h_t - \frac{il}{3}\right)^2} - \frac{2}{3}il \tag{8.26}$$

b. Nakagawa(中川) 식

$$\int_{\zeta 1}^{\zeta} d\zeta = \int_{\zeta 1}^{\zeta} \frac{\eta^3 - \zeta^2}{\left(\frac{il}{h_{ct}}\right)\zeta\eta^3 - \frac{3\eta\zeta}{2}} d\eta \tag{8.27}$$

여기서, h_0 :트라프의 상류단수심

$h_{ct} = \sqrt[3]{\alpha Q^2 / gB^2}$: 한계수심(자유낙하일 때 하류단에 나타남)

h_t : 자유낙하가 아닐 때의 하류단 수심

i : 트라프의 하부 구배

l : 트라프의 길이

α : 유속분포에 의한 운동량 또는 에너지의 보정 계수

Q : 하류단 총유량, g : 중력가속도

B : 트라프의 폭, $\eta = h/h_{cl}$

h : 상류단으로부터 거리 x서 수심, $\zeta = x/l$

Thomas·Camp 식은 횡유입 수로의 운동방정식으로, Nakagawa 식은 에너지 방정식에 각각 근거로 하고 있으며, 후자는 x와 함께 유량이 증가하는 효과에 비해 마찰손실항을 무시할 수 있다.

a.에서는 수면형을 포물선으로 근사시킬 수 있기 때문에 h_0를 직접 구할 수 있다. b.에서는 $il/h_{cl} \leq 1.5$ 경우의 수치적분 결과가 그림 8.17에 나타나 있다.

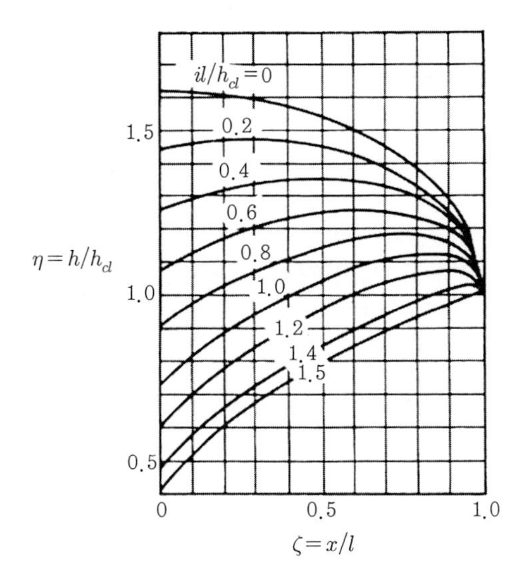

그림 8.17 세정 trough 환산 수면곡선

통상은 l, B, Q를 주어지고 h_{ct}를 구하며, 더욱이 i를 주어 h 또는 h_0를 구하면 된다. $il/h_{cl}>1.5$의 경우는 수로 도중에 한계수심을 넣어 상류로부터 사류로 전환하지만, 이 경우의 계산 식은 다음과 같다.

$$h_0 = 0.41h_{cl}\left(\frac{1.5}{il/h_{cl}}\right)^2 \tag{8.28}$$

예제 8.3

계획정수량 50,000(m³/d)의 정수장의 급속여과지의 크기를 결정하라. 단, 지수는 8지로 한다.

해

여과속도를 150(m/d), 예비지를 1지로 하면

$$\text{필요한 1지의 여과면적} = \frac{50000}{150\times7} = 47.6\,(\text{m}^2)$$

따라서 여과지의 치수는 6.9(m)×6.9(m), 또는 4.9(m)× 9.8(m) 중, 부지 등을 고려해서 좋은 쪽을 선택하면 된다. 1지의 크기가 비교적 작은 지에서는 1 : 1 또는 1 : 2가 보통이다.

예제 8.4

폭 4.9(m), 길이 9.8(m)의 급속여과지에서 역세속도를 0.65(m/min), 표면세정속도를 0.05(m/min)으로 할 때, 세정배출구의 크기를 계산하라.

해

배수구를 여과지의 단변과 평행하게 8개 설치하는 것으로 하면, 1개의 배출구로 흐르는 세정배수량은

$$4.9 \times 9.8 \times \frac{0.65 + 0.05}{8} = 4.2\,(\mathrm{m^3/min})$$

설계수량으로서 20(%) 정도의 여유를 두어 $4.2 \times 1.2 = 5.04(\mathrm{m^3/min}) = 8.4 \times 10^{-2}(\mathrm{m^3/s})$로 한다. 일반적으로 사용되는 세정배수구의 계산방법에는 3가지가 있다. 비교를 위해 다음 3가지 계산방법을 나타냈다.

(1) 밀러 공식에 의한 방법

$$Q = 1.05B(h_0 + L\tan i)^{1.5} \tag{1}$$

여기서, Q : 배수구에 흐르는 유량($\mathrm{m^3/s}$)
B : 배수구의 폭(m)
h_0 : 배수구 상류측의 수심(m)
L : 배수구의 길이(m)
i : 배수구 바닥이 수평과 이루는 각도

$B = 0.4\,(\mathrm{m})$, $i = 0$ 으로 하면,

$$h_0 = \left(\frac{Q}{1.05B}\right)^{\frac{2}{3}} = \left(\frac{8.04\times10^{-2}}{1.05\times0.4}\right)^{\frac{2}{3}} = 0.342\,(\mathrm{m}) \rightarrow 0.35\,(\mathrm{m})$$

따라서 배수구의 폭은 0.4(m), 상류단 높이를 0.35(m)로 한다.

(2) Camp 공식에 의한 계산(하류단 자유월류의 경우)

$$h_0 = \sqrt{2h_c^2 + \left(h_c - \frac{iL}{3}\right)^3} - \frac{2}{3}iL \qquad (2)$$

여기서,

$$h_c\text{: 한계수심} = \left(\frac{\alpha\,Q^2}{gB^2}\right)^{\frac{1}{3}} \qquad (3)$$

a : 속도에너지의 보정계수(≒1.10)

식 (2)에서, $i=0$로 하면,

$$h_0 = \sqrt{3}\,h_c = \sqrt{3}\left(\frac{\alpha Q^2}{gB^2}\right)^{\frac{1}{3}} \qquad (4)$$

$B=0.4\,(\mathrm{m}),\ Q=8.4\times10^{-2}\,(\mathrm{m/s})$로 하면,

$$h_0 = \sqrt{3}\times\left\{\frac{1.10\times(8.4\times10^{-2})^2}{9.8\times0.4^2}\right\}^{\frac{1}{3}} = 0.295\,(\mathrm{m}) \rightarrow 0.30\,(\mathrm{m})$$

따라서 배수구의 크기는 0.4(m)×0.30(m)로 한다.

(3) Nakagawa(中川)식에 의한 계산

$$h_0 = h_c\left(x - \frac{iL}{h_c}\right) \tag{5}$$

여기서, $x : iL/h_c$에 의해 정해지는 값, 그림 8.18에서 구한다.

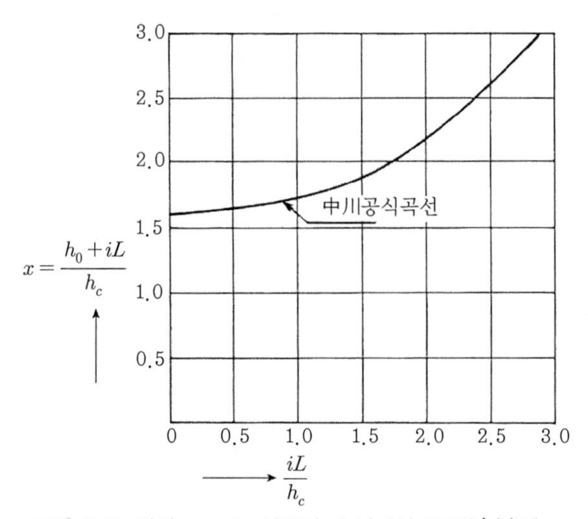

그림 8.18 세정 trough 상류단 수심계산 도표(中川식)

식 (5)에서 $i = 0$으로 하면,

$$h_0 = h_c x$$

그림 8.18에서, $iL/h_c = 0$에서 $x = 1.6$이므로,

$$h_0 = 1.6\left(\frac{1.10 \times 0.084^2}{9.8 \times 0.4^2}\right)^{\frac{1}{3}}$$

$$= 0.272[\mathrm{m}] \to 0.30[\mathrm{m}]$$

배수구의 크기는 0.4(m)×0.30(m)가 된다.

위의 계산에서 알 수 있듯이 사용하는 식에 따라 결과가 조금 다르다. 안전한 것은 밀러식이다. 이 식에서 $h_0 + L\tan i$는 h와 동일하므로 식 (1)은 결국,

$$Q = 1.05Bh^{1.5} \tag{1}$$

라고 하는 식으로 표시된다. 실용적으로 배수구의 길이나 저면구배는 계산에 의해 행해야 한다. Camp 공식은 특별한 계수를 필요로 하지 않으므로, Nakagawa(中川) 공식에 비교해서 사용하기 쉬운 계산이다.

(4) 조작과 관리

① 조작과 관리의 중요성

급속여과의 억류작용은 이미 기술한 것처럼 절대적이지 아닌 것이 특징이기 때문에, 여과유량의 조절이나 설정은 극히 중요한 조작이다.

여과지속시간은 여과손실수두 또는 여과수의 수질로 결정한다.

여과수 탁도와 여과저항과의 시간적 추이는 그림 8.19와 같으며, 어느 것이라도 설정치에 달하면 여과를 정지하여 역세공정을 행한다.

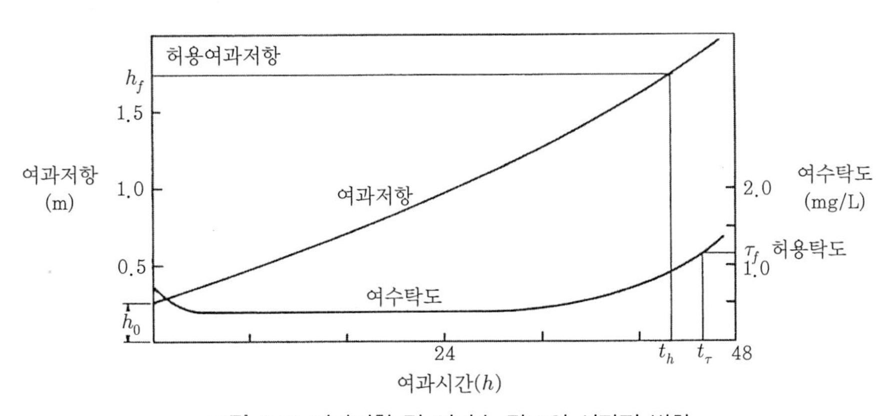

그림 8.19 여과저항 및 여과수 탁도의 시간적 변화

허용여과손실수두는 통상 2.0～2.5(m)으로 급속여과는 부수두의 토대로 여과가 행해지지만 여과수 인출수위가 유량 조정기까지 강하하면 그 작용이 방해되기 때문에 이러한 극단적인

부수압은 허용되지 않는다.

여과수 수질 면에서도, 과도의 부수두하의 여과에서는 여층 심부에 대한 플록의 침입이 너무 과하며 **breakthrough** 현상이 현저하게 나타난다.

한편 역세정만으로 사층은 완전히 청정하게 되는 것은 아니다. 보통 니구(mud ball)가 발생하여 사층의 오염이 진행한다. 이러한 상태에서는 여과 가능이 저하되기 때문에 표면세정에 의해 니구의 형성을 저지하여 사층의 청정을 유지해야 한다. 공기 세정장치가 있는 곳은 strainer의 구조·배치, 공기량·공기분포상황·송기시간 등에 관해서 조사연구한 후, 공기세정의 세정 기능을 활용하여 여층을 청정하게 유지해야 한다. 또 집수 장치에 오염물질이 응착하는 것도 유의해야 할 필요가 있다. 세정배수 탁도는 20도로서는 불충분하며 표면세정이 없는 경우는 10도 이하라도 사층의 오염이 진행하는 경우가 있기 때문에 때로는 완전한 역세정을 행할 필요가 있다.

② 급속여과에서 장해

a. air－binding

air－binding은 급속여과지의 여상 내에 부압이 발생한 경우 또는 유입 원수의 온도가 접촉하는 여재라든지 지벽 등에 의해서도 저온의 경우, 수중의 용존 공기가 유리하여 여상 내로 집적하는 일종의 물리적 현상이다.

일반적으로 대기압하의 물의 용존 공기가 포화 균형에 있는 경우, 수압저하 또는 수온상승에 의해 과포화 상태가 되면 과잉분의 용존 공기가 유리하여 기포가 되어 수중으로 방출된다. 온도가 air－binding에 크게 영향을 받아 겨울보다도 여름에 번성하며, 드물게는 여과 진행중에 기포가 사면으로부터 방출되어 사면에 구멍이 생긴다.

air－binding의 장해는 일반적으로 여과수두의 급증과 이 결과로서 여과지속시간의 단축, 여과수 수질악화, 여과사의 유실, 여상 내 기포의 잔류, 기포의 방출에 의한 사면의 천공 등이다.

여과수두의 급증은 기포에 의한 여과저항의 증가와 air－binding을 일으키는 여과의 종말기에 여층의 폐색에 의한 여과 저항의 가속도적 증대가 중요한 원인 중 하나이다.

b. 니구(mud ball)

급속여과지의 사층의 세정을 물만으로 또는 공기·물 병용에 의해 행하고 있는 경우에는 사층의 표면 또는 표층부에 1~5(mm) 크기의 슬러지상의 작은 물질이 발생하며, 여과와 세정이 계속되는 한 비대 성장하여, 결국에는 사층의 저부(사리층의 표면)에 도달하여 여기에 퇴적한다. 이러한 슬러지상의 물질의 덩어리를 **니구**(mud ball)라 한다. 역세정이라도 기계교반을 병용하는 곳은 니구는 발생하지 않는다.

니구의 장해는 통상 사층의 폐색·고결, 사면의 균열발생, 여과수두의 급상승에 따른 여과지속시간의 단축, 여과수 수질의 악화 등이다.

표면세정법은 사면의 폐색 물질이 니구로 형성되기 이전에 이것을 사수로 파쇄하고, 작은 조각으로 배출함으로써 니구 형성을 예방하기 위한 효과적인 수단이다.

c. 여과모래 입도의 변화과 층화의 난류

역세정을 반복하여 행하는 사이, 세정오수와 함께 가는 모래가 유실한 결과, 경시적으로 여과 모래의 **입도구성의 변화**를 일으켜 유효경이 크게 되며, 균등계수가 작게 되는 것이 일반적이다. 이것은 모래의 입도, 수온, 트라프의 배치와 구성 등의 조건과 역세조건과의 사이에 적정한 대응이 없는 것을 나타낸다. 이러한 입도의 변화는 여층의 세정효율을 저하시키기 때문에 적당한 시기에 여과 모래 입도를 조사하여, 필요하면 입도의 보정을 행하지 않으면 안 된다.

사층의 **층화난류**는 세정수가 불균등하게 분포되어 있는 경우에 세정수의 송수를 급격하게 정지하는 것이 원인이다. 사층은 통상 생각되는 것처럼 규칙적인 완전층화를 형성하는 것은 드물며, 조금이라도 층화가 흐트러져 국부적으로 세립부와 조립부 상하 위치가 전도하고 있는 경우가 많으며 이것 역시 여과수의 수질을 악화시킨다.

(5) 역세정의 효과와 수리

① 세정효과

역세정 중 세정 오수의 탁도는 초기에는 높지만 단시간에 급속하게 김쇄하여 이후는 천천히 감쇄한다. 장시간에 걸쳐 낮은 값이 계속되는 경시변화의 특이성을 가지고 있다. 이러한 점이나 니구의 생성 기구에 근거하여 모래입자의 응집물의 제거가 세정 수류의 전단작용과 모래입자 상호의 충돌마찰에 의한다고 생각하여 속도구배값과 역세정에 관한 여러 인자 및 유수의 전단응력과의 관계 등을 고려하면 다음과 같이 정의할 수 있다.

- 수온이 일정하든지가 또는 변화가 작은 경우에는, 상용세정속도(또는 사층팽창률)보다 상당히 높은 범위까지 역세 효과는 세정속도(팽창률)의 증감에 동조한다.
- 모래의 입경에 관계없이 모래의 비중, 세정속도가 일정하다면 세정효과는 수온의 상하에 동조한다.
- 큰 입자의 사층일수록 수온의 상하에 따른 세정효과의 증감이 크다.

- 수온·세정속도(팽창률), 모래의 비중이 일정하다면, 큰 입자의 사층일수록 세정효과가 크다.
- 세정속도(팽창률)가 상용범위를 현저하게 넘으면, 이것이 클수록 오히려 세정효과는 저하한다.

또 Hujita(賢田)는 세정효과는 여재입자 상호의 충돌회수가 가장 많을 때 최대가 된다고 하는 가설하에 최적역세속도를 구했지만, 이것은 여재두께나 공극률에 의하지 않고 단순히 여재입자의 종단속도만으로 나타내며, 이 값은 종단속도의 1/10로 나타냈다. 팽창 전의 공극률을 ϵ_0라고 하면, 최적 팽창률 e_m은 다음 식으로 표시된다.

$$e_m = \frac{0.6 - \epsilon_0}{0.4} \tag{8.29}$$

② **사층의 팽창식**

종래부터 관용되고 있는 식으로서 Hazen 식, Detroiit 식 등이 있지만, 어느 것도 경험식이며 여러 가지 점에서 불충분하다. Fair－Hatch식 기타가 중시되고 있다.

a. Fair－Hatch 식

균등 입경의 사층에 대한 팽창식으로서 다음 식으로 주어지고 있다.

$$\frac{l_e}{l} = \frac{1-f}{1-f_e}, \; f_e = \left(\frac{v}{v_s}\right)^{0.222}, \; \frac{v}{v_s} = f_e^{4.5} \tag{8.30}$$

여기서, $l \cdot l_e$: 팽창 전후의 사층 두께

$f \cdot f_e$: 팽창 전후의 사층의 공극률

v : 세정 속도

v_s : 이 사층의 대표 입경을 가진 모래입자의 청정수중의 침강속도

급속여과에서는 역세정에 의해 사층은 층화하기 때문에, 이 경우에는 각 층마다 대표 입경 d_i에 관해서 식 (8.30)을 이용하여 f_{ei}를 구하여 이것을 이용하여 다음 식에 의해 팽창률을 산출한다.

$$\left.\begin{aligned}&\frac{l_e}{l}=(1-f)\sum_{i=1}^{n}\frac{p_i}{1-f_{ei}}\\&\text{또는}\\&\frac{l_e}{l}=(1-f)\int_{P=0}^{P=1}\frac{dP}{1-f_e}\end{aligned}\right\}\tag{8.31}$$

여기서 p_i : 체분리 시험으로 얻은 인접 2진동분 잔류모래의 중량백분율($i=1\sim n$이며, 체분리 번호), P : 입도 가적곡선의 종거. 이 경우 각분 잔류 모래의 대표 입경(d_i)으로서는, 인접 2진동체의 기하 평균을 취한다.

b. Tatsumi(巽)의 식

Tatsumi는 전술의 Fair－Hatch 식이 특히 입경의 큰 입자[입경 0.6(mm) 이상]에서는 실험치와 잘 맞지 않는 것을 다수의 실험 자료에 근거하여 지적했다. 이 원인이 모래입자를 구형으로 보고 구형에 대한 뉴턴의 저항계수를 이용하여 계산했다고 생각했다. 따라서 하기에 나타낸 신저항계수식을 만들어, Fair－Hatch 식과 같은 모양의 이론에 근거하여 팽창식을 제안했다.

$$\left.\begin{aligned}&e=\frac{\Delta l}{l}\times 100=\left(\frac{1-f}{1-\dfrac{v_0}{v}}-1\right)\times 100=\left(\frac{1-f}{1-f_e}-1\right)\times 100\\&v_s=\left(\frac{4}{3}\cdot\frac{g}{c_f}\cdot\frac{\gamma_s-\gamma_w}{\gamma_w}\right)^{\frac{1}{2}}d^{\frac{1}{2}}\end{aligned}\right\}\tag{8.32}$$

여기서, e : 팽창률(%), Δl : 사층의 팽창량(높이)(cm)

l : 팽창 전의 사층 두께(cm), f : 팽창 전의 사층의 공극률

f_e : 팽창 후의 사층의 공극률, v_0 : 세정속도(cm/sec)

v_s : 모래입자의 한계 침강속도(cm/sec), γ_w : 물의 밀도(g/cm^3)

γ_s : 모래입자의 밀도(g/cm^3), c_f : 모래입자의 저항계수

d : 모래입자와 등체적의 구의 직경(cm)

또 상기의 v_s 표시 식 중의 c_f는 다음 식으로 표현된다.

$$\left.\begin{aligned} & c_f = \alpha R_e^{-n} \\ & n = 1.6602 \times 5.5538^{-d} \\ & \alpha = 13807.94d - 259.83 \ (d \leq 0.079\text{cm}) \cdots\cdots \text{(a)} \\ & \alpha = 2033.35 \log \frac{d}{0.031} \quad (d \geq 0.079\text{cm}) \cdots\cdots \text{(b)} \end{aligned}\right\} \tag{8.33}$$

여기서, c_f : 모래입자의 저항계수

$R_e = v_0 d/\nu$: 레이놀수 수[ν : 물의 동점성계수(cm^2/sec)]

d=0.079(cm)에서는, α의 값은 상식 중의 (b)의 쪽이 실험치에 의해 가까운 값을 주고 있다. 식 (8.32), (8.33)을 사용하기에는 다음 식에 의해 수온을 보정한다.

$$\left.\begin{aligned} & k = 11/t^{0.84} \\ & t' = kt \end{aligned}\right\} \tag{8.34}$$

여기서, k : 수온 보정계수, t : 수온(°C), t' : 보정된 수온(°C)이다.

상식을 계산하기 위해서는, 미리 d, γ_s, f를 실험적으로 구해, v_0, t를 실측해둔다. 실제로는 비중을 가진 γ_s를 측정하면, d는 될 수 있는 한 다수개의 모래입자의 1개의 평균중량이기 때문에, 또 f는 겉보기의 사층의 체적과 모래의 실질부의 체적(모래의 중량과 γ_s로 구한다)으로부터, 각각 용이하게 산출할 수 있다.

상식의 계산용의 노모그램이 만들어져 있다.

이상은 일정 입경을 가진 균등 사층에 대한 계산 방법이지만 층화층에 대한 식 (8.31)에 준하여 다음 식에 따라 계산하면 좋다.

$$l = \sum_{i=1}^{n} \frac{\Delta l_i}{l_i} = (1-f) \sum_{i=1}^{n} \frac{p_i}{1 - v_0/v_{si}} \tag{8.35}$$

상식의 p_i의 의미도 각 분류사의 대표 입경을 얻는 것도 식 (8.29)의 경우와 같으며, v_{si}와 같이 각 분류사에 관해서 구한다.

③ 역세정 시의 사층의 손실수두

사층이 역세정에 의해 팽창하기 시작할 때, 사층의 상하 양면의 압력차가 사층의 수중 중량과 같다고 하는 조건으로부터 다음 식을 유도할 수 있다.

$$h_f = H_e \cdot \frac{\gamma_s - \gamma_w}{\gamma_w}(1 - f_e) \tag{8.36}$$

여기서, h_f : 팽창 시의 사층에 의한 손실수두(cm)

H : 팽창 시의 사층 두께(cm), γ_s : 모래의 밀도(g/cm^3)

γ_w : 물의 밀도(g/cm^3), f_e : 팽창 시의 사층의 공극률

예제 8.5

예제 8.1처럼 여층의 최적역세속도를 구하라. 단 20(°C)의 물로 세정하는 것으로 한다. 같은 크기의 안스라사이트[밀도 1550(kg/m^3)]를 사용한 경우는 어떤가?

해

20(°C)의 물의 밀도는 1000(kg/m^3), 점도는 1(Cp)=10^{-3}(kg/m·s)이므로,

$$u_t = \left\{ \frac{4}{225} \frac{(2630-1000)^2 g^2}{1000 \times 10^{-3}} \right\}^{\frac{1}{3}} \times 0.6 \times 10^{-3} = 0.1\,(\text{m/s})$$

따라서 최적역세속도 u는

$$u = \frac{u_t}{10} = 0.01\,(\text{m/s}) = 0.6\,(\text{m/min})$$

안스라사이트 경우도 마찬가지로,

$$u = 0.005\,(\mathrm{m/s}) = 0.3\,(\mathrm{m/min})$$

안스라사이트의 최적역세속도는 동 입경의 모래에 거의 1/2이 된다.

예제 8.6

기설 급속여과지의 처리용량을 크게 할 목적으로 현재 충진되어 있는 사층두께 600(mm) 중 200(mm)만 수집하여, 이후 anthracite를 채우고 싶다. 지금 어느 모래입경을 0.6(mm)으로 하면, anthracite의 입경 및 층 두께는 얼마로 하면 좋은가? 모래 및 anthracite의 밀도는 2630 및 1550(kg/m³)로 계산하라.

해

양 여재 모두 같은 최적역세속도가 되도록 조합한다. 즉, 식 (7.10)과 동일한 입경으로 하면

$$(\rho_{s1} - \rho_F)^{\frac{2}{3}} D_1 = (\rho_{S2} - \rho_F)^{\frac{2}{3}} D_2$$

$$\therefore \ \frac{D_1}{D_2} = \left(\frac{\rho_{S2}\rho_F}{\rho_{S1} - \rho_F}\right)^{\frac{2}{3}}$$

$$\therefore \ D_1 = 0.6 \times \left(\frac{2630 - 1000}{1550 - 1000}\right)^{\frac{2}{3}} = 1.23\,(\mathrm{mm}) \rightarrow 1.2\,(\mathrm{mm})$$

다음 anthracite층의 두께를 L_1은 현재의 L/D 비를 유지하도록 한다. 즉,

$$\frac{600}{0.6} = \frac{400}{0.6} + \frac{L_1}{1.2}$$

$$\therefore \ L_1 = \frac{200}{0.6} \times 1.2 = 400\,(\mathrm{mm})$$

해설

2층여과지의 계획 설계에서 중요한 것은 입경비와 여재층 두께이다. 상층측 여재, 즉 안트라사이트의 입경이 너무 작으면, 역세정 시 과도하게 여층이 팽창하거나 심할 때는 여재가 유출해 버린다. 또 사층 측 여재가 너무 크면, 하층 측 여재와 혼합되어 2층 여과지의 효과가 충분히 나타나지 않는다. 양 여재에 동일한 최적역세속도를 줄 수 있는 입경비는, 또한 양여재에 동일한 침강속도를 주는 입경비이기도 하다. 따라서 양 여재에 최적역세속도를 주는 입경비보다 아주 작은 입경의 여재를 상층여재로 사용해도 좋다. 위의 계산에서 알 수 있듯이 안트라사이트, 모래의 조합에서 입경비를 1 : 2로 하면 좋다.

3층여과지에서는 최하층에 가넷트가 이용된다. 가넷트와 모래와의 입경비는 위의 예제와 동일하게 가넷트입경/모래입경＝0.66이다.

8.6.2 급속여과지의 변법

1) 변법과 배경

이상 주로 중력식의 표준적인 모래여과법에 관해서 기술해왔지만 종래형은 별도로 변법이라는 여러 가지의 급속여과법이 제안되고 있다. 예를 들면 하향류 여과의 결점을 보완한 것으로 수류를 상향류로 하는 방식이나 2방향 여과방식이 등장했지만 이것과 병행하여 여층구성 자체의 연구도 진행되어 왔다.

더욱이 여과의 전처리 공정으로써 응집침전 조작을 생략하고, 직접여과를 행하는 방식도 제창되게 이르렀다.

이러한 변법이 나타난 최대의 배경은 급속여과의 조작이 연속적이지 않고 회분식이며 또 이 때문에 여과 기능이 여층의 탁질 억류량에 크게 지배되는 것에 있다고 한다. 따라서 변법이 목적으로 있는 것은 주로 조작의 자동화· 연속화와 여층의 탁질억류량의 증대화이지만, 더욱이 정수공정의 변경에 의한 처리능력의 증강이라는 점도 있다. 여기서 지금 제안된 여러 가지 변법을 개량의 주된 착안점으로부터 더불어 분류하면 다음과 같다.

① **탁질 억류량의 증대화를 의도한 것** : 상향류 여과· 2방향 여과· 수평류 여과· 다층 여과
② **자동화· 연속화를 의도한 것** : 자동 valveless 여과· 이동상 여과
③ **공정의 간략화를 의도한 것**(직접여과) : micro floc 법· 약주여과

④ 기타 : 감쇄여과 · 2단여과 · 잠수형 여과

또 이상의 여러 가지 변법은 직접 · 간접으로 처리량의 증가로 연결되지만, 그 전제로서 수질적으로 만족해야 하는 여과수를 얻을 수 있다. 즉, 청징화 능력이 갖추어 있는 것이 조건인 것은 말할 필요도 없다.

2) 다층여과

여재로서 모래만이 아닌 안스라사이트(anthracite, 무연탄), 석류석(garnet) 등 2종 이상의 다른 종류의 여재로 구성된 여층을 겹쳐, 하나의 여상에 의해 여과를 행하는 방식을 **다층여과**(multi-layer filtration)라고 한다.

여재는 비중이 클수록 하층에 설치하고, 오히려 여재 별로 입도를 선정하여 **역입도구성**으로 한다. 예를 들면 상기의 여재를 사용한다고 하면, 여층의 최상층은 조립 안스라사이트(비중 1.42), 중앙층은 모래(비중 2.65), 최하층은 세립석류석(비중 3.90)으로 하여 이 여상에 의해 하향류 여과를 행하면 탁질의 균등분포 등 다음에 기술하는 상향류 여과와 같은 이점이 있을 뿐만 아니라, 역세정을 행하여도 여재의 비중차에 의해 세정 후에 여층이 층화하여 최초의 역입도구성으로 되돌아오는 점이 뛰어나다. 이 외에도 여과속도의 급격한 변화에 대해서도 충분히 완충성이 있으며 또 세정수도 적게 드는 등이 지적되고 있다.

3) 상향류여과

상향류여과(upflow filtration)는 미여과수가 여상의 최하부로부터 유입하여 여층을 통과하며, 여과수는 상류쪽으로 향하여 유출하기 때문에 수류의 방향에 따라 여재의 입도는 큰 것에서 작은 것으로 배열을 하며, 역입도구성을 이루고 있는 점이 특징이다(그림 8.20). 여과 가능의 점에서 종래의 하향류 여과에 비해, 여과손실수두 및 시간적 증가율이 작다. 따라서 여과지속시간이 길며, 플록의 억류량이 사층 전반에 걸쳐 경시적으로 균등화하는 것 이외에 사리층 및 미 여과수 유입부의 공간에서 탁질 억류효과가 크기 때문에 사층의 탁질 부하가 경감되는 것 등이 이점이다. 그 반면 상향여과중의 여층은 어느 정도 부유 상태로 있기 때문에 만일 여속이 크게 되어 사층이 팽창하면 금방 탁질의 누출이 일어나기 때문에 여과속도의 제어에 충분히 주의하지 않으면 안 되는 것, 사리층에 퇴적한 슬러지 상태의 물질은 통상 물만의 역세정법으로는 충분하게 제거할 수 없는 것이 결점으로 들 수 있다. 또 사층의 팽창을 방지하기 위해 사층 상부에 고정 격자상 grid를 설치하고 있는 것도 있다.

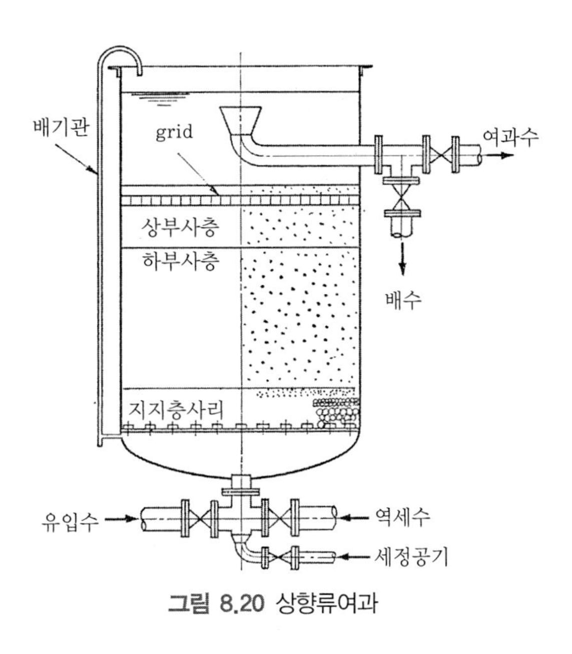

그림 8.20 상향류여과

4) 2방향여과

상향류 여과의 결점인 사층 팽창의 방지를 목적으로서 하향류와 상향류의 양 여과를 하나의 여층에서 동시에 행하는 방식을 **2방향여과**(biflow filtration)라고 한다. 그림 8.21처럼 원수는 여층의 상하로부터 동시에 유입하고, 여과수는 2방향의 각 여층의 경계에 설치된 집수 장치로부터 인출되며, 역세정은 통상의 방식에 의해 행해진다. 여층은 어떤 방향의 여과에 관해서도 역입도의 구성을 가지며, 오히려 역세정에 의해 여층이 층화하여 원래의 역입도구성으로 복원하도록 여재입도와 비중을 고려하여 각 여층이 구성된다.

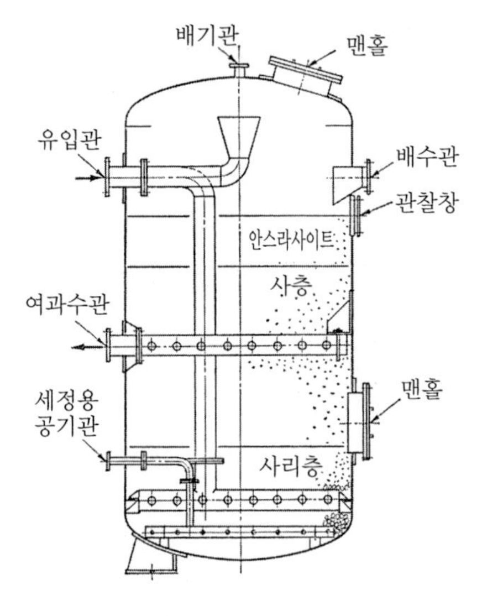

그림 8.21 2방향 여과기

이 형식의 여과기의 주된 특징은 여과 지속시간이 길며 여과 면적이 작고, 상향 하향 양 여과 손실수두가 같도록 자동적으로 여과 유량이 조정되며 고탁도수에 대해서는 비응집이라도 탁질의 급속제거가 침전지를 이용하지 않고 또는 축소하여 행할 수 있다. 또 역세정은 공기 세정과 물 세정을 교대로 행함으로써 여층의 청정화를 달성할 수 있다.

5) 수평류여과

수평류여과(horizontal filtration)의 예를 그림 8.22에 나타냈다. 이 여과지에서는 원통형 여과 중심부에서 원주부로 향하여 물이 흐르며 여과속도는 유입단에서 크며 유출단에 가까울수록 작게 된다. 따라서 중심부 근방의 여과속도가 큰 부분에서는 탁질의 도달거리도 길며, 여층 전체가 유효하게 활용되도록 주변부의 낮은 여과속도의 부분에서 수질적으로도 만족할 수 있는 물을 얻을 수 있도록 되어 있다. 이 외에도 설치면적, 역세수량이 적게 드는 이점이 있다.

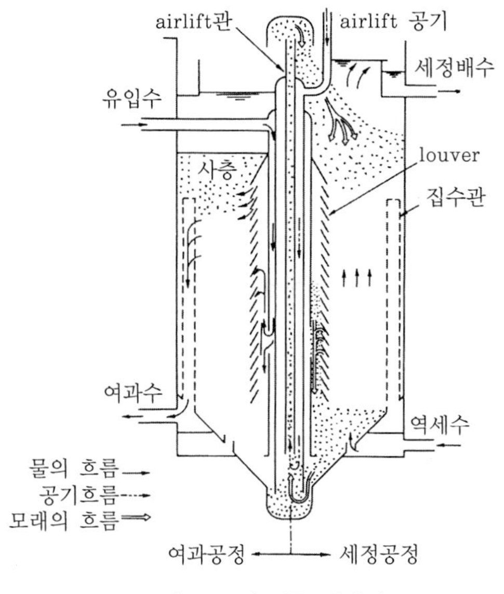

그림 8.22 수평류 여과지

6) 자동 valveless 중력식 여과기

이것은 여과·역세·여과개시 등의 전 공정이 일체 밸브·guage·지시계 또는 전기적인 컨트롤러가 필요하지 않고 자동적으로 행해지는 것이다.

하부 집수장치는 strainer를 부착한 strainer 판으로 하고, 여층으로서는 세사층(또는 세립 안스라사이트)만으로 지지층은 필요 없다. 그림 8.23에 작동원리를 나타냈다. (a)는 여과 중, (b)는 역세정 중의 상황이다.

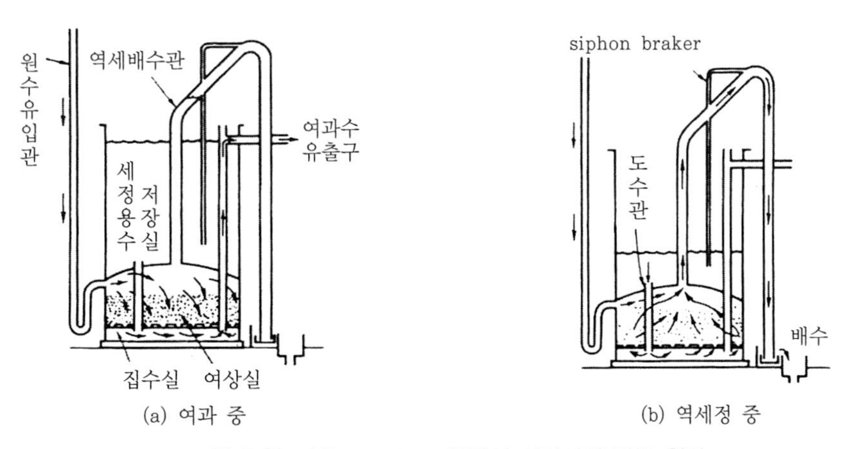

그림 8.23 자동 valveless 중력식 여과기의 작동 원리

① **여과** : 응집침전수는 원수 유입관에서 여상실의 상부로 유입하여, 여층 중을 하강하여 여과수가 되어 상승하여 유출한다. 여과 진행 중 사층이 폐색하면 폐색압이 발생하며, 이 때문에 역세정 배수관 내의 수위가 상승하여 예정의 수위에 도달하면, 자동작동의 시발 장치(그림에는 없음)가 공기를 역세정배수관으로부터 배제하고, 여층을 역세하는 사이폰 작용이 시작된다.

② **역세정** : 역세정은 유입하는 원수와 도수관을 통과하여 집수실로 유하하는 세정용 저수의 역류로써 행해진다. 세정용 수조실의 수위 저하에 따라 세정속도는 서서히 저하하기 때문에 여층은 원활하게 층화한다. 세정용 수조실의 수위가 siphon breaker에 달하면 공기가 역세관으로 들어가 siphon 작용이 멈추어 역세가 정지한다.

③ **세정** : 역세가 끝나고 유입 원수는 여층으로 흘러, 집수실로부터 도수관을 상승하여 세정용 수조실로 들어가며, 이 수위가 여과수 유출구에 달하면 수위의 상승은 멈추며, 여과수의 유출이 재개되어 여과지는 정상운전으로 돌아간다.

이 외에도 Green filter, Harding filter, Mono valve filter 등 전 자동 또는 부분 자동식이 있다.

7) 이동상여과

이것은 통상의 회분 프로세스와 다르며 여재의 세정을 조 외에서 행하며 여과 공정을 중단하지 않고 연속적으로 행하는 것이다. 따라서 본 법의 경우에는 여층의 탁질 억류량은 별로 중요하지 않게 된다. 그림 8.24처럼 여재는 여층 상단에서 수집하여 외부를 반출시켜, 세정한 후 여층의 하부로부터 주입한다. 즉, 여층의 하부에 설치된 diaphragm을 수압으로 밀어 올려 여층 전체를 상방향으로 이동시켜 놓고 재차 diaphragm을 원래대로 되돌리면 여기에 공극이 생기기 때문에 세정이 끝난 여재가 흘러들어 간다. 이 조작은 head tank의 수위로부터 자동적으로 행해진다.

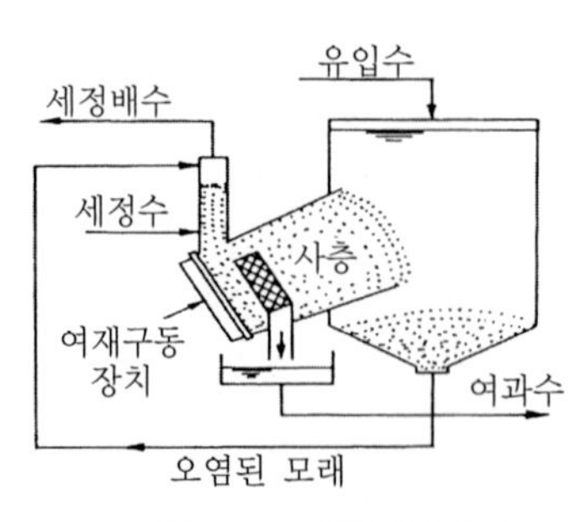

그림 8.24 이동상여과지

8) 직접여과

통상의 급속여과법 정수과정은 응집·플록형성·침전·여과의 각 단계로 나누어진다. 이 중에서 가장 중요한 것은 적절한 응집이지만, 여기에 계속해서 플록형성도 포함한 침전과 그 다음의 여과 2조작 중 침전에 중점을 두며, 될 수 있는 한 양질의 침전수를 얻는 것을 제일 먼저 생각한다. 여과는 마무리 공정이라는 것이 종래의 생각이다. 그러나 직접여과는 침전을 동반하지 않는 여과이며 종래의 방식과는 역으로 여과에 중점을 둔다. 여과지의 능력을 아주 높게 개량해서 오히려 이것을 능률적으로 작동시키기 위해 이전의 전처리 공정의 각 단계에 있어서 여러 가지 개선을 더하고 있다.

본 법에는 침전지를 필요로 하지 않는 것 이외에 약품 주입량은 적어도 좋으며, 여과속도를 크게 취할 수 있어 건설·유지관리비를 절감할 수 있다.

그러나 직접여과가 적용할 수 있는 원수 수질에는 한계가 있으며, 예를 들면 최대 탁도 200도 이상, 규조 등 플랑크톤 500~1,000[asu(areal standard units)/mL] 이상에서는 적용이 곤란하다. 따라서 원수수질의 변동이 크며, 안전성이 부족한 경우에는 일반적으로는 적당하지 않다. 또 여과지의 여재구성은 역입도 구성의 다층여과를 원칙으로 하고 있다.

(1) microfloc 법

원수에 응집제를 주입하여 아직 충분하게 성장하지 않은 미소 플록으로 이루어진 응집수를 직접 여과지에 통과하는 방법을 마이크로 플록법(microfloc process)이라고 한다. 통상 여과지의 직전에 고분자 응집제를 첨가하여 탁질의 누출을 방지하고 있다. pilot filter 등을 사용하여 약품 주입량의 자동 제어도 가능하다.

(2) 약주여과(응집여과)법

여과 직전에 응집제를 첨가하여 micro floc으로도 성장하지 않은 단계에서 여과하는 것을 기본으로 하는 방식을 **약주여과법**이라고 한다. 마이크로 플록법에 비해 플록은 생기지 않으며, 고분자 응집제를 첨가하지 않아도 장시간에 걸쳐 탁질의 누출은 없다. 응집제 주입량은 더욱 적다는 것 등이 특징이지만 본 법의 여과 효과를 지배하는 주요한 인자는 응집제 첨가 후 여과층에 이를 때까지의 시간이라고 한다. 또 포착기구는 여재표면에서 탁질입자의 부착이라고 한다.

9) 감쇄여과

종래의 급속여과는 여과속도를 일정하게 행하는 정속 여과이지만 이 **감쇄여과**(declining-rate filtration)는 여층 폐색에 따라 차츰 여과 속도가 감소해도 이것을 조정하지 않고 그대로 두는 방식이다. 이것이 정속여과보다 유리한 점은 응집이 정상적인 경우 여과수가 보다 청정하며 응집이 좋지 않아 breakthrough를 일으켜도 그 영향이 적다. 또한 여과 지속시간이 길고 여과속도의 조정을 위해 생기는 surging의 여과수에 미치는 악 영향도 여과종말기의 여과속도 감퇴에 의해 경감된다.

10) 2단여과

2단여과(double filtration)는 1차여과(급속)와 2차여과(완속 또는 급속)의 2회 여과를 행하는 방식으로 원수가 불량할 때, 특히 탁도나 플랑크톤의 함유량이 높은 경우에 행해진다. 통상 1차여과에서는 조잡한 물질의 여과를 위해 조대한 모래 또는 가는 사리를 이용한 급속여과를 하고, 2차여과는 마무리용으로 완속 또는 급속의 여과방식으로 한다.

11) 잠수형 급속여과

이것은 여과지를 침전지의 유출단 수중에 설치하는 방식으로, 여과와 역세정을 불문하고 여과지 전체가 항상 물로 덮여져 있다. 따라서 세정배수의 재이용 외, 세정배수거·세정배수 트라프·침전수거 및 이들에 속하는 밸브류와 지붕·관 설치로 등이 완전히 불필요하기 때문에 건설비가 상당히 저렴하다.

8.7 압력식 급속여과기

압력식 급속여과기(pressure filters)는 동판제 밀폐원통형 탱크 내에 중력식과 같은 모양의 여상 및 집수 구조를 가지고 있으며, 원수를 압입하여 여층을 통과시켜 수직형과 횡치형이 있다. 소규모의 수도 또는 공업용수 처리 등에 사용된다. 수직형은 비교적 소수량으로(그림 8.25) 횡치형은 대수량에 적합하다.

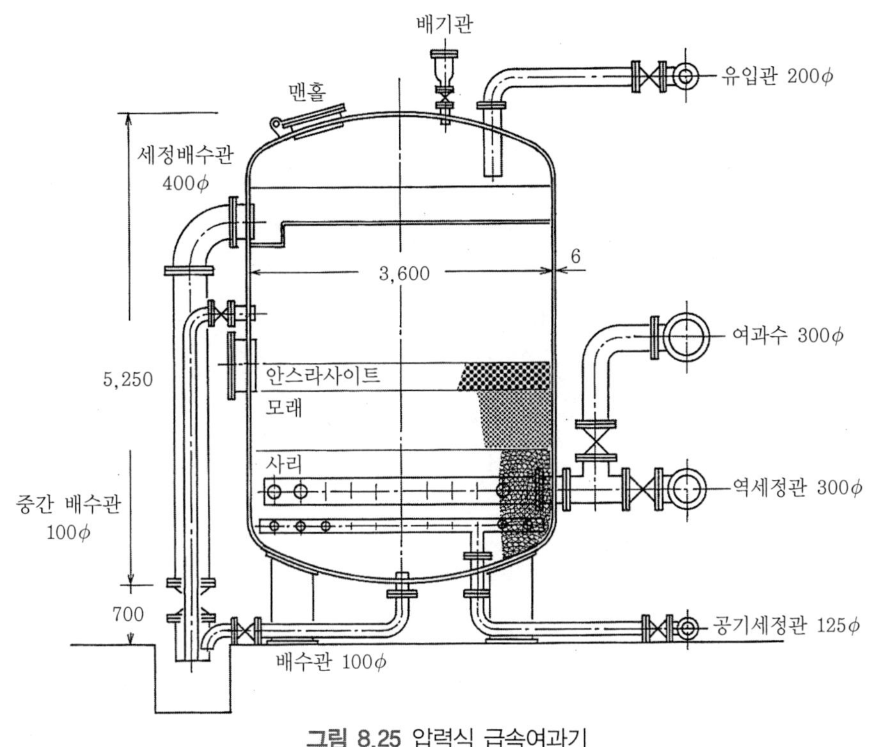

그림 8.25 압력식 급속여과기

일반적으로 원수는 상부에서 유입한다. 사층 두께는 45~75(cm), 사리층 두께는 20~50(cm)로 하고 하부 집수장치·배관·밸브류 등도 중력식과 같은 모양이며, 트라프를 가지고 있는 것도 있지만, 소규모의 것은 생략하는 것이 보통이다.

여과 손실수두가 0.3~0.5(kgf/cm^2)에 도달하면 역세정을 행한다. 세정시간은 8~10(분), 여과속도는 120(m/d) 정도이다.

압력 여과기의 장점은, ① 원수압을 이용하여 여과기로부터 급수개소에 직접 압송할 수 있으며, ② 소요면적이 작고 단시간에 건설할 수 있으며, ③ 상당히 큰 여과 손실수두까지 여과를 계속할 수 있다. ④ 밀폐하고 있기 때문에 외부로부터 오염되는 것이 적으며, ⑤ air binding을 일으키지 않으며(탱크 내는 항상 대기압이상으로 있기 때문에), ⑥ single control valve를 사용하면 조작이 상당히 간단하다는 것 등이 있다. 단점은 ① 응집제의 주입량 조절이나 응집침전이 불완전하며 세균제거율이 낮으며, ② 탱크 내부의 관찰이 불가능하며, ③ 여과속도의 일정유지가 곤란하며, ④ 역세정에 의한 유사가 많은 것 등이 있다.

압력식 여과기는 공공수도에는 그다지 사용되지 않고, 공업용수의 처리에는 일반적으로 넓게 사용되고 있다.

8.8 정수지와 소독설비

8.8.1 정수지(clear water basin)

정수장 내에서 정수를 저장하는 시설을 정수지라고 하며, 정수지 외에 배수지를 설치하지 않고 배수지를 겸하는 경우도 있다.

어느 경우라도 반드시 복개하여 외부로부터 오염을 방지하는 수밀구조로 한다.

유효용량은 계획 정수량의 1시간 분 이상으로 하고 유효수심은 3～4(m) 정도로 한다. 고수위에서 주벽 상단까지는 30(cm) 이상으로 하며, 지저는 저수위보다 15(cm) 이상 낮게 한다. 지수는 2지 이상을 표준으로 하며 환기장치는 될 수 있는 한 작게 하여, 정수의 출입에 따라 공기의 유통에 지장이 없는 정도로 한다.

유입관과 유출관의 위치는 지내 물의 정체를 최대한 피하도록 지의 형태와 구조를 고려하여 결정해야 한다. 지저에는 배수관구를 향해 1/100～1/500의 구배를 두어 자연유하로 배수되도록 한다.

8.8.2 소독설비

일반적으로 모래여과에 의한 정수효과는 전처리의 효과를 포함하여 조작기술이 적절하면 상당히 높지만 완전무결할 수 없다. 예를 들어 소량이라도 여과수중에 세균이 잔존한 이상, 이것을 최종적으로 살균하지 않으면 급수하는 것은 위생상 위험하다. 수도법에서는 정수시설에 소독설비를 갖출 것, 소독 등 위생상 필요한 조치를 강구해야 할 것 외에 수돗물의 소독에 염소를 사용해서 그 주입량을 지정하고 있다. 사실 수돗물의 살균(sterilization)에는 전용 염소가스 또는 염소 화합물을 사용하며 특수한 경우는 자외선·오존 등이 사용되고 있다. 우리나라 수도법에서 급수전의 유리잔류염소를 0.1(mg/L)[결합잔류염소는 0.4(mg/L)][단 병원성 미생물에 의해 오염되었거나 오염될 우려가 있는 경우 유리잔류염소를 0.4(mg/L)(결합잔류염소는 1.8(mg/L)] 이상 유지되어야 하며 물의 소독은 전부 염소제에 의한 것이 된다(수도법, 수도시설의 청소 및 위생관리 등에 관한 규칙).

1) 염소법

(1) 염소

염소(chlorine)는 할로겐족에 속하는 1원소이며, 상온 상압에서는 강렬한 취기가 있는 황녹색의 기체이다. 비중은 공기의 약 2.5배, 0(℃)에서 3.7기압, 20(℃)에서 6.6기압하에 오일상태로 액화(비중 1.57)한다. 이것을 **액체염소** 또는 **액화염소**(liquid chlorine)라고 한다. 염소가스는 거의 수용성으로 상온에서는 물의 2~3배의 가스가 용해하지만 온도가 올라감에 따라 용해도는 감소한다. 염소는 인간이나 동물에는 독성이 있지만 수중의 병원균을 죽이는 정도의 농도[통상 1(mg/L) 이하 정도]에서는 인체에 병적인 영향을 미치지 않는다. 또 강력한 산화제이며 이 방면에서의 이용가치도 크다. 그러나 염소는 후민산이나 아미노산 등의 유기물질과 반응하여, 클로로포름, 3염화취화메탄, 브로모포름 등 인체에서 유해한 물질을 생성하는 등 그 위험성에 관해서도 경고되고 있다.

소독제로서 사용되는 염소제는 염소가스(액화염소 Cl_2), 이산화염소(ClO_2), 차아염소산칼슘($CaCl_2O$) 및 차아염소산소다($NaClO$)가 있다. 또 식염($NaCl$)이나 염화마그네슘($MgCl_2$)을 현장에서 전기분해하여 차아염소산소다나 염소가스를 발생시키는 것도 있다.

(2) 유효염소의 형태와 살균효과

염소는 수중에서 다음 식의 반응을 일으킨다.

$$Cl_2 + H_2O \rightleftarrows \underset{\text{(차아염소산)}}{HOCl} + HCl \tag{8.37}$$

여기서 생긴 차아염소산은 더욱이 다음 식처럼 해리한다.

$$HOCl \rightleftarrows \underset{\text{(차아염소산이온)}}{H^+ + OCl^-} \tag{8.38}$$

차아염소산 및 **차아염소산이온**으로서 존재하는 염소를 유리유효염소(free available chlorine)라고 한다. 이들 2개 중 차아염소산의 살균력이 염소살균력의 주 역할력을 하고 있는 것에 비해, 차아염소산이온의 살균효율은 전자에 비해 상당히 낮으며, 실험조건에 의하면 살균 효율비는 80 : 1이다.

상기의 가역반응은 물의 pH값, 온도에 의해 변화하지만, 특히 pH값의 영향의 크기는 그림 8.26에 나타낸 대로이며, pH값이 낮을 수록 차아염소산이, pH값이 높을 수록 차아염소산이온이 각각 많이 생성한다. pH < 5.0에서는 염소는 염소 용액의 형태로 존재하는 데 불과하다.

또 유리유효염소가 수중의 과잉 암모니아와 화합하면, 물의 pH에 의해 살균 성능이 다른 3종류의 클로라민(chloramine)이 생성된다. 즉, pH > 8.5일 때는 모노클로라민(mono-chloramine, NH_2Cl)이 절대 다량으로 생성되며, 8.5 > pH > 4.5일 때는 모노클로라민과 디클로라민(di-chloramine, $NHCl_2$)과의 혼합물이 생성된다.

더욱이 pH=4.5에서는 디클로라민, pH ≤ 4.4에서는 3염화질소(nitrogen tri-chloride, NCl_3)가 생성된다. 모노 클로라민과 디클로라민을 결합유효염소(combined available chlorine)라고 하지만 디클로라민 쪽이 살균력이 강하다. 또 살균력으로서는 유리형의 쪽이 결합형보다도 훨씬 강하다.

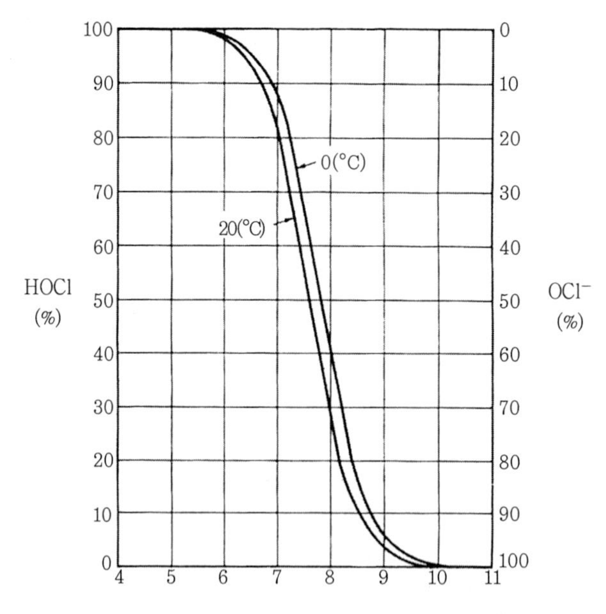

그림 8.26 각 pH에서 HOCl과 OCl^-의 생성량의 관계

(3) 염소의 살균작용과 영향인자

염소의 살균효력에 영향을 미친 인자에는 pH, 수온, 접촉시간, 알칼리도 또는 산도, 산화가능물질, 질소화합물, 특히 암모니아 및 아민, 미생물의 성질, 유효염소의 형태, 염소의 농도 등이 있으며, 이들 사이에는 상호 관계가 있다.

pH는 낮은 쪽이 살균력 효과는 높다. 이것은 살균력을 가지는 HOCl의 생성량이 pH의 상승량에 따라 급격하게 감소하는 데 있다.

수온은 높을수록 염소 및 클로라민의 살균력은 증가한다. 예를 들면 염소는 pH=7.0에서 같은 살균효과를 올리는데, 4(°C)의 경우는 25(°C) 경우의 2.8배의 농도가 필요하다.

알칼리도와 **산도**는 상호 보충적인 성질이기 때문에 알칼리도는 살균효과를 감소시키고 산도는 이들을 증가시킨다.

산화 가능물질로서는 철, 망간, 염화수소, 질소화합물 및 기타 유기물 등이지만 염소가 산화제이기 때문에 이들 물질이 염소를 소비하여 살균효과를 감퇴시킨다.

질소화합물로서는 암모니아와 아민이 염소살균에 큰 영향력을 가지고 있는 것은 이미 기술했다. 아질산염과 질산염은 환원하여 아민을 생성하여 염소나 잔류염소에 영향을 미친다.

미생물에 관해서는 병원성의 것 중에는 다른 살균제보다도 염소에 대해 보다 강한 저항성을 가지고 있는 것은 염소 사용상 주의해야 할 일이다. 혐기성 세균에 대해서 염소는 살균력은 없으며 양성 바이러스는 병원균보다는 저항력이 크다. polio virus를 불활성화하기에는 pH=7.0, 25(°C), 30분에 9(mg/L)의 유리잔류염소가 필요하다.

2) 여러 가지 염소살균법

(1) 전염소법

침전이나 여과를 행하기 전에 원수에 염소를 가하는 방법을 **전염소법**(pre-chloination)이라고 한다. 염소가 여과수에 나타나지 않을 정도로 주입한다. 이 방법은 원수의 유기오염이 심하여 세균이 많은 경우에 행한다.

이 방법에서는 여과지의 세균부하가 경감되어 안전성이 증가하며, 여과지속시간이 늘어 오히려 여과 후에 가하는 염소량이 적어 경우에 따라 색도가 제거되고, 황화수소 기타 취미가 소멸한다. 또한 침전지나 여과지에 발생하는 생물이 박멸되어 침전지의 슬러지 부패가 발생하기 어렵다는 등의 이점을 들 수 있다. 그러나 염소가 원수 중의 유기물과 결합하여 소비되는 결점이 있는 것 외에 수중에 공장폐수나 분해한 조류가 존재하는 경우에는 이들이 염소와 결합하여 여과 후 염소법에서는 일어나지 않는 맛의 장해를 일으킬 수 있다. 전염소법을 행하는 경우에는 안전을 위해 다음의 염소법을 행하지 않으면 안 된다.

(2) 후염소법

여과 후 여과수에 염소를 주입하는 방법을 **후염소법** 또는 **여과 후 염소법**(post chlorination)이라고 한다. 주입률은 급수 전에서 적어도 유리잔류염소 0.1(mg/L)[결합잔류염소 0.4(mg/L)] 이상이 유지하도록 규정되어 있으며, 또 소화기계통 전염병 기타 원수 수질이 현저하게 악화, 정수작업상의 변이, 전 수도계통의 오염의 우려 등이 있는 경우에는 유리잔류염소를 0.4(mg/L) 이상 유지하도록 염소주입을 강화해야 한다.

주입량을 결정하기 위해서는 살균 이외의 면에서 소비되는 염소량으로 주로 처리해야 할 물의 **염소요구량**과 물과 접촉하는 여러 시설·기계 기구 등의 염소요구량에 근거하여 물의 pH, 수온, 접촉시간 등을 고려할 필요가 있다. 후자의 염소요구량은 수도시설로부터 대개 일정하기 때문에 그 양만큼 염소주입량을 증가하면 좋다. 전자의 염소요구량은 수질에 의해 다르며 그림 8.27처럼 3가지 경우가 있다.

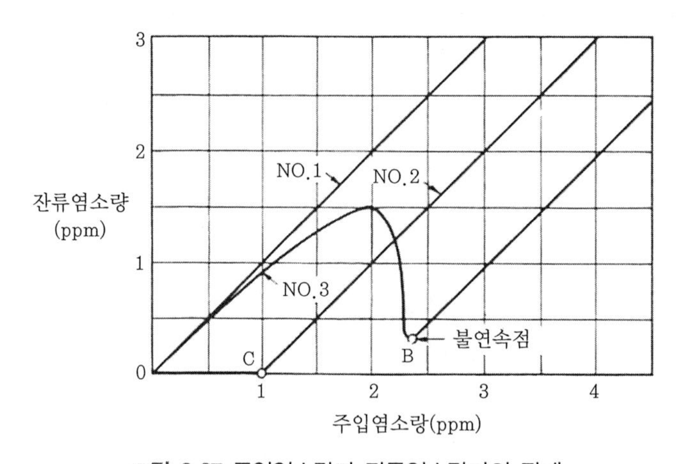

그림 8.27 주입염소량과 잔류염소량과의 관계

No.1은 염소요구량이 제로의 물이다. 이러한 물에 염소를 가해도 잔류염소의 농도는 주입염소의 농도와 같기 때문에, 그림의 No.1 직선과 같다.

No.2는 일정의 염소요구량을 가진 물이며, 주입염소농도가 어느 값(C)이 될 때까지는 잔류염소를 인정하지 않지만 이 점을 넘으면 잔류염소 농도는 주입염소농도에 비례한다. 이 C점을 **잔류염소곡선의 한계점**이라고 하며, 이 점까지의 주입염소량이 염소요구량에 상당한다.

다음은 No.3과 같은 암모니아 화합물이나 유기성 질소 화합물을 포함한 물로서 어느 정도 염소요구량을 가지고 있다. 염소주입량이 증가함에 따라 결합잔류염소농도가 증가하는 어느 점에서 최대에 달하며 이 이후는 감소하여 거의 제로(그림 B점)에 가까워진다(염소 과잉에 의한 클로라민의 분해). 이 점을 지나서 염소를 더욱 주입하면 유리잔류염소가 나타나 이 후 그 농도는 주입량에 따라 증가한다. 이 B점을 잔류염소 곡선에서 불연속점(break point)이라고 한다. 이 점 또는 이 점을 조금 지나 유리잔류염소가 검출될 때까지 염소를 주입하는 방법을 **불연속점 염소법**(breakpoint chlorination)이라고 한다. No.1의 물은 자연수에는 거의 볼 수 없는 듯한 오염물질이 완전히 포함되지 않은 물이며, 일반적인 상수도 원수에는 No.2의 것이 많으며, No.3은 지하수라든지 지표수에서 어느 정도 오염을 받은 물이다.

(3) 2중염소법

상기의 전염소법과 후염소법을 행하는 방법을 2중염소법(double chlorination)이라고 한다. 2개소에서 염소를 주입하기 때문에 세균적으로는 안전성이 높다.

(4) 과잉염소법

과잉염소법(super−chlorination)은 취미의 제거에 사용되는 것이 많다. 예를 들면 원수에 페놀 또는 여기에 유사의 물질이 미량이라도 존재하면, 염소와 결합하여 클로로페놀을 생성하여 강렬한 이취미를 나타내지만, 과잉[1(mg/L) 이상]으로 염소를 가하면 취미를 제거할 수 있다. 또 염소주입 직후, 물을 펌프 직송하는 경우에는 접촉시간이 부족하기 때문에 염소의 효과가 충분하게 발휘되지 않을 우려가 있다. 이러한 경우에도 염소를 과잉으로 주입하는 것도 있다. 이러한 방법을 과잉염소주입법이라고 한다. 과잉염소는 정수공정 중, 어떤 곳에서 주입해도 좋지만 통상은 여과 후에 주입한다.

이 방법에서는 수중에 염소가 다량 잔류하여 염소취가 강하기 때문에 급수 전에 과잉분을 제거한다. 수중의 잔류염소를 제거하는 것을 **탈염소**(dechlorination)라고 한다. 화학적으로는 탈염소제를 사용하며 물리적으로는 포기법과 활성탄법이 이용된다. 탈염소제로서는 아황산(SO_2), 중아황산소다($NaHSO_4$), 아황산소다(Na_2SO_3), 티오황산소다($Na_2S_2O_3$) 등이 사용된다.

탈염소제는 화학반응에 의해 산이 생성되어 물의 pH가 저하하기 때문에 필요하다면 pH를 조정하지 않으면 안 된다.

포기에 의한 탈염소의 효과는 pH에 의해 큰 차이가 있지만 pH를 될 수 있는 한 내려두는 것도 효과적이다.

활성탄법으로는 정수장에서는 분말활성탄을 물에 혼합시킨 후, 응집제를 주입하여 응집·

침전시켜 이 침전수를 여과하는 방법이 이용되고 있다.

(5) 불연속 염소법

불연속 염소법의 의의에 관해서는 (2)의 후염소법의 항에서 기술했기 때문에 여기서는 생략하지만 불연속점과 물의 맛과 냄새의 소멸점이 일치하기 때문에 맛과 냄새를 거의 완전하게 제거할 수 있다. 더욱이 살균효과도 거의 완전하며 잔류염소도 적당히 남아 있고, 색도도 제거되는 등의 이점이 있다.

반면에 모든 물이 반드시 확실한 불염속점을 나타나는 것은 아니며 또 원수의 수질에 의해 불염속점의 위치가 좌우되기 때문에 수질변화가 심한 경우에는 염소주입량의 결정에 숙련된 기술이 요구된다.

또 이 방법은 일종의 과잉염소법이기 때문에 전 염소 소요량이 큰 것도 하나의 결점이다.

(6) 클로라민법

페놀이 존재하는 물에 염소를 주입하면, 클로로페놀의 이취미를 발생하지만 이 경우 염소주입 전에 암모니아를 첨가하면, 클로로페놀이 발생하지 않기 때문에 이취미를 방지할 수 있다.

이처럼 암모니아와 염소를 전후로 가하는 방법을 **클로라민법** 또는 **암모니아 염소법**(chloramine 또는 ammonia chlorine treatment)이라고 한다.

일반적으로 결합염소는 잔류시간이 길기 때문에 세균의 부활 현상이 억제되며, 또는 배수구역이 넓은 경우에는 이취미를 방지할 수 있다는 등의 이유로 이 방법이 사용되는 경우가 있지만, 살균효과의 점에서 결합잔류염소는 유리잔류염소에 비해 상당히 열세이기 때문에 바람직하지 않다.

암모니아와 염소의 주입비는 이론적으로 1 : 4이지만, 이 비는 수질에 좌우되기 때문에 실시하는 데 반드시 실험적으로 적정한 비를 결정하지 않으면 효과는 없다.

세균의 부활현상

염소 단독법에 의해 일단 상당히 감소한 수중의 세균 수가, 어느 시간 후 재차 현저하게 증가하는 현상을 세균의 부황현상(after growth)이라 한다. 수온이 25(℃) 이상의 경우, 유기물이 많은 경우, 배수지에 장시간 저수한 경우, 배수관로 중의 물의 순환이 나쁜 개소 등에 일어난다. 특히 수온 30(℃) 정도에서는 극히 일어나기 쉽다. 그러나 부활하는 세균은 수서균이나 토양균이 병원균은 아니기 때문에 직접 인체에 병적인 영향은 없다.

3) 기타 살균법

염소 이외의 살균법에는 오존, 자외선에 의한 것이 있지만 어느 것도 그 사용범위는 한정되어 있다.

오존(ozone)은 산소의 동위원소이며, 건조 공기 중에서 고압전기의 코로나 방전에 의해 얻어진다. O_3에서 O_2로 분해할 때 발생기의 산소 1원자를 방출한다. 살균제로서 장점은 살균 후에 화학적인 물질을 남기지 않으며 취미 색도가 제거되지만, 염소법에 비해 경비가 많이 들며, 장치가 복잡(공기필터, 블로아, 건조기, 오존발생기, 오존흡수장치 등이 필요)하며, 오존이 분해하기 쉽고, 오히려 용해도가 낮기 때문에 효율이 좋지 않으며, 게다가 화학적인 잔류물이 남지 않기 때문에 살균 후의 오염에 대한 안전성에 여유가 없다는 것 등 여러 가지 불편한 점이 있다.

자외선(ultraviolet)도 사용은 한정되어 있다. 자외선의 살균에 유효한 파장은 0.490~0.149(μ) 사이이다. 탁·색도가 없는 청정한 물이 아니면 살균효과는 올라가지 않는다. 자외선 발생 장치는 석영의 globe 내에 내장된 수은 증기램프가 주체이다. 처리해야 할 물은 투명한 얕은 층류로서 흐르고, 오히려 충분하게 교반하면서 연속적으로 광선을 조사하지 않으면 안 된다. 유효한 조사거리는 무색투명의 수중에서 약 30(cm)이다.

가정용의 소독법에는 끓이는 방법과 약품이 있다. 약품으로서는 염소 외에 요드가 사용된다.

8.9 특수 정수

종래의 모래여과법 및 그 변법인 각종의 여과법과 모래여과의 전처리법으로서 침전법 이외에 원수에 포함되어 있는 특수성분의 제거, 또는 때로는 여러 가지 종류의 물질의 첨가를 목적으로 하는 수처리법을 행하는 경우가 있다. 이것을 여기서는 특수정수법으로서 수도에 있어서 중요한 것에 관해 기술한다.

8.9.1 생물의 제거법

수도에서 장해적인 생물은 원수중의 플랑크톤 기타 각종의 미생물이다. 수원이 저수지·호소이면 주로 조류가 계절적으로 이상 발생하여 여과지의 폐색을 일으키며, 물에 제거하기 어려운 이취미를 발생하기도 한다. 지하 수원에서는 세균류, 특히 철박테리아가 철관에 철 덩어리를 생성시키며 부식, 폐색을 일으킨다.

생물 제거법으로는 생물의 생활환경 조건을 불리하게 하여 미연에 방지하는 것이 최선이지만 상시 행할 필요가 있기 때문에 경비가 소요된다. 통상은 약품에 의한 박멸법, micro strainer 법 또는 2단 여과법 등에 의해 처리한다.

1) 약품처리

약품으로서 염소, 황산동, 염화동이 일반적이다. 염소는 식물플랑크톤, 철박테리아 등의 세균류에 대해, 황산동은 조류에 대해, 각각 효력이 크다.

염화동은 살균·살조의 양 작용을 가지고 있다. 이들의 필요 주입량은 발생생물의 종류는 물론, 수질이나 물리적 환경에 의해 영향을 받기 때문에 종합적인 판단 하에 결정하지 않으면 안 된다. 예를 들면 염소는 수중의 피산화물이나 햇빛에 의해 효력이 감소하며, 황산동은 경도·알칼리도·유기물 등으로부터 효력이 떨어지며, 수온이 높으면 효력은 증가한다. 또 저수지의 경우, 처리해야 할 수량은 순환기와 성층기는 서로 다르며, 전자는 전 수량을 후자는 수면으로부터 활약층의 상부 가장자리까지 수량을 고려하면 좋다.

약품의 사용방법은, 취수구·착수정에서 연속주입, 저수지 유입구에서 간헐주입 및 저수지·도수로 벽면에서의 생물의 발생장소에 대해 살포 등이 있다. 또 저수지에서의 약품사용은 수도 전용 저수지에 한정된다.

2) 마이크로 스트레이너법

마이크로 스트레이너(micro strainer)라는 것은 수중에 2/3 정도 잠긴 회전 드럼형의 여과 장치이며 내측에서 외부로 향하여 원수를 투과시켜 여과하는 것이다.

드럼의 외주에는 스테인리스 강선(직경 80~25μ)의 미세한 망(망목은 60~25μ 정도)을 설치하고 망에 부착한 생물 등은 드럼의 회전 중 상부 외측의 스프레이 노즐로부터 내측으로 향하여 청수를 분사시키면 탈락하여 배출 hopper 중으로 흘러 떨어진다. 이 방법의 특색은 부유생물의 크기에 따라 망목을 바꿀 수 있다. 처리용 수량이 극히 소량[전처리 수량의 2~3(%)]이며 생물발생 시기·증식 상황에 따라 적당하게 운전할 수 있다. 또한 소요 토지가 적어도 좋으며 건설비·유지비가 극히 적다는 것 등이다.

마이크로 스트레이너의 여과손실수두를 구하는 경우, Boucher의 여과효율지수 식 (8.22)을 사용할 수 있다.

8.9.2 경수연화법

수돗물의 경도는 가정용에도 공업용에도 여러 가지 장해를 미치며, 따라서 경수의 연수처리는 다음 항에 기술하는 제철·제망 간 처리와 함께 수처리상 중요한 것 중의 하나이다. 우리나라에서는 공공수도에서 연화처리를 필요로 하는 경우는 적지만, 여러 외국에서는 그 사례가 많다. 공업용수에서는 일반적으로 그 필요도가 상당히 높다.

연수법은 침전법·이온교환법·착염법 기타 방법이 있지만 수도에서 침전법에 속하는 상온식 석회 소다법, 이온교환법에 속하는 제오라이트법 및 이들 2방법의 조합이 주로 사용되고 있다. 연수법의 실시에서 미리 원수의 화학적 조성을 충분히 조사한 후, 가장 합리적·경제적인 방법을 선정하는 것이 중요하다. 이하 이들에 관해서 기술한다.

1) 석회소다법(Lime-soda process)

일반적으로 원수중의 Ca·Mg의 중탄산염(탄산염 경도) 및 기타 Mg염은 소석회($Ca(OH)_2$)와 소다회 ($NaCO_3$)를 원수에 첨가하여 경도성분을 탄산칼슘 및 수산화마그네슘을 불용성의 염으로 침전제거할 수 있다. 이것을 석회소다법이라고 한다. 일반적으로 공공수도의 석회소다법의 설비는 주약장치 및 연화반응을 행하는, 즉 반응에 의하여 생기는 침점물을 응집·침전시키기 위해 응집·침전조와 급속여과기이다.

석회소다법에는 조작온도에 의해 상온법(cold process)과 가열법(hot process)이 있지만 반응은 양쪽 모두 같다. 탄산염 경도만을 제거하기 위해 소석회만을 가하는 방법을 상온석회법(cold lime process)이라고 하며, 탄산염경도와 비탄산염 경도가 공존하고 있는 경우 양쪽을 제거하기 위한 소석회와 소다회를 병용하는 방법을 상온식의 **석회소다법**(cold lime-soda process)이라고 한다. 일반적으로 상온식 석회소다법이라고 하면 양쪽을 포함한 의미로 사용되고 있다.

2) 이온교환법

이온교환법은 이온화할 수 있는 무기 또는 유기의 고분자를 중심으로 이온이 교환하는 현상이며, 여기에는 양이온교환(cation exchange)과 음이온교환(anion exchange)이 있다. 양이온(음이온) 교환이라는 것은 하나의 상중에 전기적으로 포착되고 있는 양이온(음이온)이 이 상과 접촉하는 제2의 상중의 양이온(음이온)과 교환하여 제2상으로 나오며 그 대신 제2상중의 이온이 제1상중으로 들어가는 현상이다.

이온교환반응을 수처리에 응용하기 위해서는 물에 불용성의 고분자이온 교환체의 입자 충진층에 원수를 통과함으로써 경도성분의 이온을 이온교환체중의 Na 이온과 교환하여 제거하는 방법이다. Na 이온이 전부 교환되어 교환능력(연화기능)이 소멸하면, 식염수 또는 해수에 의해 회복(재생)할 수 있다.

이들 이온교환수지 등의 출현 이전부터 이미 green sand(천연 제오라이트)와 인공 제오라이트가 사용되고 있다. 이러한 무기질의 규산염 교환체를 사용하는 방법을 **제오라이트법**이라고 한다. 이것은 수중의 탄산염 및 비탄산염 경도 외에 철분도 교환반응에 의해 물로부터 제거할 수 있다.

3) 석회 제오라이트법

라임 소다법과 제오라이트법을 조합한 방법이며, 상온 라임소다법에 의한 처리수를 최종적으로 Na제오라이트로써 완전하게 연화하는 것이다.

8.9.3 철·망간의 제거법

철·망간은 수돗물에도 공업용수로도 항상 장해를 일으킨다. 수돗물의 철의 장해는 탁도·취미(철분 냄새), 세탁물이나 식기 등의 적갈색의 착색 등이며 공업용수에서는 제품의 착색이나 오점, 냉각관의 스케일 발생, 이온교환 처리에서 교환제 표면의 피막생성에 의한 성능의 저감 등이 있다.

망간은 소위 **흑수**로서 철과 같은 장해를 일으킨다. 특히 최근 원수 오탁의 진행에 따른 염소소독이 강화되고부터는 잔류염소에 의한 미량의 망간이라도 착색이 현저하게 나타나는 등, 장해를 일으키기 쉽기 때문에 특히 주목되었다.

망간은 철과 화학적 성질이 상당히 닮고 있으며 철과 같이 작용하는 것이 많다. 망간의 화합물은 철보다도 용해도가 크며, 공기 산화속도가 철보다도 늦을 뿐만 아니라 수중에 있어서 용존 형태가 복잡하다. 오히려 변화하기 쉬운 것이 망간의 완전제거가 어려워 장해를 많이 일으키고 있는 원인이 되고 있다. 또 먹는 물 기준에서는 철·망간은 0.3(mg/L) 이하로 규정하고 있다.

1) 제철법

수중에서 철은 중탄산 제1철[$Fe(HCO_3)_2$]의 형태로 존재하고 있는 경우가 많으며, 기타 수산화 제2철[$Fe(OH)_3$], 또는 유기물과 결합한 형태로 존재한다. 이러한 철의 제거법에는 산화법, 접촉여과법, 응집법, 철박테리아법, 이온교환법, 라임소다법 등이 있다.

(1) 산화법

① aeration에 의한 산화법

철이 제1철 이온의 형태로 수중에 용존하고 있는 경우에는 산화에 의해 이것을 수산화 제2철의 불용성의 침전물로 분리할 수 있다. 수중에서 중탄산 제1철 또는 탄산철로서 용존하고 있는 철분은 pH를 올리면 수산화 제1철이 되지만, 이것은 수중에서 용해량은 상당히 많다. 그러나 이들을 불용성의 수산화 제2철로 산화시킬 수 있다. 수산화 제1철의 산화반응은 pH가 낮으면 느리지만 pH 7.0 정도에서 충분하다.

aeration 산화법에 의한 제철 설비로서는, aeration, 전염소처리, 약품침전처리, pH 조정처리 등을 단독 또는 조합한 전처리 설비와 여과 설비가 필요하다.

② 염소에 의한 산화법

산소는 1(mg/L)으로 7(mg/L)의 제1철 이온을 산화하는 데 염소는 1(mg/L)로 불과 1.6(mg/L)의 Fe^{2+}밖에 산화하지 않는다. 그러나 염소는 산화력이 강하며, 산소에 비해 낮은 pH에서 급속하게 철을 산화한다. 또 유기질과 결합한 콜로이드상의 철이나 다량의 용존 규산과 공존하고 있는 철의 제거에는 aeration에서는 어렵지만 이 경우도 염소에 의한 산화법이 유효하다.

이 염소 산화법은 효과적이지만 수중의 총철량이나 유기물 기타의 환원물질이 많은 경우에는 대량의 염소를 소비한다. 생성하는 철의 수산화물도 상당히 많아서 응집침전·여과의 부하가 크게 되며 처리 설비의 건설비도 많이 든다고 한다.

(2) 접촉산화(여과)법

여과사 등의 표면에 FeOOH(옥시수사화철)를 피복시킨 제철 여재로부터 생성한 여층에 원수를 유입하면, 용이하게 철을 제거할 수 있다.

이 제철현상은 FeOOH의 결정 성장의 하나의 변형으로 생각되지만 이 기구에 관해서는 아직 충분하게 해명되고 있지 않다.

본 법의 특징은 ① 종래법이 여과시간의 경과에 따른 여과수 중의 철분이 점차 증가하며, 한편 여과 손실수두가 그다지 상승하지 않는 것에 대해 본 법은 여과수 중의 철분은 제로 또는 점차 감소하여 여과손실수두는 급격하게 증대한다.

② 접촉여과이기 때문에 응집침전이 필요 없으며, ③ 기계적인 여과가 아닌 화학반응에 의한 것이기 때문에 여과 속도가 크고 여과수중의 철분이 적으며 역세의 1사이클 시간이 길다. ④ 약품이나 여재의 재생처리가 불필요하며, 더욱이 용존 규산이 많은 원수라도 그 영향이 없다 등을 열거할 수 있다.

(3) 응집법

지하수의 철분은 제1철 이온의 형태가 많기 때문에 전술의 aeration과 여과로 제거할 수 있다. 지표수, 특히 황색이나 적갈색 등 고도로 착색한 물에 포함되어 있는 철은 유기철 또는 콜로이드 철이며, 이들은 후민산 등의 유기물이 철 이온과 결합하거나 $Fe(OH)_3 \cdot nH_2O$의 미립자의 표면에 흡착한 것이기 때문에 aeration으로는 용이하게 산화하지 않는다. 이런 경우는 응집침전과 여과에 의한 방법이 유효하다.

응집방법으로는 황산알루미늄과 같이 응집제를 사용하는 방법과 전해에 의해 생성되는 $Al(OH)_3 \cdot tnH_{20}$를 이용하는 방법이 있다.

(4) 철박테리아법

이것은 **철박테리아**(iron bacteria)의 생존 조건을 이용하는 방법으로 완속여과지의 사면 또는 사층 중에 철박테리아를 번식시켜 10～30(m/d)의 여과속도로 여과를 행하면 여과개시 후 7～10일 정도로 수중의 철·망간 및 철박테리아도 상당히 잘 제거된다. 철박테리아 제거는 이 박테리아로 원인이 되는 장해[박테리아가 생성하는 철의 침전물에 의한 철관의 폐색이나 철관 내면의 녹(철분덩어리)의 발생 등]의 방지대책 중 하나이다.

철박테리아는 수중의 중탄산 제1철을 불용성의 수산화 제2철로 산화함으로서 에너지를 얻으며, 스스로 자체에 수산화 제2철을 침착시킨다. 따라서 그 양은 박테리아의 세포량의 약 500배에 달한다고 한다. 이 방법은 원수중에 박테리아가 이미 생육하고, 생육이 번창하게 되는 환경조건이 갖추어져 있는 것을 필요로 한다. 철박테리아가 존재하는 물은 철분과 유리탄산이 많으며(pH는 대개 약산성), 다소 부식성이 있어 경도가 높다고 한다. 소규모 수도용이다.

(5) 이온교환법

수중에 포함되어 있는 중탄산 제1철과 같은 이온상의 철은, 이온교환 반응에 의해 제거할 수 있다. 제철용 이온교환제로서는 green sand, 탄질 제오라이트, 이온교환수지가 있다.

이온 교환에 의한 제철은 연화와 동시에 행해지기 때문에 연화를 필요로 할 때 한정하여 사용되며 제철만을 목적으로 하는 경우에는 다른 방법에 의하는 것이 좋다. 또 철분이 비교적 적은 원수에 대해 행할 때 철량이 많은 경우에는 다른 방법에 의해 대부분의 철을 미리 제거해 두는 것이 좋다. 더욱이 유기물과 결합한 철이나 콜로이드 철이 이온상의 철과 공존하는 경우에는 전처리에 의해 이들을 제거하는 것도 필요하다. 특히 주의할 점은 원수가 제1철만 포함해야 할 것, 원수가 이온 교환조에 달할 때까지 공기와 접촉하지 않아야 한다. 이것은 공기에 접촉되면 산화되어 콜로이드상의 수산화물이 되고, 수지의 표면에 부착하여 교환 기능을 저하시킬 우려가 있기 때문이다.

(6) 석회소다법

연수법으로서 상온 라임소다법에 aeration 산화를 병용하면, 철도 동시에 침전 제거할 수 있다. 즉, 원수를 최초 aeration 산화하여 제1철 이온을 수산화 제2철의 미립자로 산화시켜 이후 라임소다법에 의해 생성되는 탄산칼슘과 함께 침전 제거한다. 이 경우 소석회나 소다회를 첨가하여 pH를 충분히 높여(pH 9 이상)서 aeration을 하면, 약품 사용량은 약간 증가하지만 철의 산화가 신속하게 이루어지며 망간이 공조할 때는 망간도 쉽게 산화되어 제거된다.

예제 8.7

수산화제2철 및 수산화제1철의 용해도적은 각각 7.1×10^{-40} 및 8×10^{-16}이다. pH 7에서 철은 각각 어느 정도 물에 용해될까? 또, pH가 8.5일 때는 어떻게 될까?

해

수산화제2철은,

$$[Fe^{3+}][OH^-]^3 = 7.1\times10^{-40}$$

$[OH^-][H^+] = 10^{-14}$, $pH = -\log[H^+]$인 것을 사용하면

pH=7에서는 $[H^+]=10^{-7}$이므로,

$$[OH^-]=10^{-7}$$

마찬가지로 pH=8.5에서는

$[OH^-]=10^{-5.5}$이다.

따라서

$$[Fe^{3+}]_{pH=7}=\frac{7.1\times10^{-40}}{10^{-21}}=7.1\times10^{-19}(mol/L)=3.97\times10^{-14}(mg/L)$$

$$[Fe^{3+}]_{pH=8.5}=\frac{7.1\times10^{-40}}{10^{-16.5}}=2.25\times10^{-23}(mol/L)=1.26\times10^{-17}(mg/L)$$

수산화제1철은,

$$[Fe^{2+}][OH^-]^2=8.0\times10^{-16}$$

$$[Fe^{2+}]_{pH=7}=\frac{8.0\times10^{-16}}{10^{-14}}=8.0\times10^{-2}(mol/L)=4470(mg/L)$$

$$\therefore\ [Fe^{2+}]_{pH=8.5}=\frac{8.0\times10^{-16}}{10^{-11}}=8.0\times10^{-5}(mol/L)=4.5(mg/L)$$

해설

철 1(mg/L)은 55.9(g/L)이다.

예제 8.8

제1철 형태로 철 5(mg/L), 암모니아성질소 3(mg/L) 포함한 정호수 1000(m^3/d)을 처리하는 데 필요한 염소주입량의 개략치를 추정하라. 단 주입 후 잔류염소를 1(mg/L)로 한다.

해

암모니아성질소 1(mg/L)를 산화하는 데 필요한 염소량은 약 8(mg/L)이므로,

필요한 주입률$= 5\times0.635+3\times8+1 \fallingdotseq 28.2$(mg/L)

여유를 두어, 30(mg/L) 첨가하면,

염소 주입량$= 1000\times30\times10^{-3} = 30$(kg/d)

해설

암모니아성질소가 존재하는 물에 염소를 첨가하면, 주입량–잔류염소곡선에 불염속점이 나타나는 것은 제3장에 기술했다.

불연속점의 위치는 암모니아성질소의 양에 의해 결정되며, 개략치는 임모니아성질소의 7.6배이다.

2) 제망간법

망간은 0.2~0.3(mg/L)이라도 철관 내에 대량의 부착물을 형성하며, 더욱이 소량이라도 현저하게 흑색 침전물을 생성한다. 착색 지표수 중에는 망간이 철과 같이 유기물과 결합형 또는 콜로이드상으로 존재하고, 특히 호소, 저수지와 같은 정지 수중에서는 중탄산염의 형태로 존재한다.

망간은 일반적으로는 철과 공존하고 있지만 단독으로 존재하는 것도 있다. 그 양은 철보다는 훨씬 적다. 또 망간은 철과 동시에 제거되는 것이 많지만, 산화되기 어려운 성질을 가지고 있어 철에 비해 제거가 어렵다.

망간의 제거법에는 산화법, 접촉여과법, 이온교환법, 철박테리아법, 라임소다법 등이 있다.

(1) 산화법

수중에 용존하는 망간을 산화석출하여 이것을 응집침전이나 여과 등에 의해 제거하는 방법이다. 산화하는 방법에 따라 다음 여러 가지 방법이 있다.

① aeration에 의한 산화법

망간의 공기산화 속도는 철보다 느리기 때문에, pH를 10 정도 올릴 필요가 있다. 망간의산화에 요구되는 산소량으로서는 망간 7(mg/L)에 대해 산소 1(mg/L)이다. 그러나 망간산화에는

시간이 걸리기 때문에 완전한 제망간은 행하기 어려우며, 따라서 미량의 망간의 제거에는 적합하지 않다. aeration에 의해 철의 산화나 용존 가스류의 제거가 동시에 행해지기 때문에 다른 제망간법의 전처리법으로 생각해야 할 것이다.

② 산화제에 의한 산화법

a. 염소에 의한 산화법

망간을 염소에 의해 효율 높게 산화하기에는 pH를 9 이상으로 조정하지 않으면 안 된다. 그러나 망간과 잔류염소를 포함한 물에는 태양광선(자외선)을 조사하면 종래 생각했던 것보다 훨씬 낮은 중성 또는 약산성의 pH 역에도 망간의 산화 속도를 현저하게 증대시킬 수 있다. 게다가 염소에 의한 산화에도 공기산화의 경우와 같이 동에 의한 촉매효과를 이용할 수 있다.

b. $KMnO_4$에 의한 산화법

이것은 $KMnO_4$(과망간산칼륨)을 산화제로서 망간을 산화하여, 생성하는 $MnO_2 \cdot nH_2O$를 응집침전 후 여과하여 제거하는 방법이다.

이 방법은 산화반응이 확실하며 게다가 pH 역(pH 7 부근)에서 반응이 신속하여 수십 초, pH 6 부근에서는 2~3분이다. 주입률에 관해서 철 및 유기물을 포함한 물에서는 이들보다 소비되는 $KMnO_4$의 양을 고려하는 것도 필요하지만 과량으로 주입하면 처리수중에 그대로 유출될 우려가 있다.

본 법은 특히 지표수에 적합하며, 기존의 응집침전이나 여과의 시설을 그대로 사용할 수 있는 점이 유리하다. 또 $KMnO_4$의 주입점은 응집제의 주입후가 좋지만 응집보조제를 병용할 때는 전후 어디라도 좋다.

c. 오존에 의한 산화법

오존(O_3)은 강력한 산화제이며 염소에 비해 산화속도는 빠르다. 오존은 망간을 직접 산화하고 오히려 산화에 의해 생성한 2산화망간이 오존 산화에 대해 촉매작용을 하기 때문에 강력한 산화력을 발휘한다. 처리해야 할 오존의 초기농도가 높은 쪽이 낮은 경우보다도 오존 주입 시간 10분 이후의 잔류 망간 양이 적다. NH_3-N의 존재는 이 방법에 그만큼 영향을 미치지 않는 것 같다.

(2) 접촉산화(여과)법

망간의 고급산화물이 망간을 용이하게 산화시키는 것을 이용하여 여재의 표면에 이것을 피복시켜 원수를 여과하는 방법이다. 여재로서는 장시간 여과 계속 중에 수중의 망간이 자연적으로 여과사의 표면에 피복한 여층, MnO_2의 입자, 망간사, 망간 제오라이트 등을 사용한다. 망간사라고 하는 것은 여과사의 표면에 인공적으로 $MnO_2 \cdot H_2O$를 피착시킨 것이지만 이것에 의한 여과법은 전염소 처리한 원수를 망간사의 사층을 가진 통상의 급속여과지를 통과하는 방법이다. 이 방법은 철분이 많으면 철의 산화물이 망가사의 표면을 덮어 제철 능력을 잃어버린다. 망간사에 망간이 접촉하면 그 표면에서 접촉 산화반응이 일어나며, $MnO_2 \cdot MnO \cdot H_2O$로서 제거된다. 그러나 이는 불활성이며 산화능력을 가지고 있지 않기 때문에 미리 원수에 염소를 주입하여 망간사가 끊임없이 접촉산화능력을 회복하여 망간제거 능력을 계속 유지한다.

또 접촉여과법의 변법으로써 **접촉침전법**이 있으며, 그 원리는 2산화망간 교환 흡착반응과 염소 등의 산화제에 의한 재생 산화반응이 포함된 것이다.

(3) 기타 방법·대책

이온교환법, 라임 소다법, 철박테리아법 등이 있지만 어느 것도 철 제거의 경우와 같은 것이기 때문에 제철의 항을 참조하고 싶다. 또 응급적인 처치로서는 봉쇄제로서 폴리인산염을 투입하는 방법도 있다. 폴리인산염이 망간과 반응하여 착염을 형성하기 때문에 망간이 산화되어 착색하거나 침착하는 것을 방지할 수 있다.

8.9.4 취기(냄새)·맛·색의 제거

1) 취미의 제거법

수돗물의 취미 문제는 공공수역의 수질오탁에 따라 최근에 특히 문제가 심각해져 왔다. 취미의 제거는 지금까지 기술해 온 각종의 수처리법을 포함한 aeration법, 전염소법, 과잉염소법 및 탈염소법, 불염속점염소법, 클로라민법, 2산화염소법, 활성탄법, $KMnO_4$처리법, 오존처리법 등의 여러 가지 방법의 1 또는 2 이상의 조합에 의해 행해진다. 이하 이들 중 주요한 것에 관해서 기술한다.

(1) aeration 법

aeration 법에 의해 용존가스, 예를 들면 황화수소나 잔류염소 등의 냄새 외에 조류 및 이들과 관련이 있는 유기물로 원인이 되는 휘발성 물질의 냄새나 휘발성 기름 등도 제거할 수 있으며, 또 철·망간도 동시에 제거된다. 그러나 페놀계 물질과 염소와의 결합으로 원인이 되는 클로로페놀 등은 휘발성이 아니며 aeration으로는 제거할 수 없다.

(2) 염소법

전 염소법은 살균목적[(8.2.2, 2) 참조] 외에 전기의 클로로페놀취의 발생방지를 위해 행하는 것이다. 경우에 의해서는 색도가 제거되며, 황화수소 기타의 취미도 소멸할 수 있다. 원수 중에 공장폐수나 분해한 조류가 존재하면, 이들이 염소와 결합하여 맛의 결정적인 장해를 일으킬 수 있다고 한다.

과잉염소법에서는 공장폐수·식물성 유기물 및 미생물에 원인이 되는 냄새를 제거할 수 있다. 그러나 화학적으로 안정한 기름 등에 의한 악취는 제거할 수 없다. 이 방법에서는 처리 후 탈염소 처리를 행할 필요가 있다. 상기 이외의 유기물에 관해서는 불연속점염소법에 의해 접촉시간 4~6시간으로 완전하게 탈취할 수 있다.

(3) 활성탄법

활성탄(activated carbon)은 인공적으로 흡착력을 증강시킨 탄소이며, 야자나무 껍질이나 석탄 등을 원료로서, 이것을 적당한 조건으로 탄화나 활력(activation) 처리를 하여 만든다.

활성탄은 직접 흡착작용에 의해 용존 가스나 유기물로 인한 물의 취미와 같은 비교적 저농도의 물질에 의한 현저한 장해의 제거에는 상당히 뛰어난 효과를 발휘한다.

게다가 활성탄 자체는 불용성이기 때문에 그 자체는 물을 오염시키지 않고 과잉으로 사용해도 해가되지 않는다. 이상의 일로부터 활성탄은 취미의 제거법으로써 정수상 극히 중요한 역할을 맡고 있다. 정수용으로서 통상 사용되는 활성탄에는 분말활성탄과 입상활성탄의 2종류가 있다. 분말활성탄은 활력 후 적당한 크기로 분쇄한 것이기 때문에 입도는 대개 74(μm)[200(mesh)] 이하이다.

분말활성탄처리는 응집침전·여과 등의 정수공정과 조합하여 행해진다. 활성탄은 응집처리 전에 원수에 주입되며 적어도 20분간 이상 충분한 혼화·접촉 후, 침전 및 여과로부터 제거된다. 또 전 염소처리와 활성탄법을 병용할 때는 어느 것을 전처리로 할지는 그 순서는 최대의 효과를 올릴 수 있도록 개개의 경우에 관해 사전에 잘 검토해야 한다.

입상활성탄은 충진층 용이며, 처리하려고 하는 물을 활성탄 층에 연속적으로 유입한다. 그 위치는 통상의 여과와 염소소독의 중간으로 하고, 또 여과 방식은 단층 여과로 하는 것을 원칙으로 한다. 장시간 사용으로부터 흡착능력이 포화에 달한 활성탄은 새로운 것과 교환한다.

사용이 끝난 활성탄은 재생처리에 의해 재차 그 흡착력을 회복하지만, 재생으로부터 약 5(%)의 감량은 피할 수 없다. 재생은 위생상의 관점으로부터 수증기 활력법에 의한 것으로 한다. 또 활성탄 여과지의 운전에 관해 발생하는 여러 가지 문제, 예를 들면 활성탄의 유출이나 활성탄 여과지 내의 배수 트라프 등 강·주철 제품의 부식 등이 지적되고 있다.

예제 8.9

5000(m^3/d)의 활성탄반응탑을 설계하라. 단 선속도 LV=20(m/h), 용적속도 SV=3 (h^{-1})로 한다.

해

$$\text{필요한 단면적} = \frac{5000}{24 \times 20} = 10.4\,(\text{m}^2)$$

탑을 원통형으로 하면, 탑 직경 $D = 3.7\,(\text{m})[10.75\,(\text{m}^2)]$이다.

$$\text{활성탄 충진높이} = \frac{5000}{24 \times 10.75 \times 3} = 6.46\,(\text{m})$$

반응탑을 1탑으로 하면, 탑 높이가 너무 높아지므로, 충진높이 3.25(m)의 것을 2탑직렬로 접속한다. 즉, 탑의 높이는

3700(mm)Φ × 약 5000(mm)h[충진높이 3250(mm)] × 2탑 직렬

해설

선속도는 여과속도, 용적속도는 활성탄층에서 겉보기 체류시간의 역수로 생각해도 좋다. $SV = 3(h^{-1})$로는 겉보기 체류시간 20(min)이다. 반응탑의 전체 높이는 물의 흐름이 하향

류인지 상향류인지, 또는 고정층으로 사용하는지, 유동층에서 사용하는지에 따라 변할 수 있다.

(4) 오존처리법

오존은 불소 다음으로 강한 산화력을 가지고 있으며, 탈취뿐만 아니라 탈색, 살균 및 유기물의 분해 등 많은 목적에 사용된다. 오존은 무색에 가까운 기체이며, 오존 발생기로 용이하게 생성된다. 주입방식에는 injector에 의해 분출시켜 액과 혼합하는 방식과 diffuser로부터 불어넣는 방식이 있지만 일반적으로 전자는 확산율 속, 후자는 반응률 속의 경우에 적합하다.

탈취는 오존 주입률 1.0(mg/L)로 거의 달성되며, 주입방식의 차이에도 탈취효과에 대해 그다지 큰 영향은 없다고 한다. 오존처리를 행하면 미 반응의 오존이 수중으로부터 분리하여 폐오존으로써 유출하지만 대기오염방지상 이것을 무언가의 방법으로 처리할 필요가 있다.

처리방법에는 활성탄 흡착법, 연소법, 망간촉매 분해법 등이 있다. 이와 동시에 처리수 중에 잔류하는 오존에 관해서도 그 취기는 물론 다른 장해가 급수할 때 발생하는 것도 생각되기 때문에 완전하게 소실시키지 않으면 안 된다.

예제 8.10

대상처리수량 5000(m^3/d), 주입률 5(mg/L)로 해서, 오존주입장치의 설계제원을 계산하라. 단 오존발생기에서 오존농도를 1.5(%), 오존 1(g)당의 소요전력량을 50(W·h)로 한다.

해

$$\text{오존주입량} = 50000 \times 5 \times 10^{-3} = 250\,(\text{kg/d})$$

$$\text{혼합기체량} = \frac{250 \times 100}{1.5} = 16700\,(\text{kg/d})$$

20(°C), 1기압에서의 공기·오존 혼합기체량(체적)은

$$\text{혼합기체용량} = \frac{16700}{29} \times \frac{293}{273} \times 22.4 = 13800\,(\text{m}^3/\text{d}) = 9.6\,(\text{m}^3/\text{min})$$

$$\text{소요전력} = 250 \times 20 \times 1/24 = 208\,(\text{kW})$$

해설

오존발생기의 성능은 대부분 예제에 표시한 것 같은 수치를 취한다. 오존발생기는 전기적으로 일종의 capacitance이므로, 단순히 전원에 접속하면 전력낭비가 생겨, 위의 계산치보다 큰 전력을 소비하게 된다. reactor를 접속해서 역률을 개선하여 전력낭비를 줄이도록 고려해야 한다.

(5) 기타 방법

2산화염소(chlorine dioxide, ClO_2)는 염소의 2.5배의 산화력을 가진 가스체의 강산화제이며 특히 페놀계의 탈취에 유효하다. 이 경우 ClO_2는 염소용액에 아염소소다($NaClO_2$)의 용액을 반응시켜 만든다. 또 클로라민법은 클로로페놀의 취미, 과망간산칼륨법은 클로로페놀 및 미생물의 냄새 제거에 각각 유효하다.

흡착제로서 활성탄 외에 산성백토, 점토류를 응집침전공정 전에 첨가하는 것도 효과적이다. 또 황산동 등의 약제를 사용하여 발취 생물을 죽여, 취기를 예방하는 방법에 관해서는 8.9.1의 생물 제거 항에 이미 기술했다.

2) 탈색법

일반적으로 자연수의 착색은 지표수 또는 천정호 물에 많이 나타나지만, 착색의 원인 물질은 대부분의 경우 유기질이며, 식물의 부패 분해생성물인 후민산(humic acid)이 주체이다.

이것은 철과 결합하여 색도를 증가시킬 수 있다. 기타 드물게는 무기물질, 예를 들면 콜로이드상 철·망간의 화합물, 유황 등도 착색 원인이 될 수 있다.

유기성의 착색물질은 콜로이드성이며, 통상 음으로 체전하고 있다고 생각되기 때문에 이러한 물질을 포함한 물의 탈색에는 응집침전과 여과법의 병용이 유효하지만 응집제 첨가량이나 pH값 등의 응집조건을 적절하게 정할 필요가 있다.

착색물질이 정의 전하를 가진 콜로이드이면, 응집제는 효과가 없으며 물리적인 응집에 의하지 않으면 안 되기 때문에 탈색은 어렵다. 과잉염소법이 탈색에 유효한 경우도 있지만 일률적이라고는 말할 수 없다.

후민질에 기인하는 색의 제거에는 오존에 의한 산화 분해처리도 유효하다고 한다. 이 방법에는 슬러지가 발생하지 않는 다는 등의 이점이 있지만, 중간 생성물 등의 안전성에 관해서 세심한 주의를 해야 한다. 기타 활성탄법, $KMnO_4$ 첨가법 등도 효과가 있는 경우도 있다.

8.9.5 전기투석법(Electro – dialysis)

전기투석법은 이온교환막을 사용한 탈염법으로 이온교환막법이라고도 한다. 용액 중에 한 대의 전극을 설치하여 전류를 흐르게 하면, 용액중의 이온화한 무기물은 각각 극성에 따라 어느 전극으로 이끌려 이동한다.

이 전극 사이에 양이온 교환막(양이온이 통과 할 수 있는 막)과 음이온 교환막(음이온이 통과 할 수 있는 막)을 상호 배치하면 이온농도가 낮은 부분과 높은 부분이 막 사이에서 서로 발생 한다. 이온농도가 낮은 부분이 탈염된 것이다.

전기투석법에서 이온의 이동량은 통한 전류 I에 비례한다. 이에 대해 필요한 전력량은 I^2R이기 때문에, 전기 저항 R을 감소시키는 것이 전력 효율을 높이기 위해 중요하다. 교환 막 사이의 간극과 막 자체의 전기저항을 적게 함으로써 전력량을 저감할 수 있다.

탈염수 농도가 낮게 되면 용액의 전기 저항이 크게 되기 때문에 전기투석법에서는 원리적으로 처리수의 염 농도를 그다지 낮게 할 수 없다.

염 농도로서 200(mg/L) 정도가 한도로 생각된다.

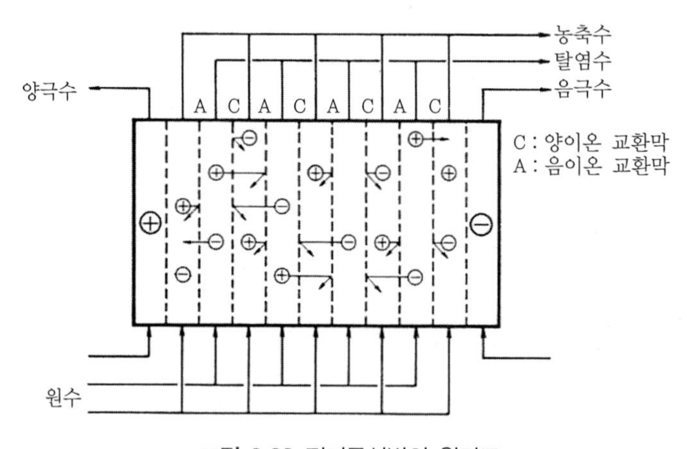

그림 8.28 전기투석법의 원리도

8.9.6 역삼투법(Reverse osmosis)

청수는 통과하지만 용질은 통과되지 않는 막을 반투막이라 한다. 청수와 염수 사이에 반투막을 설치하면 청수는 반투막을 투과하여 염수 측으로 이동하며 어느 압력차가 되어 투과는 정지한다. 이때의 압력차를 삼투압이라 한다.

상기와 반대로 염수 측으로부터 이 용액을 삼투압 이상으로 압력을 가하면, 이번에는 염수 중의 수분이 반투막을 투과하여 청수 측으로 이동한다. 이 현상이 역삼투이다. 실제로 사용되고 있는 반투막은 아세틸셀룰로스나 방향족폴리아미드이며 이들 막을 적당한 방법으로 지지하여 막 양측의 압력차를 견딜 수 있는 구조로 되어 있다. 관형, 중공사형, Spiral 형이 있다.

역삼투 막법에는 펌프로 가압만으로 탈염수와 농축수로 분리할 수 있으며, 탈염비용도 다른 탈염법에 비해 가장 저렴하다.

그러나 막의 오염에 대해 성능이 현저하게 저하하기 때문에 전처리나 막 세정에 고도한 방법이 필요하다.

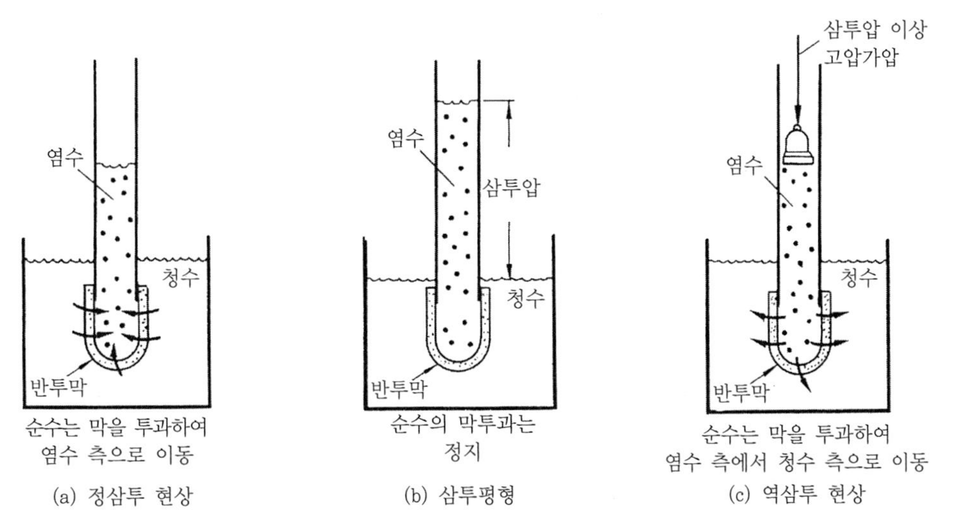

그림 8.29 삼투압, 역삼투 현상의 설명도

8.9.7 합성세제 및 방사성 물질의 제거

1) 합성세제의 제거

가정용 합성세제의 주성분은 음이온 계면활성제이며, 그중에서도 중요한 것은 생물화학적으로 분해하기 어려운 ABS(alkyl－benzen－sulfonates)이지만 현재는 생물에 의해 비교적 용이하게 분해할 수 있는 LAS(linear alkylate sulfonates)가 대부분을 차지하게 되었다. LAS는 완속여과에서 80(%) 정도 제거된다.

ABS 제거법으로서는 활성탄흡착· 오존산화 등이 유효하다. 활성탄의 흡착성은 ABS가[5(mg/L) ABS 수용액 1(L)를 0.5(mg/L)로 하는 데 필요한 활성탄의 (g) 수]로 나타내며, 분말탄으로는 2.2~

3.5(g) 정도이다. 또 오존산화에서는 ABS는 완전하게 분해되지 않으며, ozonide, aldehyde, 산성물질 등의 중간 산화물이 부분적으로 생성하기 때문에 처리수의 pH는 저하한다.

먹는 물 수질 기준에서는 세제(음이온 계면활성제)로서 표시되며, 거품의 장해가 일어나지 않도록 0.5(mg/L) 이하로 규정되어 있다.

2) 방사성 물질의 제거

물의 방사능 오염은 방사성 물질이 외부로부터 혼입이 원인이며, 핵실험에 의한 방사성 강하물 또는 방사성 물질의 평화이용 시설로부터 배출되는 폐수가 오염원이 된다.

방사능 오염의 원인이 되는 방사성 물질은 핵종의 성질 및 수중의 허용농도가 다양하기 때문에 이들 제거법도 핵종의 조성, 농도, 허용농도에 따라 적당한 방법을 선택할 필요가 있다.

저 레벨(방사능이 약함)의 방사성 물질 제거법에는 알루미늄·철의 염류를 응집제로 한 응집법과 모래여과법과의 일련의 조합법, 라임 소다 염수법 및 이온교환법, 더욱이 인산염에 의한 응집법·흡착법 등이 있다.

일반적으로 핵분열 생성물 중에는 콜로이드 또는 비이온상으로 존재하기 쉬운 핵종이 많기 때문에 전술의 응집침전으로 이트륨(yttrium)·세륨(cerium) 등 희토류 핵종을 제거 할 수 있다. 칼슘·스트론튬(strontium)등 2가 이온에 속하는 핵종은 라임 소다법 및 인산염법에 의해 탄산칼슘이나 인산칼슘을 침전시켜 함께 제거할 수 있다. 또 금속분말과 점토가 모종의 방사성 물질 제거에 적합하다고 한다. 요소(I)는 $AgNO_3$, $CuSO_4$ 또는 활성탄 첨가에 의해 제거된다.

세슘(cesium)은 여과사·점토광물 등의 이온교환성 물질로 선택 흡착되기 쉽고 각종 이온교환제를 이용하면 정량적으로 제거되지만, 목탄·활성탄 등의 흡착제로는 제거되지 않는다.

보통의 정수장에서 방사성 강하물의 제거효과는 알람(alarm)에 의한 응집법 50(%), 황산제1철에 의한 응집법 60(%), 인산염법에 의한 응집법 90(%), 라임 소다법 75(%)라고 하는 제거율 실적이 있다.

8.9.8 불소 첨가와 제거법

자연수 중의 불소는 주로 지질에 기인하여 화강암 지대의 지하수나 용출수 중에 많다. 불소는 음료수 중에 적당한 양이 존재하면 충치예방에 효과적이지만, 과잉되면 반상치아(겉이 얼룩모양으로 상하는 이, 음료수 속에 함유되어 있는 플루오르가 이의 성장을 막아, 사기질의 발육 불량을 일으켜 나타난다)의 원인이 된다. 먹는 물 수질기준에서는 1.5(mg/L) 넘지 아니할 것으로 규정되어 있다.

불소의 첨가(fluoridation)는 소년기 충치 예방을 위해 불소 함유량이 적은 수돗물에 불화물을 첨가하는 것으로 불화물로서는 통상 불화소다(sodium fluoride, NaF)가 사용된다.

이는 미국을 비롯하여 상당 다수의 국가에서 행해지고 있지만, 일본의 경우 테스트 케이스로서 13년 이상에 걸친 교토시의 산과정수장에서 시행되었다. 이 사례에서 불소농도는 0.6(mg/L)로 설정되었지만 그 결과 비주입 구역에 비해 저 연령자일수록 분명히 충치 억제효과가 높았으며, 신장·체중 등 발육부전은 나타나지 않았기 때문에 일단 성과가 있었다고 생각된다.

불소제거(defluoridation)에는 활성알루미나나 골탄 등의 흡착, 이온교환 능력을 이용한 방법이나 전해법 기타 화학적 방법이 있지만 어느 것도 처리효율의 점에서 만족할 수 없다. 따라서 일반적으로 불소 함유량이 적은 물 또는 무불소수를 적당히 혼합하여 불소 함유량을 조절하는 것이 좋다. 오히려 이들로부터 충치 예방의 효과를 올릴 수 있다. 이것도 곤란한 경우는 수원을 전환하는 것이 바람직하다.

활성알루미나는 수화알루미늄 산화물을 400～600(°C)에서 소성한 것으로 불소이온에 대해 상당히 큰 선택교환 흡착능력을 가지고 있다. 재생은 황산알루미늄용액으로 행한다.

골탄법은 인산3칼슘을 주성분으로 하는 골탄의 불소에 대한 친화력에 착목한 방법이지만, 활성알루미나법에 비교하면 교환능력은 훨씬 떨어진다. 재생은 가성소다용액을 사용한다.

8.9.9 가정 정수법

수도의 급수를 받지 못하는 지역의 가정에서는 가사 용수를 정호나 흐르는 물을 구하는 것이 보통이다. 따라서 일상적이나 일시적이라도 가사용수를 위생적으로 정화하지 않으면 안 된다. 그렇지만 일반적으로 이것을 행하는 사람은 전문적 지식을 가지고 있지 않기 때문에 이 방법은 간단하며 오히려 위생적으로 절대 안전한 것이 최대의 요건이다. 개인 또는 가정의 정수법의 일반적인 것으로는 자비(끓임), 화학적 살균, 여과의 단독 또는 조합방법이 있다.

8.10 막여과

막여과는 일반적으로 말하는 수처리, 즉 '물을 사용 목적에 적합한 수질로 만들기 위한 여러 가지 처리를 행하여, 주변 환경에 나쁜 영향을 미치지 않도록 처리하여 배출 또는 회수하기 위한 처리'에 사용하는 것으로, 구체적으로는 음료용수의 정수처리, 하수도처리, 공업용의 용·폐수처리, 반도체 제조 용수처리, 식품 의료 분야의 분리 농축처리 등이 대상이 된다.

수처리는 유기물질과 불용물질을 효율 높게 분리하는 것이며, 분리하는 대상이 수중에 혼재하는 미세립자(미생물 등)의 경우와, 용존하고 있는 물질을 분리하는 경우에 의해 막의 종류를 각각 나누어 사용한다.

8.10.1 막여과 방식

막여과 방식에는 그림 8.30처럼, 순환여과(cross-flow filtration)와 전량여과(dead-end filtration)가 있다.

전량여과는 공급된 원수의 전부가 막면을 향해 흐름을 형성하여 여과된다.

순환여과는 막면에 평행한 흐름을 만들어 소류력으로 막 표면의 오염을 세정하면서 여과를 하는 것이다. 여과방향의 흐름과 여기에 대한 직각인 흐름이 존재하기 때문에 십자류(cross-flow)라고도 한다. 역삼투 및 한외여과에서는 이 방식을 채용하는 것이 일반적이다. 정상적인 연속여과를 용이하게 달성할 수 있고 또한 여과속도를 높게 유지할 수 있는 반면, 충분한 평행류를 만들기 위해 여과유량에 대해서 원액측의 유량이 크게 되어, 이 때문에 여과유량 당의 에너지 소비량이 크게 되는 단점이 있다.

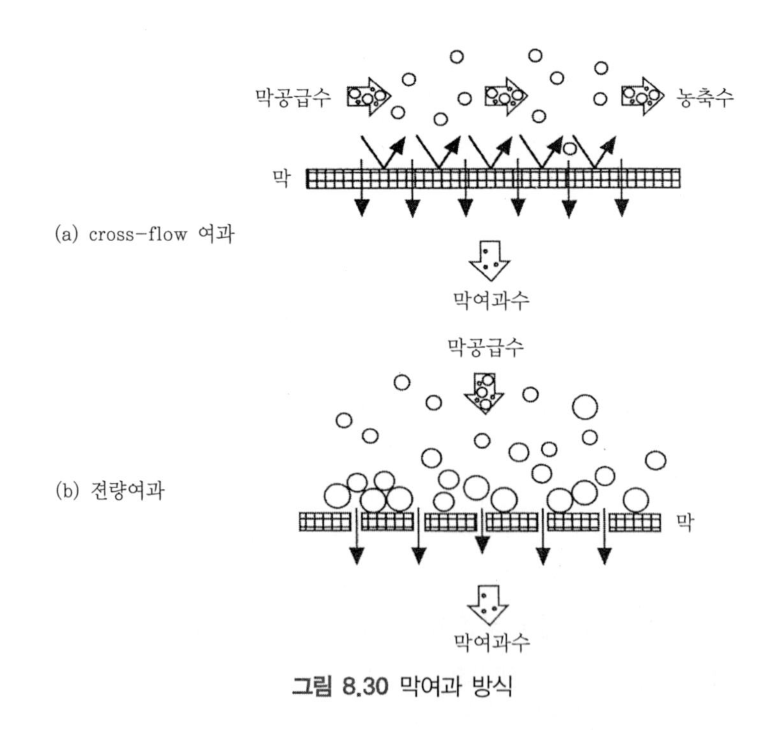

그림 8.30 막여과 방식

막에 의해 저지된 물질이 막 오염을 형성하여 여과와 함께 오염이 누적되기 때문에 일반적으로 여과를 계속하게 되면 여과유량이 급속하게 저하되어, 어떤 시점에서는 반드시 여과를 중지시키지 않으면 안 된다. 수처리에서 실제로 사용할 때는 세정공정을 정기적으로 포함시켜 운전할 필요가 있다. 정밀여과에서 제균 등의 목적에는 원래 전량여과가 일반적이지만 최근에는 여기에 국한하지 않고, 한외여과에서도 에너지 절감 운전을 위해 전량여과 또는 여기에 가까운 cross-flow 여과방식의 채용이 많이 검토되고 있다.

8.10.2 수처리 막의 종류

수처리에서는 예전부터 모래여과로 수중의 탁질을 분리하여 청정한 여과수를 얻는 방식이 채용되고 있지만, 이러한 압력여과가 일반적이며, 그 후 모래 대신 분리막이 도입되어 왔다.

수처리 막의 종류로서 막의 세공경에 의해 호칭이 나누어지고 있다. 여기서는 IUPAC의 정의에 준해 분류한다.

IUPAC

International Union of Pure and Applied Chemistry, 國際純正·應用化學聯合, 化學者의 國際學術機關이다.

1) 정밀여과막(Micro-filtration Membrane : MF 막)

일반적으로 0.1~1(μm) 범위의 입자(미생물 등)나 고분자를 저지하는 분리막이다. 막의 소재에 의해 고분자막, 무기막(세라믹막 등)으로 나누어지지만, 현재 시판되고 있는 정밀여과막에는 소재, 제법에 의해 많은 종류가 있다.

막의 세공경은 사이즈가 고르며, 단위 막면적당 많은 세공을 가진 막을 제조하기 위해 여러 가지 연구가 진행되고 있다.

2) 한외여과막(Ultra-filtration Membrane : UF 막)

0.1(μm)~2(nm)[1(mm)]의 백만 분의 1범위의 입자나 고분자를 저지하는 분리막이다. 막소재로서는 MF 막과 같은 모양으로 고분자막, 무기막이 시판되고 있다. 이는 정밀여과막보다도 더욱 미세한 물질을 분리할 수 있으며, 막 구조는 막 단면이 치밀층(표면)과 다공질층(지지층)

의 비대칭 구조로 되어 있다. UF 막의 성능 지표로서는 세공경 대신에 분획분자량(Molecular Weight Cut Off, MWCO)로 표시되어, MWCO 1,000~300,000까지 각종의 막이 있다.

3) 나노여과막(Nano-filtration Membrane : NF 막)

2(nm)보다 작은 입자나 고분자를 저지하는 액체 분리막이다. 한외여과막과 역삼투막의 중간에 위치하며, Loose RO 막이라 하는 경우도 있다.

일반적으로 분획분자량이 UF 막보다 작아 MWCO 200~1,000으로, 식염(NaCl)의 저지율이 90(%) 이하의 막이며, 황산이온을 선택적으로 분리하는 기능을 가지고 있다. UF 막과 같이 고분자막, 무기막으로 시판되고 있다.

4) 역삼투막(Reverse Osmosis Membrane : RO 막)

이 막을 사이로 한쪽에 저농도 용액(청수)을, 반대 측에 고농도 용액(해수 등)을 놓고 고농도 용액 측에 그 용액의 삼투압보다도 높은 압력을 가하면, 용질(염분)은 저지되고, 용매(물)를 투과하는 기능을 가진 액체분리막이다.

일반적으로 물(용매)은 통과하지만, 물에 녹아 있는 염분 등의 용질은 통과하지 않는 막을 반투막이라 하며, 역삼투막은 반투막의 일종으로, 주로 염류의 분리제거(탈염)에 이용되고 있다. 처음에는 단일 소재(삭산 셀룰로스)로 공경이 없는 치밀층(표층)과 스폰지상의 지지층으로 되어 있는 구조였지만, 그 후 다른 막소재가 개발되었다.

대표적인 역삼투막으로서, 부직포 위에 폴리슬폰제의 다공질막을 형성하고, 그 표면에 방향족 폴리아미드를 계면 중합시켜 1(μm) 이하 두께의 치밀층을 형성한 복합 막을 들 수 있다.

막소재로서는 고분자제로 한정하고 있지만, 금후는 내열성, 내약품성의 점에서 무기재료의 제품 개발도 기대된다. 수처리에 적용되는 분리막으로서는 상기의 것 외에 이온교환막, 투석막 등을 들 수 있다.

8.10.3 막에 의한 제거 물질

수처리의 분리대상이 되는 성분으로서는 다종 다양한 물질을 들 수 있지만, 막여과에서 분리기능은 막의 종류에 의해 다르기 때문에, 최적 막의 선정에는 분리 대상물의 성상을 감안해서 결정할 필요가 있다.

각종 분리막의 세공경과 분리대상이 되는 물질의 크기 관계를 그림 8.31에 나타냈다. 각각의 분리막으로 분리할 수 있는 대표적인 물질과 공업적인 용도를 예로서 기입했다.

1) 정밀여과막(MF 막)

세균 등의 현탁물질, 초미립자의 제거, 반도체 제조용 초순수 제조, 무균수의 제조, 와인·맥주 등 무균여과, 바이러스·박테리아의 제거

2) 한외여과막(UF 막)

단백질, 효소, 세균, 초미립자, 콜로이드 고분자의 제거, 공업용 초순수 제조, 도료공업의 페인트 회수, 낙농공업의 농축, 섬유·종이·펄프공업의 배수처리, 유수혼합물의 분리

3) 나노여과막(NF 막)

경도 성분의 제거, 황산이온의 제거, 막의 하전에 양이온 하전형과 음이온 하전형이 있으며, 1가 이온보다 2가 이온의 저지율이 높은 것이 특징이다. 해수 담수화의 스케일 성분제거, 훼이(Whey)로부터의 탈염

4) 역삼투막(RO 막)

무기염, 당류, 아미노산의 분리, 해수의 담수화, 주스의 탈수

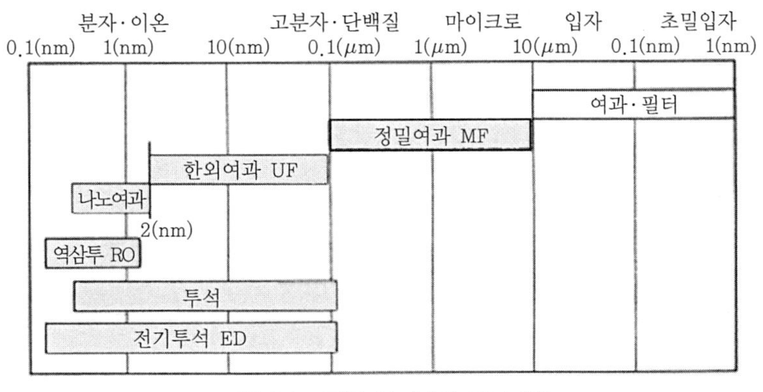

그림 8.31 각종 분리막의 분리대상

이상 4종의 분리막은 어느 것이라도 구동력은 압력차이다.

통상, 수처리에서는 수중의 미생물에 의한 막힘이라든지 오염을 방지하기 위한 살균제, 멸균제의 첨가가 행해지지만, 분리막을 채용하는 경우에도 이 조작은 불가결하며, 일반적으로 염소제가 사용된다.

그러나 막소재에 따라서는 내염소성이 없으며, 그대로 분리막이 염소에 의해 노화되어, 막 성능이 악화되는 경우가 있기 때문에, 분리막으로 들어오기 전에 탈염소 처리를 행하여 염소를 제거 할 필요가 있다.

삭산셀룰로오스 막은 내염소성이 있으며, 염소농도가 낮은 경우는 특히 탈염소를 처리할 필요가 없다.

8.10.4 막모듈의 종류

분리막 그 자체는 연구실에서 제작하거나, 공장에서 생산해도, 완성된 시점에서는 단순한 한 가닥의 막이다. 이들 장치로서 공업적으로 공여하기 위해서는 다수의 막을 조합한 구조를 만들어, 여기에 대량의 물을 유입시켜 누출하지 않는 단체를 구축할 필요가 있다. 이 단체 구조물을 통칭 막모듈이라고 부르며, 장치규모에 따라 막모듈을 증감한다.

막모듈

엄밀하게 단위가 되는 막구조물을 막Element라고 하며, 막Element를 내압 용기 내에 수납한 구조를 막모듈이라 한다.

또, 분리막에는 Sheet상의 평막과 튜브상의 막이 있으며, 각각 막모듈 구조가 다르다. 막모듈의 종류와 구조의 모식도를 그림 8.32에 나타냈다.

1) 평판형

시트상의 분리막을 다수 겹쳐서, 필터 프레스식 여과기와 같이 조립한 구조이며, 역사적으로 가장 빨리 실용화되었지만, 역삼투법에서는 여과기보다도 상당히 높은 압력으로 운전하기 때문에, 설계상 문제가 있으며 대형화는 곤란하다.

평판형의 최대 특징은 구조가 간단하며, 막만을 용이하게 교체할 수 있는 것이다. 막과 막의 간격을 비교적 넓게 할 수 있으며, 막을 붙이는 평판 표면의 형상을 연구하여, 현탁 물질을

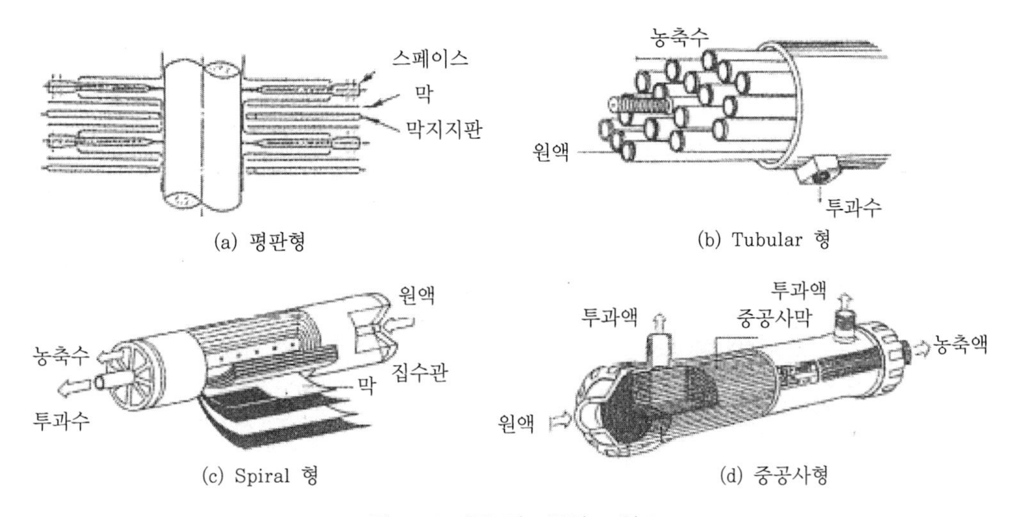

그림 8.32 각종 막모듈의 모식도

효율 높게 처리할 수 있도록 개선되어 있다. 최근에는 원반 막을 수중에서 회전하여 고농도의 탁질을 포함한 폐액의 처리(회전원반형)도 실용화되고 있다.

- 적용 분야 : 유업제품, 제당공업, 자동차공장의 전착도료회수
- 제조 회사 : DDS사(덴마크), Dorr-Oliver사

2) Tubular 형

원통상의 지지체(다공질소재) 내측 또는 외측에 분리막을 장착한 것으로, 지지체인 원통의 내경이 1/2~1인치 정도이기 때문에, 탁질을 포함한 액체의 처리하기 전 여과 없이 직접 통수할 수 있다. 또 정기적으로 스폰지 볼로 원통 내를 순환하여 막 면의 세정을 행할 수 있다.

원통상 지지체의 소재개량, 분리막의 장착법 등의 개발로 다종다양한 모듈이 시판되고 있다.

- 적용 분야 : 식품, 효소분리, 도료회수, 유수분리
- 제조 회사 : Havens Industries사, PCI사, Abcor사, 다이셀사, 日東電工

3) Spiral 형

현재, 해수 담수화용에 가장 많이 채용되고 있는 것은 Spiral 형과 중공사형 모듈이다. 이

모듈은 미국 내무성의 염수국(OSW)으로부터 위탁되어 Gulf General Atomic 사가 1960년대에 개발한 것으로, 그 후 각 기업이 순차적으로 개량을 거듭해서 여러 가지 제품이 시판되고 있다.

모듈의 구조는 시트 상태의 막 2장을 다공질인 시트 상태의 막지지체(막투과수의 유로가 된다)를 사이에 끼워, 그 3면을 접착하여 통을 막은 상태로 되어 있다. 이 모듈은 접착되지 않고 개방되어 있는 끝면을 집수관으로 접착한 것을 한겹(one-leaf)으로서, 통상은 2겹 또는 3겹으로부터 되어 있는 것을 말은 상태(Spiral Type)로 둘러싸여져 있다.

막과 막 사이에 네트 spacer(원수의 유로가 된다)가 끼워져 있으며, 원수의 유로는 0.7(mm) 전후로 상당히 좁다. 이 때문에 미세입자가 막히는 것을 방지하기 위해서는 전처리에서 미리 탁질을 제거할 필요가 있다.

- 적용 분야 : 해수담수화, 전자공업용 초순수, 보일러 급수의 전처리
- 제조 회사 : UOP사, Dow-Filmtec 사, 일동전기/Hydronautics사, Toure사

4) 중공사형

제막 시에 중공사의 형상으로 제조되어, 중공사의 다발을 내압용기에 장진한 모듈이다. 일반적으로는 외경이 40~250(μm)이며, 내경은 20~125(μm) 정도이며, 사상(모발상)의 분리막이다. 일반적으로 관상막의 내압력은 관경이 가늘수록 높게 되며, 분리막 자체가 내압성을 가지고 있기 때문에 막지지체가 필요 없다.

중공사상 막은 예전부터 고려하고 있었지만, 1967년에 Du Pont사로부터 B-5라는 중공사형 역삼투막 모듈이 발표되고, 1973년에는 B-10파미에타가 시판되어 해수 담수화용으로 급격하게 도입되었다.

중공사형 막모듈의 특징으로는 막지지체가 필요 없기 때문에 단위 막모듈 체적당 충전할 수 있는 막 면적이 상당히 많아, 콤팩트하다.

그러나 편류가 되면 모듈 내부가 오염되기 쉽기 때문에 모듈 내부의 물의 흐름을 균일하게 해서 오염을 방지하기 위한 연구가 제조사로부터 여러 가지 실시되어 특징 있는 제품이 각각 시판되고 있다.

- 적용 분야 : 해수담수화, 초순수 제조
- 제조 회사 : 東洋紡績(주)

각종 모듈의 특징 비교표를 표 8.4에 나타냈다. 수처리 막을 장치로서 설계하는 경우에는 단위면적당 투과수량(F)과 일정 용적에 충전할 수 있는 막 면적(M)의 크기로 장치의 크기가 결정된다. F가 크게 되면 M이 작아도 장치 체적은 크게 되고, F가 작아도 M이 크면 장치 체적은 작아도 좋다. 전자가 평판형, Tubular 형이며, 후자가 Spiral 형, 중공사형이다.

한편, 현탁입자가 많은 원수를 처리하는 경우는 원수의 유로가 넓은 막 모듈을 선택할 필요가 있으며 평판형, Tubular 형이 적합하다.

표 8.4 막모듈의 특징

항목	평막형	Tubular 형	Spiral 형	중공사형
내 SS허용성	◎	◎	○	△
막의 세정성	◎	◎	○	○
막충진 밀도(비표면적)	○	△	○	◎
모듈 구성요소의 단순함	△	△	○	◎
막 교환의 용이함	○	△	◎	◎
용도 예	고농도 SS 함유 원수	동좌	염수, 해수탈염	동좌

8.10.5 막 세정법

지금까지, 수중에 현탁하고 있는 미립자나 유기물 등의 분리 제거에는 모래여과 등의 여재계 여과방식이 채용되고 있지만, 정밀여과막의 실용화가 진행됨에 따라, 수처리의 청정여과를 위해 분리막이 채용되고 있다.

정밀여과막은 0.1~1(μm) 범위의 입자(미생물)를 저지하는 막으로, 통상 0.1~0.2(μm)의 공경을 가지는 분리막이며, 비교적 여과속도를 높게 취할 수 있기 때문에 유리하다. 그러나 어떠한 분리막이라도 여과시간이 길게 되면 포착된 미립자 등이 막면에 다량으로 축적하여 여과 효율이 저하한다. 이 때문에 정기적으로 막면의 세정을 행하여 여과 효율의 회복을 기할 필요가 있다. 막의 세정 방법에는 단시간 간격으로 상시 행하는 물리 세정법과, 장시간 운전 경과 후에 물리 세정법으로는 박리되지 않고 축적된 부착물을 제거하는 약품 세정법이 있다.

원래, 물리 세정법으로는 다음과 같은 방법이 채용되고 있다. ① 막의 여과 측(2 차측)에서 1차 측(여과 막 표면)에 물을 압력으로 밀어넣으면, 막 표면에 축적된 부착물을 제거하는 압력(역류) 세정. ② 막 표면에 공기 혼합의 기포수를 흘려보내 난류를 일으켜, 막면 부착물을 박리 제거하는 공기세정. ③ 막 표면에 원수를 고 유속으로 흘려보냄으로써 막 부착물을 박리제거하는 Flushing, Gas Back Washer식 등이 있다.

표 8.5 복합막 면의 스케일 세정 약품 예

스케일 성분	세정용 약품
$CaCO_3$, $CaSO_4$	0.2(%) HCL, 0.2(%) H_3PO_4, 2.0(%) 슬파민산, 2.0(%) 구연산 암모늄
녹슨 철, 금속수산화물	0.2(%) H_3PO_4, 0.2(%) 슬파민산, 0.2(%) 염산
SiO_2	2(%) 구연산+2(%)산성불화암모늄
박테리아 오염물	0.1(%) NaOH+0.1(%) EDTA, 0.5(%) 라우릴황산나트륨, 1.0(%) 인산3나트륨+1.0(%) EDTA
유기오염	0.1(%) NaOH+0.1(%) 라우릴황산나트륨, 1.0(%) 인산3나트륨+1.0(%) EDTA
비고	① 세정 시의 압력 : 1.5~3.0(kg/cm^2) ② 단위압력 하우징에 대한 공급량 4(inch) : 1.8~2.3(m^3/h) 8(inch) : 6.8~9.1(m^3/h) ③ 최대 온도 : 30(°C)

❒ 참고문헌 ❒

1. 藤田賢二, 金子光美惠, 新體系土木工學(水處理), 技報堂出版, 1982.
2. Thomas R. CamP, Velocity Gradients and Internal Work in Fluid Motion, J.Boston Society of Civil Engineers, Vol.30, No.4, 1943.
3. 藤田重文 , 單位操作演習, 丸善, 1978.
4. 高井 雄, 中西 弘, 用水の除鐵・除マンガン處理, 産業用水調査會, 1987.
5. 內藤幸穗, 藤田賢二, 改訂 上水道工學演習, 學獻社, 1986.
6. 박중현,『최신 상수도공학』, 동명사, 2002.
7. 合田健編, 水質工學-應用編, 丸善, 1976 .
8. 川北和德 , 上水道工學(第3版), 森北出版社, 1999.
9. 佐藤敦久, 高間 逸, 水道工學概論,コロナ社, 1987.
10. 海老江 邦雄, 芦立德厚, 衛生工學演習, 森北出版(株), 1992.
11. 大橋文雄 外 , 衛生工學 ハンドブック, 朝倉書店, 1967.
12. 日本水道協會, 日本水道維持管理指針, 1982.
13. 巽巌, 菅原正孝, 上水道工學要論, 國民科學社, 1983.
15. 中村 玄正, 入門 上水道, 工學圖書株式會社, 1997.
16. 丹保憲仁, フロック形成過程の基礎的研究(III), 水道協會雜誌, 1970.
17. 藤田賢二, 急速濾過池のろ層厚さと粒徑とに關する考察, 水道協會雜誌, 1965.
18. 藤田賢二, 急速濾過池における洗淨にに關する諸元の水理學的考察, 水道協會雜誌, 1972.
19. 日本水道協會, 日本水道施設基準解說, 1966.
20. 岡崎, 三浦, 諸工業에 있어서 정밀여과법의 이용의 현상, 막(Membrane), 18(5), 1993.
21. 岡崎 稔, 수도에 있어서 병원성 원충(Cryptosporidium 등) 대책으로서의 MF막 처리, 用水와 廢水, Vol.39, No.12, 1997.
22. 中西祥晃, 뉴 멤브레인 테크놀로지 심포지움, 1993.

Chapter 09

배수처리 시설

Chapter
09 배수처리 시설

9.1 총 설

정수장에서 발생하는 배수·배출슬러지는 종래는 처리하지 않은 채로 부근의 수역에 희석 방류되는 것이 많았지만, 현재는 처리처분이 법적으로 의무화되어, 수질오탁방지 측면에서 배수에 대해서는 배수기준이 적용된다. 일반적으로 정수장 배수에서 문제가 되는 수질항목은 SS이지만, 슬러지의 처리처분의 공정이나 사용약품에 의해서는, COD, pH나 유해물질에 관해서 대책이 요구된다.

9.2 배수의 성상 및 처리방식

9.2.1 배수원과 배수성상

정수장에서 발생하는 배수에는 세사배수, 세정배수, 침전슬러지, 농축조 상징수, 탈수여액이 있지만, 처리대상이 되는 주요한 것은 침전슬러지, 세정배수 및 세사배수이다.

슬러지의 성상은 원수의 수질, 특히 부유물질의 질·양은 물론, 응집제의 종류·첨가량 등에 의해 크게 영향을 받는다. 일반적으로 조성은 거의 점토광물·수산화알루미늄 등 무기질이며, 부식질 등 유기질은 고형물의 5~15(%) 정도이다. 또 슬러지의 농축성·탈수성과 깊은 관련이 있는 입자경에 관해서는 5(μm) 이하의 입자가 약 반 이상을 차지하고 있다. 고형물 농도는 약품침전지의 형식에 의해 또 계절적으로 큰 폭으로 다르다. 예를 들면 횡류식 침전지에서는

0.2~5(%), 고속응집침전지에서는 이보다 낮은 0.1~1.5(%)이며 또 여름이 일반적으로 고농도가 된다.

9.2.2 처리방식

배수·배출슬러지의 처리공정은 농축, 조정, 탈수 및 처분의 4구분으로 대별되며, 각 처리방식은 전부 또는 일부로서 구성된다. 슬러지 처리법의 일반적인 처리공정을 그림 9.1 나타냈다.

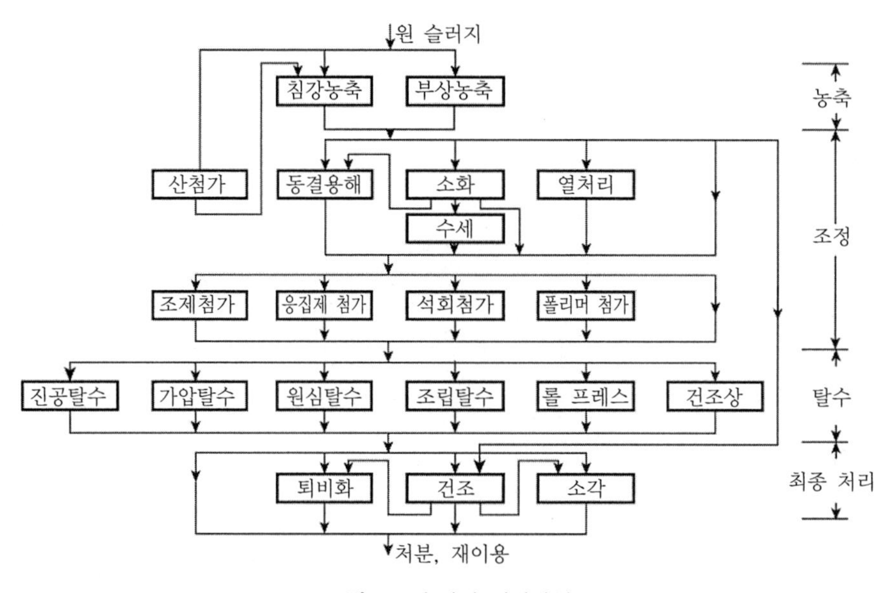

그림 9.1 슬러지 처리방식

슬러지 처리공정에서 발생하는 배수에 관해서는 그 수질의 정도에 의해서 무처리 방류하든지 원수에 반송하여 처리하는 방법이 고려된다.

처리방식의 선정에 관해서는 정수시설과 관련, 원수의 수질, 배수의 질과 양, 슬러지의 성상, 관리수준, 유지관리의 난이 및 안전성, 제 경비, 지역환경 등을 고려하지 않으면 안 된다.

9.2.3 슬러지의 산정

슬러지 처리설비를 설계할 때 가장 기본적인 양은 슬러지양이다. 구체적으로는 원 슬러지의 건조 고형물량과 슬러지 용량 또는 슬러지 농도를 알 필요가 있다.

원 슬러지의 건조 고형물량은 원수 중에 포함되어 있는 부유물, 콜로이드 및 석출한 용해성 물질 및 원수에 첨가한 약품 종류에서 발생한 슬러지로부터 계산할 수 있다. 물론 정확하게는 처리 수중에 석출한 것을 빼지 않으면 안 된다.

원수중의 침전 가능물과 첨가물로부터 발생하는 침전물이 100(%) 제거된 경우의 슬러지양을 표 9.1에 나타냈다.

표 9.1 슬러지양의 계산

항목	화학식	통상 처리 (mg/L)	화학연화(mg/L)	
			석회법	석회소다법
탁도		1.0	1.0	1.0
색도		2.0	2.0	2.0
황산알루미늄	$Al_2(SO_4)_3 \cdot 18H_2O$	0.234	0.234	0.234
황산제1철	$FeSO_4 \cdot 7H_2O$	0.385	0.385	0.385
황산제2철	$Fe_2(SO_4)_3$	0.532	0.532	0.532
염화제2철	$FeCl_3$	0.660	0.660	0.660
PAC[10(%)]	$[Al_2(OH)_nCl_{6-n}]_m$	0.153	0.153	0.153
활성규산		1.0	1.0	1.0
유리탄산	CO_2	–	2.27	2.27
탄산칼슘	$CaCO_3$	–	2.0	2.0
탄산마그네슘	$MgCO_3$	–	3.06	3.06
황산마그네슘	$MgSO_4$	–	0.48	1.32
염화마그네슘	$MgCl_2$	–	0.61	1.66
탄산나트륨	Na_2CO_3	–	0.94	–
황산칼슘	$CaSO_4$	–	–	0.735
염화칼슘	$CaCl_2$	–	–	0.90
슬러지양(건조)		(mg/L)	(mg/L)	(mg/L)

이 표는 예로 탁도가 1(mg/L) 모두 침전할 때 1(mg/L)의 슬러지를 생성하는 것, 같이 색도 1(mg/L)에서 슬러지 2(mg/L)을 발생하는 것을 나타내고 있다.

원 슬러지 농도는 침전지의 형식이나 슬러지를 긁어모으는 빈도 또는 여과지의 세정배수와 혼합하는가 아닌가에 따라 다르다. 일반적으로는 0.5~1.5(%)이다. 원 슬러지의 용량은 원 슬러지 건조고형물량을 원 슬러지 농도로서 나누면 얻을 수 있다.

예제 9.1

처리수량 100,000(m^3/d), 원수의 평균 탁도 50(mg/L), 평균 색도 5(mg/L), 황산알루미늄 평균 주입률 20(mg/L)의 정수장에서 발생하는 슬러지 량을 계산하라. 슬러지 농도를 10(kg/m^3)으로 한다.

해

표 9.1을 참조하면,

$$건조\ 고형물량 = 100000 \times (50 + 2 \times 5 + 0.234 \times 20) \times 10^{-3} = 6470(kg/d)$$

$$습슬러지양 = 6470 \times 1/10 = 647(m^3/d)$$

풀이

원수 탁도로부터 처리수 탁도를 감한 값에 원수량을 곱한 것이 탁도로부터 발생하는 슬러지양이 된다. 정수장 전체를 고려한 경우에는, 처리수 탁도=0이 된다. 또 탁도와 발생 슬러지양은 반드시 1 : 1이 아닌 것은 전자가 광학적인 지표인 것에 대해, 후자는 질량이기 때문에 알 수 있다. 그러나 실용적으로는 1 : 1로 해도 좋다. 슬러지 농도는 (%)로 나타내는 것도 있다. 슬러지의 비중이 1이면, 1(%)=10(kg/m^3)이다. 차원을 맞추기 위해서 (kg/m^3)을 사용하는 편이 정확한 표현 방법이다.

9.3 슬러지의 농축(Sludge Thickening)

9.3.1 침강농축

침전 슬러지의 농도는 0.5~2(%) 정도이다. 이처럼 농도가 낮은 슬러지를 직접 탈수하는 것은 능률이 나쁘기 때문에 더욱 농축이 행해진다. 슬러지의 농축에는 침강농축법과 부상농축법이 있으며 상수 슬러지의 경우에는 대부분 전자가 사용되고 있다.

침강농축조(thickener)는 원리적으로도 구조적으로도 침전지와 같다. 단, 침전지가 상징액의 청정도를 문제로 하고, 농축조는 슬러지의 농축도를 문제로 하는 점이 다르다.

농축조의 대상이 되는 현탁액은 농도가 높기 때문에 침전지에서 행하는 것처럼 단순한 단일 입자의 침강을 기초로 한 해석은 할 수 없다.

동일입자가 상호 간 서로 간섭하면서 침강하는 상태, 더욱이 상층입자가 하층입자를 압축하는 상태의 입자군의 거동에 관해서 생각하지 않으면 안 된다.

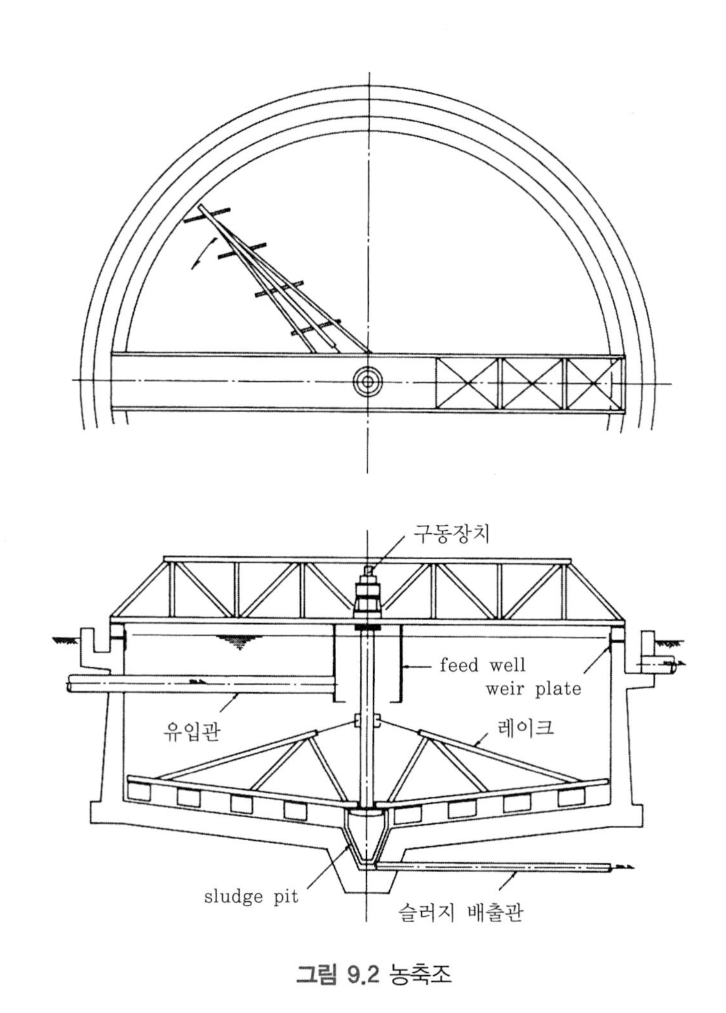

그림 9.2 농축조

9.3.2 슬러지의 침강특성

입자군의 침강속도는 입자 상호의 간섭이나 응집의 영향이 있으며, 계산에 의해서는 구하기 어렵다.

일반적으로 처리해야 할 현탁액을 메스실린더에 취해 충분하게 혼합한 후 정치하여 중력침강시킨다.

농후 현탁액에서는 정치 후 단시간에 상징액과 현탁액과의 경계면이 명확하게 이루어지기 때문에 이 경계면의 위치와 경과시간과의 관계를 측정하여 회분침강곡선을 그려서 입자군의 침강 속도는 이 회분침강곡선(settling curve)의 접선구배로서 나타낼 수 있다. 농축조의 조작·설계상의 기초 데이터로서 이용된다. 회분침강곡선은 현탁액의 종류·농도·입자의 응집상태, 실린더의 형상, 초기 높이, 교반 조건 등에 관계하여 여러 가지 형태를 취하지만 보통은 그림 9.3과 같다.

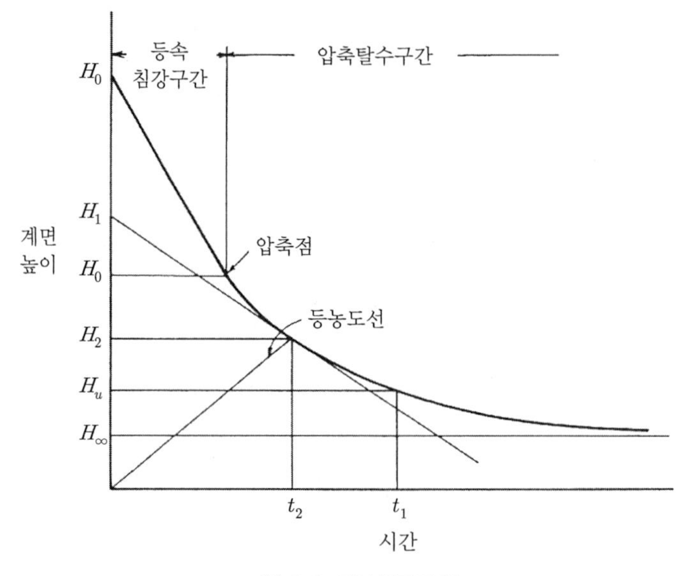

그림 9.3 회분침강곡선

침강곡선은 통상 3구간으로 분할된다. 즉, 최초의 어느 구간까지는 침강속도가 일정하며(등속 침강구간), 그 후 침강속도가 서서히 줄어들며(변이 구간), 계속해서 현탁층의 압축이 시작되어 드디어 경계면은 최종 침강 높이에 도달한다(압축침강 구간). 여기에 회분침강곡선에 관하여 관계식을 열거한다.

9.3.3 농축조의 설계

1) Work·Koheler의 관계

그림 9.4와 같이 초기 농도가 같으며, 최초만 다른 현탁액의 침강곡선 사이에는 다음의 상이 관계가 성립한다.

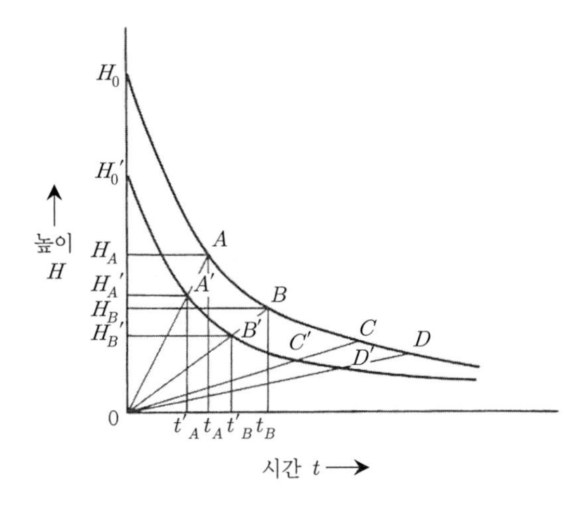

그림 9.4 Work·Koheler의 관계의 설명도

$$\frac{OH_0}{OH_0'}=\frac{OH_A}{OH_A'}=\frac{OA}{OA'}=\frac{OB}{OB'}=\frac{t_A}{t_A'}=\frac{t_B}{t_B'} \tag{9.1}$$

이 식은 많은 현탁액에 관해서 침강의 전역에 걸쳐 근사적으로 성립하는 것이 인정되고 있다.

2) Kynch의 이론

Kynch는 침강속도 R이 농도 C만의 관계라고 해서, 이하의 관계식을 제안했다. 즉, 그림 9.5처럼 초기 높이 H_0, 초기 농도 C_0의 현탁액의 침강곡선상의 임의의 점에서 접선을 그어 종축과의 교점 H'를 구하면 임의의 점 바로 밑의 슬러지 농도 C는 다음 식으로 구할 수 있다.

$$C=\frac{C_0H_0}{H'} \tag{9.2}$$

더욱이 농도 C의 층의 침강속도 R은 이 접선의 경사와 같다. 즉, 접선과 횡축과의 교점을 t'라고 하면, 그림에서

$$R=\frac{H'}{t'}=\frac{H'-H}{t} \tag{9.3}$$

이렇게 해서 곡선상의 몇 개의 점에서 접선으로부터 넓은 범위의 농도역에서 C와 R의 관계를 산출할 수 있다. 단 이 관계는 압축침강 구간에서는 적용할 수 없다.

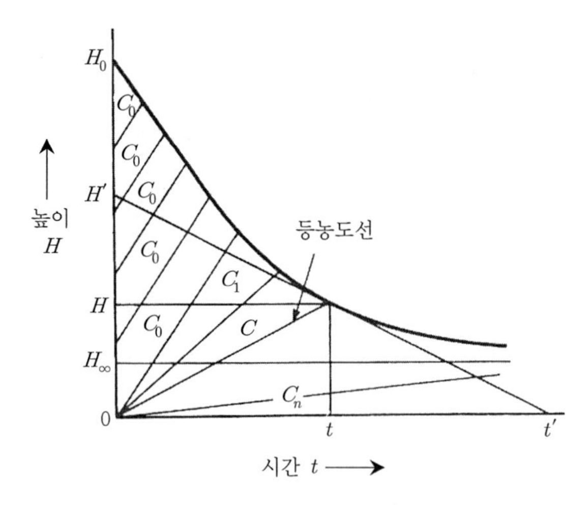

그림 9.5 Kynch의 이론 설명도

3) Robert의 관계식

로버트의 관계는 압축침강 구간에서 성립하는 실험식이다.

$$\frac{H - H_\infty}{H_C - H_\infty} = \exp[-K(t - t_C)] \tag{9.4}$$

여기서, H : 침강 개시 후 t시간에서 현탁액 계면 높이

H_∞ : 압축침강 완료 시 현탁액 계면 높이

H_C : 압축침강 개시 시의 현탁액 계면 높이

t_C : 압축침강 개시 시까지의 침강시간

K : 로버트 정수

K의 값은 초기 높이나 초기 농도에서 변한다.

9.3.4 연속식 농축조의 소요면적

슬러지농도 C와 침강속도 R과의 관계가 이미 알고 있는 경우, 연속식 농축조의 소요면적을 산정하는 방법에 관해서 다음에 기술한다.

지금 그림 9.6과 같이 단면적 A의 연속식 농축조에 농도 C_f의 원액이 Q_f의 유량으로 공급되어 상부로부터는 청징한 월류가 Q_0의 유량으로 또 하부로부터는 농도 C_u가 되는 농축 슬러지가 Q_u의 유량으로 유출한다.

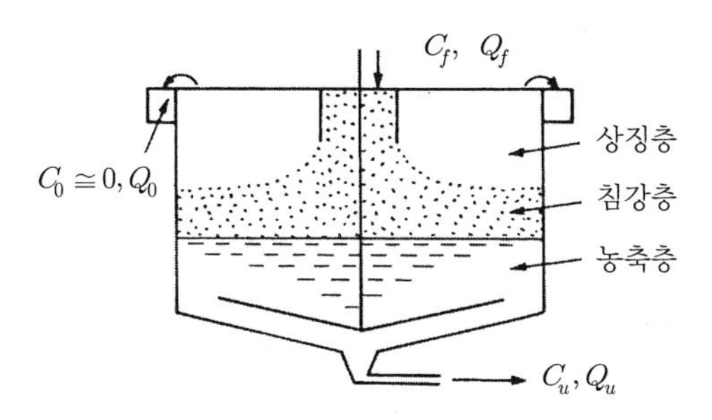

그림 9.6 연속식 농축조 내의 층 구분

공정은 정상상태이며 조 내의 높이 방향의 농도분포도 시간적으로 변화하지 않는다고 한다. 우선 물질수지는 다음과 같다.

$$Q_f = Q_0 + Q_u \tag{9.5}$$

$$C_f Q_f = C_u Q_u$$

여기서 청징한 월류수와 농후한 배출 슬러지를 연속적으로 얻기 위해서는 다음에 나타내는 청징 조건과 농축 조건을 만족할 필요가 있다.

1) 청징 조건

월류 유수의 상승속도가 슬러지 중의 분리해야 할 최소 입자의 침강 속도 $R_{\min}$보다도 작을 것

$$\frac{Q_0}{A} = \frac{Q_f - Q_u}{A} < R_{\min} \tag{9.6}$$

2) 농축 조건

농축부에 공급되는 고형물에 대해서 배출 슬러지의 배출 속도가 충분하며, 농축층의 상부면이 상승도 하강도 하지 않고 적당한 높이로 일정하게 되는 것

$$A = \left[\frac{Q_f C_f \left(\frac{1}{C} - \frac{1}{C_u} \right)}{R} \right]_{\max} \tag{9.7}$$

식 (9.7)의 의미는 식 중의 C와 R에 공급 슬러지 농도 C_f로부터 배출 슬러지 농도 C_u에 이르는 전 농도 범위의 임의의 C와, 이 C에 대한 침강속도 R을 대입하여 계산하고, 이 최댓값을 가지고 농축조건을 만족하는 소요면적으로 한다. 따라서 C와 R의 관계, C_f, Q_f 및 C_u(또는 Q_u)가 주어지면 상기 2식으로부터 각각 A를 계산할 수 있다. 그리고 양자 중 큰 쪽을 소요면적으로 채용할 수 있다.

(1) Fitch 등의 방법

계면농도가 임계농도 C_c가 되는 데 필요한 면적을 구한다. 즉,

$$A = \frac{Q_t t_u}{H_0} \tag{9.8}$$

여기서, A : 계면농도가 C_c가 되는 데 필요한 면적(m^2)

Q_t : 농축조로 들어가는 현탁액 유량(m^3/s)

t_u : 슬러지 농도가 C_u로 되는 데 필요한 시간(s)

H_0 : 매스실린더 수면 높이(m)

(2) Coe－Clevenger의 방법

$C_i \sim C_u$의 농도 C에 대한 침강속도 u를 회분 침강곡선으로부터 구하여, 다음 식으로부터 농축조 면적 A를 계산하여 최댓값 A_{max}를 소요 면적으로 한다.

$$A = \frac{Q_i C_i - Q_u C}{Cu} \tag{9.9}$$

여기서, C_t : 농축조로 들어가는 현탁액 농도(kg/cm³)

Q_u : 농축조에서 나오는 슬러지양(m³/s)

Cu : 농축조에서 나오는 슬러지 농도(kg/m³)

(3) Robert의 식

슬러지의 농축을 나타내는 Robert의 식은 다음과 같다.

$$\frac{H - H_\infty}{H_c - H_\infty} = e^{-Kt} \tag{9.10}$$

여기서, H : 압축침강시간으로부터 t시간 경과했을 때의 슬러지 계면의 높이(m)

H_c : 압축침강 개시 때의 슬러지 계면 높이(m)

H_∞ : 압축침강 종료 시의 슬러지 계면 높이(m)

t : 압축침강 개시 때부터의 시간(h)

K : Robert 정수

농축조의 깊이에 관해서 여러 가지 해석이 시도되고 있지만 그다지 실용적인 것은 없다. 특히 슬러지처리에서는 농축조는 슬러지의 저류조 또는 원 슬러지 유량변동의 완충조로서 역할도 하고 있기 때문에 예를 들면 이론해석에 의해 깊이를 구한다 하여도 상당한 여유를 더할 필요가 있다. 경험적으로 3.5~4.5(m) 정도의 깊이로 하는 것이 보통이다.

예제 9.2

횡축에 슬러지 농도 C, 종축에 슬러지 농도와 슬러지 침강 속도와의 곱 C_u를 취하여 슬러지 침강곡선을 그리면, Coe-Clevenger식의 최댓값은 점 $(C_u, 0)$으로부터 이 곡선에 그은 접선과 곡선과의 교점으로 표시되는 것을 나타내어라. 단 C_u는 슬러지가 나오는 슬러지 농도이다.

해

Coe-Clevenger의 식 (9.9)은 다음과 같다

$$A = \frac{Q_i C_i - Q_u C}{C_u}$$

이 최대가 되기 위해서는

$$\frac{dA}{dC} = -\frac{1}{C^2 u^2}\left\{Q_u Cu + (Q_i C_i - CQ_u)\left(u + C\frac{du}{dC}\right)\right\} = 0$$

$$\therefore\ u + C\frac{du}{dC} = \frac{-Q_u Cu}{Q_i C_i - CQ_u}$$

$$\therefore\ \frac{d(C_u)}{dC} = -\frac{Q_u Cu}{Q_i C_i - CQ_u} \tag{9.11}$$

식 (9.11)은 곡선 $C - Cu$의 접선의 구배이다. 이러한 구배를 가지고, 점 $(C_L, C_L u_L)$을 통하는 직선의 식은

$$Cu - C_L u_L = -\frac{Q_u C_L u_L}{Q_i C_i - Q_u C_L}(C - C_L)$$

$Cu = 0$에서는

$$C = \frac{Q_i C_i}{Q_u}$$

상징액 중의 농도를 0로 하면, $Q_u C_u = Q_i C_i$이기 때문에,

$$C = C_u$$

따라서 식 (9.9)의 최댓값은 그림 9.7의 (C_l, $C_L u_L$)의 점에서 일어난다.

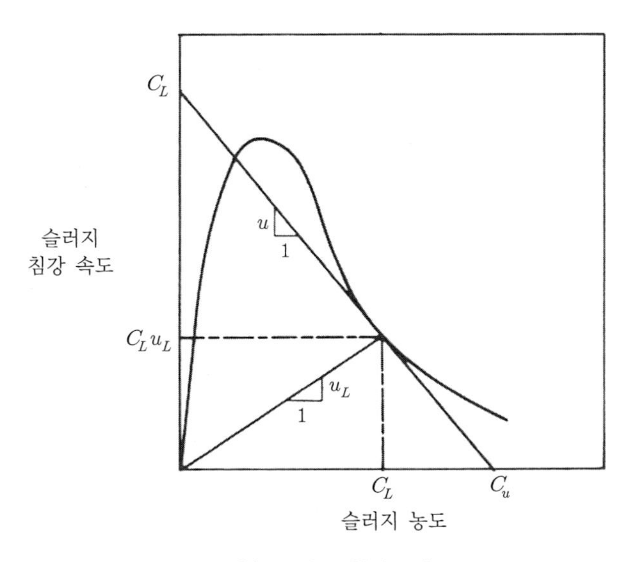

그림 9.7 회분 침강곡선

예제 9.3

그림 9.8과 같이 침강성을 가지며, 유입 현탁물 농도 3,000(mg/L) 슬러지 처리량 4,550(m^3/d)의 농축조의 면적을 Coe－Clevenger의 방법으로 결정하라. 단, 농축슬러지의 농도를 16(kg/m^3)으로 한다.

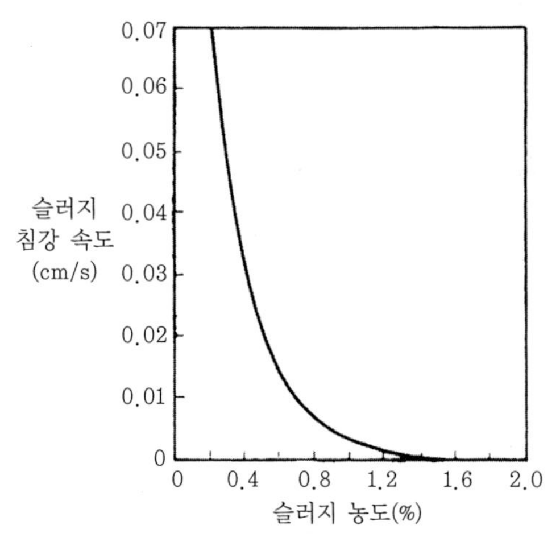

그림 9.8 슬러지의 침강특성

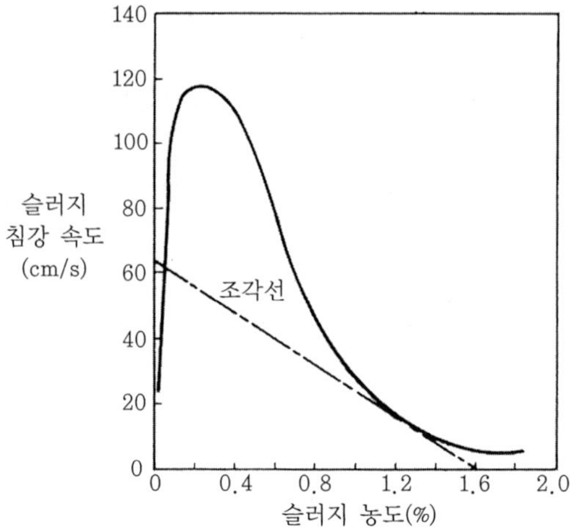

그림 9.9 회분침강곡선

해

그림 9.9는 그림 9.8에서 구한 회분침강곡선이다. 현탁물 농도를 16(kg/m^3)까지 농축하기에는 침강 슬러지 속도를 64(kg/m^3·d)로 하면 좋은 것을 그림에서 바로 알 수 있다. 이때의 농축조 면적은 A는

$$A = \frac{3 \times 4550}{64} = 213\,(\mathrm{m}^2)$$

예제 9.4

처슬러지를 실린더에 넣어 정치한 바 표 9.2처럼 계면의 높이를 기록했다. 이 값으로부터 슬러지 농축조의 크기를 결정하라. 단 슬러지 부유물 농도는 12(kg/m^3), 슬러지양은 480(m^3/d), 농축조로부터의 배출 슬러지 농도를 50(kg/m^3)로 한다.

해

편대수표상 종축에 $\log(H - H_\infty)$를 취하고, 횡축에 t(min)을 잡아, 표 9.2의 값을 표시하면 그림 9.10처럼 된다. Robert 식으로부터 곡선이 직선이 되기 시작하는 점이 압축점을 나타낸다.

표 9.2 슬러지의 시간에 대한 계면 높이

t(min)	0	2	4	6	8	10	15	20	30	40	50	60	70	80	180	∞
H(mm)	300	270	220	190	170	150	124	112	98	92	87	84	82	80	70	60
$H-H_\infty$	240	210	160	130	110	90	64	52	38	32	27	24	22	20	10	0

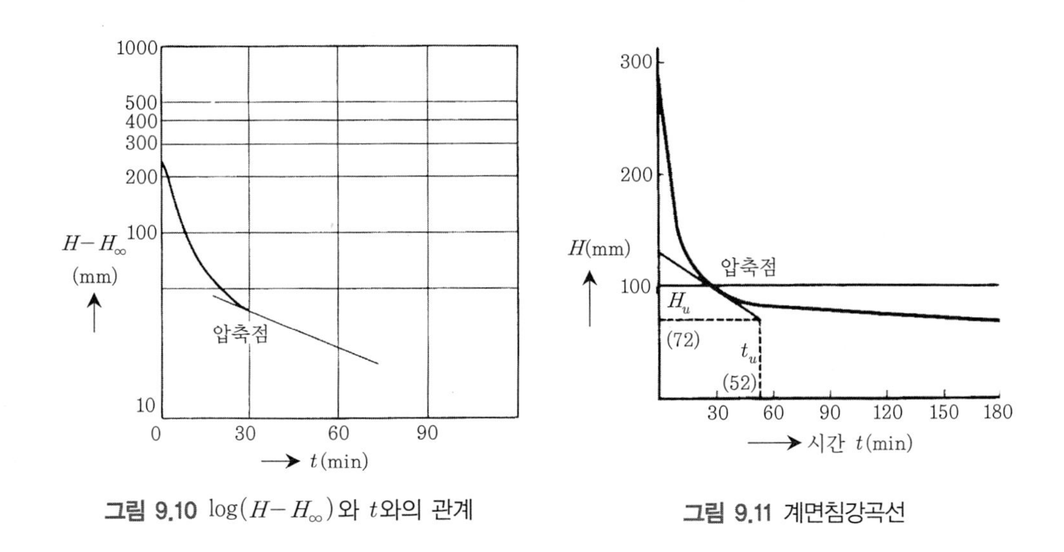

그림 9.10 $\log(H-H_\infty)$와 t와의 관계

그림 9.11 계면침강곡선

또 그림 9.11처럼 계면 높이 H를 종축에 잡고, 시간 t를 횡축에 취하면 표 9.2의 값이 계면 침강곡선으로 그릴 수 있다.

$$H_u = \frac{C_0 H_0}{C_u} = \frac{12 \times 300}{50} = 72\,(\text{mm})\text{이기 때문에}$$

그림 9.10의 압축점에서 접선이 종축 72(mm)의 점으로부터 횡축에 평행하게 그은 선과 교차점의 횡축상의 읽음은 $t_u = 52\,(\text{min}) = 0.87\,(h)$가 된다.

$$A = \frac{t_u Q}{H_0} = \frac{0.87 \times 20}{0.3} = 58$$

지금 수심을 4(m)라고 하면 농축조의 용량은 58×4=232(m^3)이 되기 때문에 체류시간은 232/20=116(시간)이 된다.

9.4 슬러지 조정(Sludge Conditioning)

9.4.1 개 요

슬러지는 복잡한 구조를 가진 유기물 및 무기물의 집합체이며, 슬러지 입자는 물과 친화력이 강하기 때문에 적당한 예비처리를 실시하지 않으면, 여과나 원심분리 등의 탈수조작에 의해 입자와 물을 유효하게 분리하는 것은 어렵다. 이러한 슬러지의 특성을 개선하는 처리를 슬러지 조질 또는 슬러지 조정이라고 한다.

슬러지 조정법에는 수세, 여과조제의 첨가, 무기응집제의 첨가, 알칼리제의 첨가, 석회 첨가, 고분자 응집제의 첨가, 열처리 및 동경융해법 등 여러 가지 방법이 있다. 슬러지 입자경이 충분히 큰 것은 조정을 필요로 하지 않는 경우도 있다. 이하 각 법의 개략에 관해 기술한다.

9.4.2 여과조제, 응집제 첨가

여과조제의 첨가는 슬러지 중의 미립자를 흡착 또는 포함함으로써 여과저항을 감소시키는 방법이다. 규조토, 톱밥, 섬유질, fly ash 등이 여과조제로 이용되고 있다. 응집제 첨가는 슬러지 중의 미립자를 응집 조대화함으로써 여과 탈수 또는 원심탈수를 용이하게 하는 방법이다. 첨가된 무기 약제로서는 소석회가 사용되고 있다. 통상 슬러지 고형물당 10~15(%)의 양을 첨가해야 한다. 최근에는 고분자 응집제가 사용되는 것이 많다. 고분자 응집제에 의하면 무기 응집제에 비해 소량으로 효과가 현저하게 크기 때문에 발생 슬러지양을 감소시킬 수 있다. 정수 슬러지에 대해서는 독성이 거의 없는 음이온성 폴리아크릴아미드계의 고분자 응집제가 사용되고 있다.

9.4.3 산 첨가, 알칼리 첨가

응집침전 슬러지의 탈수성을 나쁘게 하는 요인의 하나는 응집제로서 사용된 철이나 알루미늄의 수산화물 존재이다. 산 처리는 슬러지 중에 황산을 가해 철 또는 알루미늄 분을 용해시켜 슬러지의 농축성이나 탈수성을 높이기 위해 행하는 것도 있다. 충분히 효과를 얻기 위해서는 pH를 3 이하가 되도록 황산을 첨가한다. 전처리에 의해 슬러지의 침강성이 개선되기 때문에 산은 농축조로 유입하기 전에 첨가된다. 그러나 탈수성을 개선하기 위해서는 산처리만으로는 충분하지 않기 때문에 통상은 더욱이 소석회를 첨가하면서 탈수한다.

철이나 알루미늄을 녹여낸 액은 $Al_2(SO_4)_3$ 또는 $Fe_2(SO_4)_3$로 되어 있기 때문에 응집제로서 재이용할 수 있다. 산처리법을 이용한 슬러지 탈수 플랜트의 Flow sheet 예를 그림 9.12에 나타냈다.

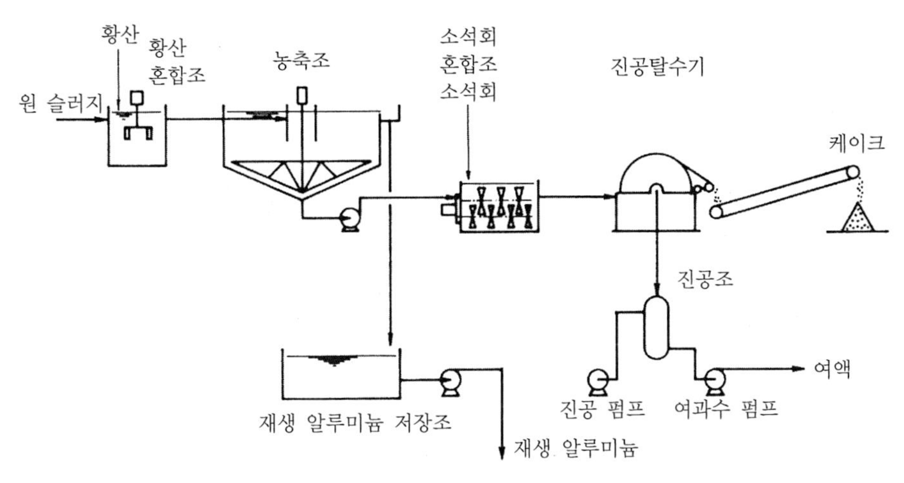

그림 9.12 슬러지 산처리 flow sheet

알칼리 처리는 상기와 역으로 pH를 높여 알루미늄분을 용출시키는 방법이다. 실시 예는 거의 없다.

황산 첨가에 의하면 슬러지 중의 알루미늄분이나 철분을 황산알루미늄 또는 황산철로서 회수할 수 있다. 슬러지 중의 수산화알루미늄과 황산은 pH 3 이하에서는 거의 당량으로 반응하기 때문에 $Al(OH)_3$의 대부분은 황산알루미늄$Al_2(SO_4)_3$로 변환된다. 그러나 이들은 농축 슬러지에 따라 유출하기 때문에 회수율은 100(%)는 되지 않고, 보통은 65~80(%) 정도이다.

원수 중에 철이나 알루미늄 분을 포함하고 있는 경우에는 첨가된 응집제분 이외에 이들도 재생 응집제로서 유출하기 때문에 때로는 겉보기 회수율이 100(%)를 넘는 것도 있다.

황산알루미늄 이외의 알루미늄 응집제, 예를 들면 PAC라든지 알민산나트륨을 사용하는 경우, 회수 된 응집제는 원래의 형태가 아니며 항상 황산알루미늄 $Al_2(SO_4)_3$에 주의한다.

9.4.4 동결융해법

슬러지를 냉각하면 우선 슬러지입자의 외부에 있는 물이 얼기 시작하여 드디어 슬러지 입자 표면의 부착수가 얼게 된다. 얼음의 성장에 따라 슬러지입자는 파괴되며, 내부에 포함되어 있는 수분도입자로부터 배출되어 얼음으로 형성된다. 이 사이 슬러지 입자는 압력에 의해 조대입자로 성장한다. 이렇게 해서 조대화한 슬러지 입자는 얼음을 융해해도 재차 원래의 상태로 되돌아가는 것은 없으며, 비교적 간단한 탈수조작으로 용이하게 물로부터 분리할 수 있다. 동결융해법은 이상과 같은 현상을 이용한 슬러지의 조질탈수법이다.

동결융해탈수법은 그림 9.13과 같이 농축부, 동결융해부 및 탈수부로 되어 있다. 농축부는 동결에 필요한 에너지양을 작게 하기 위해 슬러지양을 감소시킬 목적으로 설치되며, 통상의 농축조 뒤에 원심분리기가 사용되고 있다.

동결조와 융해조는 동등하게 설치되어 있으며, 동결조의 냉각 시에 발생하는 열로 융해조를 가열하도록 되어 있다. 탈수부에는 belt press등 비교적 간단한 탈수기가 사용되고 있다.

응집침전 슬러지를 동결융해 탈수한 케이크는 함수율이 60(%) 내외가 되며, 약품을 첨가하고 있지 않기 때문에 농지환원이나 매립처분이 용이하다.

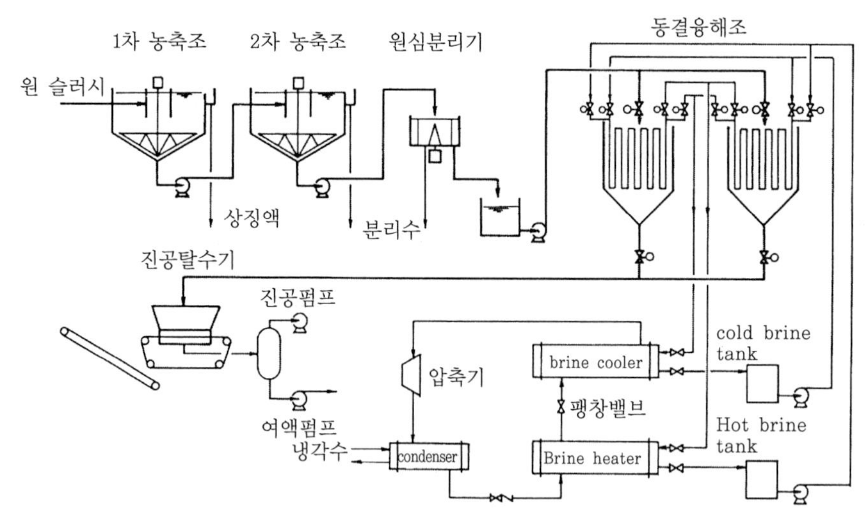

그림 9.13 동결융해법에 의한 슬러지처리

예제 9.5

예제 9.1의 슬러지에 황산을 가해 황산알루미늄을 회수하고 싶다. 황산의 이론 첨가량을 구하라. 또 회수된 황산알루미늄의 농도와 슬러지의 양(건조질량)을 계산하라.

해

황산알루미늄으로부터 생성한 슬러지 $Al(OH)_3$와 황산과의 반응은

$$2Al(OH)_3 + 3H_2SO_4 = Al_2(SO_4)_3 + 6H_2O$$

로 표현되기 때문에

$$H_2SO_4 \text{ 이론 첨가량} = \frac{3 \times 98}{2 \times 78} \times 0.234 \times 20 \times 100000 \times 10^{-3} = 882(\text{kg/d})$$

$$\text{회수 황산알루미늄 농도} = \frac{0.234 \times 20 \times 100000 \times 10^{-3}}{647} = 0.723(\text{kg/m}^3)$$

$Al(OH)_3$는 전부 용출되기 때문에,

$$\text{생성 슬러지양} = 100000 \times (50 + 2 \times 5) \times 10^{-3} = 6000(\text{kg/d})$$

원 슬러지 중에는 $Al(OH)_3$ 외에도 황산을 소비하는 물질이 혼입하고 있기 때문에 실제로는 황산 첨가 장치는 50~100(%) 정도의 여유를 취해둔다. 회수 황산알루미늄의 농도는 황산을 첨가할 때 슬러지의 $Al(OH)_3$ 농도에 지배된다.

9.5 탈수(Dewatering)

9.5.1 케이크 여과의 이론

현탁액을 여포나 여지 등을 통해서 고액 분리할 때, 현탁물 농도가 높으면[통상 1(%) 정도 이상], 여과 개시 후 잠시 뒤 여재 표면에 여과 케이크(filter cake)가 형성되며, 그 후 여과 케이크 자체가 여재로서 작용한다. 이러한 종류의 여과를 케이크 여과(cake filtration)라고

한다. 액을 여과 케이크 및 여재를 통과시키는 데 필요한 추진력으로서 압력을 이용하며, 가압하는 경우를 가압 여과(pressure filtration), 감압하는 경우를 진공 여과(vacuum filtration)라고 한다. 일반적으로 입상여층을 통과하는 여액의 흐름은 층류로 보지만, 이 경우의 여과 속도는 입상층에서 압력구배에 비례하며 여액의 점도에 반비례한다. 따라서 여과 속도는 다음 식으로 나타낼 수 있다.

$$\frac{1}{A}\frac{dV}{dt}=\frac{dv}{dA}=\frac{pg_c}{\mu\gamma} \tag{9.12}$$

여기서, A : 여과면적(m^2)

V : t시간의 여과 중에 얻어진 전 여액량(m^3)

t : 여과시간(sec)

v : 단위 여과면적당 여액량(m^3/m^2)

p : 여과압력(kgf/m^2), g_c : 중력환산계수($kg\cdot m/kgf\cdot sec^2$)

μ : 여액점도($kg/m\cdot sec$), γ : 단위 여과면적당 입상여층의 여과저항(1/m)

또 γ는 케이크 여과에서는

$$\gamma=\gamma_c+\gamma_m \tag{9.13}$$

이 된다. 여기서 γ_c 및 γ_m은 각각 단위 여과면적당 케이크 및 여재의 여과저항을 나타낸다. γ_c는 단위 여과면적마다 퇴적한 케이크 고체질량 w(kg/m^2)에 비례한다고 생각되어

$$\gamma_c=a\cdot\omega \tag{9.14}$$

가 된다. 여기서 a : Ruth의 평균 여과비저항(m/kg)이라고 한다.

더욱이 여과된 현탁액의 질량 w/s가 여액질량 ρv와 습윤 케이크 질량 mw의 합이 된다고 하면,

$$w = \frac{v\rho s}{1 - ms} \tag{9.15}$$

로 유도할 수 있다. 여기서 ρ : 여액밀도(kg/m^3), s : 현탁액 농도(kg/kg), m : 케이크의 습건 질량비이다.

여기서 식 (9.13)~(9.15)을 식 (9.12)에 대입하면 다음 식을 얻을 수 있다.

$$\frac{dv}{dt} = \frac{p g_c}{\mu\left(a\dfrac{v\rho s}{1 - ms} + \gamma_m\right)} \tag{9.16}$$

상식에서 압력을 일정하게 하여 적분하면 다음 식이 된다.

$$\frac{t}{v} = \frac{1}{K}(v + 2v_0) \tag{9.17}$$

여기서

$$K = \frac{2pg_c(1 - ms)}{sa\rho\mu}, \quad v_0 = \frac{\gamma_m(1 - ms)}{sa\rho} \tag{9.18}$$

이며, 식 (9.17)을 Ruth의 정압 여과식, 또 K를 Ruth의 정압 여과계수(m^3/sec)라고 한다.

또, 식 (9.17)을 실제의 회전드럼형 진공 여과기에 적용하면 다음과 같다. 즉, F를 여과기의 총여과 면적 A(m^2)에 대한 침액여과 면적비, 즉 침액률, N(1/sec)을 원통의 회전수, $\bar{v}$ (m^3/sec)를 단위시간마다 얻어지는 여액량이라고 하면,

$$v = \frac{\bar{v}}{NA}, \quad t = \frac{F}{N} \tag{9.19}$$

이기 때문에, 식 (9.17)은 다음 식과 같다.

$$\frac{\overline{v^2}}{(NA)^2}+\frac{2\bar{v}v_0}{(NA)}=K\frac{F}{N} \tag{9.20}$$

따라서 여액량 기준의 여액속도 $\bar{v}/A$는 다음 식과 같다.

$$\frac{\bar{v}}{A}=N\left(\sqrt{K\frac{F}{N}+v_0^2}-v_0\right) \tag{9.21}$$

9.5.2 탈수 특성

슬러지의 탈수성을 알 수 있는 편리한 방법으로서 리프 테스트(leaf test), 누체 테스트(nutsche test)가 있다.

1) 리프 테스트(leaf test)

리프 테스트의 실험 장치는 그림 9.14와 같다. 리프 테스트에서는 진공 여과기에서 여과·탈수·케이크 배출의 3공정에 대응하는 조작을 한다.

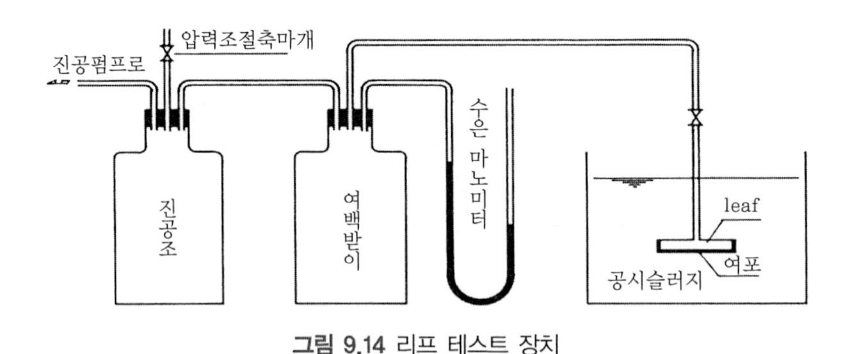

그림 9.14 리프 테스트 장치

예를 들면 드럼 회전수 1/3(rpm), 침액비 1/3의 진공여과기에 대응하는 리프 테스트는 여과시간(리프를 슬러지 중에 침지하여 흡인한다) 1분, 탈수시간(리프를 공중에 올려 흡인한다) 2분으로 한다. 케이크 배출시간은 탈수시간에 넣어 고려한다. 리프 테스트에서 얻어진 결과는 습케이크 질량, 케이크 수분, 케이크 두께, 여액 중 고형물 량 및 케이크 박리상태이다. 이들 여러 가지 요소로부터 다음 사항을 산출할 수 있다.

- 드럼 회전수=1/(침액시간+탈수시간)
- 건조 케이크 질량=습윤 케이크 질량×(1－함수비)
- 여과속도=건조 키이크 질량/여과면적/(침액시간+탈수시간)
- net여과시간=여과속도/(1+조제 첨가비)

2) 누체 테스트(nutsche test)

그림 9.15는 누체 테스트의 실험장치이다. 장치의 누체에 슬러지를 넣어 진공펌프로 흡인하면서 일정 여액마다 여과시간을 측정한다. 이때 필요에 따라 슬러지에 적당한 전처리를 실시해 둔다.

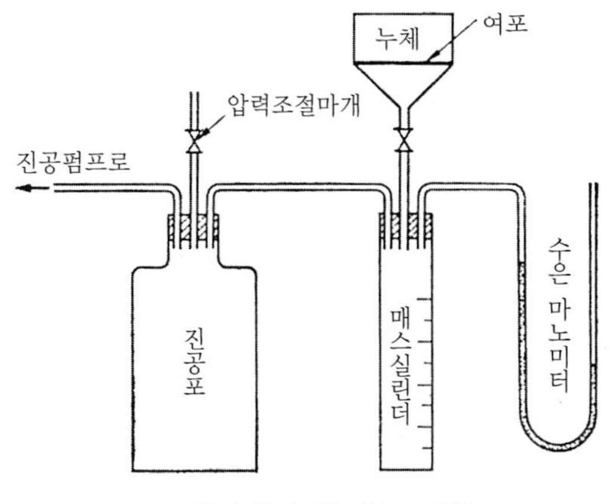

그림 9.15 누체 테스트 장치

식 (9.14)을 이용하여 비저항 값 a를 산정할 수 있다. 이것은 여과 탈수를 하기 쉬운 척도가 되며, 이 값이 큰 슬러지에 대해서는 어느 정도 전처리가 필요하게 된다. 일반적으로 a는 10^{11}(m/kg) 정도까지 슬러지는 저항이 작으며, 10^{13}(m/kg) 이상은 난탈수성이라고 한다. 또 응집성 슬러지의 비저항 값은 압력의 함수로 나타낼 수 있다.

횡축에 v, 종축에 t/v를 취하고, 위에서 얻은 데이터를 plot하면 직선을 얻을 수 있으며, 이 직선의 구배로서 $1/K$, 종축을 절점으로 해서 $2v_0/K$를 구할 수 있다.

9.5.3 건조상(sludge drying bed)

건조상은 사층 중에 물의 침투와 대기 중에 물의 증산에 의해 슬러지의 탈수를 행하는 것이다. 건조에 필요한 일수나 탈수율이 기후(강수량, 강수율, 기온, 습도, 풍속)에 좌우되며, 탈수율도 향상되지 않기 때문에 한때는 거의 채용되지 않았다. 그러나 최근 건조 슬러지의 수집기 개발 및 건조상 구조가 개량되어 재차 건조상을 재검토하는 움직임이 일고 있다.

1) 건조상의 형식

건조상의 원형은 그림 9.16과 같은 구조로 되어 있으며, 모래와 사리로 구성된 여상 위에 슬러지를 0.2~1(m) 깊이로 채우고 사층에 대한 침투, 싱징수의 배출 및 증발에 의해 탈수가 행해진다.

대부분 개방형으로 탈수 케이크는 인력 또는 기계력으로 긁어모아 반출된다.

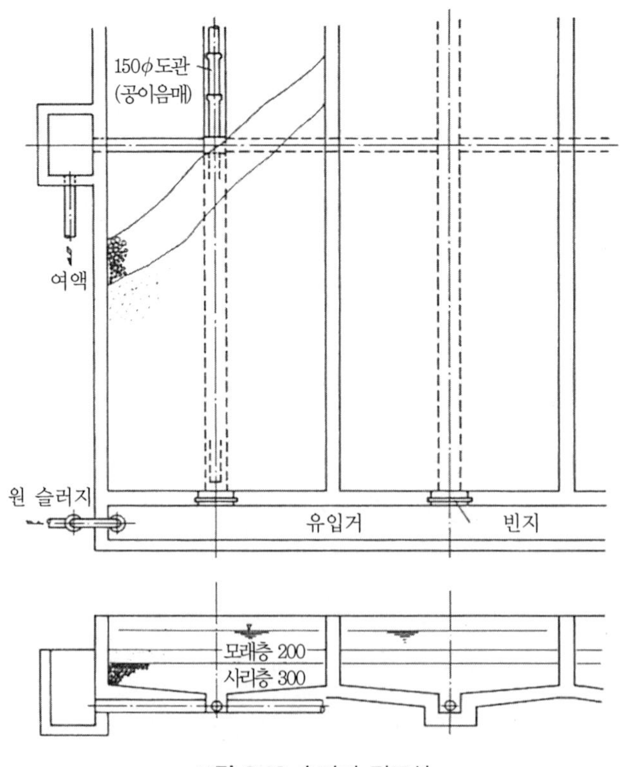

그림 9.16 슬러지 건조상

그림 9.17은 감압식 건조상으로 건조상의 저부를 진공으로 하여 여액의 유하속도를 높인 것이다. 1.5~2.0(m) 수주 정도의 감압하에 탈수시간을 중력침투만의 경우와 비교하면 1/4~1/5로 단축할 수 있으며, 슬러지 부하를 2배로 높일 수 있다. 이러한 건조상을 이용하여 응집침전 슬러지를 20일간으로 함수율 60(%) 정도까지 탈수되는 예도 있다.

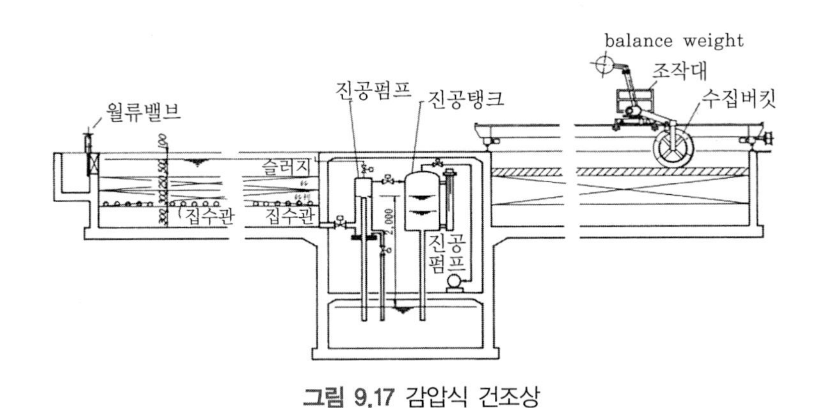

그림 9.17 감압식 건조상

전처리로서 고분자 응집제를 첨가하면 탈수시간은 큰 폭으로 단축되지만 케이크 함수율은 저하하지 않는다. 그림 9.17의 예는 탈수 슬러지의 수집에 특유의 기능이 채용되고 있다. 그림 9.18은 기포식 또는 공기흡입식이라고 하는 건조상이다.

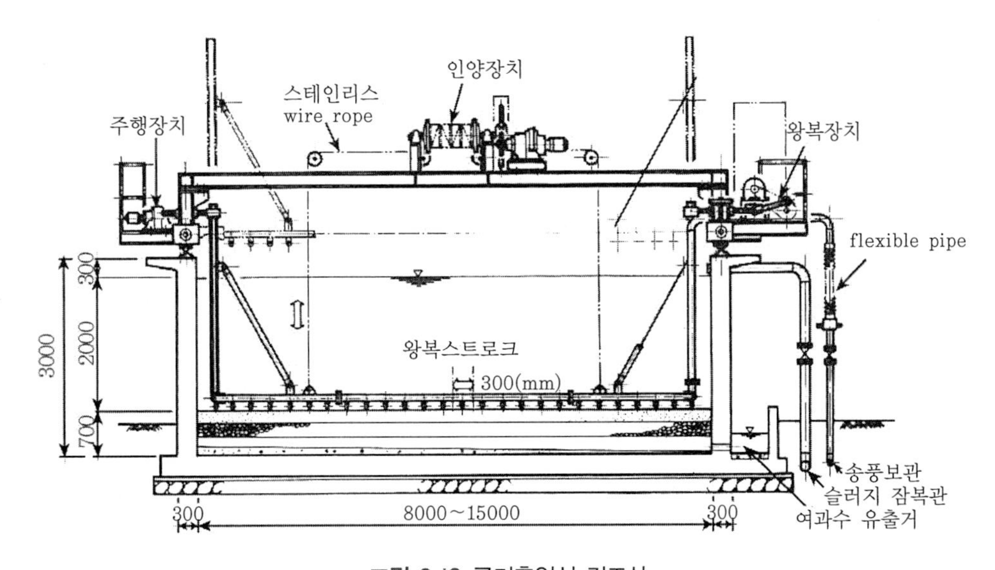

그림 9.18 공기흡입식 건조상

건조상에서는 슬러지의 침강에 의해 여재 표면에 슬러지가 국부적으로 농축되어 불투수층을 형성하며 여재의 침투속도는 급격하게 감소한다. 기포식 건조상은 여재 표면을 기포로서 교반함으로써 불투수층의 형성을 막아 슬러지의 수직방향의 농도차를 없게 하여 탈수율의 향상을 높인 것이다. 이러한 건조상을 이용하여 응집침전 슬러지는 20일 동안 60(%) 이하의 함수율까지 탈수할 수 있다. 이 예는 기포관을 좌우로 요동함으로써 교반효과를 증대시키고 있다.

2) 건조상의 설계

건조상에서의 슬러지의 탈수 속도는 기후, 계절, 슬러지의 종류·성상에 의해 다르기 때문에 특히 중요한 데이터는 슬러지 부하(주입 깊이×슬러지 농도)와 필요한 함수율이 되기까지의 소요일수와의 관계 및 최종 함수율이다. 전술 표 9.3에 개략의 설계제원을 나타냈다.

표 9.3 건조상 설계 제원

구분	여상	표면 부하 (kg/cm^2)	주입 깊이 (m)	건조 일수 (일)	케이크 함수율 (%)	비고
표준	모래 : 입경 0.3~1.2(mm) 층두께 150~250(mm) 사리 : 입경 3~25(mm) 층두께 300~500(mm)	10~50	0.5~1.0	20~120	70~80	
감압식	모래 : 입경 0.3~0.4(mm) 층두께 250(mm) 사리 : 입경 2~10(mm) 층두께 200(mm) 입경 10~20(mm) 층두께 100(mm)	20	0.5	40	75	감압압력 1.5~2.0 (mAq)
기포식	모래 : 층두께 200(mm) 사리 : 입경 5(mm) 층두께 20(mm) 입경 10~25(mm) 층두께 280(mm)	60	2.0	30		송기량 0.25 (m/min)

9.5.4 진공 여과기(vacuum filter)

1) 진공 여과기의 구조와 종류

일반적으로 슬러지와 같은 슬러리를 여포 등의 여재에 의해 여과하여 케이크와 여액을 분리하는 방법을 케이크 여과라고 한다.

진공 여과기는 케이크 여과를 감압 하에서 행하는 장치이며 진공탈수기라고도 한다. 그림 9.19에 전형적인 진공 여과기이다. 드럼을 둘러싼 여포를 여재로 하고, 드럼 내 압력을 진공으로 함으로써 물은 외측에서 내측으로 향하여 흡인되어 탈수가 행해진다.

드럼은 슬러지조 중에 약 1/3 잠겨 회전함에 따라 원주상의 각부가 여과·탈수·케이크 배출의 각 공정으로 자동적으로 변환하게 되어 있다.

그림은 케이크 배출부에서 여포를 드럼에서 분리하여 케이크의 박리와 여포의 세정이 용이하도록 고안되어 있다.

진공 여과기에는 각종의 형식이 실용화되고 있지만 케이크의 배출 기구에 특색이 있는 것 이외에 본질적인 구조는 거의 같다.

진공탈수장치에는 그림 9.14와 같이 여과기 본체 외에 진공을 만드는 진공펌프, 여액을 분리하는 여액조 및 여액펌프가 부속한다.

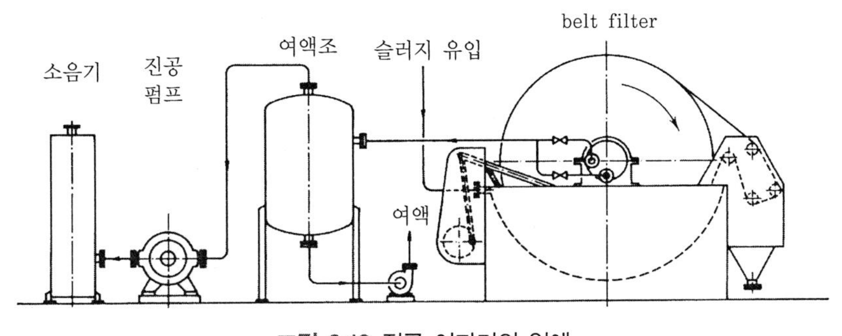

그림 9.19 진공 여과기의 일예

예제 9.6

슬러지양 0.5(m^3/min), 슬러지 농도 80(kg/m^3)의 농축 슬러지를 처리하는 데 필요한 진공 여과기의 필요 여과 면적을 구하라. 리프 테스트 결과, 소석회 첨가량 15(%)에서 여과 속도 17(kg/m^3/h)를 얻었다. 또 소석회 첨가량 및 케이크 함수율 75(%)로 했을 때 케이크양과 분리수량도 계산하라.

해

건조 고형물량$=0.5\times60\times80=2400$(kg/h)

소석회 첨가량=2400×0.115=360(kg/h)

$$필요\ 여과면적 = \frac{2400+360}{17} = 163(m^2)$$

$$발생\ 케이크양 = \frac{2,400+360}{1-0.75} = 11,000(kg/h)$$

$$분리수량 \fallingdotseq 0.5 \times 60 - 11 = 19(m^3/h)$$

탈수 케이크의 겉보기 밀도를 1,000(kg/m^3)로 하여 계산을 행하여도 실용상 상관은 없다.

예제 9.7

그림 9.14와 같은 장치를 리프 테스트 장치라고 한다. 리프 테스트에서는 실제의 진공 여과기에서의 여과·탈수·케이크 배출의 3공정에 대응한 조작을 한다. 예를 들면 드럼 회전수 1/3(rpm), 침액비 1/3의 진공 여과기에 대응하는 리프 테스트는 여과시간(리프를 슬러지 중에 침지 흡인한다) 1(min), 탈수시간(리프를 공중으로 올려 흡인한다) 2(min)으로 한다. 케이크 배출시간은 탈수시간에 넣어 고려한다.
표 9.4는 어느 슬러지에 관하여 얻은 리프 테스트 결과이다. 이 결과로부터 처리 슬러지양 160(m^3/d)의 진공여과기를 설계하라. 단 1일 8(h) 운전으로 한다.

표 9.4 리프 테스트 결과

번호	1	2	3	4	5	6
원 슬러지 농도(kg/m^3)	70	70	70	70	70	70
소석회 주입량(%)	10	10	15	15	20	20
침액시간(min)	2	1	2	1	2	1
탈수시간(min)	4	2	4	2	4	2
습케이크 질량(g)	19	14	30	21	31	22
케이크 수분(%)	65	64	65	66	65	66
케이크 두께(mm)	6	4	7	5	8	6
여액중 고형물(mg/L)	320	350	250	280	280	260
케이크 박리상태	양호	양호	양호	양호	양호	양호
여과 압력(−mmHg)	400	400	400	400	400	400
여과면적(cm^2)	38.5	38.5	38.5	38.5	38.5	38.5

해

표 9.4의 결과를 사용하여, 드럼 회전수=1(침액시간+탈수시간), 건케이크 질량=습케이크 질량×(1−함수율), 여과속도=건 케이크 질량/여과 면적/조작시간, Net 여과속도=여과속도/(1+조제 첨가비)를 계산하여, 다음 표를 만든다. 여과속도는 ($kg/m^2 \cdot h$) 단위이다.

번호	1	2	3	4	5	6
드럼회전수(rpm)	1/6	1/3	1/6	1/3	1/6	1/3
건케이크 질량(g)	6.65	5.04	10.5	7.14	10.85	7.48
여과속도($kg/m^2 \cdot h$)	17.3	26.2	27.3	37.1	28.2	38.9
Net 여과속도($kg/m^2 \cdot h$)	15.7	23.8	23.7	32.3	23.5	32.4

상기 표 중 여과속도가 충분히 큰 번호 4의 조건을 이용하여 설계를 행한다.

원 슬러지 중의 고형물량=160×70×1/8=1,400(kg/h)

소석회 첨가량=1,400×0.15=210(kg/h)

전고형 물량=1,400+210 =1,610(kg/h)

소요 여과면적=1,610/3,701=4,304(m^2)

여과면적에 약 20(%)의 여유를 주면,

진공여과기 용량 : 3,050 (mm)Φ×3,050 L(mm) (29m^2)×2기

진공펌프 용량 : 15(m^3/min)×−500(mmHg)×2기

여액펌프 용량 : 300(L/min)×10(m)(양정은 조건에 따라 다르다)

9.5.5 가압 여과기(filter press)

1) 가압 여과기의 구조

대표적인 가압 여과기의 구조는 그림 9.20과 같다. 슬러지는 원액 공급 노즐을 통해 유입하고 각 실의 여포를 통하여 여과가 행해진다. 여액은 여판 표면의 요철 통로를 통하여 계외로 배출되며 케이크는 여과틀 내에 남는다. 여과공정 종료 후 통기하여 케이크 내와 장치 내의

수분을 제거한 후 틀을 해체하여 케이크를 배출한다.

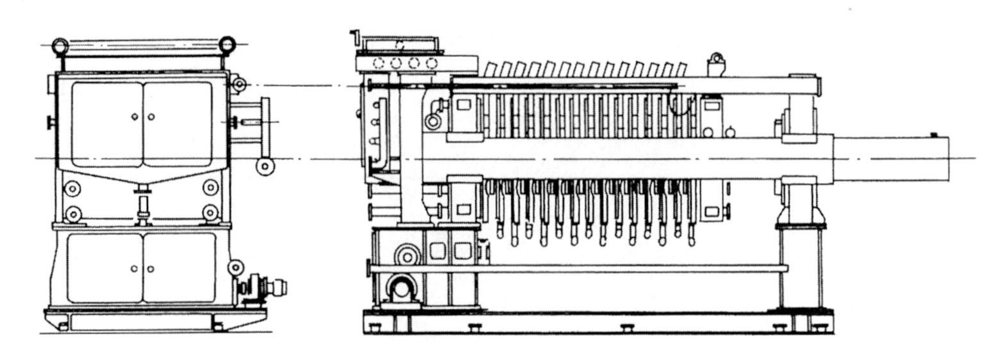

그림 9.20 가압여과기(Filter press)의 외형도

가압 여과기에서는 여과공정과 케이크 배출공정을 연속적으로 행하는 것이 어려우며, 여과공정 후 슬러지의 공급을 정지하여 여과 틀을 해체하여 케이크를 배출하지 않으면 안 된다(그림 9.21).

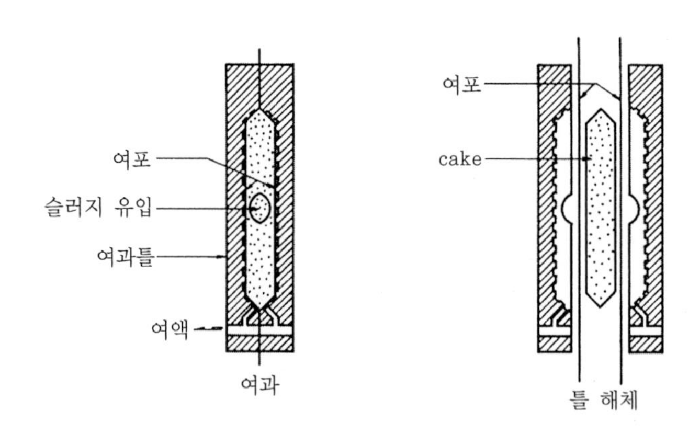

그림 9.21 가압 여과기의 셀

케이크의 탈수율을 향상시키기 위해 압축공정을 가한 가압압축 여과기가 사용되는 것도 있다. 가압여과에서는 원 슬러지의 압력만으로 여과가 행해지는 데 가압압축여과에서는 별도의 고압원으로부터 압력을 diaphram을 사용하여 작용함으로써 케이크를 압축탈수하고 있다. 그림 9.22에 가압압축 여과기의 한 예를 나타냈다.

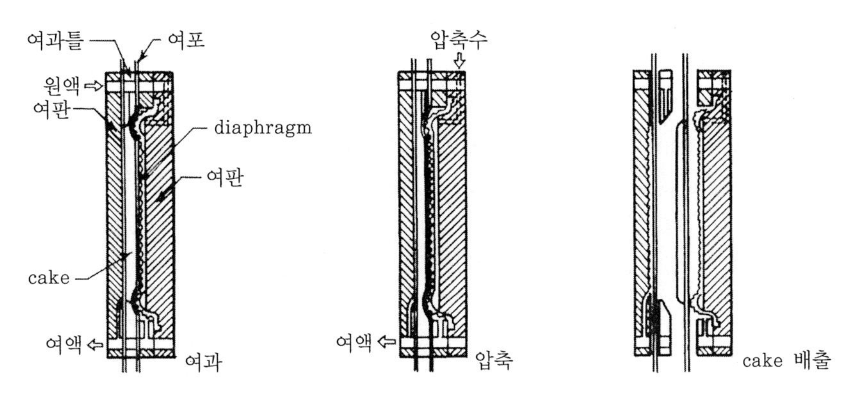

그림 9.22 가압압축 여과기의 셀

2) 설계

그림 9.23과 같은 실험장치에 의해 여과압력과 케이크 비저항과의 관계, 여과나 압축의 압력이나 시간과 케이크 함수율, 여과속도와의 관계를 구한다.

이때 여과조제의 종류와 첨가량에 관한 정보도 얻는다. 상기 결과로부터 케이크 함수율, 여과속도 및 약품 첨가율을 계산하여 가장 바람직한 조건을 얻는다. 이때의 여과압력, 여과시간, 압축시간, 여과속도, 케이크 함수율 및 조제 첨가량이 설계 제원이 된다.

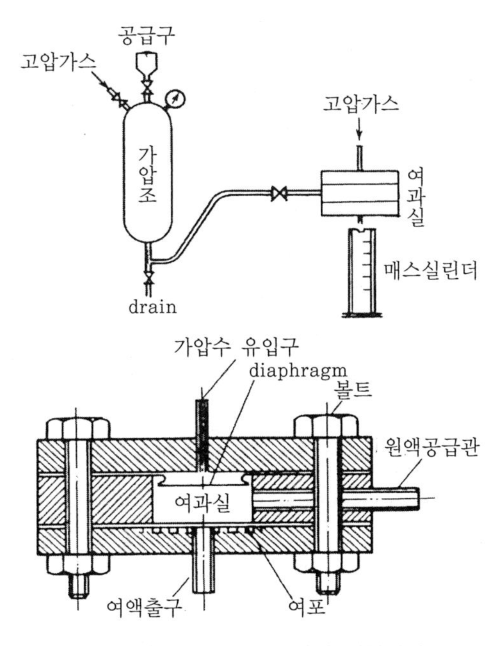

그림 9.23 가압 여과기 실험장치

예제 9.8

어느 정수장에서 발생한 슬러지를 자연 농축한 후, 상징수를 버리고 가압압축 여과시험기에 투입한 바 표 9.5와 같은 결과를 얻었다. 또 탈수기에 공급 슬러지 농도와 여과 속도와의 사이에는 그림 9.24와 같은 관계가 있는 것을 알았다. 이 정수장에서 신설된 슬러지 농축조의 설계 데이터가 표 9.6과 같이 나타났을 때, 가압압축 여과 탈수기의 소요 여과면적을 구하라. 탈수용의 약제는 사용하지 않는 것으로 하고 1주 6일, 1일 8시간 운전하는 것으로 한다.

표 9.5 가압압축 탈수 시험 결과

탈수 조건: 슬러지 농도 16.6(kg/m³) 잡시간 20(min) 공급 슬러지 압력 7(kgf/cm²) 압축압력 15(kgf/cm²)					
번호	여과시간 (min)	압축시간 (min)	탈수 케이크 두께(mm)	케이크 함수율 (%)	여과 속도 [kg−DS/(m²·h)]
1	30	30	4	59.1	0.85
2	60	27	6	61.6	0.9
3	90	26	10	66.1	0.8
4	120	30	14	68.3	0.7

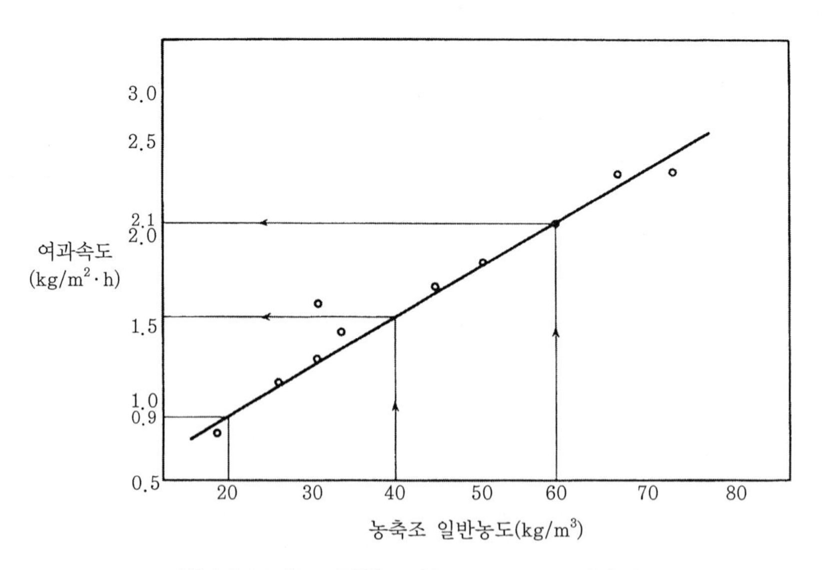

그림 9.24 농축조 인발농도와 Filter press 여과 속도

표 9.6 가농축조 설계 데이터

계절	농축조 일반 슬러지양(m^3/d)	일반 슬러지 농도(kg/m^3)
봄	254	40
여름	242	60
가을	207	40
겨울	319	20

해

탈수기의 여과 속도는 공급된 슬러지의 농도에 의해 변화하지만, 탈수 시험의 결과는 공급 슬러지 농도가 16.6(kg/m^3)의 경우에 관해서만 얻을 수 있기 때문에 그림 9.20으로부터 여과 속도를 추정할 수 있다. 즉, 봄, 여름, 가을, 겨울의 인발 슬러지 농도 40, 60, 40, 20(kg/m^3)에 대응하는 여과 속도는 각각 1.5, 2.1, 1.5, 0.95(kg/m^2·h)이 된다. 여기서 계절마다 소요 면적을 구하면,

- 봄 : $\dfrac{254 \times 40 \times 7}{6 \times 8 \times 1.5} = 988\,(m^2)$

- 여름 : $\dfrac{242 \times 60 \times 7}{6 \times 8 \times 2.1} = 1{,}008\,(m^2)$

- 가을 : $\dfrac{207 \times 40 \times 7}{6 \times 8 \times 1.5} = 805\,(m^2)$

- 겨울 : $\dfrac{319 \times 20 \times 7}{6 \times 8 \times 0.95} = 979\,(m^2)$

이상의 결과에서 가장 큰 소요 면적 1,008(m^2)이 필요한 여과면적이 된다.

9.5.6 원심 탈수(centrifuge)

그림 9.25는 전형적인 원심 탈수기의 구조이다. 외통을 고속회전시킴으로써 강력한 원심력장을 만든다. 여기에 슬러지를 도입하면 밀도가 작은 분리액은 내측으로 밀도가 큰 케이크는 외측부로 분리된다. 분리액은 월류 웨어로부터 유출하며, 케이크는 screw conveyor로 반대

측으로 이동시켜 배출된다.

원심 탈수기는 조작이 연속적이며 또 무인운전이 용이하다. 이 때문에 탈수 조작을 24h 연속 운전할 수 있으며 같은 양의 슬러지를 처리하는 경우, 진공여과기나 가압 여과기에 비해 시간당 용량을 1/2~1/3으로 할 수 있다.

슬러지를 원심탈수하기 위해서는 고분자 응집제의 첨가가 필요하다. 또 고분자 응집제의 종류와 첨가 장소에 의해 탈수 성능이 크게 변화하기 때문에 가장 좋은 결과를 얻기 위한 조건은 실험에 의해 구하지 않으면 안 된다.

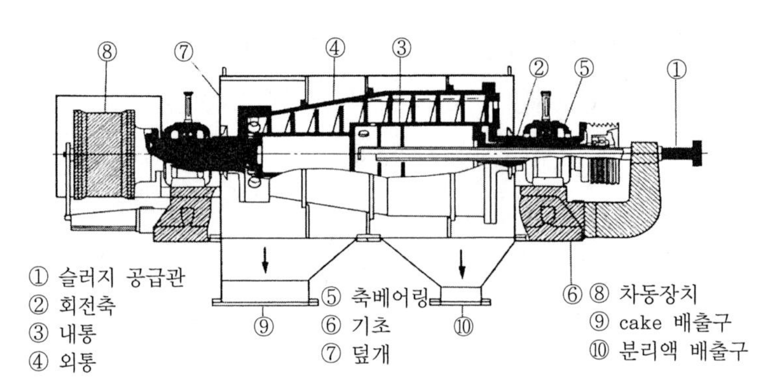

그림 9.25 원심 탈수기의 예

9.6 슬러지 건조

천일 건조나 바람 건조에 의해서도 탈수 케이크로부터 더욱이 함수율을 낮출 수 있다. 그러나 이렇게 해서 얻어진 건조토는 미립자가 되어 바람에 날리기 쉽거나, 강우에 의해 재차 건조하기 어려운 슬러지로 역으로 되돌아간다.

건조토를 매립처분할 때 바람직한 것은 우선 함수율이 토질 역학적으로 안정한 범위에 있고, 다음으로 토입자의 크기가 충분히 큰 것이다.

가열건조에 의하면 희망하는 함수율로 조절하는 것도 가능하며, 토립자의 크기를 어느 정도는 크게 할 수 있다.

건조기의 형식으로서는 rotary kiln(회전 가마) 형의 것, 또는 교반기를 갖춘 rotary 형의 것이 많이 사용되고 있다. 건조기의 용량은 어느 것도 수분증발량(kg/h)으로 표시되며 등유 또는 도시가스를 연료로 하고 있다.

건조기 내에서는 약 70(°C) 부근에서 증발이 시작하기 때문에, 증발량의 계산에는 70(°C)일 때의 증발잠열 557(kcal/kg)이라고 하는 값이 사용된다.

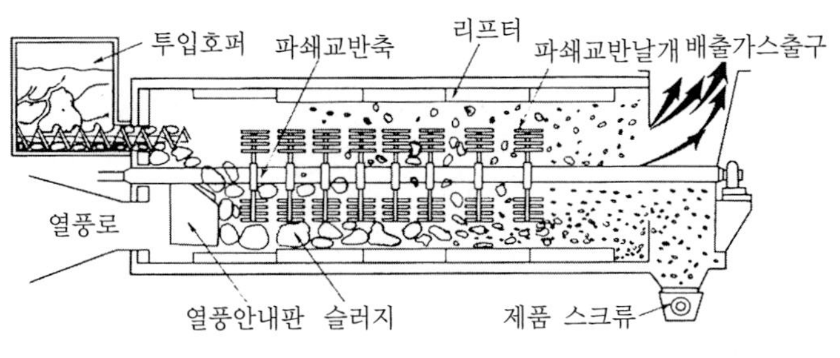

그림 9.26 Rotary dryer

예제 9.9

건조고형물로서 1,000(kg/h), 함수율이 75(%)의 탈수 테이크를 함수율 30(%)까지 건조할 경우 수분증발량, 소요열량 및 소유량(燃油量)을 계산하라.
단, 건조기의 열 손실을 50(%), 흙의 평균 비열을 0.8(kcal/kg·°C), 연유의 발열량을 10^4(kcal/kg), 탈수 케이크 온도를 20(°C)로 한다.

해

$$\text{수분 75(\%)의 슬러지의 수분량} = \frac{75 \times 1{,}000}{100 - 75} = 3{,}000\,(\text{kg/h})$$

$$\text{수분 30(\%)의 슬러지의 수분량} = \frac{30 \times 1{,}000}{100 - 30} = 430\,(\text{kg/h})$$

$$\text{수분증발량} = 3{,}000 - 430 = 2{,}570\,(\text{kg/h})$$

$$\text{소요열량} = \left\{\frac{3{,}000 + 430}{2} \times (70 - 20) \times 0.8 + 2{,}570 \times 557\right\} \times 1.5$$

$$= 2.25 \times 10^6\,(\text{kcal/h})$$

$$\text{소요연유량} = \frac{2.25 \times 10^6}{10^4} = 225\,(\text{kg/h})$$

풀이

소요열량 계산식 중, 괄호 내 제1항은 제2항에 비해 작기 때문에 실용적으로는 생략해도 좋다.

❐ 참고문헌 ❐

1. 藤田賢二, 金子光美憲, 新體系土木工學(水處理), 技報堂出版, 1982.
2. 藤田重文 , 單位操作演習, 丸善, 1978.
3. 內藤幸穗, 藤田賢二, 改訂 上水道工學演習, 學獻社, 1986.
4. 박중현, 『최신 상수도공학』, 동명사, 2002.
5. 合田健編, 水質工學-應用編, 丸善, 1976 .
6. 川北和德 , 上水道工學(第3版), 森北出版社, 1999.
7. 佐藤敦久, 高間 逸, 水道工學概論, コロナ社, 1987.
8. 海老江 邦雄, 芦立德厚, 衛生工學演習, 森北出版(株), 1992.
9. 大橋文雄 外, 衛生工學 ハンドブック, 朝倉書店, 1967.
10. 巽巖, 菅原正孝, 上水道工學要論, 國民科學社, 1983.
11. 中村 玄正, 入門 上水道, 工學圖書株式會社, 1997.

Chapter 10

배수·급수 시설

Chapter

10 배수·급수 시설

10.1 배수시설(distribution System)

배수시설은 음료에 적합한 물을 각 가정까지 분배하지만 공공의 도로하에 부설하는 배수관에서 분기한 관은 급수로서 취급한다. 배수관 내는 모두 유압으로 하며, 각 가정 급수나 소방용수에 대응하지 않으면 안 된다.

배수방법으로는 자연유하식과 펌프가압식이 있다. 어느 것도 사용수량의 시간적 변화에 대응해야 하기 때문에 야간의 잉여수를 배수지에 저류하고 주간의 큰 사용수량에 대응해야 한다. 전자는 높은 곳에 설치한 배수지로부터 자연유하로 배수하는 것이며, 후자는 낮은 위치에 있는 배수지에서 펌프로 직송하는 것이다. 각종의 조건에 따라 다르지만 일반적으로는 전자가 많이 사용된다.

10.1.1 계획 배수량(Distribution amount of water)

배수시설의 계획 배수량은 평상시에 시간 최대 급수량을, 화재 시 1일 최대 급수량과 소방수량의 합계를 기준으로 정한다. 그러나 대도시에서는 1일 최대 급수량과 소방수량의 합계보다도 시간 최대 급수량 쪽을 많이 사용하고 있다. 이때는 큰 수량을 갖는 계획수량으로 한다.

시간 최대 급수량과 1일 최대 급수량과의 관계는 다음 식과 같다.

$$\text{시간 최대 급수량} = \frac{\text{1일 최대 급수량}}{24} \times a \qquad (10.1)$$

여기서, α =1.3(대도시, 공업도시)

=1.5(중도시)

=2.0(소도시 또는 특수 지역)

수도법(45조)에는 일반수도 사업자는 해당 수도에 공공의 소방을 위하여 필요한 소화전을 설치관리해야 한다고 규정하고 있으며, 소방기본법(10조)에 소방용수 시설의 설치 및 관리가 규정되어 있다.

10.1.2 배수지(Clear water reservoir)

배수지의 유효용량은 계획1일 최대 급수량의 8~12시간 (분)을 표준으로 하고, 6시간 (분)을 최소로 한다.

배수계통이 2개 이상으로 나누어지는 경우는 배수지의 용량은 각 계통마다 결정한다. 배수지의 용량을 상기와 같이 체류시간을 기준으로 결정하는 방법 이외에 급수량의 시간 변화로부터 용량을 정하는 면적법이나 누가곡선법이 있다. 이들 방법을 실 예에 의해 기술한다.

예제 10.1

계획급수인구가 50,000(인), 1인 1일 최대 급수량 250(L)의 신설수도 계획에 있어 다음 그림 10.1과 같은 시간 변화가 있는 유사도시를 참고하여 배수지의 용량을 결정하라.

해

그림 10.1에서 AD는 평균시간급수량(1.0)이기 때문에 BC상의 면적=AEB+CDF가 된다. 급수량 비율 1.0 이상의 면적이 전체에 대해 차지하는 비율은 5.72/24이며, 1일 최대 급수량의 5.72시간 분의 용량이 필요하다.

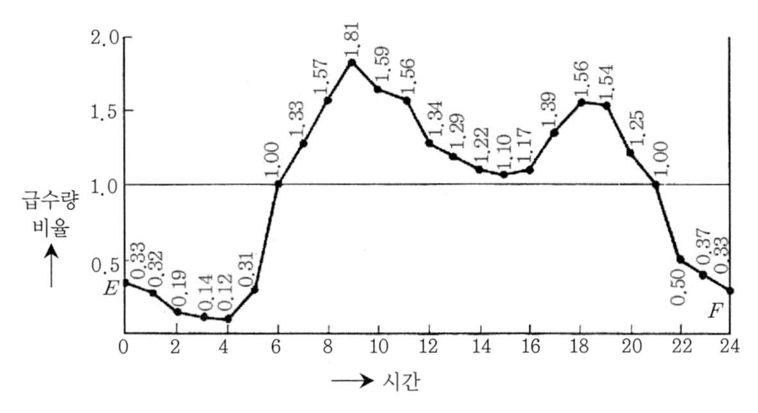

그림 10.1 급수량의 시간 변화 곡선

한편 1일 최대 급수량은 50,000(인)×250(L)=125,000(m^3/day)이기 때문에 배수지의 용량은

$$12,500 \times \frac{5.72}{24} = 2,979\,(m^3)$$

이 된다. 이것이 면적법으로 구하는 방법이다.

예제 10.2

예제 10.1을 누가 곡선법에 의해 풀어라.

해

그림 10.1을 시간-누가급수량 비율곡선으로 고쳐 쓰면 그림 10.2처럼 된다. 이 곡선과 송수량 누가직선과의 최원거리를 구하면 각각 3.70과 2.00이 되며, 이 합은 5.70이 된다. 송수량 비율 및 시간-급수량 비율의 누가량은 각각 24이기 때문에 배수지용량으로서는 1일 최대 급수량의 5.70시간 분이 필요하다. 따라서 배수지의 용량은 $12,500 \times \frac{5.7}{24} = 2,960\,(m^3)$이 된다.

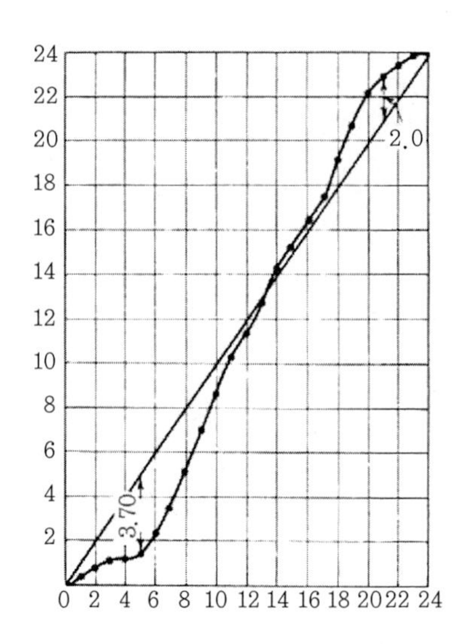

그림 10.2 시간 누가 급수량 비율 곡선

배수지의 유효수심은 3~6(m)로 정하며 여기에 만수위로부터 복개 하면까지의 여유고를 30(cm) 이상으로 취하며 저수위로부터 저면까지의 여유를 15(cm) 이상으로 하여 전 수심을 결정한다. 배수지를 지하수위보다 높은 곳에 만드는 경우는 배수지를 비웠을 때 지하수의 부력에 의해 지가 부상하는 것을 방지하기 위해 복개한 상부에 흙으로 덮는다. 지의 수는 2지 이상으로 하고 환기장치는 될 수 있는 한 작게 하며, 정수의 출입에 따라 공기의 유통에 지장이 없을 정도로 한다.

유입관과 유출관의 위치는 지수의 정체를 최대한 피하도록 지의 형태와 구조를 고려하여 결정하지 않으면 안 된다. 지저에는 배수관구로 향해 1/100~1/500의 구배를 두며, 될 수 있는 한 자연 유하로서 배수할 수 있도록 배수관의 크기를 결정한다. 배수지의 구조는 정수를 저장하는 시설이기 때문에 수밀성에는 충분한 주의를 하지 않으면 안 된다.

10.1.3 배수탑과 고가수조(elevated water tank)

평탄한 급수구역에서 자연 유하식의 배수를 행하기 위해서는 배수탑이나 고가탱크를 설치하는 경우가 있다. 이들 용량을 결정하기 위해서는 배수지에 서술한 방법에 준해야 하지만 실제로는 공사비 문제로 대용량을 설치하는 것은 불가능하기 때문에 보통은 1일 최대 급수량의 1~3시간 분으로 한다. 배수조정에 필요한 수량은 별도로 배수지를 설치하여 대응한다.

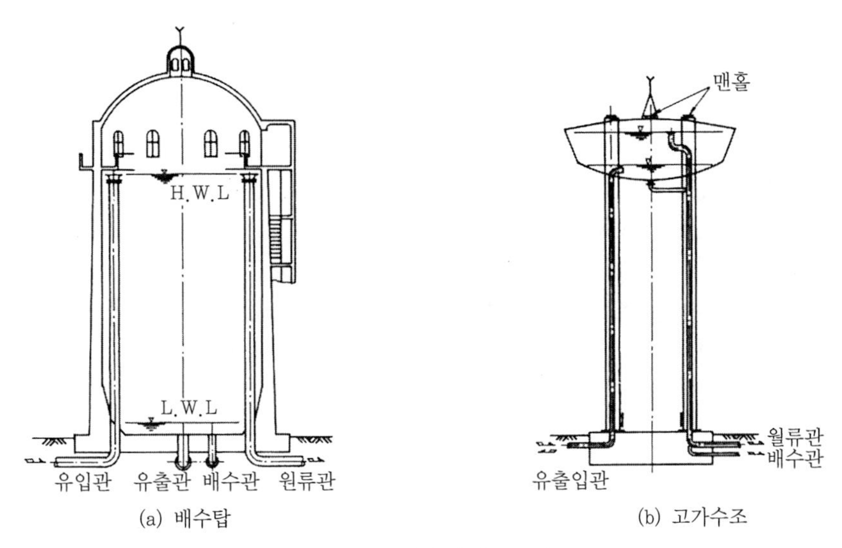

그림 10.3 배수탑과 고가수조

배수탑의 총수심은 20(m) 정도로 하고, 고가 탱크의 수심은 3~6(m)을 표준으로 한다. 유입관 및 유출구 중심고는 저수위로부터 관경의 2배 이상 낮게 정하는 것이 보통이다. 고가 수조의 지각 수는 수조의 크기에 의해 다르지만 최소 3(본)에서 6~12(본)까지 있다.

10.1.4 압력수조(pressure water tank)

소규모의 수도에서는 정수를 저장하기 위해 공기조를 사용하며, 배수탑 대신으로 사용하고 있다. 이러한 수조의 설계에서는 공기가 차지하는 용적비가 클수록 수압의 변화는 작다.

지금 V를 수조의 용적, v를 물의 최대 용적으로 하면, 공기의 최소 용적은 $V-v$가 된다. 만약 최대 용적의 물을 넣었을 때의 압력을 P_1로 하면, 조가 비워있을 때의 압력 P_2는,

$$P_2 = P_1\left(1 - \frac{v}{V}\right) \tag{10.2}$$

따라서 $\frac{v}{V} = \frac{1}{3}$로 하면, 식 (10.2)는

$$P_2 = \frac{2}{3}P_1 \tag{10.3}$$

이 되며, 최소 압력은 최대 압력의 2/3가 된다(P_1 및 P_2는 절대압).

압력수조의 가압방법으로써 단순히 펌프만에 의한 가압하는 경우와 공기가압을 병용하는 경우가 있다. 같은 사양이라도 후자 쪽이 탱크의 크기를 작게 할 수 있다.

예제 10.3

1일 최대 급수량 1800(m^3/d), 시간 최대 급수량 2700(m^3/d)의 수도에서 압력수조를 설계하라. 단 압력수조에 의한 양정은 최대 35(m), 최저 20(m)로 한다.

해 1

압력 수조에 공기가압 장치를 설치하지 않는 경우,

f_1 : 최대 압력 시의 공기압축고의 비, f_2 : 최저 압력 시의 공기압축고의 비

P_1 : 최대 출력=35.0(m)=3.5(kgf/cm^2)=절대압 4.533(kgf/cm^2)

P_2 : 최저 압력=20.0(m)=2.0(kgf/cm^2)=절대압 3.033(kgf/cm^2)

P_3 : 대기압=1.033(kgf/cm^2)

$\frac{P_3}{P_1} = \frac{f_1}{f_3}$ 이기 때문에,

$$f_1 = \frac{P_3 f_3}{P_1} = \frac{1.033 \times 1.0}{4.533} = 0.228$$

같은 모양으로,

$$f_2 = \frac{P_3 f_3}{P_2} = \frac{1.033 \times 1.0}{3.033} = 0.340$$

따라서 유효 용량비는

$$f = f_2 - f_1 = 0.340 - 0.228 = 0.112$$

압력수조에 대한 공급수량은 1일 최대 급수량과 같다고 하고, 시간 최대 급수 시 15분간분을 이 압력수조가 받는다고 하면,

$$\frac{2,700-1,800}{24\times 60}\times 15=904(\mathrm{m}^3)$$

따라서

$$\text{수조 총용량은 } \frac{9.4}{0.112}=84.0(\mathrm{m}^3)$$

수조를 4개 사용하면, 1.8(m)Φ의 탱크로 조 높이 8.5(m)로 하면 좋다.

해 2

Air compressor로 가압하는 경우,

초기 가압을 0.5(kgf/cm^2)로 하면, 그림 10.4와 같이 P_3의 값은 1.033+0.5=1.533(kgf/cm^2)이 된다. 따라서

$$f_1=\frac{P_3 f_3}{P_1}=\frac{1.533\times 1.0}{4.533}=0.338$$

$$f_1=\frac{P_3 f_3}{P_1}=\frac{1.533\times 1.0}{3.033}=0.505$$

$$\therefore f=f_2-f_1=0.505-0.338=0.167$$

$$\text{따라서 수조 총용량은 } \frac{9.4}{0.167}=56(\mathrm{m}^3)$$

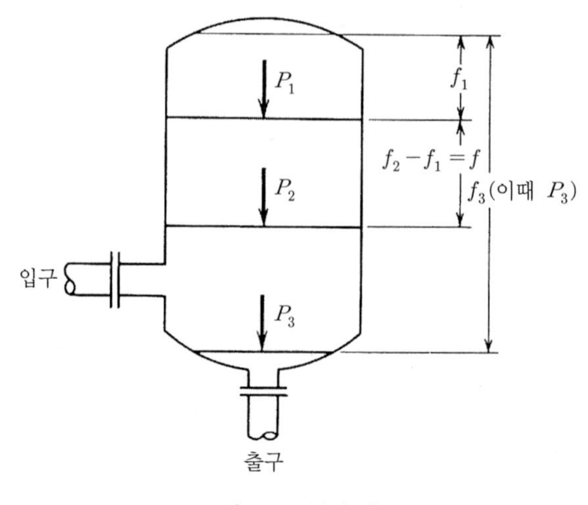

그림 10.4 압력 탱크

수조를 4개 사용하는 것으로 하면, 1.5(m)Φ의 탱크로 조 높이 8.2(m)가 된다.

10.1.5 배수관(distribution pipe)

1) 배치

배수관은 급수구역의 공도하에 부설되며 배관방법에는 수지상 배관과 망목상 배관이 있다.

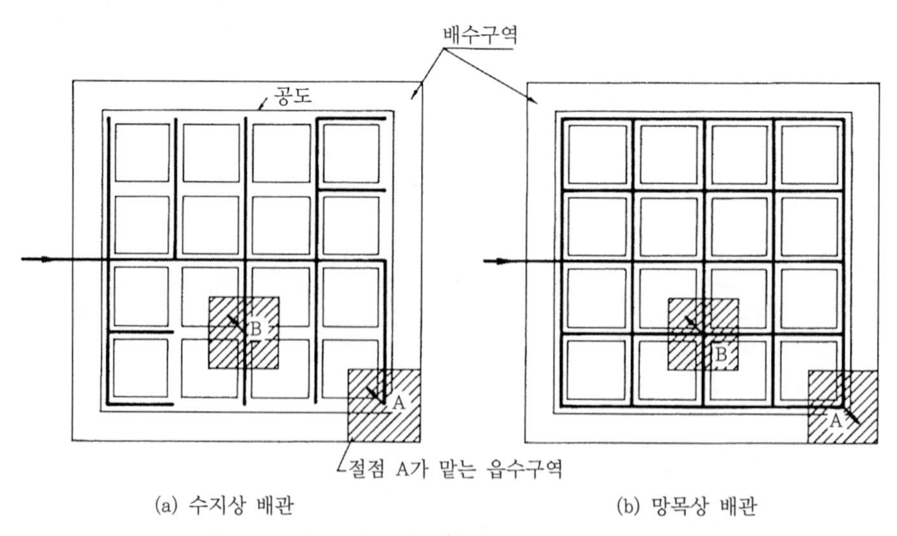

그림 10.5 수지상 배관과 망목상 배관

수지상 배관은 설계가 용이하지만 관의 파손이나 수리 시에는 단수구역이 넓은 것 및 말단관은 물의 정체로 인해 수질이 악화될 가능성이 있기 때문에 특별한 경우 외에는 사용되지 않는다.

망목상 배관은 계산(관망 계산)이 약간 복잡하지만, 수지상 배관처럼 결점이 없으며 수압의 균등화도 이룰 수 있기 때문에 넓게 채용되고 있다.

관망계산에 관해서는 다음 장에 서술한다.

2) 수압과 유속

배수관의 관말에서 평시(시간 최대 급수량) 1.5(kgf/cm^2)의 수압을 유지하도록 하며, 화재시의 최소 동수압은 화점 부근의 소화전에서 부수압이 되지 않도록 해야 한다. 따라서 실제적으로는 사용수량이 큰 소화용수를 중심으로 검토하며 평상시에 배수 관말의 수압이 1.5(kgf/cm^2)가 내려가지 않도록 확인을 행한다. 최대 정수압이 사용하는 관종의 규격 최대 정수압을 넘지 않는 것은 당연하다. 수도용 보통 주철관의 경제유속은 표 10.1과 같으며, 정한 배수관의 유속이 과대하지 않도록 주의가 필요하다.

표 10.1 경제유속

관경(mm)	유속(m/s)
75~150	0.7~1.0
200~300	0.8~1.2
350~600	0.9~1.4

3) 재료

배수관으로서 사용되는 것은 주철관, 덕타일 주철관, 강관, 석면시멘트관, 경질염화비닐관이다. 수도법 규정의 정수두에 견딜 수 있는 압력 외에 45~55(m)의 수격압을 전망하여 여기에 더욱 2.5~5의 안전율을 고려하여 계산된다.

관 두께의 결정에는 다음 여러 식이 있다.

지금 정수압을 P_s, 물 충격압 P_d로 하면, 내압에 의해 발생하는 인장응력 σ_t는

$$\sigma_t = \frac{(P_s + P_d)d}{2t} \tag{10.4}$$

여기서, d : 관 내경, t : 관 두께

외압에 의해 발생하는 굴곡응력 σ_b는,

$$\sigma_b = \frac{6(M_f + M_t)_{\max}}{t^2} \tag{10.5}$$

여기서, M_f : $K_f W_f R^2$: 토사붕괴에 의한 굴곡 모멘트

M_t $K_t W_t R^2$: 트럭하중에 의한 굴곡 모멘트

K_f : 토사붕괴에 의한 토압분포

K_t : 트럭하중에 의한 토압분포

W_f : 토사붕괴에 의한 토압

W_t : 터럭하중에 의한 토압

R : 홈 폭

굴곡응력 σ_b를 인장응력으로 치환하기 위해 0.7을 곱하고, 허용응력을 σ_z로 하면 관 두께는 다음 식을 만족하도록 하면 좋다.

$$\sigma_t + 0.7\sigma_b = \sigma_s \tag{10.6}$$

또 안전율은 정수압에 대해 2.5, 수격압·토사 붕괴·터럭 하중에 대해서 2.0으로 한다. 다음으로 관 재료 항장력을 S로 하면 식 (10.6)은 다음과 같다.

$$2.5\sigma_{ts} + 2.0\sigma_{tb} + 1.4\sigma_b = S \tag{10.7}$$

여기서, σ_{ts} : 정수압에 의한 응력, σ_{tb} : 수격압에 의한 응력

$R = d/2$로 놓고 t에 관해서 풀면,

$$t = \frac{1.25P_s + P_d + [(1.25P_s + P_d)^2 + 8.4(K_f W_f + K_t W_t)S]^{1/2}}{2S} d \qquad (10.8)$$

여기서, W_f :흙의 단위중령(γ)×흙 파괴깊이(H)(kg/cm^2)

$$W_t = \frac{2P(1+i)}{(2H+0.2)(2H+2.25)} (\text{kg/cm}^2)$$

i : 충격률, P : 후륜하중

예제 10.4

정수압 6.5(kgf/cm^2), 수격압 5.5(kgf/cm^2), 흙붕괴 2.0(m)의 조건을 주어서, 1200(mm)의 강관을 포설할 경우의 관 두께를 구하라. 단 K_f=0.223, K_t=0.011, γ=1.6(g/cm^3), j=0.5, S=4100(kgf/cm^2), P=8(t)로 한다.

해

$$W_f = 1.6 \times 2.0 \times 10^2 = 320(\text{g/cm}^2) = 0.32(\text{kg/cm}^2)$$

$$W_t = \frac{2 \times 8000 \times (1+0.5)}{(2 \times 200 + 0.2)(2 \times 200 + 2.25)} = 0.15(\text{kg/cm}^2)$$

$$t = \frac{1.25 \times 6.5 + 5.5 + [(1.25 \times 6.5 + 5.5)^2 + 8.4(0.223 \times 0.32 + 0.011 \times 0.15) \times 4100]^{1/2}}{2 \times 4100} \times 120$$

$$= 0.96(\text{cm})$$

따라서 10(mm) 이상의 관 두께가 필요하다.

4) 소화전

소화전의 설치는 단구 소화전에서는 관경 150(mm) 이상, 쌍구 소화전에서는 관경 300(mm) 이상의 배수관에 부착하고 소화전의 구경은 65(mm)로 한다. 설치장소는 소화활동에 편리한 곳으로 100~200(m) 간격으로 설치한다.

5) 제수밸브

제수밸브는 소수의 제수밸브 조작에 의해 단수구역을 최소 한도로 멈출 수 있는 위치 및 분기점의 하류 기타 중요한 개소에 설치하든지 기타 장소라도 500~1,000(m) 간격으로 설치하지 않으면 안 된다. 대구경의 배수관에 사용하는 제수밸브는 점축이나 점확에 의한 손실수두나 경제성을 비교하여 배수관경보다도 일단 작은구경을 사용하는 것도 있다.

10.1.6 관망계산

1) 유량공식

관망해석의 기초 방정식은 관망을 구성하는 각 관로에 대해 관경 D(m), 관로 길이 L(m), 내벽면 상태 C, 유량 Q(m^3/sec), 손실수두 H(m)가 만족되는 유량식과 이들 관로가 관망을 구성했을 때 만족시켜야 할 절점 방정식과 폐관로 방정식으로 구성된다.

(1) 유량식

한 관로의 흐름은 D, L, C, Q, H의 변수 5가지에 의해 결정된다. 관망해석에서는 D, L, C를 기지로 하고 유량 Q와 손실수두 H를 미지수로 한다.

계산의 복잡함을 피하기 위해 마찰 손실수두 이외의 모든 손실을 무시하든가 마찰 손실에 포함시켜 전 손실수두 H와 마찰 손실수두 h_f를 같게 하여 해석한다.

여기서, H를 소거해서 Q를 미지수로 하는 방법이 유량 보정법이고, 이와 반대로 Q를 소거해서 H를 구하는 방법이 절점수위 보정법이다.

평균유량공식으로는 Hazen-Williams 식과 Manning 공식이 많이 사용된다.

① Hazen-Williams 식

$$Q = 0.29853 C_H D^{2.63} L^{-0.54} H^{0.54} \tag{10.9}$$

② Manning 식

$$Q = 0.3119 n^{-1} D^{8/3} L^{-1/2} H^{1/2} \tag{10.10}$$

③ Takuguwa 식

$$Q = C_\gamma D^{2.637} L^{-0.5124} H^{0.5124} \tag{10.11}$$

여기서, C_H : 유속계수, C_γ : 유량계수, n : 조도계수

(2) 손실수두식

배수관의 설계에는 도수·송수의 장에서 기술한 여러 공식이 사용되고 있다. 이들 여러 공식을 손실수두형식을 나타내는 형태로 쓰면, 다음과 같다.

① Darcy-Weisbach 공식

$$h = \lambda \cdot \frac{L}{D} \cdot \frac{v^2}{2g} \tag{10.12}$$

② Manning 공식

$$h = n^2 L \frac{v^2}{R^{4/3}} = \frac{4n^2 L}{R^{1/3}} \cdot \frac{v^2}{D} \tag{10.13}$$

③ Hazen－Williams 공식

$$h = 10.666 \times C^{-1.85} D^{-4.87} Q^{1.85} \times L \tag{10.14}$$

여기서, h : 손실수두(m), L : 관 길이(m)

D : 관경(m), v : 관내 평균 유속(m/s)

Q : 유량(m^3/s), R : 경심(원관에서 D/4)(m)

λ : 손실계수, n : 조도계수($m^{-1/3} \cdot s$)

C : 유속계수(－)

상기 계산식에서 계산된 것은 직관부의 손실수두이다. 관로의 손실수두에는 이외에 밸브, 굴곡, 확대, 축소, 합류 등에 의한 것이 있다.

그러나 특별한 경우를 제외하면 관망 계산에서는 이들 손실수두는 무시하며 직관부의 손실수두만을 고려한다.

(3) 절점방정식

절점방정식은 절점에서 유량의 연속조건을 방정식으로 나타낸 것이며, 절점 i에 대해 다음과 같이 표현할 수 있다.

$$\sum_j Q_{ij} + P_i = 0, \ (i \in \in R) \tag{10.15}$$

여기서 $\in R$은 배수기지 이외의 절점을 합한 것이고, 배수기지는 유입량을 명시할 수 없기 때문에 절점방정식에서 제외되며, 절점수 N, 배수기지수 M의 관망에 대해서 $N-M$개의 절점방정식이 성립된다.

P_i는 절점 i로부터 유출되는 사용수량(m^3/sec)이다. j는 절점 i의 인접절점, 첨자 ij는 절점 i와 j를 연결하는 관로에서 흐름 방향이 i에서 j 쪽을 의미한다.

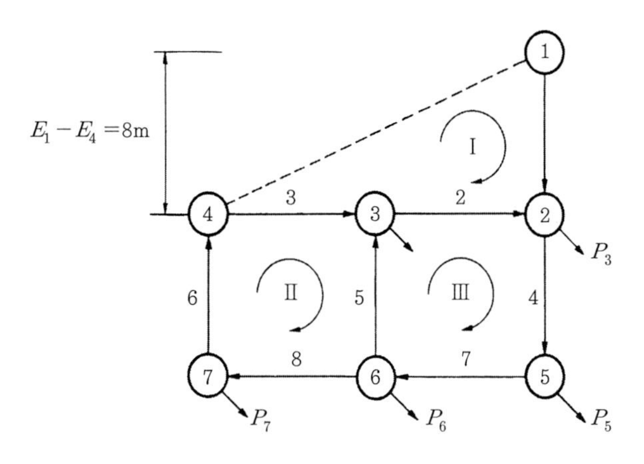

그림 10.6 관망 해석도

그림 10.6의 절점 2에서의 유량 연속조건은 유입량은 Q_{12}, Q_{32}이고 유출량이 Q_{25}와 P_2이며, 유출과 유입량은 같아야 하기 때문에

$$Q_{12} + Q_{32} = Q_{25} + P_2 \tag{10.16}$$

가 된다. 여기서 $Q_{12} = -Q_{21}$, $Q_{32} = -Q_{23}$이기 때문에 이 식은

$$Q_{21} + Q_{23} + Q_{25} + P_2 = 0 \tag{10.17}$$

가 되어 식 (10.15)와 일치한다.

(4) 폐관로방정식

관망 내의 물은 전 에너지 손실이 최소가 되도록 흐른다. 이 조건을 요소폐회로의 에너지 수지식의 형태로 표현하면,

$$\sum_i (\pm H_{i,k}) - \delta E_k = 0,\ (k = 1, 2, \cdots K) \tag{10.18}$$

가 되며, 식의 수는 요소 폐관로수 K와 같다.

여기서 폐관로는 하나의 절점을 출발해서 그 절점으로 다시 돌아오는 경로에 있는 모든 관로의 집합을 말한다. 요소 폐관로는 이 가운데 폐관로 자체에 다른 폐관로를 포함하지 않는 것을 의미한다.

손실수두 H의 부호는 요소 폐관로의 방향(요소 폐관로를 일순하는 방향, 보통 시계 방향)과 관로의 기준방향이 일치하면 정(+), 반대방향이면 부(−)로 한다. δE_k는 요소 폐관로 내의 증·감압장치의 양정 또는 다점주입계에서 두 배수지 간의 수위차이고 보통 $\delta E_k = 0$이다.

$\delta E_k \neq 0$의 경우, 요소 폐관로의 방향으로 에너지위가 높을 때는 정(+) 값, 낮을 때는 부(−) 값을 부여한다.

그림 10.6과 같은 관망의 경우 요소 폐관로 수 $k=3$이고, 식 (10.18)은 다음과 같이 쓸 수 있다.

요소 폐관로 I에 대해

$$H_1 - H_2 - H_3 - 10 = 0 \tag{10.19}$$

요소 폐관로 II에 대해

$$H_4 + H_7 + H_5 + H_2 = 0 \tag{10.20}$$

요소 폐관로 III에 대해

$$-H_5 + H_8 + H_6 + H_3 = 0 \tag{10.21}$$

2) 관망계산

관망계산의 최종 목적은 관로 각점의 압력이 어느 정도 되는가이다. 예제를 풀면 알 수 있지만 수지상배관에서는 관로의 유량이 최초부터 정해진다. 이 때문에 상기 계산식에 의해 손실수두가 바로 계산되며 따라서 각점 압력도 계산할 수 있다. 이에 대해 망목상배관에 대해서는 각 관로를 흐르는 물의 방향과 유량이라든지 알 수 없기 때문에 이들을 정하는 것이 제1의 작업이 된다. 이들이 관망계산이다.

관망계산법에는 여러 가지 식이 제안되고 있으며 이 중에서도 Hardy-Cross 법이 유명하다. 거의 모든 계산법에서 관과 관과의 교점(절점이라고 함)만으로 물이 유출 또는 유입한다고 가정한다(그림 10.5 참조).

3) Hardy-Cross 법

그림 10.7과 같은 관망을 생각하자.

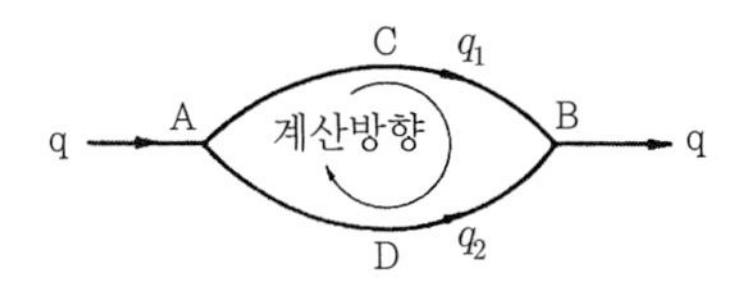

그림 10.7 관망의 예

q_1과 q_2가 구하고 싶은 유량이다.

지금 $q_1' + q_2' = q$가 되는 적당한 q_1'와 q_2'를 가정하면 유량오차를 Δq로서 다음과 같이 나타낼 수 있다.

$$q_1 = q_1' + \Delta q \tag{10.22}$$

$$q_2 = q_2' - \Delta q \tag{10.23}$$

손실수두는 일반적으로 유량의 n승에 비례하기 때문에 각 관로의 손실수두는

$$\text{ACB의 손실수두 } h_1 = k_1 \cdot q_1^n = k_1(q_1' + \Delta q)^n \tag{10.24}$$

$$\text{ADB의 손실수두 } h_2 = k_2 \cdot q_2^n = k_2(q_2' - \Delta q)^n \tag{10.25}$$

$h_1 = h_2$가 되지 않으면 안 되기 때문에

$$k_1(q_1' + \Delta q)^n = k_2(q_2' - \Delta q)^n \tag{10.26}$$

$$\therefore\ k_1 q_1'^n\left(1 + \frac{\Delta q}{q_1'}\right)^n = k_2 q_2'^n\left(1 - \frac{\Delta q}{q_2'}\right)^n \tag{10.27}$$

$$\therefore\ k_1 q_1'^n\left(1 + \frac{n\Delta q}{q_1'}\right) \fallingdotseq k_2 q_2'^n\left(1 - \frac{n\Delta q}{q_2'}\right) \tag{10.28}$$

$k_1 q_1'^n$, $k_2 q_2'^n$은 q_1', q_2'에 의해 계산한 손실수두 h_1', h_2'이므로

$$h_1'\left(1 + \frac{n\Delta q}{q_1'}\right) \fallingdotseq h_2'\left(1 - \frac{n\Delta q}{q_2'}\right) \tag{10.29}$$

$$\Delta q \fallingdotseq \frac{h_1' - h_2'}{n\left(\frac{h_1'}{q_1'} + \frac{h_2'}{q_2'}\right)} \tag{10.30}$$

따라서 가정한 유량에 Δq를 더한(또는 감한) 유량을 제2의 가정 유량으로써 고쳐 계산하면 보다 실측에 가까운 값을 얻을 수 있다.

이러한 반복 계산을 $h_1' - h_2'$가 충분히 제로(0)에 가까울 때까지 계산한다.

일반적으로 많은 관로의 관망의 경우에도 같으며 1의 회로에 다음 식이 성립한다.

$$\Delta q \fallingdotseq \frac{\Sigma(h')}{n\Sigma\left(\frac{h'}{q'}\right)} \tag{10.31}$$

h'에 관해서 흐름의 방향을 고려하여, 계산 방향(그림 10.7의 가는 선의 화살표 방향)과 같을 경우 정, 역의 경우 부로 한다. 실제 계산법에 관해서는 예제를 참고하기 바란다.

예제 10.5

다음 그림과 같은 막다른 배관에서 각점의 수두를 구하라. 단 시간 최대 급수량은 250(L/d·인)으로 하고, 각 점의 지반고 및 구간의 인구와 관경은 다음 표 10.2와 같다. 또, Kutter의 조도계수 $n=0.013$으로 하고 마찰손실 이외의 손실은 무시한다.

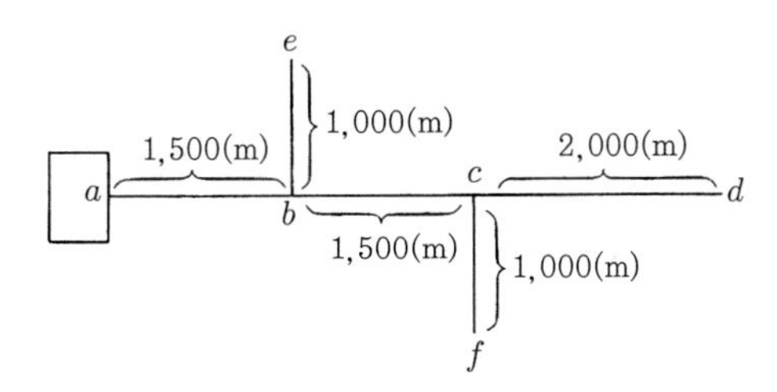

그림 10.8 배관도

표 10.2 지반고 및 구간 인구

지점	높이(m)	구간	인구(인)	관경(mm)
배수지의 저수위	+45.0	$b \sim e$	5,000	200
b의 관중심 높이	+20.0	$b \sim c$	3,000	300
e의 관중심 높이	+25.0	$c \sim f$	5,000	200
c의 관중심 높이	+20.0	$c \sim d$	7,000	250
f의 관중심 높이	+15.0	$a \sim b$	0	350
d의 관중심 높이	+10.0			

해

Darcy-Weisbach 공식과 Manning 공식에서

$$h = \lambda \frac{1}{D} \cdot \frac{v^2}{2g}$$

$$\lambda = \frac{8gn^2}{R^{\frac{1}{3}}}$$

(1) $a \sim b$ 구간 : [$a \sim b$ 구간의 부담인구 20,000(인)]

$$Q = 250(\text{L/인}\cdot\text{d}) \times 20000(\text{인}) = 5000(\text{m}^3/\text{d}) = 57.8(\text{L/s})$$

지금 관경은 D=350(mm)이기 때문에

$$v_1 = \frac{Q}{A} = \frac{0.0578}{0.09621} = 0.601(\text{m/s})$$

$$\frac{v_1^2}{2g} = \frac{(0.601)^2}{19.6} = 0.018(\text{m})$$

$$R_1 = \frac{0.35}{4} = 0.0875(\text{m}),\ \ l_1 = 1500(\text{m})$$

$$\lambda_1 = \frac{8 \times 9.8 \times (0.013)^2}{(0.0875)^{1/3}} = 0.0298$$

따라서

$$h_1 = 0.0298 \times \frac{1500}{0.35} \times 0.018 = 2.299(\text{m})$$

그러므로 b점에서 압력수두, 마찰수두와 속도수두를 고려하여

$$45.0 - 20.0 - h_1 - \frac{v_1^2}{2g} = 25.0 - 2.299 - 0.018 = 22.683(\text{m})$$

(2) $b \sim c$ 구간 : [$b \sim c$ 구간의 부담인구 15,000(인)]

$$Q = 250(\text{L/인}\cdot\text{d}) \times 15{,}000(\text{인}) = 3{,}750(\text{m}^3/\text{d}) = 43.5(\text{L/s})$$

지금 관경은 D=300(mm)이기 때문에,

$$v_2 = \frac{Q}{A} = \frac{0.0435}{0.07069} = 0.615\,(\text{m/s})$$

$$\frac{v_1^2}{2g} = \frac{(0.615)^2}{19.6} = 0.019\,(\text{m})$$

$$R_2 = \frac{0.3}{4} = 0.075\,(\text{m}),\ \ l_2 = 1{,}500\,(\text{m})$$

$$\lambda 2 = \frac{8 \times 9.8 \times (0.013)^2}{(0.075)^{1/3}} = 0.0318$$

따라서

$$h_2 = 0.0313 \times \frac{1{,}500}{0.3} \times 0.019 = 2.974\,(\text{m})$$

그러므로 c점에서 압력수두는,

$$45.0 - 20.0 - (h_1 + h_2) - \frac{v_1^2}{2g} = 25.0 - (2.299 + 2.974) - 0.019 = 19.708\,(\text{m})$$

(3) $c \sim d$ 구간 : [$c \sim d$ 구간의 부담인구 7,000(인)]

$$Q = 250\,(\text{L/인}\cdot\text{d}) \times 7{,}000\,(\text{인}) = 1{,}750\,(\text{m}^3/\text{d}) = 20.3\,(\text{L/s})$$

지금 관경은 D=250(mm)이기 때문에

$$v_3 = \frac{0.0203}{0.049} = 0.413\,(\text{m/s})$$

$$\frac{v_3^2}{2g} = \frac{(0.413)^2}{19.6} = 0.009\,(\text{m})$$

$$R_2 = \frac{0.25}{4} = 0.0625\,(\text{m}),\ \ l_2 = 2{,}000\,(\text{m})$$

$$\lambda_3 = \frac{8 \times 9.8 \times (0.013)^2}{(0.0625)^{1/3}} = 0.0333$$

따라서

$$h_3 = 0.0333 \times \frac{2,000}{0.25} \times 0.009 = 2.398(\text{m})$$

그러므로 d점에서 압력수두는

$$45.0 - 10.0 - (h_1 + h_2 + h_3) - \frac{v_3^2}{2g}$$
$$= 35.0 - (2.299 + 2.974 + 2.398) - 0.009 = 27.32(\text{m})$$

(4) $b \sim e$ 구간 : [$b \sim e$ 구간의 부담인구 5,000(인)]

$$Q = 250(\text{L}/\text{인}\cdot\text{d}) \times 5,000(\text{인}) = 1,250(\text{m}^3/\text{d}) = 14.5(\text{L}/\text{s})$$

지금 관경은 D=200(mm)이기 때문에

$$v_4 = \frac{0.0145}{0.03142} = 0.461(\text{m/s})$$
$$\frac{v_4^2}{2g} = \frac{(0.461)^2}{19.6} = 0.011(\text{m})$$
$$R_4 = \frac{0.2}{4} = 0.05(\text{m}),\ \ l_2 = 1,000(\text{m})$$
$$\lambda_4 = \frac{8 \times 9.8 \times (0.013)^2}{(0.05)^{1/3}} = 0.0358$$

따라서

$$h_2 = 0.0358 \times \frac{1,000}{0.2} \times 0.011 = 1.969(\text{m})$$

그러므로 e점에서 압력수두는

$$45.0-25.0-(h_1+h_4)-\frac{v_4^2}{2g}=20.0-(2.299+1.969)-0.011$$
$$=15.721(\text{m})$$

(5) $c \sim f$ 구간 : [$c \sim f$ 구간의 부담인구 5,000(인)]

$$Q=250(\text{L/인}\cdot\text{d})\times 5{,}000(\text{인})=1{,}250(\text{m}^3/\text{d})=14.5(\text{L/s})$$

지금 관경은 D=200(mm)이기 때문에,

$$v_5=\frac{Q}{A}=\frac{0.0145}{0.0314}=0.46(\text{m/s})$$
$$\frac{v_5^2}{2g}=0.011(\text{m})$$
$$R_2=\frac{0.2}{4}=0.05(\text{m}),\ l_2=1{,}000(\text{m})$$
$$\lambda_5=\frac{8\times 9.8\times(0.013)^2}{(0.05)^{1/3}}=0.0358$$

따라서

$$h_2=0.0358\times\frac{1{,}000}{0.2}\times 0.011=1.969(\text{m})$$

그러므로 f점에서 압력수두는,

$$45.0-15.0-(h_1+h_2+h_5)-\frac{v_1^2}{2g}$$
$$=30.0-(2.299+2.974+1.969)-0.011=22.747(\text{m})$$

예제 10.6

300(mm)의 주철관이 300(m), 250(m)가 600(m), 200(m)가 150(m) 직렬로 연결되어 있다. 이 복합관로와 같은 길이로 또 같은 손실수두를 미치는 단일관로의 직경은 어느 정도인가?

해

우선 이 복합관로의 유속을 표 10.1로부터 0.8(m/s)로 가정한다.

300(mm)의 관의 단면은 0.71(m^2)이기 때문에,

$$Q = 0.071 \times 0.8 = 0.0568\,(m^3/s)$$

이 유량이 흐르는 경우에 발생하는 손실수두를 Kutter의 도표(그림 6.24)에서 구하면 다음 표와 같다. 단, n=0.013으로 한다.

표 10.3 결과치

관경	연장(m)	동수구배(x/100)	손실수두(m)
300	300	3.7	1.11
250	600	11.0	6.60
200	150	35.0	5.25
합계	1050	–	12.96

따라서 1,000(m)당의 손실수두의 평균은 12.96/1.05=12.3(m)가 된다. 따라서 0.0568(m^3/s)의 유량이 흐르고, 오히려 12.3/1,000의 동수구배를 미치는 관경은 200(mm) $<$ D $<$ 250(mm)가 된다.

예제 10.7

예제 10.6의 복합관로에 의해 생기는 손실수두와 같은 수두를 주어 연장이 300(m)의 단일관로의 직경을 구하라.

해

0.0568(m^3/s)의 유량이 흐르고, 또 12.96(m)의 손실수두를 미치는 연장 300(m)의 관로의 동수구배는

$$300(\mathrm{m}) \times \frac{x}{1,000} = 12.96(\mathrm{m})$$

그러므로 $x = 43.2$가 되기 때문에, 0.0568(m^3/s)을 주어, 동수구배가 43.2/1,000이 되는 관경을 Kutter의 도표로부터 구하면 ($n = 0.013$) 150(mm) $< D <$ 200(mm)가 된다.

예제 10.8

예제 10.6의 복합관로에 의해 생기는 손실수두와 같은 수두를 주어 직경이 250(mm)의 단일관로의 연장을 구하라.

해

250(mm)의 관에 0.0568(m^3/s) 유량이 흐르면, 동수구배는 Kutter의 도표로부터 구하면 $n = 0.013$, 10.5/1,000이 된다. 이 값과 전 수두 12.96(m)와의 관계로부터

$$x \times \frac{10.5}{1000} = 12.96(\mathrm{m})$$

그러므로 $x \fallingdotseq 1,230(\mathrm{m})$가 된다.

10.2 급수 시설(Service Pipe and Facilities)

10.2.1 급수장치의 정의

수요자에게 물을 공급하기 위해 배수관에서 직접 분기하여 설치한 관 및 여기에 직결하는 급수용구의 총칭을 급수장치라고 한다.

높은 건물 등에는 급수관으로부터 저수조에 일단 물을 저장한 다음 펌프로 양수한다. 이 경우 저수조 이하의 장치는 급수장치는 아니다.

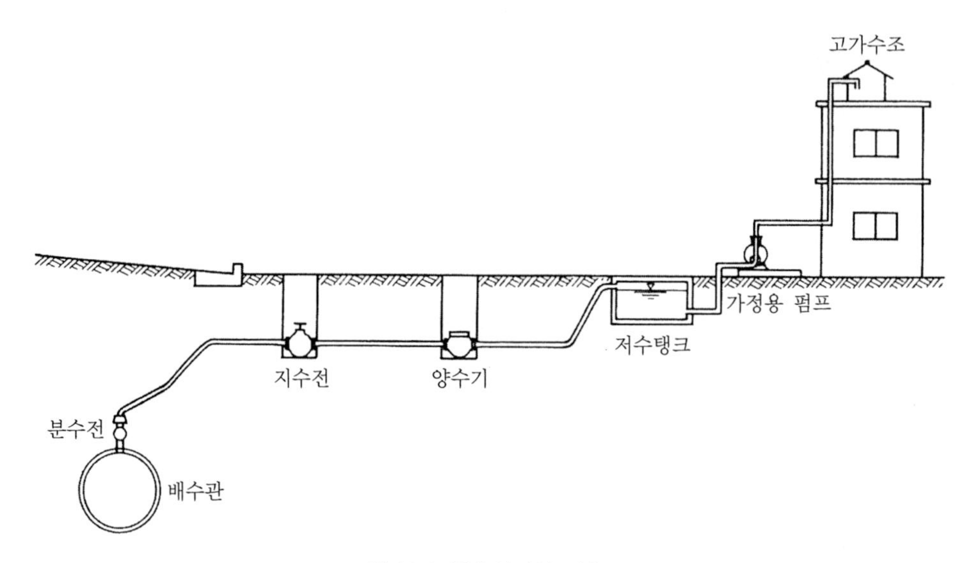

그림 10.9 급수설비와 저수조

10.2.2 간이 전용 수도

일반 가정의 급수전처럼 급수관에 직결된 것은 급수전에서 수질이 보증되어 있다. 이에 대해 상술한 것처럼 저수조 이하의 장치는 급수장치가 아니기 때문에 수도 관리자에 의한 수질 보증이 없다. 그러나 여기에 대해서는 고층빌딩의 물은 안심하고 마실 수 없기 때문에 간이 전용 수도의 규정이 설정되었다.

간이 전용 수도는 음용으로 제공하기 위한 것으로 수도에서 공급을 받는 물만을 수원으로 하며, 저수조의 유효용량 합계가 10(m^3) 이상으로 저수조 이하의 장치를 말한다.

10.2.3 급수장치의 일반 규정

급수장치의 공사는 구경 10(mm)부터 350(mm)까지를 취급하지만 75(mm) 이상에 관해서는 모든 배수관에 준하여 취급해도 좋다. 본 장에서는 주로 50(mm) 이하의 세관에 관해서 기술한다.

급수장치에 대한 규정에는

- 배수관에 대한 부착구에서 급수관의 구경은 당해 급수장치에 의한 물의 사용량에 비해 현저하게 과대해서는 안 된다.
- 배수관에 대한 부착구의 위치는 다른 급수관의 부착구로부터 30cm 이상 떨어지지 않으면 안 된다.
- 배수관의 수압에 영향을 미칠 우려가 있는 급수펌프를 직결해서는 안 된다.
- 당해 급수장치 이외의 수관 기타의 설비에 직결해서는 안 된다.
- 수조·풀·목욕조 등의 물이 급수장치로 역류하는 것을 방지하는 조치를 강구하지 않으면 안 된다.

표 10.4 1인 1일당 사용수량

업태별	1인 1일 평균사용수량(L)	비고	업태별	1인 1일 평균사용수량(L)	비고
일반 주택	100~200		극장	8~15	외래자 포함
영업겸용	150~300		관공서	40~80	외래자 포함
아파트	50~160		은행	50~100	외래자 포함
요리업	70~140	손님 포함	회사·사무소	50~100	외래자 포함
레스토랑	40~80	손님 포함	병원	200~400	환자 1인당
여관	70~140	손님 포함	학교	30~60	
백화점	6~12	외래자 포함			

10.2.4 설계수량

급수장치의 설계수량은 표 10.5에서 표 10.8에 게재한 자료를 근거로 하여 정할 수 있다. 또 그림 10.9처럼 저수탱크에 저수한 후 고치수조에 양수하는 경우는 1인 1일당 사용수량(표 10.4)와 사용인원과의 곱, 또는 단위 바다면적 사용수량(표 10.5)과 총바닥 면적의 곱으로부터 구한 1일당 사용수량을 근거로 하며 저수탱크(저치탱크)에 관해서는 4~6시간 분 고치탱크에 관해서는 0.5~1시간 분의 용량으로 한다.

표 10.5 단위 바닥면적의 사용수량

업태별	바닥면적1(m^2) 1일 평균 사용수량(L)	비고	업태별	바닥면적1(m^2) 1일 평균 사용수량(L)	비고
호텔	30~60		은행	10~20	
백화점	20~40		회사·사무소	17~35	
극장	16~32		관공서	15~30	
병원	25~50				

표 10.6 급수전의 표준사용유량

급수전 구경(mm)	10	13	20	25
표준사용수량(L/min)	10	17	40	65

표 10.7 동시 사용률을 고려한 수전 수

수전 수(개)	1	2~4	2~4	2~4	2~4	2~4
동시 사용률을 고려한 수전 수(개)	1	2	3	4	5	6

표 10.8 용도별 사용수량과 대응하는 수전의 크기

용도별	사용수량 (L/min)	대응하는 수전구경(mm)	비고
주방용	12~40	13~20	
세탁용	12~40	13~20	
세면기	8~15	10~13	
욕조	30~60	20~25	
샤워	8~15	10~13	
소변기(세정 수조)	12~20	10~13	
소변기(세정 밸브)	20~45	13	1회 유출량 8~3(L)/4~6(s)
대변기(세정 수조)	12~20	10~13	
대변기(세정 밸브)	70~130	25	1회 유출량 13.5~16.5(L)/8~12(s)
수세기	5~10	10~13	
소화전(소형)	130~260	40~50	
살수전	15~40	13~20	
세정전(자동차)	35~80	20~25	

10.2.5 관경의 결정

연관·강관(신관)·동관·염화비닐관 등의 구경 50(mm) 이하의 세관에 대한 마찰손실수두를 계산으로부터 구하는 식은 다음과 같다.

$$h = \left(0.0126 + \frac{0.01739 - 0.1087d}{\sqrt{v}}\right)\frac{l}{d}\frac{v^2}{2g}$$

여기서, h : 관의 마찰손실수두(m), v : 관내평균유속(m/s)

l : 관 길이(m), d : 관의 실 내경(m), g : 중력가속도 9.8(m/s^2)

- Nisihori의 실험공식

$$I = 0.000051\frac{v^{1.79}}{d^{1.28}}$$

여기서, I : 동수구배, v : 관내평균유속(cm/s), d : 관의 실내경(cm)

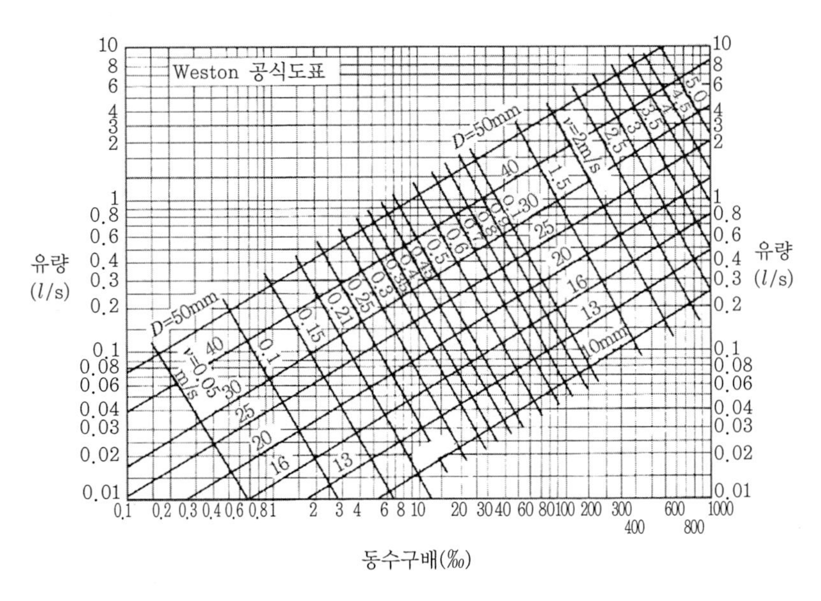

그림 10.10 웨스톤 공식에 의한 급수관의 유량도

예를 들면 웨스튼 공식을 사용하는 경우라도 관의 유량도(그림 10.10)를 이용하는 경우가 많다.

표 10.9 급수관의 관경균등 표

주관경 (mm)	주 관경이 갖는 지관(또는 수전)의 수										
	10	13	20	25	30	40	50	65	75	100	150
10	1.00										
13	1.92	1.00									
20	5.65	2.89	1.00								
25	9.80	5.10	1.74	1.00							
30	15.59	8.02	2.72	1.57	1.00						
40	32.00	15.59	5.65	3.23	2.05	1.00					
50	55.90	26.0	9.80	5.65	3.58	1.75	1.00				
65	108.2	55.9	19.03	10.96	6.90	3.36	1.92	1.00			
75	154.0	79.97	27.23	15.59	9.88	4.8	2.75	1.43	100		
100	317.0	164.5	55.90	32.0	20.28	7.89	5.65	2.94	2.05	1.00	
150	871.4	452.0	154.0	88.18	56.16	27.27	15.58	8.09	5.65	2.75	1.00

급수관의 관균등 표는 마찰 손실을 계산하여 급수 본관이 받아들일 수 있는 지관의 수를 나타낸 것으로 표 10.10과 같다.

표 10.10 기구류 손실수두의 직관 환산표

구경 (mm)	지수전		수전 부착접합		분기 개소	메터 (접선류 날개바퀴) (m)	이경 접합 (m)
	갑 (m)	을 (m)	폐쇄접합 (m)	보통 (m)			
10	–	1	4	3	0.5~1	–	0.5
13	3	1.5	4	3	0.5~1	3~4	0.5~1
16	4	1.5	6	5	0.5~1	5~7	0.5~1
20	8	2	10	8	0.5~1	8~11	0.5~1
25	8~10	3	10	8	0.5~1	12~15	0.5~1
30	15~20	–	–	–	–	19~24	1
40	17~25	–	–	–	–	20~26	1
50	20~30	–	–	–	–	25~35	1

* 분수전(갑, 을)은 지수전(을)에 준한다.

수전류·미타류·관 연결류에 의한 손실수두는 실험에 의해 구해서 도표화되어 있지만 보통은 직관 환산표로 만든 것을 이용한다.

직관 환산표라는 것은 수전류·미터류·관 연결류 및 관 접합에 의한 손실수두를 이것과 동관경의 직경으로 환산하는 경우, 몇 미터에 상당하는 가를 미리 계산한 것이다. 표 10.10과 같다.

예제 10.9

화장실, 욕조, 세면대, 부엌에 각각 1개의 수전을 부착한 주택을 3채 건설한 경우, 배수관으로부터 분기해야 할 급수관의 구경은 몇 (mm)로 해야 할까?

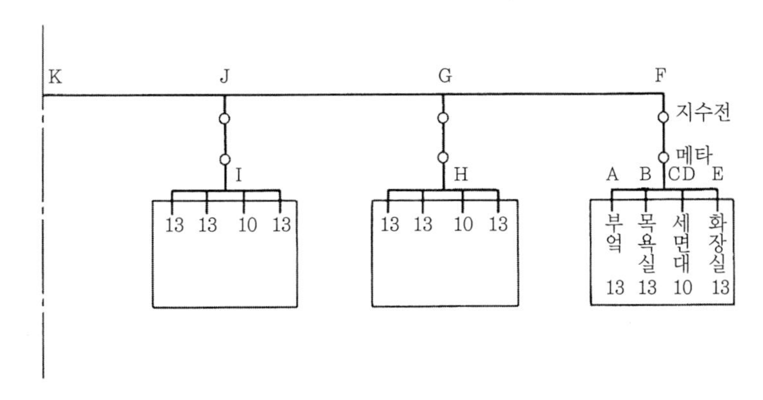

그림 10.11 급수관의 구경 결정 예

해

화장실, 목욕실, 부엌에는 각 13(mm)의 수전, 세면대에는 각 10(mm)의 수전을 부착하는 것으로 한다.

지금 CE 사이를 20(mm)로 하면, 표 10.9로부터 13(mm)가 2.89(본) 분기 가능하기 때문에 세면대 10(mm)와 화장실 13(mm)는 충분히 부담될 수 있다.

다음으로 CFG 사이를 25(mm)로 하면, 20(mm)는 1.74본밖에 가능하지 않기 때문에 CE 사이와 CA 사이의 각 20(mm)는 부담되지 않는다. 그러나 13(mm)의 수전은 5.10(본) 부담 가능하기 때문에 경제 설계의 입장에서 CFG 사이는 25(mm)로 정한다. 따라서 HG 사이 및 IJ 사이도 25(mm)가 된다.

JG 사이를 30(mm)로 하면 13(mm)의 수전을 8.02(본) 부담할 수 있기 때문에 충분하다. 또 KJ 사이를 40(mm)로 하면 13(mm)의 수전을 15.59(본) 부담할 수 있기 때문에 충분하다.

10.2.6 관의 종류

50(mm) 이하의 세관에 대해서는 다음에 기술하는 관종을 적재적소에 사용하지 않으면 안 된다.

① **합금연관**

구경은 10~50(mm)의 7종이 있으며 유연성이 좋아서 굴곡이 자유로우며 가공 수선 등이 용이하다. 그 반면에 콘크리트나 모르타르에 의해 부식되어 동경이나 외상에 약하며 가격이 높은 것이 결점이다.

② **순연관**

합금연관이 고안되는 데 영향을 미쳤으며, 현재에는 특수한 경우 외는 사용하지 않는다.

③ **아연도금강관**

구경은 3/8~12B의 18종이 있으며, 강도가 크며 가격이 저렴하다. 반면에 관 내의 스케일 발생이 심하며 사용 년 수로부터 통수가 저해될 우려가 있다. 아연도금층을 두껍게 한 것은 수도용 아연도금강관으로 사용되고 있다.

④ **강관**

구경은 10~50(mm)의 7종이 있으며, 콘크리트나 모르타르의 부설에 적합하다. 반면에 관 두께가 얇기 때문에 외상에는 특히 주의가 필요하다.

⑤ **경질염화비닐관**

구경은 10~50(mm)의 7종이 있으며 내식성 특히 전기부식에 강하며 중량도 가볍고 관 내의 스케일 발생은 없다. 반면 충격에 약하며 내열성이 낮고, 또 콘크리트에 비해 팽창계수가 크기 때문에 콘크리트나 모르타르 내의 배관에는 방호조치가 필요하다.

⑥ **수도용 폴리에틸렌관**

내식성, 휨성, 내충격성에 뛰어나지만 항장력이 작으며 가연성이다.

⑦ **폴리에틸렌 라이닝 관**

(d), (f)의 결점을 제외한 것이다.

⑧ **스테인리스 강관**

10.2.7 기구류

급수장치에 사용하는 기구류에는 수전류(분수전·지수전·급수전 등), 밸브류(제수 밸브·역지밸브·flush valve 등), 소화전 및 양수기 등이 있다. 자세한 내용은 전문서적을 참조 바란다.

❒ 참고문헌 ❒

1. 藤田賢二, 金子光美憲, 新體系土木工學(水處理), 技報堂出版, 1982.
2. 藤田重文 , 單位操作演習, 丸善, 1978.
3. 內藤幸穗, 藤田賢二, 改訂 上水道工學演習, 學獻社, 1986.
4. 박중현,『최신 상수도공학』, 동명사, 2002.
5. 合田健編, 水質工學-應用編, 丸善, 1976 .
6. 川北和德 , 上水道工學(第3版),森北出版社, 1999.
7. 佐藤敦久, 高間 逸, 水道工學槪論,コロナ社, 1987.
8. 海老江 邦雄, 芦立德厚, 衛生工學演習, 森北出版(株), 1992.
9. 大橋文雄 外, 衛生工學 ハンドブック, 朝倉書店, 1967.
10. 巽巖, 菅原正孝, 上水道工學要論, 國民科學社, 1983.
11. 中村 玄正, 入門 上水道, 工學圖書株式會社, 1997.

| 찾아보기 |

(ㄱ)

(ㅇ)

(ㅈ)

(ㅊ)

(A)

(B)

(C)

(D)

(E)

(F)

(G)

(H)

(I)

(K)

(L)

(M)

| 저자 소개 |

조봉연

동아대학교 졸업(공학사)

동아대학교 대학원 졸업(공학석사)

일본 동경대학교 대학원 졸업(공학박사)

현재 동국대학교 공과대학 교수

주요 저서

- 『막여과』, 양서각, 2010.
- 『(과학으로 다시 보는) 물의 이야기』, 양서각, 2008.
- 『막여과 이론과 실제』, 양서각, 1999.

상수도 공학

초판인쇄 2015년 4월 10일
초판발행 2015년 4월 21일
초판 2쇄 2016년 9월 1일

저 자 조봉연
펴 낸 이 김성배
펴 낸 곳 도서출판 씨아이알

책임편집 박영지
디 자 인 백정수, 윤미경
제작책임 김문갑

등록번호 제2-3285호
등 록 일 2001년 3월 19일
주 소 (04626) 서울특별시 중구 필동로8길 43(예장동 1-151)
전화번호 02-2275-8603(대표)
팩스번호 02-2265-9394
홈페이지 www.circom.co.kr

I S B N 979-11-5610-128-4 93530
정 가 22,000원